新工科·普通高等教育机电类系列教材

机械设计课程设计

第 2 版

主编　王　军　　田同海　　何晓玲
参编　陈科家　　周志刚　　周铭丽
　　　张中利　　李雪飞　　张利娟

机械工业出版社

本书按照教育部高等学校机械基础课程教学指导分委员会颁布的《机械设计课程教学基本要求》和《机械设计基础课程教学基本要求》编写。

全书分为三篇，共 21 章。第一篇为机械设计课程设计指导，以常见的减速器为例，系统地介绍了机械传动装置的设计内容、步骤和方法，以及机械设计课程设计题目；第二篇为机械设计常用标准和规范，介绍了机械设计课程设计中常用的标准、规范和设计资料；第三篇为参考图例，给出了多种减速器装配图、零件工作图的参考图例。本书附录给出了机械设计课程设计实例。教师可在机械工业出版社教育服务网（www.cmpedu.com）注册后，下载本书第二十一章的装配图文件。

本书为新形态教材，书中二维码可使用手机微信扫码后，观看相应内容。

本书可作为高等学校机械类、近机械类各专业机械设计、机械设计基础课程设计的教材，也可作为其他类型院校机械设计、机械设计基础课程设计教材，还可供相关专业的师生及工程技术人员参考。

图书在版编目（CIP）数据

机械设计课程设计/王军，田同海，何晓玲主编. —2版. —北京：机械工业出版社，2023.12
新工科·普通高等教育机电类系列教材
ISBN 978-7-111-74736-9

Ⅰ.①机… Ⅱ.①王… ②田… ③何… Ⅲ.①机械设计—课程设计—高等学校-教材 Ⅳ.①TH122-41

中国国家版本馆 CIP 数据核字（2024）第 001726 号

机械工业出版社（北京市百万庄大街 22 号 邮政编码 100037）
策划编辑：余 皞　　责任编辑：余 皞
责任校对：樊钟英　　封面设计：张 静
责任印制：单爱军
保定市中画美凯印刷有限公司印刷
2024 年 3 月第 2 版第 1 次印刷
184mm×260mm·19.75 印张·14 插页·537 千字
标准书号：ISBN 978-7-111-74736-9
定价：69.00 元（含参考图例）

电话服务　　　　　　　　网络服务
客服电话：010-88361066　　机 工 官 网：www.cmpbook.com
　　　　　010-88379833　　机 工 官 博：weibo.com/cmp1952
　　　　　010-68326294　　金 书 网：www.golden-book.com
封底无防伪标均为盗版　机工教育服务网：www.cmpedu.com

前　言

　　本书符合党的二十大报告中关于"深入实施科教兴国战略、人才强国战略、创新驱动发展战略"的要求，在详细讲授基础理论知识的同时融入探索性实践内容，以增强学生的自信心和创造力，即用学科理论知识促进学生活跃思维、敢于创新，尽可能地将新思路在实践中进行创造性的转化，推动科学技术实现创新性发展。

　　机械设计和机械设计基础课程是工科机械类、近机械类各专业的一门主要技术基础课。机械设计课程设计是这两门课程的一个重要实践教学环节，学生通过课程设计实践训练，不仅可以加深对机械设计、机械设计基础课程内容的理解和巩固，还可以把先修课程工程图学、理论力学、材料力学、机械工程材料学、公差配合与技术测量、机械制造基础、金属工艺学、机械原理等内容融会贯通，从而达到综合运用的目的。更为重要的是，在课程设计中，可以使学生逐步树立正确的设计思想，培养创新设计理念，提高独立工作的能力。

　　全书分为三篇，共21章。第一篇为机械设计课程设计指导，内容包括概述，设计题目，机械传动装置的总体设计，减速器的结构和润滑，传动零件的设计及联轴器的选择，减速器装配草图的设计，减速器装配工作图的设计，零件工作图的设计，编写设计计算说明书、课程设计的总结和答辩，减速器装配图常见错误示例；第二篇为机械设计常用标准和规范，内容包括常用数据和标准，常用工程材料，连接及轴系零件紧固件，滚动轴承，润滑与密封，联轴器，电动机，极限与配合、几何公差及表面粗糙度，齿轮传动、蜗杆传动的精度及公差，减速器附件；第三篇为参考图例，包括一级减速器装配图7张，二级减速器装配图10张以及轴、齿轮、锥齿轮、蜗杆、蜗轮、箱盖、箱座等零件工作图14张。附录给出了课程设计实例——锥齿轮-圆柱齿轮减速器设计。

　　本书将设计指导书、相关标准和规范、参考图例、设计实例等有机结合，使内容更加完整、系统，实用性更强。

　　本书采用了最新国家标准、规范和设计资料。

　　本书参考图例中的装配图和零件工作图大部分来源于河南科技大学学生的课程设计，并经过了精心的修改和完善，图样质量较高。而且大部分零件工作图是根据参考图例中的装配图绘制的，这样更有利于学生理解装配图与零件图之间的关系。

　　参加本书编写的有河南科技大学田同海（第一~第五、二十一章（部分）），王军（第六、第十一、第二十一章（部分）、附录），何晓玲（第七~第九章），周铭丽（第十、第十八章）、张利娟（第十二、第十七、第二十章）、周志刚（第十三章）、李雪飞（第十四、第二十一章（部分））、张中利（第十五、第十六、第二十一章（部分））、陈科家（第十九、第二十一章（部分））。本书由王军、田同海、何晓玲担任主编。周晨光、王科明、赵世清、李明明、吴佳璐、芦远航、祁文闯、李建克、许泽霖、刘智、马灿阳、黄海坤等参与了参考图例、插图的绘制工作。

　　由于编者水平所限，书中不当之处在所难免，敬请各位教师和广大读者指正。

编　者

目 录

第三篇　机械设计课程设计参考

第一篇

机械设计课程设计指导

第一章

概　述

第一节　机械设计课程设计的目的

机械设计课程设计（以下简称课程设计）是机械类专业和近机械类专业的学生在完成机械设计或机械设计基础第一个理论性教学环节以后所要进行的第二个重要的实践性教学环节，它是学生第一次较全面、规范地进行机械设计训练。通过课程设计教学环节的训练，应达到以下三个目的：

1）培养学生正确的设计思想，增强创新意识，训练学生综合运用机械设计或机械设计基础课程和其他先修课程的基础理论，并结合生产实际进行分析和解决工程实际问题的能力，巩固、深化和扩展学生有关机械设计方面的知识。

2）通过对通用机械零件、常用机械传动或简单机械的设计，使学生掌握一般机械设计的程序和方法，树立正确的工程设计思想，培养独立、全面、科学的工程设计能力。

3）在课程设计的实践中对学生进行机械设计基本技能的训练，培养学生查阅和使用标准、规范、手册、图册及相关技术资料的能力以及计算、绘图、数据处理等方面的能力。

第二节　机械设计课程设计的内容

课程设计的题目常为一般用途的机械传动装置，目前广泛采用的是以减速器为主体的机械传动装置。这是因为减速器中包含了课程设计的大部分零部件，具有典型的代表性。图1-1所示为带式输送机传动装置及机构简图，其核心是齿轮减速器。

课程设计通常包括以下内容：根据设计任务书确定传动装置的总体设计方案；选择电动机；计算传动装置的运动和动力参数；传动零件及轴的设计计算；轴承、连接件、润滑密封和联轴器的选择及计算；减速器箱体结构设计及其附件的选择设计；绘制装配图和零件工作图；编写设计计算说明书；进行总结和答辩。

每个学生都应完成以下工作：

1）减速器装配图1张（A0图纸）。

2）零件工作图2~3张（齿轮、轴或箱体等，A2~A3图纸）。

3）设计计算说明书1份。

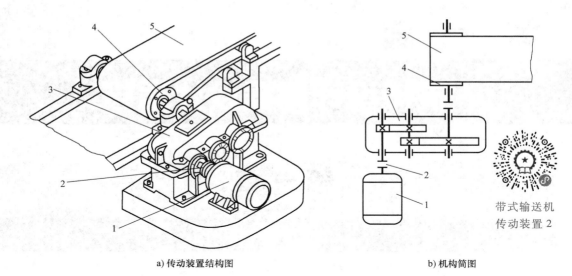

a) 传动装置结构图　　　　　　　　　　b) 机构简图

图 1-1　带式输送机传动装置及机构简图

1—电动机　2—联轴器　3—减速器　4—滚筒　5—输送带

第三节　机械设计课程设计的方法和步骤

　　课程设计通常先从确定或分析传动方案开始，再进行传动零部件、轴和轴承以及键或花键的选择计算，然后进行传动装置的结构设计，最后以图样表达设计结果，以设计计算说明书说明设计的依据。由于影响设计结果的因素很多，机械零件的结构尺寸不能完全由计算确定，还需借助结构设计、初选参数或初估尺寸等手段，通过边画图、边计算、边修改的过程逐步完成设计，即通过计算与结构设计交叉进行来逐步完成课程设计。课程设计的步骤和主要内容见表1-1。

表 1-1　课程设计的步骤及主要内容

步　骤	主　要　内　容	学时比例（%）
1. 设计准备	（1）认真研究课程设计任务书,明确设计要求和工作条件 （2）通过参观、分析和研究实物、模型、录像以及进行减速器拆装试验等来了解设计对象,阅读课程设计指导书 （3）复习机械设计课程的有关内容,掌握相关零部件的设计方法和步骤 （4）准备好设计需要的图书、资料、文具和计算机;拟定课程设计计划等	5
2. 传动装置的总体设计	（1）确定或分析传动装置的传动方案 （2）选定电动机的类型和型号 （3）计算传动装置的运动和动力参数:包括确定总传动比,合理分配各级传动比,计算各轴的功率、转速和转矩	3
3. 传动零件的设计计算	（1）减速器外传动零件设计,如带传动、链传动、开式齿轮传动等 （2）减速器内传动零件设计,如齿轮传动、蜗杆传动等	7
4. 装配草图设计	（1）选择联轴器,初定轴的直径,选择轴承类型,进行轴系结构设计 （2）确定减速器箱体结构方案和主要结构尺寸 （3）确定轴上零件受力点的位置和轴承跨距;校核轴的弯扭合成强度,校核轴毂连接强度,校核轴承的额定寿命 （4）完成传动件及轴承部件的结构设计	25

（续）

步　骤	主　要　内　容	学时比例（%）
5. 装配工作图设计	（1）进行箱体及附件的结构设计，并在三个视图上完成装配工作图 （2）标注主要尺寸、公差配合以及零件序号 （3）编写技术特性、技术要求、明细表和标题栏	35
6. 零件工作图设计	（1）绘制装配图中指定的轴类、齿轮类或箱体类零件工作图 （2）标注尺寸、公差及表面粗糙度 （3）编写技术要求和标题栏等	10
7. 编写设计计算说明书	（1）按设计计算说明书内容和格式的要求，根据最后的装配图整理编写设计计算说明书，对设计计算、结构设计和相关内容做必要的说明 （2）对课程设计全过程进行总结，全面分析本设计的优劣，提出改进意见	10
8. 答辩	（1）做好答辩前的准备工作 （2）参加答辩，通过答辩环节弄清楚一些设计中的问题，使设计能力得到进一步的提高	5

第四节　机械设计课程设计中应注意的问题

机械设计课程设计是高等工科院校机械类及近机械类专业学生参与的第一次较全面的设计训练，为了尽快进入并适应设计实践，达到预期的教学目标，课程设计中必须处理好以下几个问题。

一、正确处理参考已有资料与创新的关系

设计是一项根据特定设计要求和具体工作条件进行的复杂、细致的工作，凭空想像而不依靠任何资料是无法完成设计工作的。因此，在课程设计中首先要认真阅读参考资料，仔细分析参考图例的结构，充分利用已有资料。学习前人经验是提高设计质量的重要保证，也是设计工作能力的重要体现。但是，绝不应该盲目地、机械地抄袭资料，而应该在参考、理解已有资料的基础上，根据设计任务的具体条件和要求，大胆创新，即做到继承与创新相结合。

二、正确处理设计计算、结构设计和加工工艺要求等方面的关系

任何机械零件的尺寸，都不可能完全由理论计算确定，而应该综合考虑强度、结构和工艺的要求。因此，不能把设计片面地理解为只是理论计算，更不能把所有计算尺寸都当成零件的最终尺寸。例如，安装联轴器处的轴伸最小直径 d 按扭转强度计算并经圆整后为18mm，但考虑到相配联轴器的孔径，最后可能取 $d=22$mm。显然，这时轴的扭转强度计算只是为确定轴伸直径提供了一个方面的依据。

同时，要正确处理结构设计与工艺性的关系。因此，设计零件结构时经常考虑以下几方面的工艺性要求：

1）选择合理的毛坯种类和形状。例如，大批量生产时，优先考虑铸造、轧制、模锻的毛坯；而单件或少量生产时，则采用焊接或自由锻造的毛坯。

2）零件形状应尽量简单和便于加工，如采用最简单的圆柱面、圆锥面、平面和共轭曲面等形状构成零件表面，尽量减少加工表面的数量和减小加工面积。

三、正确使用标准和规范

在设计工作中，必须遵守国家正式颁布的有关标准和技术规范，贯彻标准化、系列化和通用化原则，以保证互换性、降低成本、缩短设计周期，这是机械设计应遵循的原则之一，也是评价设计质量的一项重要指标。因此，熟悉并熟练使用标准和规范是课程设计的一项重要任务。

设计中采用的标准件（如螺纹连接件）和标准部件（如滚动轴承）的尺寸参数必须符合标准规定。采用的非标准件的尺寸参数，若有标准，则应执行标准（如齿轮的模数）；若无标准，则应尽量圆整为标准尺寸或优先数系，以方便制造和测量。但对于一些有严格几何关系要求的尺寸，则必须保证其正确的几何关系，而不能随意圆整。例如，某斜齿圆柱齿轮的分度圆直径 $d = 61.589$ mm，不能圆整为 $d = 61$ mm 或 62 mm。

设计中应尽量减少选用材料的牌号和规格的数量，减少标准件的品种和规格，尽可能地选用市场上供应充足的通用品种，这样既能降低成本，又方便使用和维护。

四、培养综合的机械设计能力，熟练掌握设计方法

要成为一名优秀的机械设计工程师，一定要树立全方位的综合设计观念，重视培养综合的机械设计能力。一个好的设计应该是具备全方位知识并进行合理应用才能实现的目标，在设计时，要综合考虑工作原理、加工方法、热处理方法、安装及维护、功能及成本等一系列因素，同时还要考虑结构、工艺及标准化问题。因此，在设计中应明确优化设计思想，贯彻边计算、边设计、边绘图、边修改的设计方法，不断完善，追求卓越。

五、图样和说明书

图样应符合机械制图规范，需要特别强调，设计计算说明书一定要按照最后确定的装配图和实际传动比重新进行计算，不能把原来初算时的数据抄一遍了事。例如，齿轮的强度可以采用校核公式重新进行校核；轴的强度、轴毂连接的强度和轴承的寿命也可采用校核公式重新进行校核。要求计算正确、书写工整、图形规范、内容完备。

六、独立完成

课程设计是在教师指导下由学生独立完成的，因此，在设计过程中要教学相长，教师要因材施教、严格要求，学生要充分发挥主观能动性，要有勤于思考、深入钻研的学习精神和严肃认真、一丝不苟、有错必改、精益求精的工作态度。

最后，要注意掌握设计进度，保质保量地按期完成设计任务。

第五节　计算机辅助设计概述

计算机辅助设计就是设计中应用计算机进行设计和信息处理。它包括分析计算和自动绘图两部分功能。CAD 系统应支持设计过程的各个阶段，即从方案设计入手，使设计对象模型化；依据提供的设计技术参数进行总体设计和总图设计；通过对结构的静态和动态性能分

析，最后确定设计参数。在此基础上，完成详细设计和技术设计。因此，CAD 设计应包括二维工程绘图、三维几何造型、有限元分析等方面的技术。

虽然理论上 CAD 的功能是参与设计的全过程，但由于一般使用者认为，通常的设计中制图工作量占的比重较大（50%~60%），因此在应用中，CAD 的应用重点实际上是放在制图自动化方面。机械系统及其零部件的计算机辅助设计的一般过程：输入设计所需数据→建立数学模型→进行性能分析→结构设计→自动绘图。也就是说，一个完整的 CAD 系统，应由科学计算、图形系统和工程数据库等组成。目前，国际上已有的比较成熟的二维和三维绘图软件，常用的有 AutoCAD、UG、SolidEdge、Pro/Engineer 等。我国也研制和开发了一些具有自主版权的二维和三维 CAD 支撑软件及其应用软件，如北京航空航天大学的 CAXA 等，并得到了较好的推广应用。

在机械设计课程设计中，学生可采用传统的手工计算和手工画图的方法；如果条件许可，则应尽可能用计算机进行辅助设计计算，用计算机绘图。使用计算机辅助设计时，要注意如下事项：

1）首先要选择合适的软件。目前，在众多 CAD 支撑软件中，AutoCAD、CAXA 等被证明是较好的 CAD 软件。其优点是适用范围广，可开发性强，二次开发手段齐全，因而用户多。国内有很多专门为这些系统开发的机械设计计算软件及专门为机械设计课程设计教学环节开发的软件可供选用。

2）CAD 软件可对图形进行有效的管理，通常为图素赋予一些特征参数，如图层、颜色、线型、线宽等。为方便图形输出及课程设计答辩，教师应事先根据输出设备的情况对这些参数的使用进行必要的约定，并要求学生遵守。

3）好的 CAD 软件一般都具有完善的图形编辑功能，正确合理地使用这些功能可以使设计做得更快更好。例如：有些结构和标准件在图中重复使用，可将这些结构定义为块（Block），这样既便于成组复制，又有利于减小图形尺寸；有些结构具有对称性，可以先表示这些结构的一半，然后进行镜像（Mirror）操作。由于计算机的屏幕较小，所以设计人员在较多的情况下是将某一局部放大进行结构设计，为保证不同结构部分及不同视图间的对齐，可首先在某一特殊层中绘制一些结构线，表示图中一些特征位置，如轴线、齿轮端面、箱体边界等，待图形完成后再将其删除或隐藏。

4）要注意从整体和全局的观点来考虑和分析设计问题。由于用计算机绘图时，面对较小的屏幕，常常较多地将注意力集中在放大的局部结构上，容易忽略整体要求和对结构功能的考虑，从而会影响设计质量。为了弥补这一缺点，学生在上机前必须手工绘出装配草图（可用坐标纸绘出俯视图），按规定比例把依据计算得出的传动零件的主要尺寸及其他各主要零件（如轴、轴承、箱体、轴承盖等）的轮廓、结构、相互位置及装配关系等绘出（细部结构和剖面线可不必绘出），以加强整体设计能力的锻炼。这一装配草图可作为指导教师检查学生设计情况的依据之一。

5）应用 CAD 进行设计与手工绘图设计相比有许多优点，在使用中要注意探索 CAD 软件的使用技巧，充分发挥软件的各种功能，从而更快、更好地完成课程设计。

第二章

设 计 题 目

第一节　设计带式输送机传动装置

设计图 2-1 所示的带式输送机传动装置。

一、技术条件与说明

1) 传动装置用于带式输送机物流生产线，连续运转。

2) 传动装置的使用寿命预定为 10 年，每年按 300 天计算，两班制工作，每班按 8h 计算，小批量生产。

3) 工作机的载荷性质为平稳（轻微冲击、中等冲击）；工作机轴单（双）向回转。

4) 电动机的电源为三相交流电，电压为 380/220V。

5) 输送机工作轴转速允许误差为 3%~5%。

二、动力及传动装置设计方案

图 2-2~图 2-6 所示动力及传动装置与图 2-1 所示带式输送机连接起来使用，各方案设计参数见表 2-1~表 2-5。

带式输送机
传动装置 1

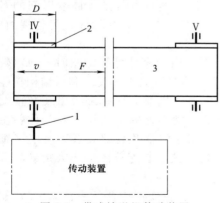

图 2-1　带式输送机传动装置
1—联轴器　2—滚筒　3—输送带

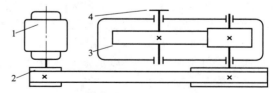

图 2-2　带传动+一级圆柱齿轮减速器
1—电动机　2—V 带传动　3——级圆柱齿轮减速器　4—半联轴器

1. 带传动+一级圆柱齿轮减速器（图 2-2 和表 2-1）

表 2-1　设计参数（1）

题目号 参数	1-A	1-B	1-C	1-D	1-E	1-F	1-G	1-H
输送带工作拉力 F/N	1400	1600	1800	2000	2200	2500	2800	3000
输送带工作速度 v/(m/s)	2.0	1.8	1.5	1.4	1.3	1.4	1.5	1.2
滚筒直径 D/mm	280	250	220	200	180	300	200	250

2. 带传动+二级展开式圆柱齿轮减速器（图2-3和表2-2）

表2-2　设计参数（2）

参数 \ 题目号	2-A	2-B	2-C	2-D	2-E	2-F	2-G	2-H
输送带工作拉力 F/N	3200	3500	4000	4500	5000	5500	6000	6500
输送带工作速度 v/(m/s)	1.0	1.3	0.9	1.2	1.1	1.0	0.8	0.7
滚筒直径 D/mm	400	380	480	400	380	400	400	420

3. 二级分流式圆柱齿轮减速器（图2-4和表2-3）

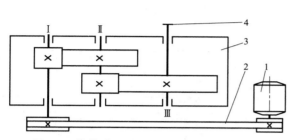

图2-3　带传动+二级展开式圆柱齿轮减速器

1—电动机　2—V带传动　3—二级展开
式圆柱齿轮减速器　4—半联轴器

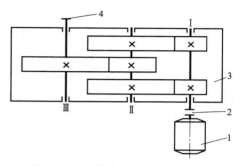

图2-4　二级分流式圆柱齿轮减速器

1—电动机　2—联轴器　3—二级分流式圆
柱齿轮减速器　4—半联轴器

表2-3　设计参数（3）

参数 \ 题目号	3-A	3-B	3-C	3-D	3-E	3-F	3-G	3-H
输送带工作拉力 F/N	3000	3200	3500	4000	4200	4500	4800	5000
输送带工作速度 v/(m/s)	1.8	1.7	1.5	1.3	1.2	1.4	1.2	1.2
滚筒直径 D/mm	400	400	420	440	450	480	500	460

4. 带传动+二级同轴式圆柱齿轮减速器（图2-5和表2-4）

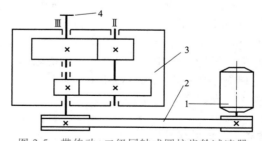

图2-5　带传动+二级同轴式圆柱齿轮减速器

1—电动机　2—V带传动　3—二级同轴式圆柱齿轮减速器　4—半联轴器

表2-4　设计参数（4）

参数 \ 题目号	4-A	4-B	4-C	4-D	4-E	4-F	4-G	4-H
滚筒轴上的转矩 T_w/N·m	1000	1100	1200	1300	1400	1500	1600	1700
输送带工作速度 v/(m/s)	0.8	0.7	1.4	1.5	1.6	1.45	0.9	0.8
滚筒直径 D/mm	320	350	430	450	480	450	460	480

5. 蜗杆齿轮减速器（图 2-6 和表 2-5）

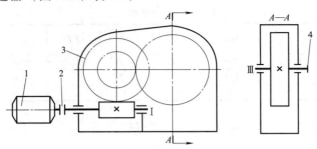

图 2-6　蜗杆齿轮减速器

1—电动机　2—联轴器　3—蜗杆齿轮减速器　4—半联轴器

表 2-5　设计参数（5）

题目号 参数	5-A	5-B	5-C	5-D	5-E	5-F	5-G	5-H
输送带工作拉力 F/N	9500	8500	7500	6500	4800	5800	6800	7200
输送带工作速度 v/(m/s)	0.38	0.48	0.58	0.68	0.75	0.7	0.65	0.5
滚筒直径 D/mm	400	420	450	440	400	400	420	520

第二节　设计链式输送机传动装置

设计图 2-7 所示的链式输送机传动装置。

一、技术条件与说明

1）传动装置用于链式输送机物流生产线，连续运转。

2）传动装置的使用寿命预定为 10 年，每年按 300 天计算，两班制工作，每班按 8h 计算，小批量生产。

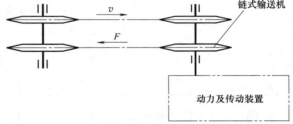

图 2-7　链式输送机与动力及传动装置的连接

3）工作机的载荷性质为轻微冲击（中等冲击），工作机轴单（双）向回转。

4）电动机的电源为三相交流电，电压为 380/220V。

5）链式输送机工作轴转速允许误差为 3%~5%。

二、动力及传动装置设计方案

图 2-8~图 2-11 所示动力及传动装置与图 2-7 所示链式输送机连接起来使用，各方案的设计参数见表 2-6~表 2-9。

表 2-6　设计参数（6）

题目号 参数	6-A	6-B	6-C	6-D	6-E	6-F	6-G	6-H
链式输送机Ⅲ轴功率 P_w/kW	3	3	4	4	5	5	6	6
链式输送机Ⅲ轴转速 n_w/(r/min)	50	60	45	55	40	70	65	75

1. 带传动+一级圆柱齿轮减速器+滚子链传动（图2-8和表2-6）

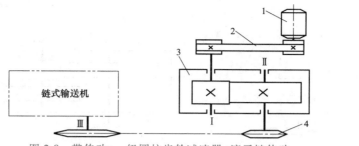

链式输送机
传动装置

图2-8 带传动+一级圆柱齿轮减速器+滚子链传动

1—电动机 2—带传动 3—一级圆柱齿轮减速器 4—滚子链传动

2. 锥齿轮减速器+滚子链传动（图2-9和表2-7）

图2-9 锥齿轮减速器+滚子链传动

1—电动机 2—联轴器 3—锥齿轮减速器 4—滚子链传动

表2-7 设计参数（7）

参数 ＼ 题目号	7-A	7-B	7-C	7-D	7-E	7-F	7-G	7-H
链式输送机Ⅲ轴功率 P_w/kW	3	3	3	4	4	4	5.4	5.4
链式输送机Ⅲ轴转速 n_w/(r/min)	130	140	150	135	145	155	90	100

3. 锥齿轮-圆柱齿轮减速器+滚子链传动（图2-10和表2-8）

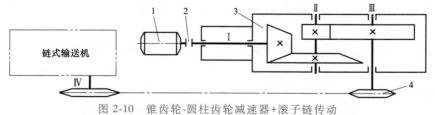

图2-10 锥齿轮-圆柱齿轮减速器+滚子链传动

1—电动机 2—联轴器 3—锥齿轮-圆柱齿轮减速器 4—滚子链传动

表2-8 设计参数（8）

参数 ＼ 题目号	8-A	8-B	8-C	8-D	8-E	8-F	8-G	8-H
输送链牵引力 F/N	4500	5000	5500	6500	3500	4000	3200	4200
输送速度 v/(m/s)	0.9	0.8	0.7	0.6	1.1	1.0	1.2	1.0
输送链轮齿数 z	12	12	12	12	10	10	10	10
输送链节距 p/mm	100	100	125	125	100	100	125	125

4. 二级展开式圆柱齿轮减速器+滚子链传动（图 2-11 和表 2-9）

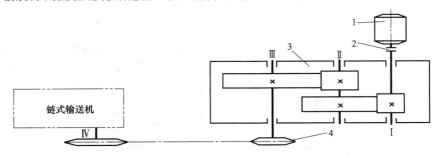

图 2-11　二级展开式圆柱齿轮减速器+滚子链传动

1—电动机　2—联轴器　3—二级展开式圆柱齿轮减速器　4—滚子链传动

表 2-9　设计参数（9）

参数 题目号	9-A	9-B	9-C	9-D	9-E	9-F	9-G	9-H
链式输送机Ⅳ轴功率 P_w/kW	3	3	3	4	4	4	5	5
链式输送机Ⅳ轴转速 n_w/(r/min)	40	50	60	35	45	55	32	42

第三节　设计搅拌器和螺旋输送机传动装置

一、技术条件与说明

1）传动装置的使用寿命预定为 10 年，每年按 300 天计算，两班制工作，每班按 8h 计算，小批量生产。

2）工作机的载荷性质为平稳（轻微冲击、中等冲击），工作机轴单（双）向回转。

3）电动机的电源为三相交流电，电压为 380/220V。

4）搅拌器和螺旋输送机工作轴转速允许误差为 3%～5%。

二、锥齿轮-圆柱齿轮减速器+搅拌器（图 2-12 和表 2-10）

各方案设计参数见表 2-10～表 2-12。

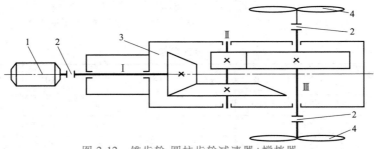

图 2-12　锥齿轮-圆柱齿轮减速器+搅拌器

1—电动机　2—联轴器　3—锥齿轮-圆柱齿轮减速器　4—搅拌器

表 2-10　设计参数（10）

参数 题目号	10-A	10-B	10-C	10-D	10-E	10-F	10-G	10-H
每个搅拌器的功率 P_w/kW	1.4	1.6	1.8	2.0	2.2	2.4	2.6	2.8
搅拌器轴的转速 n_w/(r/min)	90	105	85	125	100	120	140	160

三、动力及传动装置+螺旋输送机（图 2-13）

1. 二级展开式圆柱齿轮减速器+开式齿轮传动（图 2-14 和表 2-11）

表 2-11　设计参数（11）

参数 题目号	11-A	11-B	11-C	11-D	11-E	11-F	11-G	11-H
螺旋输送机 Ⅳ轴的功率 P_w/kW	4	4	5	5	5	5.5	5.5	5.5
螺旋输送机Ⅳ轴的转速 n_w/(r/min)	40	42	45	48	50	30	32	35

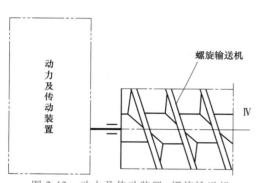

图 2-13　动力及传动装置+螺旋输送机

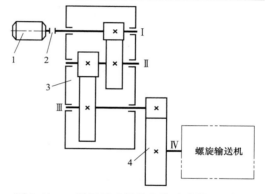

图 2-14　二级展开式圆柱齿轮减速器+开式齿
轮传动

1—电动机　2—联轴器　3—二级展开式圆柱
齿轮减速器　4—开式齿轮传动

2. 二级同轴式圆柱齿轮减速器+开式齿轮传动（图 2-15 和表 2-12）

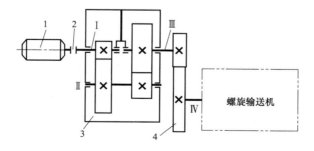

图 2-15　二级同轴式圆柱齿轮减速器+开式齿轮传动

1—电动机　2—联轴器　3—二级同轴式
圆柱齿轮减速器　4—开式齿轮传动

参数　　　题目号	12-A	12-B	12-C	12-D	12-E	12-F	12-G	12-H
螺旋输送机IV轴的功率 P_w/kW	4	4	5	5	5	5.5	5.5	5.5
螺旋输送机IV轴的转速 $n_w/(r/min)$	40	42	45	48	50	30	32	35

第四节　设计加热炉推料机传动装置

一、技术条件与说明

1）传动装置的使用寿命预定为 10 年，每年按 180 天计算，单班制工作，每班按 8h 计算，小批量生产。

2）工作机的载荷性质为中等冲击；工作机轴单（双）向回转。

3）电动机的电源为三相交流电，电压为 380/220V。

4）推料机大齿轮转速允许误差为 3%~5%。

二、蜗杆减速器+开式齿轮传动+推料机（图 2-16 和表 2-13）

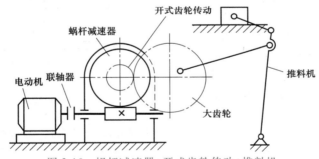

图 2-16　蜗杆减速器+开式齿轮传动+推料机

表 2-13　设计参数（13）

参数　　　题目号	13-A	13-B	13-C	13-D	13-E	13-F	13-G	13-H
大齿轮传递的功率 P_w/kW	1.2	1.3	1.4	1.5	1.6	1.7	1.8	1.9
大齿轮轴的转速 $n_w/(r/min)$	22	25	28	30	32	35	38	40

第三章

机械传动装置的总体设计

传动装置总体设计的目的是分析或确定传动方案、选定电动机型号、计算总传动比并合理分配传动比、计算传动装置的运动和动力参数，为设计计算各级传动零件和装配图设计准备条件。

第一节　传动方案的分析和确定

机器一般由原动机、传动装置、工作机和控制系统四部分组成。如图 1-1 所示的带式输送机，其原动机为电动机，传动装置为二级展开式圆柱齿轮减速器，工作机为由滚筒和输送带组成的带式输送机，各部件用联轴器连接并安装在机架上。

传动装置在原动机与工作机之间传递运动和动力，并改变运动的形式、速度大小和转矩大小。传动装置一般包括传动件（带传动、齿轮传动、蜗杆传动、链传动等）和支承件（如轴、轴承、机体等）两部分。它的质量和成本在机器中占有很大比例，其性能和品质对机器的工作影响很大，因此合理设计传动方案具有重要意义。

传动方案通常用机构运动简图表示，它能表示出运动和动力的传递路线，各零件的类型、布置及其连接关系。因此，拟定机器的传动简图时，应从多方面考虑，首先应对设计任务进行充分的了解，然后根据各类传动的特点，考虑受力、尺寸大小、制造、经济、使用和维护方便等，拟定不同的方案，并加以分析、对比，择优而定，使拟定的传动方案满足简单、紧凑、经济和效率高等要求。

若是设计任务中已给定了传动方案，此时应分析和论述采用该方案的合理性（说明其优缺点）或提出改进意见，并进行适当修改。

合理的传动方案，首先要满足工作机的性能要求，适应工作条件（如工作环境、场地等），工作可靠。此外，还应使传动装置的结构简单、尺寸紧凑、加工方便、成本低廉、传动效率高和使用维护方便。同时满足这些要求是比较困难的，因此要通过分析比较多种传动方案，选择出能保证重点要求的最佳方案。

1. 选择传动机构类型的一般原则

1）对于小功率传动，宜选用结构简单、价格便宜、标准化程度高的传动机构，以降低制造成本。

2）对于大功率传动，应选用传动效率高的传动机构，如齿轮机构，以减少能耗，降低运行费用。

3）当载荷变化较大，工作中可能出现过载时，应选用具有缓冲吸振能力和过载保护作用的传动机构，如带传动。

4）在工作温度较高、潮湿、多粉尘、易燃、易爆场合，宜选用链传动、闭式齿轮传动或蜗杆传动，避免使用带传动和摩擦传动。

5）要求两轴保持准确的传动比时，应选用齿轮传动、蜗杆传动或同步带传动。

6）在传递功率 P、低速轴转速 n、传动比 i 相同的条件下，平带传动外廓尺寸最大，V带传动外廓尺寸次之，齿轮传动外廓尺寸最小，在选择传动机构类型时要充分考虑这一点。

2. 采用多级传动时的注意事项

当采用多级传动时，要充分考虑各级传动形式的特点，合理地布置其传动顺序，各种传动顺序可参考下述原则确定。

1）带传动承载能力较低，传递相同转矩时比其他机构的尺寸大，故应将其布置在传动系统的高速级，以便获得较为紧凑的结构尺寸，又能发挥其传动平稳、噪声小、能缓冲吸振的特点。

2）斜齿轮传动的平稳性比直齿轮传动好，因此在二级圆柱齿轮减速器中，如果既有斜齿轮传动，又有直齿轮传动，则斜齿轮传动应布置于高速级。

3）锥齿轮传动应布置在齿轮传动系统的高速级，以减小锥齿轮的尺寸，因为大尺寸的锥齿轮加工较为困难。

4）开式齿轮传动工作环境较差，润滑条件不良，磨损较严重，使用寿命较短，因此宜布置在传动系统的低速级。

5）蜗杆传动的单级传动比大、结构紧凑、传动平稳、噪声小，但传动效率较低，故适用于中小功率的高速传动。蜗杆传动的速度高，啮合齿面间易于形成油膜，也有利于提高承载能力及效率。

6）链传动的瞬时传动比是变化的，会引起速度波动和动载荷，故不适宜高速运转，应布置在传动系统的低速级。

常用减速器的类型和特点见表3-1。

表 3-1 常用减速器的类型和特点

类 型	简 图	传动比范围		特点及应用
		通常	最大	
一级圆柱齿轮减速器	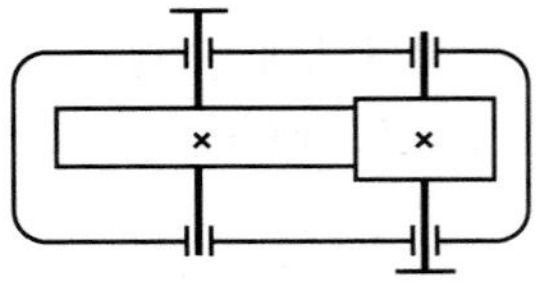	3~6	10	轮齿可为直齿、斜齿或人字齿，结构简单，应用广泛。机体常用铸铁铸造，有时也采用焊接结构。其他类型的减速器机体也与此相似。支承多采用滚动轴承
二级展开式圆柱齿轮减速器	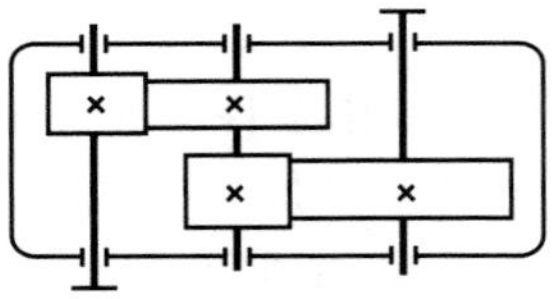	8~40	60	轮齿可为直齿、斜齿或人字齿，是二级减速器中应用最广泛的一种。齿轮相对轴承为非对称布置，要求轴有较大的刚度。高速级齿轮常布置在远离转矩输入端，低速级齿轮常布置在远离转矩输出端，以减小载荷沿齿宽分布不均匀的现象
二级分流式圆柱齿轮减速器	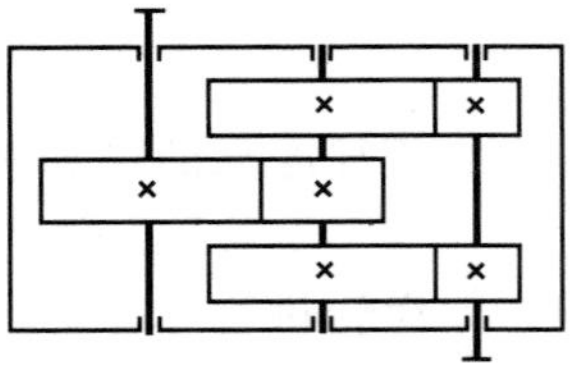	8~40	60	高速级为对称布置的左、右旋斜齿轮，低速级可用直齿轮或人字齿轮，载荷沿齿宽分布均匀，用于较大功率、变载场合。由于中间轴上有三个齿轮，减速器轴向尺寸稍大
二级同轴式圆柱齿轮减速器	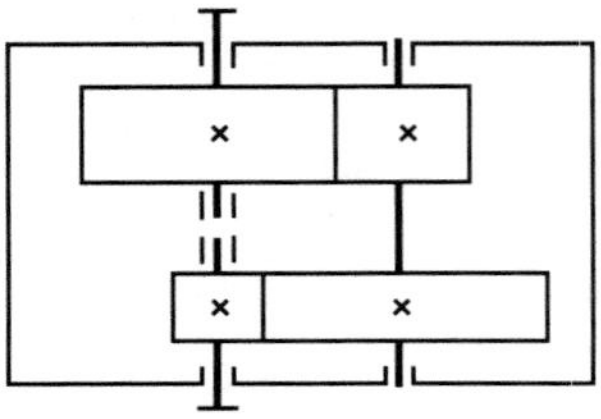	8~40	60	轮齿可为直齿、斜齿或人字齿。输入轴和输出轴布置在同一轴线上，机体长度方向尺寸较小，轴向尺寸加大，中间轴较长，刚度较差，中间的轴承润滑困难。当传动比分配适当时，二级大齿轮直径接近，浸油深度大致相近。轴线可以水平、上下、铅垂布置

（续）

类　型	简　图	传动比范围		特点及应用
		通常	最大	
一级锥齿轮减速器		2～3	6	用于输入轴与输出轴相交的传动,可做成卧式或立式,采用直齿轮时,圆周速度小于 3m/s;采用斜齿轮时,圆周速度小于 5m/s;采用曲线齿轮时,圆周速度为 20～40m/s
二级锥齿轮-圆柱齿轮减速器		10～25	40	用于输入轴与输出轴相交而传动比较大的传动。锥齿轮布置在高速级,以减小锥齿轮尺寸,便于加工,圆柱齿轮多采用斜齿轮
一级蜗杆减速器		10～40	80	传动比大,传动结构紧凑,但传动效率低,适用于中小功率、输入轴与输出轴两轴线垂直交错的传动。蜗杆布置在蜗轮的下边,有利于啮合处及蜗杆轴承的润滑,当蜗杆圆周速度大于 5m/s 时,就要采用蜗杆上置
齿轮蜗杆减速器		60～90	480	齿轮传动布置在高速级,结构紧凑,传动效率较低
蜗杆齿轮减速器		60～90	480	蜗杆传动布置在高速级,传动效率高,但结构尺寸和质量大
NGW 型行星齿轮减速器		3～9	13	效率高、体积小、质量小、传递功率范围大,可用于各种工作条件,应用广泛

第二节 电动机的选择

电动机是由电动机厂家批量生产的标准原动机器，课程设计时要根据工作机的工作特性、工作环境和工作载荷等条件，选择电动机的类型、结构、功率和转速，并在产品目录中选出其具体型号和尺寸。

一、类型和结构形式的选择

三相异步电动机的结构简单、价格低廉、维护方便，可直接连接于三相交流电网中。因此，其在工业上应用最为广泛，设计时应优先选用。

Y系列电动机是一般用途的全封闭自扇冷式三相异步电动机，具有效率高、性能好、噪声低、振动小等优点。适用于不易燃、不易爆、无腐蚀性气体和无特殊要求的机械，如金属切削机床、风机、输送机、搅拌机、农业机械和食品机械等。常用Y系列三相异步电动机的技术数据和外形尺寸见表17-1～表17-4，对于经常起动、制动和正反转的机械（如起重、提升设备），要求电动机具有较小的转动惯量和较大的过载能力，这时应选用冶金及起重用三相异步交流电动机YZ型（笼型）或YZR型（绕线型）。

电动机的类型和结构形式应根据电源种类（交流或直流），工作条件（环境、温度、空间位置等），载荷大小和性质（变化性质、过载情况等），起动性能以及起动、制动和正反转的频繁程度等条件来选择。

二、功率（容量）大小的选择

电动机功率（容量）主要由电动机运行时的发热条件决定，而发热又与其工作情况有关。对于长期连续运转、载荷不变或变化很小、常温下工作的机械，选择电动机时，只要使电动机的负载不超过其额定值，电动机便不会过热。也就是说，只要电动机的额定功率 P_{ed} 等于或略大于所需电动机的功率 P_d，即 $P_{ed} \geq P_d$ 就可以保证电动机正常工作，通常不需要校验电动机的发热和起动转矩。这时可以在表17-1中选取相应的电动机型号。

1. 工作机所需（输入）功率 P'_w

$$P'_w = \frac{F_w v_w}{1000\eta_w} \tag{3-1}$$

或

$$P'_w = \frac{T_w n_w}{9550\eta_w} \tag{3-2}$$

式中　F_w——工作机的阻力（N）；

v_w——工作机的线速度（m/s）；

T_w——工作机的阻力矩（N·m）；

n_w——工作机轴的转速（r/min）；

η_w——工作机的效率，带式输送机和链式输送机的效率，见表3-2。

2. 电动机至工作机的总效率 η_Σ（串联时）

$$\eta_\Sigma = \eta_1 \eta_2 \eta_3 \cdots \eta_n \tag{3-3}$$

式中　η_1，η_2，η_3，…，η_n——传动系统中各级传动机构、轴承以及联轴器的效率，各类机械传动的效率见表3-2。

表 3-2 机械传动效率概略值

传动类型、精度、结构及润滑方式		效率 η	传动类型、精度、结构及润滑方式		效率 η
圆柱齿轮传动	7级精度（油润滑）	0.98	带传动	平带传动	0.97~0.98
	8级精度（油润滑）	0.97		V带传动	0.96
	9级精度（油润滑）	0.96		同步带传动	0.96~0.98
	开式传动（脂润滑）	0.94~0.96	链传动	滚子链	0.96
锥齿轮传动	7级精度（油润滑）	0.97		齿形链	0.97
	8级精度（油润滑）	0.94~0.97	滑动轴承	润滑不良	0.94（一对）
	开式传动（脂润滑）	0.92~0.95		润滑正常	0.97（一对）
蜗杆传动	自锁（油润滑）	0.40~0.45		润滑良好（压力润滑）	0.98（一对）
	单头（油润滑）	0.70~0.75		液体润滑	0.99（一对）
	双头（油润滑）	0.75~0.82	滚动轴承	球轴承	0.99（一对）
	四头（油润滑）	0.82~0.92		滚子轴承	0.98（一对）
联轴器	金属滑块联轴器	0.97~0.99	丝杠传动	滑动丝杠	0.30~0.60
	齿轮联轴器	0.99		滚动丝杠	0.85~0.95
	挠性联轴器	0.99~0.995	工作机	带式输送机（含两对轴承）	0.90~0.94
	万向联轴器	0.95~0.98		链式输送机（含两对轴承）	0.90~0.94

计算传动装置总效率时应注意以下几点：

1）所取传动副效率是否已包括其轴承效率，如已包括则不再计入轴承效率。

2）蜗杆传动效率与蜗杆头数及材料有关，设计时先初选头数，从表3-2中查其概略效率值，待设计出蜗杆传动参数后，再校核效率，并修正以前的设计计算值。

3）对表3-2或资料所推荐的数据，一般可取中间值；在工作条件差、传动装置加工精度低、润滑及维护不良的情况下，应取小值；反之，则取大值。

3. 所需电动机的功率 P_d

所需电动机的功率由工作机所需功率和传动装置的总效率按下式计算

$$P_d = \frac{P'_w}{\eta_\Sigma} \tag{3-4}$$

4. 电动机额定功率 P_{ed}

按 $P_{ed} \geqslant P_d$ 来选取电动机型号。电动机功率裕度的大小应根据工作机构的负载变化状况而定。

三、转速的确定

额定功率相同的同类型电动机，有几种不同的同步转速。例如，三相异步交流电动机有四种常用的同步转速，即 3000r/min、1500r/min、1000r/min 和 750r/min。同步转速越低的电动机，其磁极对数越多，外廓尺寸越大、质量越大，价格越高，但电动机转速越低，传动系统的总传动比越小，可使传动装置的结构尺寸减小，降低其制造成本。电动机同步转速越高，其优缺点刚好相反。因此，在确定电动机转速时，应综合考虑，分析比较。一般可在合理分配各级传动比的前提下，尽量选择转速较高的电动机。

课程设计时通常优先选用同步转速为 1500r/min 和 1000r/min 的电动机。

根据选定的电动机类型、结构、功率和转速，从标准中查出电动机型号后，应将其型号、额定功率 P_{ed}、满载转速 n_m 以及电动机的安装尺寸、外形尺寸、轴伸尺寸和键连接尺寸等记下备用。

设计通用减速器（生产批量较大）时，应将电动机的额定功率 P_{ed} 作为计算功率；设计专用减速器（单件或小批量生产）时，则以实际所需电动机功率 P_d 作为计算功率，两种情况均以电动机的满载转速 n_m 作为计算转速。

<h1 style="text-align:center">第三节　传动比的分配</h1>

电动机选定后，根据电动机的满载转速 n_m 和工作机轴的转速 n_w 即可确定传动系统的总传动比 i_Σ，即

$$i_\Sigma = \frac{n_m}{n_w} \tag{3-5}$$

传动系统的总传动比 i_Σ 是各串联机构传动比的连乘积，即

$$i_\Sigma = i_1 i_2 i_3 \cdots i_n \tag{3-6}$$

式中　i_1，i_2，i_3，$\cdots$，i_n——传动系统中各级传动机构的传动比。

合理地分配各级传动比，是传动系统总体设计中的一个重要问题。它将直接影响到传动装置的外廓尺寸、质量大小、润滑条件及传动机构的中心距等很多方面，因此必须认真对待。

图 3-1 所示为二级展开式圆柱齿轮减速器的两种传动比分配方案。在中心距之和 a_Σ = 730mm 及总传动比 $i_\Sigma \approx 20$ 均相同的情况下，由于传动比的分配不同，使其外廓尺寸也不同。在图 3-1a 所示的方案一中，两级大齿轮的浸油深度相差不大，外廓尺寸也较为紧凑；而在图 3-1b 所示的方案二中，若要保证高速级大齿轮浸到油，则低速级大齿轮的浸油深度将过大，而且外廓尺寸也较大。

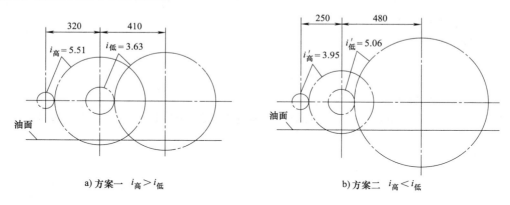

a) 方案一　$i_高 > i_低$　　　　　　b) 方案二　$i_高 < i_低$

图 3-1　两种传动比分配方案的比较

一、分配传动比时应遵循的原则

1）应使各级传动比均在推荐值的范围内（表 3-3），以符合各级传动形式的特点，并使结构紧凑。

2）应使各级传动件尺寸协调，结构匀称合理。例如，当传动装置由普通 V 带传动和齿轮减速器组成时，带传动的传动比不宜过大，否则会使大带轮的外圆半径大于齿轮减速器的中心高，造成尺寸不协调或安装困难，如图 3-2 所示。

3）应使各级传动件彼此间不发生干涉碰撞。例如，在展开式二级圆柱齿轮减速器中，若高

速级传动比过大，则会造成高速级的大齿轮齿顶圆与低速级输出轴相碰，如图3-3所示。

4）应尽量使各级大齿轮浸油深度合理，这就要求两级大齿轮的直径相近，否则会造成高速级大齿轮刚能浸到油时，低速级大齿轮浸油深度过深，从而使搅油损失过大。通常在展开式二级圆柱齿轮减速器中，低速级中心距大于高速级中心距，因此，为使两级大齿轮的直径相近，应使高速级传动比大于低速级传动比，如图3-1a所示。

5）设计的传动装置应具有较紧凑的外廓尺寸。

表 3-3　各种机械传动传动比的推荐值

传动类型	最大功率/kW	单级传动比		传动类型	最大功率/kW	单级传动比	
		推荐值	最大值			推荐值	最大值
平带传动	20	2~4	5	圆柱齿轮传动	50000	3~5	10
V 带传动	100	2~4	7	锥齿轮传动	50000	2~4	6
链传动	100	2~4	7	蜗杆传动	50	10~40	80

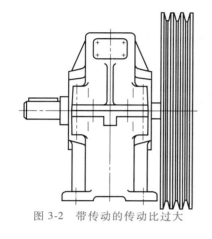

图 3-2　带传动的传动比过大

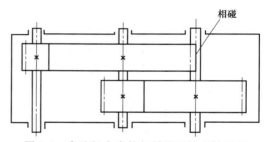

图 3-3　高速级大齿轮与低速级输出轴相碰

二、传动比分配的参考数据和传动比误差的调整

根据上述分配原则，下面给出一些分配传动比的参考数据：

1）对于展开式或分流式二级圆柱齿轮减速器，可取 $i_高 = （1.2 ~ 1.5）i_低$，$i_高 = \sqrt{(1.2 ~ 1.5) i_减}$，式中 $i_高$、$i_低$ 分别为高速级和低速级的传动比，$i_减$ 为二级齿轮减速器的传动比，同时要使 $i_高$、$i_低$ 均在推荐的范围内。但应指出，齿轮的材料、齿数及齿宽也会影响齿轮直径的大小，要使两级大齿轮的直径尽可能相近，应对齿轮的传动比、材料、齿数、模数和齿宽进行综合考虑。

2）对于同轴式二级圆柱齿轮减速器，取 $i_高 = i_低 = \sqrt{i_减}$，使两级大齿轮的直径相近。

3）对于锥齿轮-圆柱齿轮减速器，可取锥齿轮的传动比 $i_高 \approx 0.25 i_减$ 或 $i_高 = \sqrt{i_减} - 0.3$，并尽量使 $i_高 \leq 3$，以保证大锥齿轮尺寸不致过大，便于加工。当希望两级传动的大齿轮浸油深度相近时，可取 $i_高 < 3.5$。

4）对于蜗杆齿轮减速器，可取齿轮传动的传动比 $i_低 \approx （0.04 ~ 0.06）i_减$。

5）对于齿轮蜗杆减速器，可取齿轮传动的传动比 $i_高 = 2 ~ 3$，以使结构紧凑。

6）对于二级蜗杆减速器，为使两级传动件浸油深度大致相等，可取 $i_高 = i_低 = \sqrt{i_减}$。

需要注意的是，因为带传动的传动比要受V带轮标准直径系列的影响，齿轮和链轮的齿数也需要圆整。同时，为了调整高、低速级大齿轮的浸油深度及圆柱齿轮传动的中心距或

斜齿轮螺旋角的大小，都需要改变齿轮的齿数。因此，传动系统的实际传动比 $i_{实}$（等于 V 带轮直径、齿轮和链轮齿数反比的连乘积）与理论传动比 $i_{理}$（$i_{理} = n_{m}/n_{w}$）之间会有差异，即存在传动比误差 $\varepsilon_{i} = | i_{理} - i_{实} | / i_{理}$，设计时应将传动比误差限制在允许的范围内。对于一般用途的带式输送机和链式输送机传动装置，通常要求传动比误差 $\varepsilon_{i} \leqslant 3\% \sim 5\%$，如果不满足要求可以首先调整链轮齿数，必要时也可以调整 V 带轮基准直径或齿轮齿数。

第四节　计算传动装置的运动和动力参数

传动装置的运动和动力参数，主要是指各轴的转速、功率和转矩。它是进行传动零件设计计算的重要依据。可将电动机轴编号为 0 轴，减速器中由输入轴至输出轴依次编号为 I 轴，Ⅱ轴……，再按顺序逐步计算。现以图 3-4 所示的带式输送机传动装置（二级展开式圆柱齿轮减速器）为例，说明传动装置中各轴的转速、功率及转矩的计算。

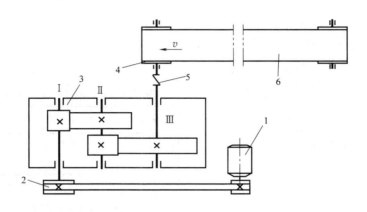

图 3-4　带式输送机传动装置（二级展开式圆柱齿轮减速器）简图
1—电动机　2—V 带传动　3—减速器　4—滚筒　5—联轴器　6—输送带

一、各轴的转速 n（r/min）

电动机轴（0 轴）　　　　　　　　　　　　　$n_{0} = n_{m}$

高速轴（I 轴）的转速　　　　　　　　　　$n_{I} = n_{m}/i_{带}$

中间轴（Ⅱ轴）的转速　　　　　　　　　$n_{Ⅱ} = n_{I}/i_{高} = n_{m}/(i_{带} i_{高})$

低速轴（Ⅲ轴）的转速　　　　　　　　　$n_{Ⅲ} = n_{Ⅱ}/i_{低} = n_{m}/(i_{带} i_{高} i_{低})$

滚筒轴（Ⅳ轴）的转速　　　　　　　　　$n_{Ⅳ} = n_{Ⅲ}$

式中　n_{m}——电动机的满载转速；

　　　$i_{带}$——V 带的传动比；

　　　$i_{高}$——高速级齿轮传动比；

　　　$i_{低}$——低速级齿轮传动比。

二、各轴的输入功率 P（kW）

所需电动机（0 轴）功率　　　　　　　　　$P_{0} = P_{d}$

高速轴（Ⅰ轴）的输入功率　　　　　　　　　$P_{\mathrm{I}} = P_0 \eta_{带}$

中间轴（Ⅱ轴）的输入功率　　　　　　　　$P_{\mathrm{II}} = P_{\mathrm{I}} \eta_{轴承} \eta_{柱齿}$

低速轴（Ⅲ轴）的输入功率　　　　　　　　$P_{\mathrm{III}} = P_{\mathrm{II}} \eta_{轴承} \eta_{柱齿}$

滚筒轴（Ⅳ轴）的输入功率　　　　　　　　$P_{\mathrm{IV}} = P_{\mathrm{III}} \eta_{轴承} \eta_{联}$

式中　$\eta_{带}$——V带传动的效率；

　　　$\eta_{轴承}$——一对轴承的效率；

　　　$\eta_{柱齿}$——圆柱齿轮传动的效率；

　　　$\eta_{联}$——联轴器的效率。

三、各轴的输入转矩 T（N·mm）

所需电动机（0轴）转矩　　　　　　　　　$T_0 = 9.55 \times 10^6 P_{\mathrm{d}} / n_{\mathrm{m}}$

高速轴（Ⅰ轴）的输入转矩　　　　　　　　$T_{\mathrm{I}} = 9.55 \times 10^6 P_{\mathrm{I}} / n_{\mathrm{I}}$

中间轴（Ⅱ轴）的输入转矩　　　　　　　　$T_{\mathrm{II}} = 9.55 \times 10^6 P_{\mathrm{II}} / n_{\mathrm{II}}$

低速轴（Ⅲ轴）的输入转矩　　　　　　　　$T_{\mathrm{III}} = 9.55 \times 10^6 P_{\mathrm{III}} / n_{\mathrm{III}}$

滚筒轴（Ⅳ轴）的输入转矩　　　　　　　　$T_{\mathrm{IV}} = 9.55 \times 10^6 P_{\mathrm{IV}} / n_{\mathrm{IV}}$

根据以上计算数据，列出初算表（表3-4），供以后设计和初步计算使用。

表3-4　传动装置的运动和动力参数初算表

参数	0轴	Ⅰ轴	Ⅱ轴	Ⅲ轴	Ⅳ轴
功率 $P/(\mathrm{kW})$					
转矩 $T/\mathrm{N \cdot mm}$					
转速 $n/(\mathrm{r/min})$					
传动比 i					
效率 η					

第四章

减速器的结构和润滑

第一节　减速器的结构

减速器的类型很多，但其基本结构都由轴系部件、箱体及附件等组成。图 4-1、图 4-2

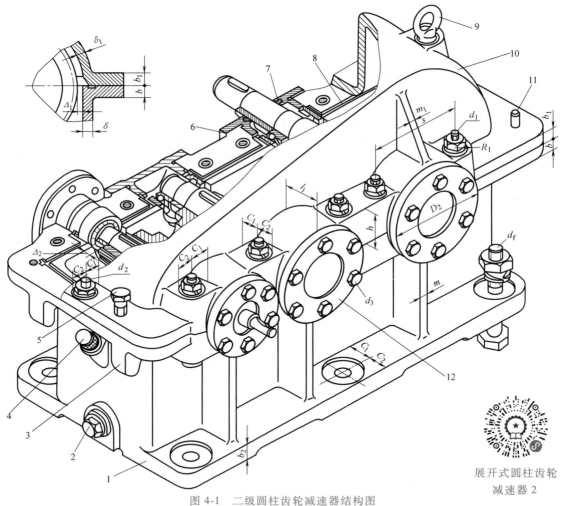

图 4-1　二级圆柱齿轮减速器结构图

1—箱座　2—油塞　3—吊钩　4—油标　5—起盖螺钉　6—调整垫片　7—密封装置
8—油沟　9—吊环螺钉　10—箱盖　11—定位销　12—轴承盖

展开式圆柱齿轮
减速器 2

和图 4-3 所示分别为二级圆柱齿轮减速器、锥齿轮-圆柱齿轮减速器和蜗杆减速器结构图。
图中标出了减速器的箱体和附件名称，表示了三部分组件的相互位置关系以及箱体的部分结
构尺寸参数。下面对组成减速器的三大部分进行简要介绍。

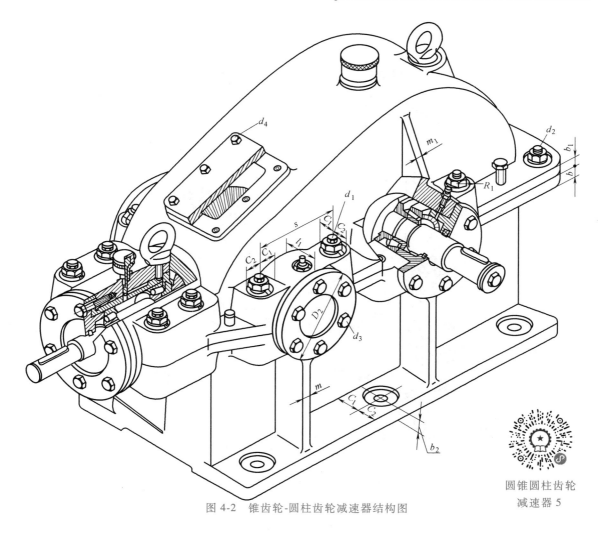

图 4-2 锥齿轮-圆柱齿轮减速器结构图

一、轴系部件

轴系部件包括传动零件、轴和轴承组合，如图 4-4 所示。这些传动零件的设计、轴和轴承组合的结构设计在机械设计教材和理论教学中已做了讨论和介绍，这里仅做简要介绍。

1. 传动零件

减速器轴系的传动零件有圆柱齿轮、锥齿轮、蜗杆、蜗轮、带轮、链轮和联轴器等。通常根据减速器内传动零件的种类来命名减速器的名称。

2. 轴

减速器的轴用于支承传动零件并传递运动和动力，一般采用阶梯轴，便于轴上零件的安装和定位，传动零件与轴多用平键连接，必要时也可以采用花键连接。

3. 轴承组合

轴承组合包括轴承、轴承盖、密封装置以及调整垫片等。

轴承是轴的支承部件。减速器多采用滚动轴承，主要是因为滚动轴承比一般的滑动轴承摩擦因数小、运动精度高、润滑维护简便，同时滚动轴承是标准部件，其类型多样且便于互换。

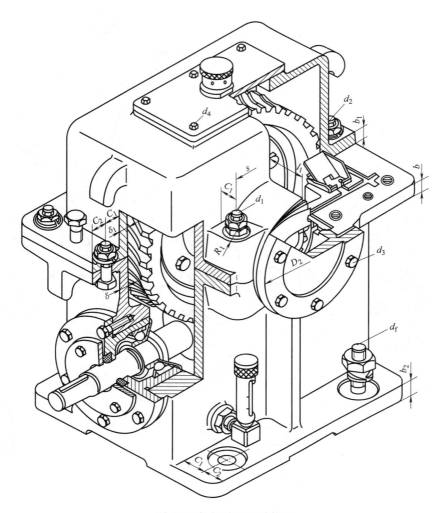

图 4-3　蜗杆减速器结构图

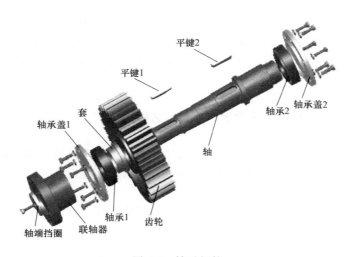

图 4-4　轴系部件

轴承盖用来固定轴承，承受轴向载荷以及调整轴承游隙。轴承盖多用灰铸铁制造，有凸缘式和嵌入式两种，图4-4中所示的凸缘式轴承盖便于调整轴承游隙，密封性好；嵌入式轴承盖结构简单，质量较小，常用于中心距较小、采用深沟球轴承的圆柱齿轮减速器。

为防止灰尘、水汽以及其他杂质进入轴承，引起轴承磨损和腐蚀，以及防止润滑剂流失，需在输入或输出端的轴承盖1中设置密封装置。

为了调整轴承游隙，有时也为了调整传动零件（如锥齿轮、蜗轮）的轴向位置，需在轴承盖与箱体轴承座端面之间放置调整垫片。调整垫片由若干厚度不同的低碳钢钢片组成，通过增减和改变垫片的数量和厚度来达到调整的目的。

二、箱体

减速器箱体用以支承和固定轴系零部件，是保证传动零件的啮合精度、良好润滑及密封的重要零件。因此，箱体结构对减速器的工作性能、加工工艺、材料消耗及制造成本等都有很大影响，设计时必须全面考虑。

1. 箱体的结构形式

按结构形状不同，箱体可分为剖分式（图4-5）和整体式（图4-6）。

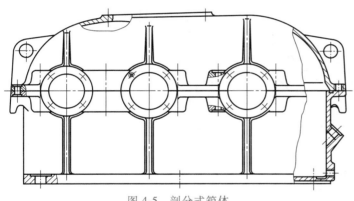

图4-5　剖分式箱体

图4-6　整体式箱体

（1）剖分式箱体　剖分式箱体由箱座和箱盖两部分组成，使用螺栓连接起来构成一个整体。剖分面与减速器内传动件轴线平面重合，这样有利于轴系部件的安装和拆卸。

为了保证接合面连接处的局部刚度与接触刚度，箱座和箱盖的连接凸缘必须有一定的宽度和厚度，并且要精密加工，以保证连接的紧密性，箱座底板更要有一定的宽度和厚度，以保证安装的稳定性。为了保证箱体的刚度，在轴承座处设有加强肋板，加强肋板分外肋板（图4-5和图7-2a）和内肋板（图7-2b）。

在相同壁厚情况下，增加箱体底面积及箱体尺寸，可以增加抗弯惯性矩，有利于提高箱体的整体刚性。图4-7所示为两种不同轮廓尺寸的箱体，其刚性也不同。

对于锥齿轮减速器的箱体（图4-8），支承小锥齿轮轴悬臂部分的壁厚可以适当加厚，但应注意避免产生过大的铸造应力，并应尽量减小轴的悬臂长度，以利于提高轴的刚性。

按毛坯制造方式的不同，剖分式箱体有铸造箱体（图4-1~图4-3、图4-5~图4-8）和焊接箱体（图4-9、图4-10）之分。铸造箱体一般多用灰铸铁（HT150和HT200）制成。灰铸铁具有良好的铸造性能、切削加工性能、抗压性能和吸振性能，且成本低，但其弹性模量 E 较小，刚性较差，故在重型减速器中常用铸钢（ZG200-400或ZG230-450）箱体。一般情况

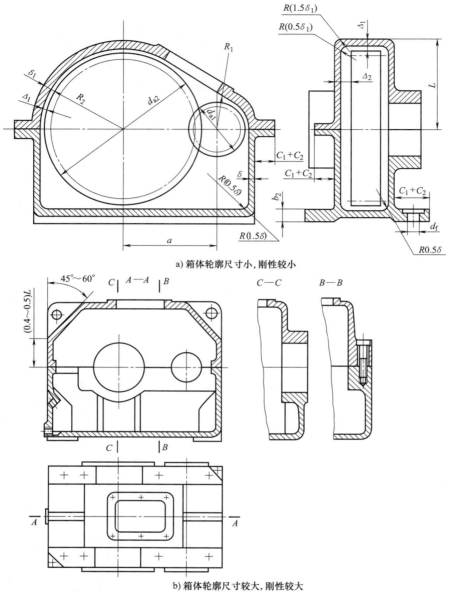

a) 箱体轮廓尺寸小, 刚性较小

b) 箱体轮廓尺寸较大, 刚性较大

图 4-7 增大箱体尺寸以增大刚度

下, 当生产批量超过 3~4 件时, 采用铸件比较经济。

采用钢板焊接箱体代替铸铁箱体, 不但不用木模, 简化了毛坯制造工艺, 而且由于钢的弹性模量 E 和切变模量 G 较铸铁大 40%~70%, 因而可以得到质量小而刚性更好的箱体, 生产周期也短。焊接箱体多用于单件和小批量产品的试制, 或用于尺寸较大的减速器。焊接箱体壁厚为铸造箱体壁厚的 1/2~4/5, 其

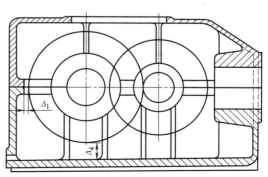

图 4-8 锥齿轮-圆柱齿轮减速器中小锥齿轮轴承座

他相应部分的尺寸也可适当减小，所以一般焊接箱体比铸造箱体轻 1/4～1/2。但用钢板焊接时容易产生较大的热变形，故对焊接技术要求较高，焊接成形后还需要进行退火及矫直处理，还应留有足够的加工余量。

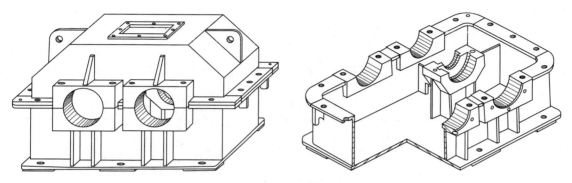

图 4-9　同轴式减速器的剖分式焊接箱体

图 4-10　展开式减速器的剖分式焊接箱体

（2）整体式箱体　整体式箱体质量小、零件少、加工量少、工艺简单、外形美观，但轴系装配相对困难。图 4-11 和图 4-12 所示均为整体式蜗杆减速器铸造箱体。

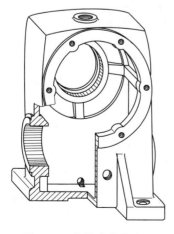

图 4-11　整体式箱体之一

图 4-12　整体式箱体之二

按照现代工业美学的要求，近年来，出现了一些外形简单、造型整齐的方形减速器箱体结构（图4-9~图4-12），以方形小圆角过渡代替传统的大圆角曲面过渡；上、下箱体连接处的外凸缘改为内凸缘结构（图4-8）；加强肋板和轴承座均设计在箱体内部（图4-7、图4-8）。

2. 剖分式铸造箱体的结构尺寸确定

　　一般减速器箱体多采用剖分式的铸铁箱体，当承受较大冲击和重载荷时可采用铸钢箱体。铸造箱体多用于批量生产。铸铁箱体各部分的结构尺寸可根据图4-1、图4-2和图4-3，参阅表4-1确定。

表 4-1　铸铁减速器箱体结构尺寸计算表

名称	符号	减速器形式及尺寸关系			
			圆柱齿轮减速器	锥齿轮减速器	蜗杆减速器
箱座壁厚	δ	一级	$0.025a+1 \geqslant 8mm$	$0.0125(d_{m1}+d_{m2})+1 \geqslant 8mm$ 或 $0.01(d_1+d_2)+1 \geqslant 8mm$ d_1、d_2—大端直径 d_{m1}、d_{m2}—平均直径	$0.04a+3 \geqslant 8mm$
		二级	$0.025a+3 \geqslant 8mm$		
		三级	$0.025a+5 \geqslant 8mm$		
		多级传动时,a取低速级中心距。对锥齿轮-圆柱齿轮减速器,按圆柱齿轮传动中心距取值 考虑铸造工艺,所有箱体壁厚一般都不应小于8mm			
箱盖壁厚	δ_1	一级	$0.02a+1 \geqslant 8mm$	$0.01(d_{m1}+d_{m2})+1 \geqslant 8mm$ 或 $0.0085(d_1+d_2)+1 \geqslant 8mm$	蜗杆上置:$\delta_1=\delta$ 蜗杆下置: $\delta_1=0.85\delta \geqslant 8mm$
		二级	$0.02a+3 \geqslant 8mm$		
		三级	$0.02a+5 \geqslant 8mm$		
箱座凸缘厚度	b	1.5δ			
箱盖凸缘厚度	b_1	$1.5\delta_1$			
箱座底凸缘厚度	b_2	2.5δ			
地脚螺栓直径	d_f	$0.036a+12mm$		$0.0018(d_{m1}+d_{m2})+1 \geqslant 12mm$ 或 $0.015(d_1+d_2)+1 \geqslant 12mm$	$0.036a+12mm$
地脚螺栓数目	n	$a \leqslant 250mm$ 时,$n=4$ $a>250~500mm$ 时,$n=6$ $a>500mm$ 时,$n=8$		$n=\dfrac{箱座底凸缘周长之半}{200~300mm} \geqslant 4$	4
轴承旁连接螺栓直径	d_1	$0.75d_f$			
箱盖与箱座连接螺栓直径	d_2	$(0.5~0.6)d_f$			
连接螺栓 d_2 的间距	l	$150~200mm$			
轴承盖螺钉直径	d_3	$(0.4~0.5)d_f$			
窥视孔盖螺钉直径	d_4	$(0.3~0.4)d_f$			
定位销直径	d	$(0.7~0.8)d_2$			
d_f、d_1、d_2 至外箱壁距离	C_1	见表4-2			
d_f、d_1、d_2 至凸缘边缘距离	C_2	见表4-2			
轴承旁凸台半径	R_1	C_2			
凸台高度	h	根据低速级轴承座外径确定,以便于扳手操作为准,如图7-3所示			
外箱壁至轴承座端面距离	l_1[①]	$C_1+C_2+(5~8mm)$			
大齿轮顶圆(蜗轮外圆)与内箱壁间的距离	Δ_1	$\geqslant 1.2\delta$			
齿轮(锥齿轮或蜗轮轮毂)端面与内箱壁间的距离	Δ_2	$\geqslant \delta$			
箱座肋厚	m	$\approx 0.85\delta$			
箱盖肋厚	m_1	$\approx 0.85\delta_1$			
轴承盖外径	D_2	轴承座孔直径$+(5~5.5)d_3$;嵌入式轴承盖 $D_2=1.25D+10mm$ D—轴承外径,没有套杯时,轴承座孔直径等于轴承外径			
轴承旁连接螺栓距离	S	尽量靠近,以 Md_1 和 Md_3 互不干涉为准,一般取 $S \approx D_2$			

　　① 式中5~8mm是考虑轴承旁凸台铸造斜度及轴承座端面与凸台斜度间的距离而给出的概略值。

箱体连接螺栓扳手空间 C_1、C_2 的值和沉头座直径见表 4-2。

表 4-2　连接螺栓扳手空间 C_1、C_2 的值和沉头座直径　　　　　　　（单位：mm）

螺栓直径	M8	M10	M12	M16	M20	M24	M30
$C_1 \geqslant$	13	16	18	22	26	34	40
$C_2 \geqslant$	11	14	16	20	24	28	34
沉头座直径	18	22	26	33	40	48	61

注：参见图 4-1~图 4-3。

三、附件

减速器中除轴系部件和箱体等主要零部件外，其他一些辅助零部件或附加结构称为附件。为了保证减速器正常工作，满足维修、保养、吊装、搬运等的需要，这些附件是必不可少的。减速器附件的功用见表 4-3，其详细设计见第七章第三节。

表 4-3　减速器附件的功用

名　称	功　用
窥视孔和视孔盖（参考表 20-13）	窥视孔用于检查传动零件的啮合情况、润滑状态、接触斑点和齿侧间隙，还用来向油池注入润滑油
通气器（参考表 20-1~表 20-3）	通气器用于箱体内热胀气体的自由溢出，使箱内外气压保持一致，以避免机器运转时箱体内温度升高、内压增大引起润滑油渗漏
起吊装置（参考表 20-14~表 20-16）	起吊装置用于装拆和搬运减速器
启盖螺钉（参考表 13-10）	启盖螺钉用于拆卸箱盖
定位销（参考表 13-32、表 13-33）	定位销用于剖分式箱体中，保证轴承座孔的加工和装配精度以及箱盖经多次拆装后轴承座孔始终保持制造加工时的相对位置
油面指示器（参考表 20-7~表 20-10）	油面指示器用于指示油池油面高度，以保证油池中的正常油量
放油孔和放油螺塞（参考表 20-11、表 20-12）	放油孔用于排放油池中的润滑油。放油螺塞和密封垫圈用来将放油孔堵住

第二节　减速器的润滑

减速器内的传动零件和轴承都需要良好的润滑，这不仅可以减小摩擦损失、提高传动效率，还可以防锈、降低噪声、散热、提高工作寿命等。本节介绍传动零件和滚动轴承的润滑。

一、传动零件的润滑

对于传动零件来说，常用的润滑方式有浸油润滑、喷油润滑等。当减速器中高速级齿轮线速度 $v \leqslant 12\text{m/s}$ 或蜗杆线速度 $v \leqslant 10\text{m/s}$ 时，传动零件通常采用浸油润滑。当减速器中高速级齿轮线速度 $v > 12\text{m/s}$ 或蜗杆线速度 $v > 10\text{m/s}$ 时，或者对于工作条件繁重的重型或重要的减速器，传动零件应该采用喷油润滑，利用油泵压力将润滑油从喷嘴直接喷到啮合面处。具体设计时可以参考表 4-4 和表 4-5。

表 4-4 减速器内传动零件的润滑方式

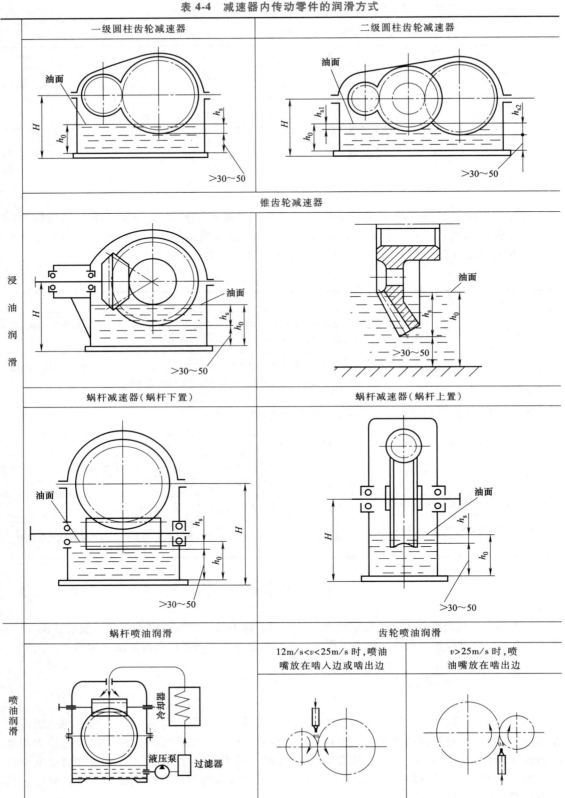

表 4-5　传动零件浸油深度推荐值

减速器类型		传动零件浸油深度
一级圆柱齿轮减速器		当齿轮模数 $m < 20mm$ 时,浸油深度 h_s 约为一个齿高,但不小于 10mm
二级圆柱齿轮减速器		高速级:大齿轮浸油深度 h_{s1} 约为 0.7 个齿高,但不小于 10mm
		低速级:当 $v = 0.8 \sim 12m/s$ 时,大齿轮浸油深度 $h_{s2} = 1$ 个齿高(不小于 10mm)～齿轮半径的 1/6;当 $v = 0.5 \sim 0.8m/s$ 时,大齿轮浸油深度 $h_{s2} =$ 齿轮半径的 1/6～1/3
锥齿轮减速器		锥齿轮的浸油深度 h_s 取齿宽的一半作为最低油面位置,但不小于 10mm,最高浸油深度可为全齿宽
蜗杆减速器	蜗杆上置	蜗轮浸油深度 h_s 与低速级圆柱齿轮的浸油深度 h_{s2} 相同
	蜗杆下置	蜗杆浸油深度 $h_s \geqslant 1$ 个蜗杆齿高,但不高于蜗杆轴承最低滚动体中心线

使用表 4-4 和表 4-5 时还要注意下面几个问题:

1)考虑到使用中润滑油不断蒸发损耗,还应给出一个允许的最高油面,对于中小型减速器,其最高油面比最低油面高 10～15mm。

2)传动件浸入油中的深度 h_s 要适当,既要避免搅油损失太大,又要保证充分润滑。

3)油池要保证一定的储油量 V_0($V_0 = S_0 h_0$,S_0 为箱座的内面积,h_0 为最低油面高度),当输入功率为 P_I 时,对于一级减速器,$V_0/P_I = 0.35 \sim 0.7 dm^3/kW$(润滑油粘度大时取大值),对于多级减速器,油量应按级数倍增。若不满足上述要求,则应适当增大减速器中心高 H,以增加储油量。

4)对于多级齿轮减速器,应按润滑条件合理分配传动比,以使各级大齿轮的浸油深度不要相差太大。超过表中推荐的范围时,建议采用带油轮润滑,如图 4-13 所示。

5)为了避免浸油传动件回转时将油池底部沉积的污物搅起,大齿轮的齿顶圆到油池底部的距离 $\Delta_4 \geqslant 30 \sim 50mm$。

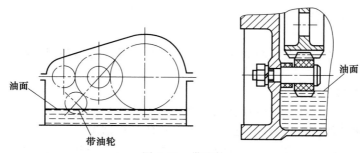

图 4-13　带油轮

二、滚动轴承的润滑

滚动轴承常用的润滑方式有油润滑和脂润滑,润滑方式与轴承转速有关,一般根据轴承的 dn 值(d 为滚动轴承内径,单位为 mm;n 为轴承转速,单位为 r/min)进行选择。适用于脂润滑和油润滑的 dn 值界限参考表 4-6。

表 4-6　适用于脂润滑和油润滑的 dn 值界限　　　(单位:$10^4 mm \cdot r/min$)

轴承类型	脂润滑	油润滑			
		油浴	滴油	循环油(喷油)	油雾
深沟球轴承	16	25	40	60	>60
调心球轴承	16	25	40	—	—
角接触球轴承	16	25	40	60	>60

（续）

轴承类型	脂润滑	油润滑			
		油浴	滴油	循环油（喷油）	油雾
圆柱滚子轴承	12	25	40	60	>60
圆锥滚子轴承	10	16	23	30	—
调心滚子轴承	8	12	—	25	—
推力球轴承	4	6	12	15	—

对于减速器内的滚动轴承，在确定其润滑方式时还要参考表4-7，根据传动零件的运动特点最终确定滚动轴承的润滑方式。

表4-7　减速器内滚动轴承的润滑方式及其应用

润滑方式		应用说明
脂润滑	图6-27a所示为利用旋盖式油杯将润滑脂直接压入轴承室，图6-27b、c、d所示为利用油枪通过直通式压注油杯将润滑脂压入轴承室	适用于高速级齿轮圆周速度 $v<2m/s$ 的轴承润滑，可设置旋盖式油杯或直通式压注油杯
油润滑　飞溅润滑	利用齿轮溅起的油雾进入轴承室或将飞溅到箱盖内壁的油汇集到输油沟内，再流入轴承进行润滑，如图6-28所示	适用于浸油润滑的高速级齿轮圆周速度 $v \geqslant 2m/s$ 的场合。当 v 较大时（$v>5m/s$），飞溅的油可形成油雾；当 v 不够大或油的粘度较大时，不易形成油雾，这时应该在箱座剖分面上设置导油沟
刮板润滑	利用刮油板将油从轮缘端面刮下流入导油沟，再流入轴承进行润滑，如图6-30所示。导油沟设计如图6-31所示	适用于不能采用飞溅润滑的场合（浸油齿轮 $v<2m/s$），同轴式减速器中间轴承的润滑，蜗轮轴承、上置式蜗杆轴承的润滑
浸油润滑	使轴承局部浸入油中，但油面应不高于最低滚动体的中心，如图6-32所示	适用于中、低速，如下置式蜗杆轴的轴承润滑，用于高速轴承时搅油损失大、润滑油发热严重

三、润滑剂的选择

润滑剂的选择与传动类型、载荷性质、工作条件和转速等多种因素有关，一般按下述原则选择。

1. 润滑油的选择

减速器中的齿轮、蜗杆、蜗轮和轴承大都依靠箱体中的油进行润滑，这时润滑油的选择主要考虑箱内传动零件的工作条件，适当考虑轴承的工作情况。

对于闭式齿轮传动，润滑油黏度推荐值见表15-2；对于蜗杆传动，润滑油黏度推荐值见表15-3。

在确定了润滑油的黏度值后，再查表15-1选取润滑油的牌号。

在多级传动中，由于高、低速级传动对润滑油的黏度要求不同，选用时可取平均值。

尽管润滑油品种繁多，性能不一，但单品种油仍难以完全满足减速器的全部使用要求，为此，常采用几种不同的油按一定比例组成混合油，或在润滑油中加入各种添加剂，以改善或获得润滑油的某些特殊要求，如抗高温或抗低温性、抗高压性和抗乳化性等。有关混合油和添加剂的知识，可参阅有关文献。

2. 润滑脂的选择

润滑脂主要用于减速器中滚动轴承的润滑，也用于开式齿轮传动和开式蜗杆传动的润滑。润滑脂主要根据工作温度、工作环境及载荷情况进行选择。常用润滑脂的代号、主要性质和用途见表15-4，滚动轴承润滑脂的选用可参考表15-5和表15-6。

第五章

传动零件的设计及联轴器的选择

减速器是传动装置的核心部分，它直接决定传动装置的性能和结构尺寸。设计减速器必须先设计各级传动零件，包括减速器外、内的传动零件，然后再设计相应的支承零部件（传动轴和轴承）和箱体等。

设计传动零件的原始依据是设计任务书所给定的工作条件以及计算所得传动装置的运动和动力参数初算表（表3-4）。为使其设计时的原始条件比较准确，可按照传动顺序进行设计，通常带传动布置在高速级，可先设计带传动，其带轮基准直径确定后，传动比便可确定，然后可以修正减速器的传动比，再进行减速器内部传动零件（锥齿轮、圆柱齿轮）的设计，这样可减小整个传动装置传动比的累积误差；而链传动布置在低速级，则应先设计减速器内部传动零件（锥齿轮、圆柱齿轮），确定其齿数，便可确定其传动比，这样便可修正链传动的传动比，同样可达到减小整个传动装置传动比的累积误差的目的。

各类传动零件以及支承零部件的设计计算方法，在机械设计或机械设计基础教材中都有详细介绍，本书不再重复。下面仅就在课程设计中，对这些零部件进行设计时应注意的一些问题进行简要说明。

第一节　减速器外传动零件的设计要点和联轴器的选择

减速器外传动零件包括V带、滚子链、开式齿轮以及标准联轴器。

一、V带传动

设计V带传动需要确定的主要内容：V带的型号、根数、长度，中心距，带轮的材料、基准直径和结构尺寸，初拉力和压轴力的大小和方向等。

设计时应注意以下问题：

1）检查带传动的参数是否在合理的范围内，如带速 v 是否在 $5 \sim 25 \mathrm{m/s}$ 之间、小带轮包角是否满足 $\alpha \geqslant 120°$、带的根数 z 是否符合 $z \leqslant 8$ 的要求等，以保证带传动具有良好的工作性能。

2）小带轮轮毂孔径和宽度是否与电动机外伸轴径和长度相对应，小带轮外圆半径是否小于电动机的中心高，大带轮直径是否过大而与减速器底架相碰等。

3）带轮的结构形式主要由带轮直径大小而定，其具体结构及尺寸见表6-5。在确定大带轮轮毂宽度和孔的直径时，应注意与减速器输入轴轴头的长度和直径相对应。轮毂孔的直径可按表6-5选取。带轮轮毂的宽度与带轮的轮缘宽度不一定相等，一般轮毂宽度 l 按其轴孔直径 d 确定，即 $l = (1.25 \sim 2)d$，而轮缘宽度则由带的型号和根数确定。

4）带轮基准直径确定后，应根据基准直径计算带传动的实际传动比和从动轮的转速，一般动力传动可以忽略带传动的滑动率。最后书写设计计算说明书时按带的实际传动比确定输入轴的转速、转矩。

二、滚子链传动

设计滚子链传动需确定的主要内容：链的型号、排数和链节数，中心距，链轮直径、齿数、轮毂宽度，以及链传动压轴力的大小和方向等。

设计时应注意以下问题：

1）为了保证磨损均匀，链轮齿数最好选择奇数或质数。为了使传动平稳、减小动载荷，小链轮齿数不宜过少，一般 $z_{min}=17$。又为了防止链条因磨损而易脱链，大链轮齿数不宜过多，一般 $z_{max} \leqslant 120$。

2）为避免使用过渡链节，链节数应取偶数。

3）若用单排链尺寸过大（如大链轮安装在滚筒轴上时，一般要求大链轮的直径小于滚筒直径），应改用双排或多排链，以减小链节距从而减小链传动的尺寸和动载荷。当链传动的速度较高时，应采用小节距多排链。设计时应注意链轮直径、轴孔和轮毂尺寸等是否与工作机、减速器等的相关尺寸相协调，其具体结构及尺寸见表6-6。

4）链轮齿数确定后，应根据链轮齿数计算链传动的实际传动比和从动链轮的转速。最后书写设计计算说明书时，按链的实际传动比确定工作机轴的转速、转矩。

三、开式齿轮传动

设计开式齿轮传动的主要内容：选择齿轮材料及热处理方式，确定齿轮的齿数、模数、分度圆直径、中心距和齿宽以及其他结构尺寸等。

设计时应注意以下问题：

1）开式齿轮传动的主要失效形式是齿面磨损和轮齿弯曲疲劳折断。目前对齿面磨损缺少成熟的计算方法，开式齿轮传动一般不会发生接触疲劳点蚀，所以也不需计算接触疲劳强度。设计时只需计算弯曲疲劳强度，将按弯曲疲劳强度设计公式求出的模数加大 10% ~ 20%，以考虑齿面磨损的影响。

2）开式齿轮传动一般用于低速场合，为使支承零件结构简单，常采用直齿轮。由于工作环境差、灰尘较多、润滑不良，开式齿轮更易损坏，特别是小齿轮，所以开式小齿轮不能与轴做成一体，这就要求小齿轮分度圆直径 d_1 不能取得太小，建议 $d_1 \geqslant 80 \sim 100mm$。

3）开式齿轮一般悬臂安装在输出轴的端部，支承刚度较小，为了减小载荷沿齿宽分布不均的程度，齿宽系数宜取小些，常取 $\phi_d = 0.3 \sim 0.4$。

4）开式齿轮齿数确定后，应根据其齿数计算开式齿轮传动的实际传动比和从动齿轮的转速。最后书写设计计算说明书时，按照开式齿轮的实际传动比确定工作机轴的转速、转矩。

5）开式齿轮的具体结构形状及尺寸确定参见表6-4。

四、联轴器的选择

减速器一般通过联轴器与电动机和工作机相连接。联轴器的选择就是确定联轴器的类型和型号。

联轴器的类型应根据工作要求来选择，在选择电动机与减速器高速轴之间的联轴器时，由于轴的转速较高，为减小起动载荷，缓冲减振，应选择具有较小转动惯量且具有弹性元件的挠性联轴器，如弹性套柱销联轴器、弹性柱销联轴器和梅花形弹性联轴器等；在选择减速器输出轴与工作机之间的联轴器时，由于轴的转速较低，传递的转矩较大，并且减速器与工作机通常不在同一机座上而往往有较大的轴线偏移，因此，可以选择无弹性元件的挠性联轴器，如齿式联轴器、滑块联轴器和滚子链联轴器。对于中、小型减速器，其输出轴轴线与工作机轴的轴线偏移不大，也可以选择上述具有弹性元件的挠性联轴器。

联轴器的型号按计算转矩、轴的转速和轴径大小来确定。要求所选择联轴器的许用转矩大于计算转矩，允许的最高转速大于被连接轴的工作转速，并且该型号的最大和最小轮毂孔径应满足所连接两轴径的尺寸要求。例如，减速器高速轴输入端通过联轴器与电动机连接，则输入端轴径与电动机轴径相差不能太大，否则，将难以选择合适的联轴器，同时减速器高速轴输入端与电动机轴受力相同，所以建议减速器高速轴输入端轴径 $d = (0.7 \sim 1.0) D$（D 为电动机轴径）。

联轴器类型和型号的具体选择参见表 16-1~表 16-8。

第二节　减速器内传动零件的设计要点

减速器内传动零件包括圆柱齿轮、锥齿轮和蜗杆、蜗轮等。它们的设计工作应在减速器外传动零件设计完成之后，按修正后的参数进行，具体的设计计算方法和步骤及其结构尺寸的确定可参考机械设计教材中的有关内容。

一、圆柱齿轮传动设计

1. 齿轮材料和热处理方式的选择

齿轮材料和热处理方式的选择主要依据齿轮工作时的使用要求，包括传递功率大小、转速高低、对结构尺寸和质量的限制、齿轮尺寸的大小、毛坯的成形方法及制造工艺等。选择时需要注意以下几个问题：

1）当设计的减速器固定在地基或工作台上时，对其结构尺寸和质量没有过高的要求，同时减速器传递功率 P 不大（如 $P = 20 \sim 30 kW$）、转速 n 不高（如 $n < 3000 r/min$）、齿轮精度要求不高（如最高精度为 6~7 级）。这时一般不需要选用含铬合金钢（如 20Cr、20CrMnTi、40Cr 钢等），而应首选优质碳素钢（如 45 钢等）或含锰合金钢（如 35SiMn、40MnB 钢等）。

2）选定齿轮钢材后一般都要通过热处理来改善材料的力学性能和提高齿面硬度。软齿面（硬度≤350HBW）齿轮可经正火或调质获得，为使大、小齿轮的使用寿命相近和近似等强度，应使小齿轮齿面硬度比大齿轮齿面硬度高出 30~50HBW；硬齿面（硬度>350HBW）齿轮可经多种齿面硬化处理方法获得，如整体淬火、表面淬火、渗碳淬火、氮化等。

3）齿轮直径 $d ≤ 400 mm$ 时一般采用锻造毛坯，选用锻钢；当锻造设备能力不足时也可选用铸造毛坯。若 $d > 400 mm$，则多用铸造毛坯，选用铸钢或铸铁。

2. 齿轮传动参数的选择

确定圆柱齿轮传动参数时需要注意以下几个问题：

1）斜齿圆柱轮传动具有传动平稳、承载能力大的优点，所以在减速器中多采用斜齿圆柱齿轮传动。

2）齿轮传动的几何参数和尺寸有严格的要求，应分别进行标准化、圆整或计算其精确值。例如：模数必须取标准值，以便选择标准刀具进行加工；有效齿宽 $b = \phi_d d_1$ 应圆整成整数，常取大齿轮齿宽 $b_2 = b$，而小齿轮齿宽 $b_1 = b_2 + (5 \sim 10 mm)$，以方便装配；齿轮的分度圆、齿顶圆及齿根圆直径，螺旋角等必须计算精确值，长度尺寸应精确到小数点后 2~3 位（单位为 mm），角度应精确到秒（″）。

3）在减速器中，齿轮传动的中心距 a 应尽量取推荐值（表 5-1）或圆整成尾数为 0、5 以及 2、4、6、8 的整数，以便于箱体的制造和检测。直齿轮传动的中心距 a 可以通过模数 m、齿数 z_1、z_2，齿宽系数 ϕ_d 以及角度变位来圆整；斜齿轮传动的中心距 a 可以通过模数 m_n、齿数 z_1、z_2，齿宽系数 ϕ_d 以及螺旋角 β 等来圆整。

表 5-1 减速器齿轮中心距 a 的推荐值　　　　　　　　（单位：mm）

第一系列	40、50、63、80、100、125、160、200、250、315、400、500、630、800、1000、1250、1600、2000、2500
第二系列	140、180、225、280、355、450、560、710、900、1120、1400、1800、2240

4）斜齿轮的螺旋角根据公式 $\beta = \arccos \dfrac{m_n\,(z_1+z_2)}{2a}$ 计算，应尽量取 8°~20° 的中间值附近，这样既能充分发挥斜齿轮的优点，又不会使其轴向力过大。

5）对于传递动力的齿轮，为安全可靠，一般齿轮的模数 m（m_n）应不小于（1.5~2）mm。对于软齿面齿轮传动，小齿轮齿数建议取 $z_1 = 20 \sim 40$；对于硬齿面齿轮传动，小齿轮齿数建议取 $z_1 = 17 \sim 30$。

6）齿轮强度计算和几何计算的关系：强度计算所得尺寸是主要几何尺寸（如中心距、模数和齿宽）计算的依据和基础。实际所取主要几何尺寸要大于强度计算所得尺寸，使其既满足强度要求，又符合齿轮啮合的几何关系。

3. 齿轮其他结构尺寸的确定

通过强度计算确定齿轮的基本参数后，即可计算出其分度圆、齿顶圆、齿根圆直径以及齿宽等。齿轮的其他结构尺寸，如轮毂、轮辐和齿圈等结构形状及尺寸大小，通常根据经验或相关机械设计手册等来确定。设计通用减速器中的齿轮时，由于生产批量较大，可以采用模具锻造毛坯；设计专用减速器中的齿轮时，由于单件生产或批量较小，可以采用自由锻造毛坯；尺寸较大的齿轮也可采用铸造毛坯。圆柱齿轮的具体结构形状和尺寸设计可参考表 6-4。

二、直齿锥齿轮传动设计

设计直齿锥齿轮时需要注意以下问题：

1）直齿锥齿轮大端模数为标准值，计算锥距 R 和分度圆直径 d 时，都要用到大端模数，特别是计算锥距 $R = \dfrac{m}{2}\sqrt{z_1^2 + z_2^2}$ 时应精确到小数点后 2~3 位（单位为 mm），不得圆整。

2）两锥齿轮传动的轴交角 $\Sigma = 90°$ 时，分度圆锥角 δ_1 和 δ_2 可由齿数比 u 计算出，u 值的计算应精确到小数点后第 4 位，δ_1 和 δ_2 的计算应精确到秒（″）。小锥齿轮齿数一般取 $z_1 = 17 \sim 25$（30）。

3）按 $b = R\phi_R$ 求得齿宽后，应进行圆整。因为锥齿轮传动沿齿宽方向的模数不同，为了使两锥齿轮能正确啮合，大、小锥齿轮的齿宽必须相等，即锥顶必须重合。在齿轮的支承上也应有调整两齿轮位置的结构措施，齿宽相同，就可以通过观察和测量两锥齿轮大端背锥面是否平齐来判断锥顶是否重合。

4）直齿锥齿轮具体结构形状和尺寸设计可参考表 6-8。

三、蜗杆传动设计

设计蜗杆传动时需要注意以下问题：

1）由于蜗杆传动的滑动速度大，摩擦发热严重，因此，要求蜗杆副材料具有较好的耐磨性和抗胶合能力。一般根据滑动速度 v_s（m/s）来选择材料，可用公式 $v_s = 5.2 \times 10^{-4} n_1 \sqrt{T_2}$ 初估蜗杆副的滑动速度。式中，n_1 为蜗杆转速（r/min），T_2 为蜗轮转矩（N·mm）。蜗杆传动尺寸确定后，要校核实际滑动速度和传动效率，检查材料选择得是否恰当，以及有关计算数据（如蜗轮转矩等）是否需要修正。

2）模数 m 和蜗杆分度圆直径 d_1 要取标准值，中心距 a 应尽量圆整成尾数为 0 或 5 的整数。为保证 a、m、d_1、z_2 的几何关系，常需对蜗杆传动进行变位。在变位蜗杆传动中，蜗轮的几何尺寸将产生变位修正，而蜗杆几何尺寸不变。蜗轮变位系数应为 $-0.5 \leqslant x_2 \leqslant 0.5$，如不符合，则应调整 d_1 值或将蜗轮齿数改变 $1 \sim 2$ 个。

3）蜗杆上置或下置取决于蜗杆分度圆的圆周速度 v_1，当 $v_1 \leqslant 4$m/s 时，一般将蜗杆下置；当 $v_1 > 4$m/s 时，为了减少蜗杆的搅油损耗，应将蜗杆上置，此时蜗杆副和蜗杆轴轴承的润滑较为困难。蜗杆副可以采用浸油润滑或喷油润滑，蜗杆轴轴承可以采用脂润滑或飞溅润滑，如图 6-45 所示。

4）为了便于加工，蜗杆和蜗轮的螺旋线方向尽量取为右旋。

5）蜗杆的强度、刚度验算以及蜗杆传动的热平衡计算，在装配图设计确定了蜗杆支点距离和箱体轮廓尺寸后进行。

6）蜗杆和蜗轮的具体结构形状和尺寸设计可参考表 6-9、表 6-10。

第六章

减速器装配草图的设计

第一节 概　　述

在传动装置总体方案设计、传动零件设计计算等工作完成以后，即可进行减速器装配图的设计工作。

本章重点介绍减速器装配草图设计，即轴系部件设计的主要内容。在介绍具体内容之前，先对减速器装配图设计进行概括介绍。

一、装配图内容

减速器装配工作图反映减速器整体轮廓形状和传动方式，也表达出各零件间的相互位置、尺寸和结构形状。它是绘制零件工作图的基础，又是减速器部件组装、调试、检验及维修的技术依据。装配工作图应包括以下四方面的内容：

1）完整、清晰、准确地表达减速器全貌的一组视图。

2）必要的尺寸标注。

3）技术要求及装配、调试和检验说明。

4）零件编号、标题栏和明细栏。

二、装配图设计步骤

装配图的设计过程中，涉及内容较多，既包含结构设计，又有校核计算，过程较为复杂，往往要采用"边计算、边绘图、边修改"的设计方法逐步完成。因此，为了获得结构合理、表达规范的图样，在装配图的设计中往往先绘制装配草图，最后才完成装配工作图。

减速器装配工作图的设计步骤如下：

1）减速器装配草图设计，即轴系部件设计，重点设计装配图中的俯视图。

2）减速器装配工作图设计，包括两个方面：一是减速器箱体结构及附件的设计；二是减速器装配图总图的设计，包括尺寸、配合的标注，零部件序号的编写，明细栏、标题栏的编制，技术特性表及技术要求等的编写。

三、装配草图设计的内容

装配草图设计，主要是轴系部件设计，其主要内容如下。

1）通过绘制装配草图，检查前段设计传动比分配的合理性及传动零件尺寸的合理性。

2）选定箱体的结构形式，确定传动零件的结构及其与箱体的位置关系。

3）通过轴的结构设计初选轴承型号，并进行轴承寿命计算。

4）确定轴的尺寸，选择键的尺寸，并对轴及键连接进行强度校核计算。

四、装配草图设计前的准备

在设计减速器装配草图之前，学生应仔细阅读有关资料，认真读懂几张典型的减速器装配图样，并通过减速器装拆试验熟悉减速器的组成和结构特点，弄懂减速器各零件、部件的功用和相互关系，做到对设计内容心中有数。

1. 确定结构设计方案

结构设计是本次设计的重点，分析并初步确定减速器的结构设计方案，其中包括箱体结构（剖分式或整体式）、轴及轴上零件的固定方式、轴的结构、轴承的类型、润滑及密封方式、轴承盖的结构以及传动零件的结构。

2. 准备原始数据

根据已进行的计算，取得下列数据：

1）电动机的型号、电动机轴直径、轴伸长度、中心高等。

2）各传动零件的主要尺寸，如齿轮分度圆直径、齿顶圆直径、齿根圆直径、齿宽、中心距（锥齿轮锥距）、带轮和链轮的几何尺寸等。

3）初算轴的直径。

4）联轴器型号、毂孔直径和长度、装拆尺寸要求等。

本章主要以二级展开式圆柱齿轮减速器为例，说明装配草图的设计步骤和方法。对于其他形式的减速器，只介绍其设计特点。

第二节 确定齿轮及箱体、轴承座的位置

一、确定齿轮的位置

1. 绘制齿轮的中心线

根据齿轮传动的中心距，在俯视图中画出齿轮的中心线。应合理确定中心线的位置，否则将影响视图的布置。

2. 绘制齿轮的轮廓和相对位置

如图 6-1 所示，在俯视图上画出各齿轮的分度圆、齿顶圆和齿轮宽度，先不画齿轮的详细结构。为保证齿轮全齿宽接触，通常小齿轮比大齿轮宽 5～10mm。在设计二级展开式圆柱齿轮减速器时，还应注意两个齿轮端面间要留有一定的距离 Δ_3，并使中间轴上大齿轮齿顶圆与输出轴之间保持一定的距离 Δ_5，如不能保证，则应调整齿轮传动的参数。

二、确定箱体内壁和外廓

1. 绘制箱体内壁线

为避免因箱体铸造误差造成齿轮与箱体间的距离过小甚至齿轮与箱体内壁相碰，应使大齿轮齿顶圆、齿轮端面与箱体内壁之间分别留有适当的距离 Δ_1、Δ_2。高速级小齿轮一侧的箱体内壁线还应考虑其他条件才能确定，故暂不画出。

按照表 6-1 推荐的数据确定各传动零件之间的位置，并绘出箱体内壁线，如图 6-1 所示。

2. 绘制箱体外廓及轴承座孔位置

绘出箱体内壁线后，就需确定箱体分箱面凸缘的宽度 A，A 的尺寸取决于箱座壁厚 δ、轴承

旁连接螺栓直径 d 及其所需扳手空间的尺寸 C_1、C_2，即 $A = \delta + C_1 + C_2$。轴承座端面的位置，对于剖分式箱体，轴承座内端面与箱体内壁线重合，轴承座外端面的位置除了凸缘宽度外，还应考虑区分加工面与毛坯面所留出的 5~8mm 距离，所以轴承座宽度尺寸 $L_1 = \delta + C_1 + C_2 + (5\sim8)$ mm。

表 6-1 减速器零件的位置尺寸 （单位：mm）

符号	名称	推荐值	符号	名称	推荐值
Δ_1	齿轮齿顶圆至箱体内壁的距离	$\geq 1.2\delta$，δ 为箱座壁厚	H	减速器中心高	$\geq r_a + \Delta_6 + \Delta_7$，$r_a$ 为大齿轮齿顶圆半径
Δ_2	齿轮端面至箱体内壁的距离	$>\delta$（一般取 ≥ 10）	A	分箱面凸缘宽度	$\geq \delta + C_1 + C_2$
Δ_3	旋转零件间的轴向距离	10~15	L_1	轴承座宽度（箱体内壁至轴承座孔端面的距离）	$\geq \delta + C_1 + C_2 + (5\sim8)$
Δ_4	大齿轮齿顶圆至箱底内壁的距离	$>30\sim50$	e	轴承盖凸缘厚度	见表 20-4
Δ_5	齿轮齿顶圆至轴表面的距离	≥ 10	L_2	箱体内壁轴向距离	根据齿宽参考前述结构尺寸确定
Δ_6	轴承端面至箱体内壁的距离 轴承用脂润滑时 轴承用油润滑时	$\Delta_6 = 8\sim12$ $\Delta_6 = 3\sim5$	L_3	箱体轴承座孔端面间的距离	根据齿宽参考前述结构尺寸确定
Δ_7	箱底至箱底内壁的距离	15~20			

图 6-1 和图 6-2 所示分别为二级、一级圆柱齿轮减速器采用凸缘式轴承盖时初绘的装配草图。

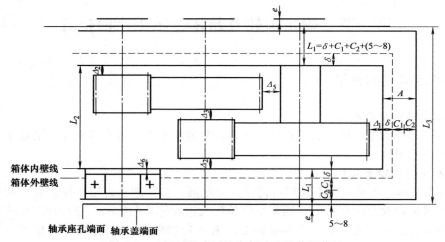

图 6-1 二级展开式圆柱齿轮减速器装配草图

三、确定轴承的位置

1. 初选轴承型号

滚动轴承的类型由载荷、转速和工作条件等要求确定。对于固定端，一般直齿圆柱齿轮传动的轴可选择深沟球轴承，斜齿圆柱齿轮传动的轴可根据轴向力的大小选用深沟球轴承、角接触球轴承或圆锥滚子轴承。对于游动端，可选用深沟球轴承或圆柱滚子轴承。

滚动轴承的内径尺寸在轴的径向尺寸设计中确定；宽度和外径尺寸的选择，由于没有进行受力分析，通常按照从高速轴到低速轴尺寸逐渐加大的原则进行，比如高速轴轴承初选特

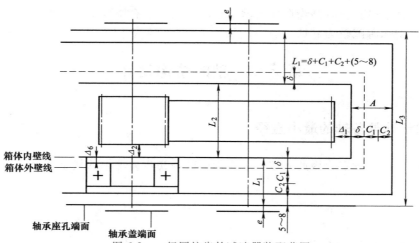

图 6-2　一级圆柱齿轮减速器装配草图

轻或轻系列，中间轴初选轻系列或中系列，低速轴初选中系列或重系列。此时选择的轴承型号只是初选，随后需根据寿命计算结果再进行必要的调整。

对于两端各单向固定的支承方式，一根轴上的两个支点宜采用同一型号和尺寸的轴承，这样，轴承座孔可一次镗出，以保证加工精度。

2. 确定轴承的润滑、密封方式和轴承位置

根据传动零件的圆周速度，可以确定轴承的润滑方式。

当减速器内浸油传动零件（如齿轮）的圆周速度 $v \geqslant 2 \text{m/s}$ 时，轴承可采用油润滑，这时齿轮传动飞溅起的润滑油可以通过导油沟送入轴承中进行润滑；当浸油传动零件（如齿轮）的圆周速度 $v < 2 \text{m/s}$ 时，箱体内的润滑油飞溅不起来，轴承只能采用脂润滑。对于多级传动，只要有一级传动零件的圆周速度 $v \geqslant 2 \text{m/s}$，就可以采用油润滑，而且减速器中的所有轴承应该采用同样的润滑方式。

轴承的密封方式可根据轴承的润滑方式和机器的工作环境是清洁或多尘等来确定。

轴承的类型和润滑方式确定后，就可以在轴承座孔中画出轴承的位置，轴承端面至箱体内壁的距离为 Δ_6，轴承用脂润滑和油润滑时 Δ_6 不同，具体尺寸见表 6-1。

3. 确定轴承盖的结构形式

轴承盖用以固定轴承、调整轴承游隙并承受轴向力，其形式有凸缘式和嵌入式两种。

凸缘式轴承盖如图 6-3 所示，它用螺钉与箱体轴承座连接。凸缘式轴承盖可以比较方便地通过轴承座与轴承盖间的调整垫片调整轴承游隙，密封性能也好，故使用得较多。

嵌入式轴承盖如图 6-4 所示，其结构简单，由于没有连接的螺钉，使得箱体外表比较光

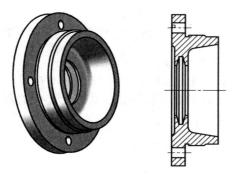

图 6-3　凸缘式轴承盖

图 6-4　嵌入式轴承盖

滑，减少了零件数量；没有凸缘，使得轴承盖的径向尺寸有所减小。但这种轴承盖的密封性能较差，调整轴承游隙较为麻烦。

第三节　轴的结构设计

一、初步计算各轴的最小直径

因轴的跨距尚未确定，因此先按轴上作用的转矩初步计算轴的最小直径 $d_{\min}$（mm）。计算公式为

$$d \geqslant A_0 \sqrt[3]{\frac{P}{n}} \tag{6-1}$$

式中　P——轴传递的功率（kW）；

　　　n——轴的转速（r/min）；

　　　A_0——由轴的材料确定的常数，可查阅相关机械设计或机械设计基础教材。

利用式（6-1）计算轴的最小直径时，应注意以下问题：

1）当计算轴径上有键槽时，会对轴的强度有所削弱，因此，应适当增大轴的直径。对于 $d \leqslant 100\text{mm}$ 的轴，在同一截面上，单键时 d 值应增大 5%~7%，双键时 d 值应增大 10%~15%；对于直径 $d > 100\text{mm}$ 的轴，在同一截面上，单键时 d 值应增大 3%，双键时 d 值应增大 7%。

2）由式（6-1）计算轴径时，当轴段只受转矩或弯矩较小时，A_0 取较小值；当弯矩相对转矩较大时，A_0 取较大值。

3）式（6-1）计算的轴径是最小值，一般应根据表 11-8 取标准值。

4）当减速器外伸轴段通过联轴器与电动机轴连接时，初算直径 d 应与减速器外伸轴段连接的电动机轴的直径相匹配，即符合联轴器的孔径范围要求。具体方法见以下例题。

例　某电动机、减速器、带式输送机组成的传动系统如图 6-5 所示，电动机的型号为 Y160L-6，其传递的功率为 $P = 11\text{kW}$，转速 $n = 970\text{r/min}$，电动机伸出端直径 $D = 42\text{mm}$，伸出端长度 $E = 110\text{mm}$。试选择联轴器 1 的型号，并确定该减速器高速轴（材料为 45 钢，有一个键槽）的最小直径（即该轴外伸端的直径）。

解：1）按扭转强度初定该轴的最小直径 $d_{\min}$。

查表 12-3[1] 得，45 钢的 $A_0 = 107~118$，取 $A_0 = 110$。则

$$d \geqslant A_0 \sqrt[3]{\frac{P}{n}} = 110 \times \sqrt[3]{\frac{11}{970}}\text{mm} = 24.72\text{mm}$$

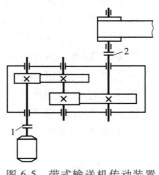

图 6-5　带式输送机传动装置
1、2—联轴器

该轴段上有一个键槽，故将计算值加大 5%，则 $d_{\min} = 25.96\text{mm}$。

2）选择联轴器。由于联轴器 1 在高速轴上，转速较高，且电动机与减速器不在同一基础上，其两轴线位置必有相对偏差，因而选用有弹性元件的挠性联轴器，如弹性套柱销联轴器、弹性柱销联轴器或梅花形弹性联轴器。公称转矩为

$$T = 9.55 \times 10^3 \frac{P}{n} = 9.55 \times 10^3 \times \frac{11}{970}\text{N} \cdot \text{m} = 108.3\text{N} \cdot \text{m}$$

由表 15-2[1] 查得 $K_A = 1.5$，则计算转矩为

$$T_{ca} = K_A T = 1.5 \times 108.3 \text{N} \cdot \text{m} = 162.45 \text{N} \cdot \text{m}$$

查本书表 16-3，可选择 LT6 型弹性套柱销联轴器，$T_n = 250\text{N} \cdot \text{m}$，$[n] = 3800\text{r/min}$，$d = 32 \sim 42\text{mm}$；查表 16-4，也可选择 LX3 型弹性柱销联轴器，$T_n = 1250\text{N} \cdot \text{m}$，$[n] = 4700\text{r/min}$，$d = 30 \sim 48\text{mm}$；查表 16-5，也可选择 LM5 型梅花形弹性联轴器，$T_n = 350\text{N} \cdot \text{m}$，$[n] = 7300\text{r/min}$，$d = 25 \sim 45\text{mm}$。它们均可满足电动机的轴径要求。考虑到为满足强度要求，应尽量采用较小直径，故确定采用 LM5 型梅花形弹性联轴器，其标记为（标记中的"YA"可省略）：

$$\text{LM5 型联轴器} \quad \frac{\text{YA}42 \times 112}{\text{YA}28 \times 62} \text{MT5-a} \quad \text{GB/T } 5272\text{—}2002$$

3）确定减速器高速轴外伸端的直径 $d = 28\text{mm}$。

二、轴的结构设计

轴的结构设计是在初步计算轴径的基础上进行的，为了满足轴上零件的定位和固定要求，同时为了轴的加工和轴上零件的装拆，通常把轴设计成阶梯形，则轴的结构设计的任务是合理确定阶梯轴的形状和结构尺寸。下面以例题中高速轴为例，说明确定轴的结构和具体尺寸的方法（图 6-6）。

1. 轴各段直径的确定

轴各段直径的确定应按照从两端到中间的顺序，即在最小直径的基础上，根据轴上零件的安装、定位要求等确定其他轴段的直径。

（1）有配合要求轴段的直径　轴上装有齿轮、带轮、链轮处的直径，如图 6-6 中的 d_6 应尽量取标准值，可参见表 11-8。

（2）安装标准件轴段的直径　轴上装有滚动轴承、联轴器、密封元件处的直径，如图 6-6 中的 d_1、d_2、d_3 和 d_7，应分别与联轴器、密封元件、滚动轴承孔径的标准值尺寸一致。

（3）轴肩高度　为了便于轴上零件的安装和定位，轴上要设置轴肩。轴肩分为定位轴肩（图 6-6 中的 $d_1 - d_2$、$d_3 - d_4$ 和 $d_5 - d_6$ 形成的轴肩）和非定位轴肩（图 6-6 中的 $d_2 - d_3$ 和 $d_7 - d_6$ 形成的轴肩）两种。定位轴肩的高度一般取为 $h = 3 \sim 5\text{mm}$ 或 $h = (0.07 \sim 0.1)d$，其中 d 为与零件相配处轴的直径（单位为 mm）。

滚动轴承定位轴肩（或定位套筒）的高度必须低于轴承内圈端面的高度，以便于拆卸轴承，其尺寸可查表 14-1 ~ 表 14-4 中轴承安装尺寸 d_a，如图 6-7 所示。

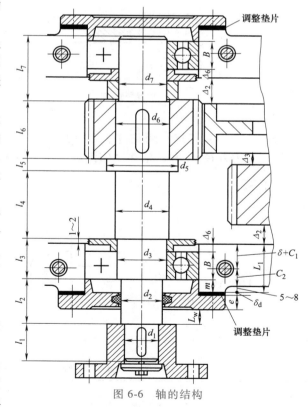

图 6-6　轴的结构

非定位轴肩是为了便于加工和装配方便而设置的，其高度没有严格的规定，一般取为 $h = 1 \sim 2\text{mm}$。

有时由于结构原因，相邻两轴段直径取相同的名义尺寸，但公差带不同，这样也可以保证轴上零件装拆方便，如图 6-8 所示。

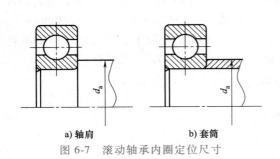

图 6-7　滚动轴承内圈定位尺寸

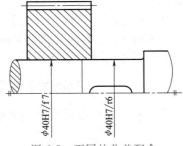

图 6-8　不同的公差配合

　　（4）圆角半径　为了减小应力集中，轴肩处应有过渡圆角，且尺寸不宜过小。用作零件定位的轴肩，为了使轴上零件能靠紧轴肩而定位可靠，轴肩圆角半径 r、毂孔圆角半径 R 或倒角尺寸 C 应满足如下关系：$r<C$，$r<R$，$h>C$。轴环的功用和尺寸与轴肩相同，其宽度 $l_h \geq 1.4h$，如图 6-9 所示。

　　（5）砂轮越程槽和退刀槽　需要磨削的轴段应有砂轮越程槽，如图 6-10 所示；车制螺纹的轴段应有螺纹退刀槽，如图 6-11 所示，其尺寸可分别查表 11-14 和表 11-17。

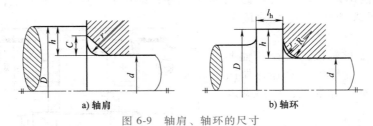

a) 轴肩　　　　　　　　　　b) 轴环

图 6-9　轴肩、轴环的尺寸

　　（6）刀具越程长度　用花键滚刀加工花键时，应注意刀具的越程长度 l（图 6-12），其值可根据滚刀外径 d_e 和键槽深度作图确定。矩形花键滚刀外径 d_e 按表 11-16 选取。

图 6-10　砂轮越程槽　　　　　图 6-11　退刀槽　　　　　图 6-12　滚刀越程长度

　　轴各段直径（图 6-6）的确定方法见表 6-2。

表 6-2　轴各段直径的确定方法

直径	确定方法及说明
d_1	按式（6-1）确定，需考虑键槽及外接零件。本例中 $d_1 = d = 28\text{mm}$，例题中已确定装联轴器的轴段直径
d_2	$d_2 = d_1 + 2h$，h 为轴肩高度。$d_2 - d_1$ 轴肩为定位轴肩，$h = 3 \sim 5\text{mm}$，故 $d_2 = d_1 + (6 \sim 10)\text{mm} = 38\text{mm}$，并考虑密封毡圈尺寸（查表 15-12）

（续）

直径	确定方法及说明
d_3	$d_3 = d_2 + 2h$，$d_3 - d_2$ 轴肩为非定位轴肩，$h = 1 \sim 2\text{mm}$，故 $d_3 = d_2 + (2 \sim 4)\text{mm} = 40\text{mm}$。对于装轴承轴段（如轴承型号选为 6208），轴径必须满足轴承孔径要求
d_4	$d_4 = d_a$，$d_4 - d_3$ 轴肩为定位轴肩，需根据轴承的安装尺寸 d_a 确定，查表 14-1，$d_4 = d_a = 47\text{mm}$
d_7	$d_7 = d_3 = 40\text{mm}$，同一根轴上的滚动轴承尽量选择同一型号，以便于轴承座孔的镗削加工
d_6	$d_6 = d_7 + 2h$，$d_6 - d_7$ 轴肩为非定位轴肩，$h = 1 \sim 2\text{mm}$，故 $d_6 = d_7 + 2h = d_7 + (2 \sim 4)\text{mm} = 42 \sim 44\text{mm}$，可取表 11-8 中的标准尺寸，这里取 45mm
d_5	$d_5 = d_6 + 2h$，$d_5 - d_6$ 轴肩为定位轴肩，$h = 3 \sim 5\text{mm}$，故 $d_5 = d_6 + (6 \sim 10)\text{mm} = 53\text{mm}$

2. 轴各段长度的确定

确定各轴段的长度时，应尽可能使结构紧凑，还要考虑轴上零件的轴向尺寸、轴上相邻零件之间的距离以及轴上零件装拆和调整所需的空间等。

（1）安装齿轮、带轮和链轮等零件的轴段　对于安装齿轮、带轮、链轮和联轴器的轴段，要根据轮毂的宽度确定其长度，可分别参考表 6-4～表 6-6 及表 16-2～表 16-8。

为了保证这类零件的端面与轴向固定零件（套筒、挡圈等）可靠接触与固定，该轴段的长度应略短于相配轮毂的宽度，一般取 $\Delta l = 2 \sim 3\text{mm}$，如图 6-13 所示。

（2）有外伸端的轴段　轴的外伸长度与外接零件、密封装置及轴承端盖的结构有关。若外伸轴上零件内侧端面与轴承端盖的距离为 l_w，则：

1）当采用螺栓连接的凸缘式轴承盖时，l_w 应大于或等于轴承盖连接螺钉的长度，一般取 $l_w = 15 \sim 25\text{mm}$，也可取 $l_w = (3 \sim 4) d_3$（d_3 为

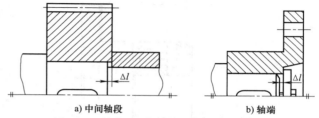

a) 中间轴段　　　　b) 轴端

图 6-13　轴段的长度应略短于轮毂的宽度

轴承盖连接螺钉的直径），以便在不拆下外接零件的情况下能方便地拆下轴承盖螺钉，如图 6-14a 所示。

2）若轴端安装有弹性套柱销联轴器，则确定 l_w 时还必须满足弹性套和柱销的装拆距离 A，这时的 A 值可从联轴器标准中（表 16-3）查取，如图 6-14b 所示。

3）当轴段零件直径小于轴承盖螺钉布置直径或用嵌入式轴承盖时，外伸轴的轴向定位端面至轴承盖端面的距离可取得小些，一般取 $l_w = 10 \sim 15\text{mm}$，如图 6-14c 所示。

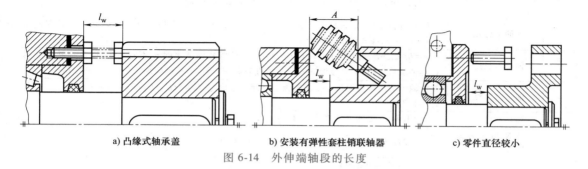

a) 凸缘式轴承盖　　　　b) 安装有弹性套柱销联轴器　　　　c) 零件直径较小

图 6-14　外伸端轴段的长度

（3）没有外伸端的轴段　当轴没有外伸端，而轴承位于轴的两端，且轴承内圈不需要固定时，轴的端面与轴承的外侧通常对齐，如图 6-15a 所示；若轴承内圈需要用弹簧挡圈或止动垫片和圆螺母固定，则轴的端面比轴承的外侧长 $5 \sim 8\text{mm}$，如图 6-15b、c 所示；若轴承

内圈需要用轴端挡圈固定，则轴的端面比轴承的外侧短 $\Delta l = 2 \sim 3\,\mathrm{mm}$，如图 6-15d 所示。

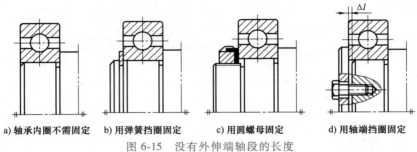

a) 轴承内圈不需固定　b) 用弹簧挡圈固定　c) 用圆螺母固定　d) 用轴端挡圈固定

图 6-15　没有外伸端轴段的长度

（4）安装滚动轴承的轴段　不论是否为外伸端，轴承在轴承座中的位置与轴承的润滑方式有关，这也决定了安装滚动轴承轴段的长度。若轴承采用脂润滑，查表 6-1，轴承到箱体内壁的距离 $\Delta_6 = 8 \sim 12\,\mathrm{mm}$，轴上要加装挡油盘，如图 6-16a 所示；若轴承采用油润滑，则 $\Delta_6 = 3 \sim 5\,\mathrm{mm}$，如图 6-16b 所示。

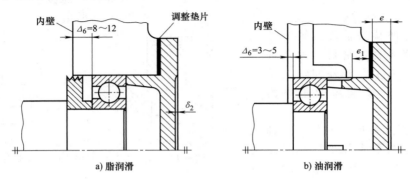

a) 脂润滑　　　　　　　　b) 油润滑

图 6-16　轴承的位置

轴各段长度的（图 6-6）的确定方法见表 6-3。

表 6-3　轴各段长度的确定方法

长度	名称	确定方法及说明
l_1	外伸轴上安装旋转零件的轴段长度	由轴上旋转零件（如带轮、链轮或联轴器等）的毂孔宽度及固定方式确定，可参考表 6-5、表 6-6 及表 16-2～表 16-8。注意要比毂孔宽度短 $\Delta l = 2 \sim 3\,\mathrm{mm}$
l_w	外伸轴段长度	l_w 与外接零件、密封装置及轴承端盖的结构有关，如图 6-14 所示。嵌入式轴承盖取 $l_w = 10 \sim 15\,\mathrm{mm}$，凸缘式轴承盖取 $l_w = 15 \sim 25\,\mathrm{mm}$
m e	轴承盖长度	$m = L_1 - \Delta_6 - B$，B 为轴承宽度（查表 14-1）。凸缘式轴承盖的 m 不宜太短，以免拧紧固定螺钉时轴承盖歪斜，一般应保证 $m > e$，e 值查表 20-4。若 $m < e$，则应加大 m，同时加大 L_1
L_1	轴承座宽度	由轴承旁连接螺栓直径要求的扳手空间位置确定，$L_1 = \delta + C_1 + C_2 + (5 \sim 8)\,\mathrm{mm}$，$\delta$、$C_1$、$C_2$ 可查表 4-1
l_5	轴环宽度	$l_5 \geqslant 1.4h$，h 为轴肩尺寸，$h = (d_5 - d_6)/2$
l_6	安装齿轮轴段长度	$l_6 = b_1 - \Delta l$。b_1 为小齿轮齿宽，b_2 为大齿轮齿宽，$b_1 = b_2 + (5 \sim 10)\,\mathrm{mm}$，$\Delta l = 2 \sim 3\,\mathrm{mm}$
l_7		由绘图确定，$l_7 \approx \Delta_2 + \Delta_6 + B$
l_4		由绘图确定
l_3		由绘图确定，$l_3 \approx \Delta_6 + B + (1 \sim 2)\,\mathrm{mm}$
l_2		由绘图确定，$l_2 \approx m + \delta_d + e + l_w$，$\delta_d$ 为调整垫片厚度

3. 轴上键槽的位置和尺寸

普通平键的结构尺寸 $b \times h$ 可按轴径 d 查表 13-30 确定，键长 L 比该轴段长度短 5～10mm，并符合键的长度系列标准值，而且要使轴上的键槽靠近轴上零件装入一侧，以便于装配时轮毂的键槽易于对准轴上的键，一般取 $\Delta_{j1} = 2 \sim 5$mm，$\Delta_{j2} = 5 \sim 8$mm。同时键槽不要太靠近轴肩处，以避免由于键槽加重轴肩过渡圆角处的应力集中，如图 6-17 所示。

当轴上有多个键槽时，为便于一次装夹加工，各键槽应布置于同一条素线上，如图 6-17 所示。

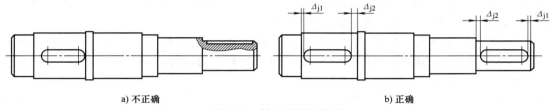

a) 不正确　　　　　　　　　　　　　　　　　　b) 正确

图 6-17　轴上键槽的位置

三、确定轴的全部外形尺寸和轴上零件的受力点

确定了轴的各段直径和长度后，轴上轴承的支点位置和传动零件的力作用点位置便能确定。

1. 确定轴承支点的位置

轴支承反力的作用点与轴承的类型和布置方式有关。对于深沟球轴承，支点位置取为轴承宽度中点；对于角接触球轴承和圆锥滚子轴承，按表 14-2 和表 14-3 中给出的 a 值确定，如图 6-18 所示。

2. 确定传动零件力作用点的位置

通常将轴上的分布力简化为集中力，其作用点取为载荷分布段的中点，如图 6-19 所示。作用在轴上的转矩一般从传动零件轮毂宽度的中点算起。

在确定了轴承支点及力作用点的位置之后，便可确定轴承跨距、零件力作用点至支点的距离，从而为下一步轴的强度计算做好准备。

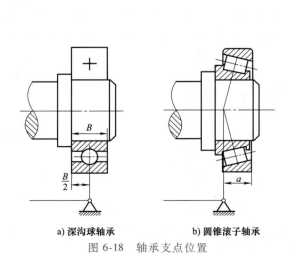

a) 深沟球轴承　　　　　b) 圆锥滚子轴承

图 6-18　轴承支点位置

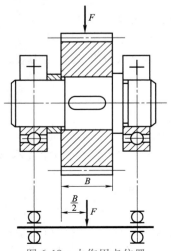

图 6-19　力作用点位置

第四节　轴、轴承、键连接的校核计算

一、轴的强度校核计算

在确定了轴承支点位置和轴上零件力作用点位置后，即可进行轴的受力分析，并画出力矩图。对于一般用途的轴，只需按照弯扭合成强度条件校核计算；而对于重要的轴，还应采用安全系数法对轴的危险截面进行疲劳强度校核计算。

同一轴上各截面的直径不一定相同，各处所受的应力也不同，应选择若干危险截面（即当量弯矩 M_e 大的截面或当量弯矩 M_e 较大而轴径较小的截面）进行计算，必须使最危险的截面满足强度要求。

如果校核不满足要求，可采取适当增大轴的直径、修改轴的结构以及更换强度高的材料等方法重新校核计算，直到满足强度条件；如果强度裕度较大，不必马上修改轴的结构尺寸，待轴承寿命及键连接强度校核后，再综合考虑是否修改或如何修改的问题。实际上，许多机械零件的尺寸由结构要求确定时，强度一般会有一定的富裕。

二、滚动轴承寿命的校核计算

滚动轴承的类型在前面已经选定，在轴的结构尺寸确定后，就可以确定轴承的型号，便可以进行轴承寿命的计算。滚动轴承寿命的 L_h 可取为减速器的寿命 L_{jh} 或减速器的大修期（$L_{jh}/3$）的期限，以便在大修期时更换轴承，即轴承寿命为（$L_{jh}/3$）$\leq L_h \leq L_{jh}$。如果计算的寿命不满足规定的要求（寿命太短或过长），可以改用其他尺寸系列的轴承，必要时可改变轴承的类型和内径。

三、键连接的强度校核计算

键连接的强度校核计算主要是挤压强度的校核计算，需要注意的是许用挤压应力按轴、键和轮毂三者中材料最弱的选取，一般轮毂的材料最弱。若经校核，键连接的挤压强度不够，当相差较小时，可以适当增加键的长度；当相差较大时，可采用双键，考虑载荷的分布不均匀，其承载能力按单键的 1.5 倍计算；当双键强度不够时，可采用矩形花键或渐开线花键。由于双键安装较为困难，所以当单键连接强度不够时，也可以考虑采用花键连接。

第五节　轴系部件的结构设计

一、传动零件的结构设计

1. 齿轮

齿轮的结构与其几何尺寸、材料、加工方法、使用要求及经济性等因素有关。通常先根据齿轮的直径选定合适的结构形式，然后再根据经验公式及数据进行结构设计。

1）当齿轮的齿根圆直径 d_f 与轴径 d 相差不大，如表 6-4 中，齿根圆到轮毂键槽底部的距离

$e \leqslant 2.5m_t$（端面模数）时，应将齿轮与轴做成一体，称为齿轮轴，如图 6-20 所示，这时轮齿可用滚齿和插齿的方法加工。当其齿根圆直径 d_f 小于轴径 d 时，如图 6-20b 所示，则只能用滚齿的方法加工。对于直径稍大的小齿轮，应尽量把齿轮和轴分开，以便于齿轮的加工与装配。

2）当齿轮齿顶圆直径较小（$d_a \leqslant 160\text{mm}$），且 $e > 2.5m_t$ 时，可做成实心式结构。

3）当齿轮齿顶圆直径较大（$160\text{mm} < d_a \leqslant 500\text{mm}$）时，常用锻造毛坯，做成腹板式结构。当生产批量较大时，宜采用模锻毛坯结构；当批量较小时，宜采用自由锻毛坯结构。

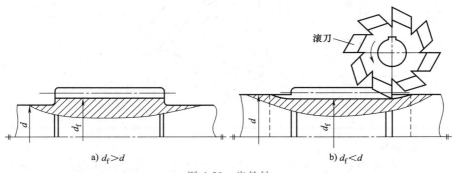

a) $d_f > d$　　　　　　　　　b) $d_f < d$

图 6-20　齿轮轴

4）当齿轮齿顶圆直径更大（$d_a > 500\text{mm}$）时，可采用铸造毛坯结构或焊接结构。生产批量较大时，宜采用铸造毛坯结构；单件或小批量生产时，可采用焊接结构。

圆柱齿轮的具体结构及尺寸见表 6-4。

表 6-4　圆柱齿轮的结构及尺寸　　　　　　　　　　（单位：mm）

锻造齿轮		
实心式（$e > 2.5m_t$，$d_a \leqslant 160$）		
$d_a \leqslant 100$	$d_a > 100 \sim 160$	
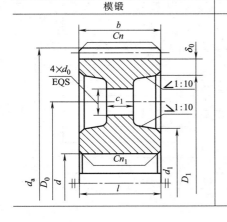	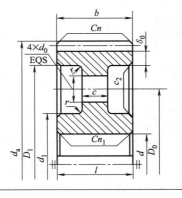	$d_1 = 1.6d$ $l = (1.2 \sim 1.5)d \geqslant b$ $D_0 = 0.5(D_1 + d_1)$ $\delta_0 = 2.5m_n \geqslant 8 \sim 10$ $n = 0.5m_n$ n_1：根据轴的过渡圆角确定
腹板式（$160 < d_a \leqslant 500$）		
模锻	自由锻	
		$d_1 = 1.6d$ $l = (1.2 \sim 2)d \geqslant b$ $D_0 = 0.5(D_1 + d_1)$ $\delta_0 = (2.5 \sim 4)m_n \geqslant 10$ $d_0 = 0.25(D_1 - d_1)$ $c = 0.3b$ $c_1 = (0.2 \sim 0.3)b$ $n = 0.5m_n$ n_1：根据轴的过渡圆角确定

（续）

铸造齿轮 $d_a = 400 \sim 1000, b \leqslant 200$

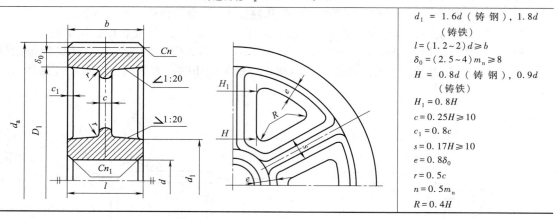

$d_1 = 1.6d$（铸钢），$1.8d$（铸铁）

$l = (1.2 \sim 2)d \geqslant b$

$\delta_0 = (2.5 \sim 4)m_n \geqslant 8$

$H = 0.8d$（铸钢），$0.9d$（铸铁）

$H_1 = 0.8H$

$c = 0.25H \geqslant 10$

$c_1 = 0.8c$

$s = 0.17H \geqslant 10$

$e = 0.8\delta_0$

$r = 0.5c$

$n = 0.5m_n$

$R = 0.4H$

2. 普通 V 带带轮

V 带带轮主要根据带轮的基准直径 d_d 选择结构形式。当带轮基准直径 $d_d \leqslant (2.5 \sim 3)d$（$d$ 为安装带轮的轴的直径）时，可采用实心式；当 $d_d \leqslant 300\text{mm}$ 时，可采用腹板式和孔板式；当 $d_d > 300\text{mm}$ 时，可采用轮辐式。带轮的具体结构及尺寸见表 6-5。

表 6-5 普通 V 带和窄 V 带带轮的结构及尺寸　　　　（单位：mm）

轮槽截面尺寸

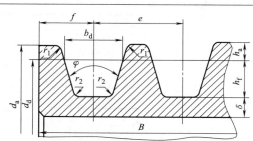

项　目		符　号	槽　型						
			Y	Z SPZ	A SPA	B SPB	C SPC	D	E
基准宽度		b_d	5.3	8.5	11.0	14.0	19.0	27.0	32.0
基准线上槽深		h_{amin}	1.6	2.0	2.75	3.5	4.8	8.1	9.6
基准线下槽深		h_{fmin}	4.7	7.0 9.0	8.7 11.0	10.8 14.0	14.3 19.0	19.9	23.4
槽间距		e	8±0.3	12±0.3	15±0.3	19±0.4	25.5±0.5	37±0.6	44.5±0.7
槽边距		f_{min}	6	7	9	11.5	16	23	28
最小轮缘厚度		δ_{min}	5	5.5	6	7.5	10	12	15
圆角半径		r_1、r_2	0.2 ~ 0.3						
带轮宽		B	$B = (z-1)e + 2f$　z—轮槽数						
外径		d_a	$d_a = d_d + 2h_a$						
轮槽角 φ	32°	相应的基准直径 d_d	≤60	—	—	—	—	—	—
	34°		—	≤80	≤118	≤190	≤315	—	—
	36°		>60	—	—	—	—	≤475	≤600
	38°		—	>80	>118	>190	>315	>475	>600
	极限偏差		±30′						

（续）

带轮结构及尺寸		
实心式$[d_d\le(2.5\sim3)d]$	腹板式$(d_d\le300,$且$d_d-d_1<100)$	
		$d_1=(1.8\sim2)d$ $l=(1.5\sim2)d$ $D_0=0.5(D_1+d_1)$ $D_1=d_a-2(h_a+h_f+\delta)$ $d_0=0.25(D_1-d_1)$ $h_1=290\sqrt[3]{\dfrac{P}{nA}}$，$A$—轮辐数， 　　P—传递功率（kW）， 　　n—带轮转速（r/min） $h_2=0.8h_1$ $a_1=0.4h_1$ $a_2=0.8h_1$ $f_1=0.2h_1$ $f_2=0.2h_2$ $c=(\dfrac{1}{7}\sim\dfrac{1}{4})B$ n_1：根据轴的过渡圆角确定
孔板式$(d_d\le300,$且$d_d-d_1\ge100)$	轮辐式$(d_d>300)$	

槽型	轮槽数	轮缘宽度B	$\dfrac{\text{轮毂宽度 }l}{\text{带轮基准直径 }d_d}$					孔径d系列值
Z	1	16	$\dfrac{28}{50\sim100}$	$\dfrac{32}{160\sim250}$				12,14,16,18,20,22,24, 25,28,30
	2	28	$\dfrac{35}{50\sim125}$	$\dfrac{40}{140\sim250}$	$\dfrac{45}{280\sim355}$	$\dfrac{50}{400}$		12,14,16,18,20,22,24, 25,28,30,32,35
	3	40	$\dfrac{40}{50\sim150}$	$\dfrac{45}{160\sim250}$	$\dfrac{50}{280\sim400}$	$\dfrac{55}{500\sim600}$	$\dfrac{64}{630}$	16,18,20,22,24,25, 28,30,32,35
	4	52	$\dfrac{52}{50\sim280}$	$\dfrac{55}{315\sim400}$	$\dfrac{60}{500\sim600}$	$\dfrac{64}{630}$		20,22,24,25, 28,30,32,35
A	1	20	$\dfrac{35}{75\sim140}$	$\dfrac{40}{150\sim224}$	$\dfrac{45}{250}$			16,18,20,22,24, 25,28,30
	2	35	$\dfrac{45}{75\sim160}$	$\dfrac{50}{180\sim315}$	$\dfrac{60}{355\sim500}$			16,18,20,22,24,25,28, 30,32,35,38,40
	3	50	$\dfrac{50}{75\sim280}$	$\dfrac{60}{315\sim355}$	$\dfrac{65}{400\sim630}$			
	4	65	$\dfrac{45}{75\sim90}$	$\dfrac{50}{95\sim160}$	$\dfrac{60}{180\sim355}$	$\dfrac{65}{400}$	$\dfrac{70}{450\sim630}$	20,22,24,25,28,30, 32,35,38,40
	5	80	$\dfrac{50}{75\sim90}$	$\dfrac{60}{95\sim160}$	$\dfrac{65}{180\sim280}$	$\dfrac{70}{315\sim560}$	$\dfrac{75}{630}$	24,25,28,30,32, 35,38,40

（续）

槽型	轮槽数	轮缘宽度 B	轮毂宽度 l / 带轮基准直径 d_d						孔径 d 系列值
B	1	25	$\frac{35}{125\sim140}$	$\frac{40}{150\sim200}$	$\frac{45}{224\sim250}$				18,20,22,24,25,28,30
	2	44	$\frac{45}{125\sim160}$	$\frac{50}{170\sim280}$	$\frac{60}{315\sim450}$	$\frac{65}{500}$			32,35,38,40
	3	63	$\frac{50}{125\sim224}$	$\frac{60}{250\sim355}$	$\frac{65}{400\sim450}$	$\frac{75}{500\sim630}$	$\frac{85}{710}$		32,35,38,40,42,45,50,55
	4	82	$\frac{50}{125\sim150}$	$\frac{60}{160\sim224}$	$\frac{65}{250\sim355}$	$\frac{70}{400\sim450}$	$\frac{75}{500\sim600}$	$\frac{90}{630\sim710}$	
	5	101	$\frac{50}{125}$	$\frac{60}{132\sim160}$	$\frac{70}{170\sim355}$	$\frac{80}{400\sim450}$	$\frac{90}{500\sim600}$	$\frac{105}{630\sim710}$	32,35,38,40,42,45,50,55
	6	120	$\frac{60,65}{125\sim150,160}$	$\frac{70}{170\sim180}$	$\frac{80,90}{200,280\sim355}$	$\frac{100}{400\sim450}$	$\frac{105}{500\sim600}$	$\frac{115}{630\sim710}$	
C	3	85	$\frac{55}{200\sim210}$	$\frac{60,65}{224\sim236,250}$	$\frac{70}{265\sim315}$	$\frac{75,80}{335\sim400,450}$	$\frac{85,90}{500,560\sim630}$	$\frac{95,100}{710,800\sim1000}$	
	4	110.5	$\frac{60}{200\sim210}$	$\frac{65,70}{224\sim236,250}$	$\frac{75,80}{265\sim315,335}$	$\frac{85,90}{355\sim450,500}$	$\frac{90,100}{560,600\sim710}$	$\frac{105,110}{750,800\sim1000}$	42,45,50,55,60,65
	5	136.5	$\frac{65,70}{200\sim236}$	$\frac{75,80}{250\sim315}$	$\frac{85,90}{335\sim400}$	$\frac{95,100}{450\sim560}$	$\frac{105,110}{600\sim800}$	$\frac{115,120}{900,1000}$	
	6	161.5	$\frac{70,75}{200\sim236}$	$\frac{80,85}{250\sim315}$	$\frac{90,95}{335\sim400}$	$\frac{100,105}{450\sim560}$	$\frac{110,115}{600\sim800}$	$\frac{120,125}{900,1000}$	
	7	187	$\frac{75,80}{200\sim250}$	$\frac{85,90}{265\sim315}$	$\frac{95,100}{335\sim400}$	$\frac{105,110}{500\sim560}$	$\frac{115,120}{600\sim800}$	$\frac{125,130}{900\sim1000}$	60,65

3. 滚子链链轮

滚子链与链轮的啮合属于非共轭啮合，其链轮齿形的设计比较灵活。链轮齿形应保证链节能平稳自如地进入和退出啮合，啮合时应保证接触良好、受力均匀，不易脱链且齿形便于加工。

滚子链链轮的结构与链轮的直径有关，小直径的链轮可制成整体式；中等尺寸的链轮可制成腹板式、孔板式；大直径的链轮可制成组装式。常将齿圈用螺栓连接或焊接在轮毂上，齿圈采用螺栓连接，链轮轮齿磨损后可以更换。整体式和腹板式链轮的结构尺寸可参考表6-6。

表 6-6　滚子链链轮的结构尺寸　　　　　（单位：mm）

整体式钢制小链轮

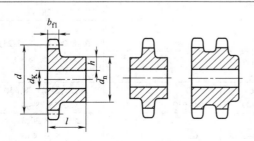

$$h = K + \frac{d_K}{6} + 0.01d,\ d\ 为链轮分度圆直径$$

常数 K 取值见下表

d	<50	50~100	100~150	>150
K	3.2	4.8	6.4	9.5

$l = 3.3h$

$d_h = d_K + 2h$，$d_{hmax} < d_g$，d_g 为链轮齿侧凸缘（或排间槽）直径

（续）

腹板式单排铸造链轮	
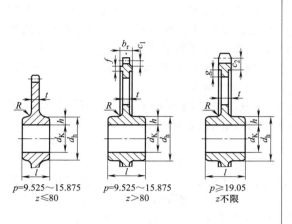 $p=9.525\sim15.875$ $z\leqslant80$　　$p=9.525\sim15.875$ $z>80$　　$p\geqslant19.05$ z不限	$h=9.5+\dfrac{d_K}{6}+0.01d$，$d$ 为链轮分度圆直径 $l=4h$ $d_h=d_K+2h$，$d_{h\max}<d_g$，d_g 为链轮齿侧凸缘（或排间槽）直径 $b_r=0.625p+0.93b_1$，b_1 为内链节内宽，p 为节距 $c_1=0.5p$ $c_2=0.9p$ $f=4+0.25p$ $g=2t$ $R=0.04p$ t 的取值见下表

p	9.525	12.7	15.875	19.05	25.4	31.75
t	7.9	9.5	10.3	11.1	12.7	14.3
p	38.1	44.45	50.8	63.5	76.2	
t	15.9	19.1	22.2	28.6	31.8	

腹板式多排铸造链轮	
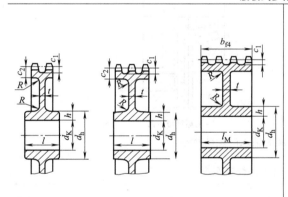	$h=9.5+\dfrac{d_K}{6}+0.01d$，$d$ 为链轮分度圆直径 $l=4h$，对四排链，$l_M=b_{f4}$ $d_h=d_K+2h$，$d_{h\max}<d_g$，d_g 为链轮齿侧凸缘（或排间槽）直径 $c_1=0.5p$，p 为节距 $c_2=0.9p$ $R=0.5t$ t 的取值见下表

p	9.525	12.7	15.875	19.05	25.4	31.75
t	9.5	10.3	11.1	12.7	14.3	15.9
p	38.1	44.45	50.8	63.5	76.2	
t	19.1	22.2	25.4	31.8	38.1	

二、滚动轴承的组合设计

1. 轴的支承结构形式和轴系的轴向固定

按照对轴系轴向位置不同的限定方法，轴系支承端的结构形式分为三种基本类型，即两端固定支承，一端固定、一端游动支承和两端游动支承，它们的结构特点和应用场合可参阅机械设计或机械设计基础教材。

一般齿轮减速器，其轴的支承跨距较小，常采用两端固定支承。轴承内圈在轴上可用轴肩或套筒作轴向定位，轴承外圈用轴承盖或套杯止口作轴向固定。

2. 轴承盖的结构设计

如前所述，轴承盖的形式有凸缘式和嵌入式两种。每种轴承盖又有透盖（有通孔，供轴穿出）和闷盖（无通孔）之分，其材料一般为铸铁（HT150）或钢（Q215、Q235）。

凸缘式轴承盖装拆、调整轴承游隙比较方便，密封性能好，应用较多，但外缘尺寸大，需用一组螺钉固定。凸缘式轴承端盖的结构尺寸见表20-4。

嵌入式轴承盖结构简单、紧凑，无需螺钉固定，重量轻，外伸轴的伸出长度短，有利于提高轴的强度和刚度。但装拆轴承盖和调整轴承游隙较麻烦，密封性较差，座孔上需开环形槽，加工费时，常用于要求重量轻及尺寸紧凑的场合。嵌入式轴承盖的结构尺寸见表 20-5。

对于固定游隙的轴承，如深沟球轴承，可在凸缘式轴承端盖与箱体轴承座端面之间（图 6-16）或在嵌入式轴承盖与轴承外圈之间设置调整垫片（图 6-21a），在装配时通过调整垫片厚度来控制轴向游隙；对于可调游隙的轴承，如角接触球轴承或圆锥滚子轴承，则可利用调整垫片或调整螺钉来调整轴承的游隙，以保证轴系的游动和轴承的正常运转。图 6-21b 所示为采用嵌入式轴承盖时，利用调整螺钉来调整轴承的游隙。

调整垫片组可用来调整轴承游隙及轴的轴向位置。垫片组由若干种厚度不同的垫片组成，使用时可根据需要组成不同的厚度。其材料为冲压铜片或 08F 软钢片，调整垫片组的片数和厚度参见表 6-7，也可自行设计。

进行轴承盖结构设计时应注意以下几点：

1）凸缘式轴承盖与座孔配合处较长，为了减小接触面积，应在端部铸造或车出一段较小的直径，使配合长度为 e_1，为避免拧紧螺钉时端盖歪斜，一般取 $e_1 = (0.1 \sim 0.15)D$，D 为轴承的外径。为减小加工面，可使轴承端盖的外端面凹进深度 δ_2，如图 6-16 所示。

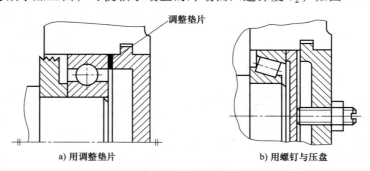

a) 用调整垫片　　　　　　　　　　b) 用螺钉与压盘

图 6-21　凸缘式轴承端盖轴承游隙的调整

表 6-7　调整垫片组的片数和厚度

组别	A 组			B 组			C 组		
厚度 δ_d/mm	0.5	0.2	0.1	0.5	0.15	0.1	0.5	0.15	0.12
片数 z	3	4	2	1	4	4	1	3	3

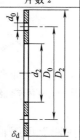

1）凸缘式轴承端盖用的调整垫片：$d_2 = D + (2 \sim 4)$mm，D 为轴承外径
2）嵌入式轴承端盖用的调整垫片：$D_2 = D - 1$mm，d_2 按轴承外圈的安装尺寸确定
3）建议准备厚度为 0.05mm 垫片若干，以备调整微量游隙之用

2）当轴承采用箱体内的润滑油润滑时，为使润滑油由导油沟流入轴承，应在轴承盖的端部加工出 4~6 个缺口，如图 6-16b 和图 6-22 所示。装配时该缺口不一定能对准油沟，故应在其端部车出一段较小的直径，以便让油先流入环状间隙，再经下部缺口进入轴承腔内。

3）当传动中心距较小时，两轴的轴承盖会出现相碰的情况，这时，可把轴承盖切去一部分，两轴承盖间的间隙可取为 3~5mm，如图 6-23 所示。

3. 套杯的结构设计

为保证传动副的啮合精度，应调整齿轮（蜗轮）的轴向位置，以及便于固定轴承，常

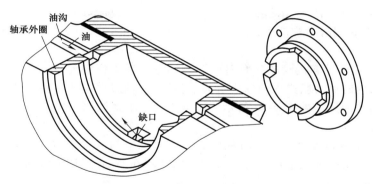

图 6-22 油润滑时凸缘式轴承盖的结构

在轴承座孔内设置套杯。

（1）套杯的结构 套杯的结构可根据轴承在套杯中的布置情况而定。图 6-24 所示为常用套杯的结构形式，其中图 6-24a 所示为轴承正装时套杯的结构；当套杯与箱体采用过盈配合时，凸缘很小，可以不设螺钉孔，如图 6-24b 所示；图 6-24c 所示为轴承反装时套杯的结构；图 6-24d 所示为轴承作为游动支承时套杯的结构。

（2）套杯的作用

1）需要调整支承（包括整个轴系）的轴向位置

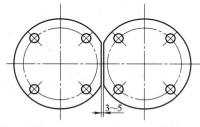

图 6-23 中心距较小时轴承端盖的切割

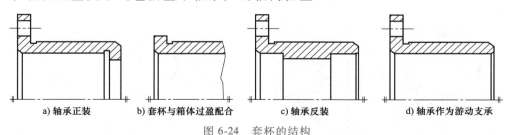

a) 轴承正装   b) 套杯与箱体过盈配合   c) 轴承反装   d) 轴承作为游动支承

图 6-24 套杯的结构

时，可通过套杯和调整垫片调整轴系的位置。例如，高速级锥齿轮轴的支承结构如图 6-36 所示。

2）当同一轴线上两端轴承外径不相等时，可利用套杯使轴承座孔直径保持一致，以便于一次镗出轴承座孔，保证加工精度。例如，蜗杆轴一端固定，一端游动支承方式，如图 6-43 所示。

3）当几个轴承组合在一起作为一个支承时，使用套杯结构可以使轴承固定和装拆更为方便，如图 6-25 所示。

套杯的结构及尺寸可参考表 20-6，也可根据轴承部件的要求自行设计，其材料一般为铸铁。

当套杯要求在箱体中沿轴向进行调整移动时，可选用 H7/js6 或 H7/h6 配合；不要求移动时，可选用 H6/k6 配合。

4. 滚动轴承的润滑和密封结构的设计

滚动轴承的润滑和密封是保证轴承正常工作的重要结构措施，当选定采用脂润滑或油润滑后，要相应地设计出合理的轴承组合结构，从而保证可靠的润滑和密封。

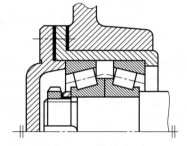

图 6-25 轴承套环

（1）滚动轴承的润滑

1）脂润滑。脂润滑结构简单，易于密封，维护方便。当轴承采用脂润滑时，需要设计以下内容：

① 封油盘。为防止箱内齿轮啮合时的润滑油进入轴承空间而使润滑脂稀释流出，同时也防止轴承空间内的润滑脂进入箱内而造成油脂混合，通常在箱体的每个轴承座箱内一侧安装封油盘，其结构和尺寸如图 6-26 所示。图 6-26b 所示封油盘加工工艺性不好，可将封油盘和套筒分开设计。

② 油杯。在装配轴承时，通常将润滑脂填至轴承空间的 $1/3 \sim 1/2$，以后定期更换或补充润滑脂。工作繁重的轴承也可采用旋盖式油杯（图 6-27a）或用油枪通过压注油杯（图 6-27b、c、d）注入润滑脂。

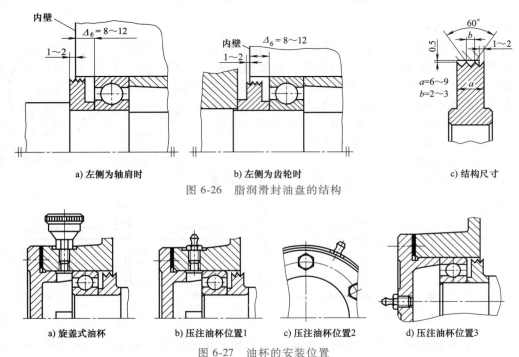

a) 左侧为轴肩时   b) 左侧为齿轮时   c) 结构尺寸

图 6-26　脂润滑封油盘的结构

a) 旋盖式油杯   b) 压注油杯位置1   c) 压注油杯位置2   d) 压注油杯位置3

图 6-27　油杯的安装位置

2）油润滑。减速器中的滚动轴承可以直接利用减速器油池中的润滑油进行润滑，这样比较方便，但是容易漏油，所以对密封性要求较高。此外，由于齿轮啮合中被磨损掉的金属屑末混在润滑油中被带至轴承，使轴承磨损。

滚动轴承采用油润滑时有以下几种方式：

① 飞溅润滑。减速器中只要有一个浸油齿轮的圆周速度 $v \geq 2\text{m/s}$，就可以采用飞溅润滑。飞溅润滑是靠齿轮飞溅起来的油溅到箱壁上，然后顺着箱盖的内壁，通过斜坡将油引导至导油沟，通过轴承盖上的缺口进入轴承进行润滑的，如图 6-28a、b 所示。当一个浸油齿轮的圆周速度 $v > 5\text{m/s}$ 时，分箱面可以不开设导油沟，因为齿轮转速高，飞溅起来的润滑油所形成的油雾可直接进入滚动轴承进行润滑。

对于同轴式减速器，其中间轴承润滑比较困难，可在箱盖上铸造出引油斜坡进行滴油润滑，如图 6-29 所示。

② 刮板润滑。当浸油齿轮的圆周速度 $v < 1.5 \sim 2\text{m/s}$ 时，油飞溅不起来，这时可采用刮油板润滑。图 6-30a 所示为当蜗轮转动时，利用装在箱体内的刮油板将油从轮缘端面刮下经

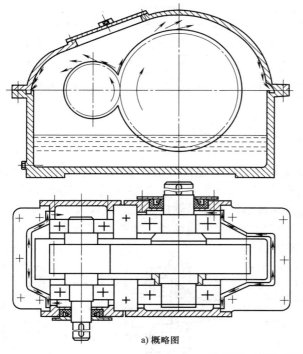

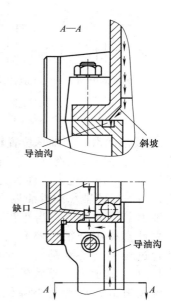

a) 概略图

b) 详细结构图

图 6-28 飞溅润滑

图 6-29 斜坡滴油润滑

导油沟流入轴承；图 6-30b 所示为把刮下的油直接送入轴承。在刮板润滑装置中，固定刮板与转动零件轮缘之间应保持一定的间隙（约为 0.5mm）。因此，转动零件轮缘的端面跳动应小于 0.5mm，轴的轴向窜动也应加以限制。

飞溅润滑和刮板润滑时，导油沟的结构和尺寸如图 6-31d 所示。导油沟可以用端铣刀铣制（图 6-31a），或用盘状铣刀铣制（图 6-31b），也可以铸造而成（图 6-31c）。铣制油沟由于加工方便，油流动性好，故较常采用。

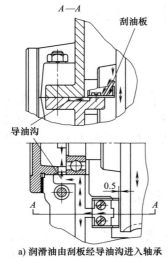

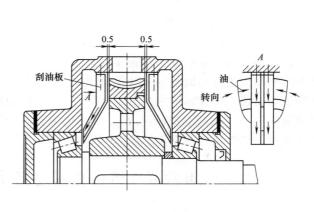

a) 润滑油由刮板经导油沟进入轴承

b) 润滑油由刮板直接进入轴承

图 6-30 刮板润滑

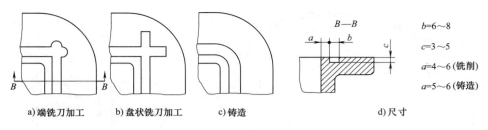

a)端铣刀加工   b)盘状铣刀加工   c)铸造   d)尺寸

图 6-31 导油沟的结构和尺寸

③ 浸油润滑。当轴承位置较低（如蜗杆下置式减速器的蜗杆轴承）或机器结构允许时，可将轴承局部浸入润滑油中进行润滑。此时，油面高度不应高于轴承最下面滚动体的中心，以免搅油功率损失过大。而且为避免润滑油被蜗杆螺牙沿轴向送进，造成其中一侧轴承进油过多，而另一侧轴承润滑油被吸出，应在轴承内侧加装挡油环，如图 6-32 所示。

轴承采用油润滑，当小齿轮布置在轴承附近，而且直径小于轴承座孔直径时，为防止齿轮啮合过程中（特别是斜齿轮啮合）挤出的热油大量进入轴承中，导致轴承阻力增大，轴承工作温度升高，润滑效果降低，应在小齿轮与轴承之间装设挡油环，挡油环可以是冲压件（成批生产时），也可车制而成，如图 6-33 所示。

（2）滚动轴承的密封   上面已结合轴承润滑介绍了内密封用的封油盘和挡油环结构，下面介绍轴承与外界间的密封，即外密封。

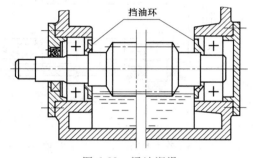

图 6-32 浸油润滑

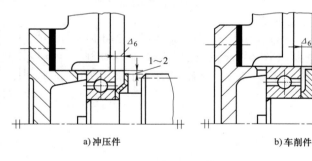

a)冲压件   b)车削件

图 6-33 挡油环

外密封的作用是防止润滑油（脂）漏出及箱外灰尘、水等进入轴承空间，从而避免轴承急剧磨损和腐蚀。选择轴承密封形式时，应考虑轴承的转速、传动件及轴承的润滑方法、轴承润滑剂的种类（油润滑或脂润滑）、轴承的工作温度等。常用的密封装置分为接触式和非接触式两种，具体结构及特点见表 15-11。

第六节 锥齿轮减速器设计特点

锥齿轮减速器装配草图的设计内容和绘图步骤与圆柱齿轮减速器大体相同。因此，在设计时应仔细阅读本章圆柱齿轮减速器装配草图设计的内容，并注意锥齿轮减速器装配草图设计的内容及特点。下面以锥齿轮-圆柱齿轮减速器为例介绍其设计的特点与步骤。

一、确定齿轮及箱体、轴承座的位置

1. 绘制齿轮的中心线

首先在俯视图中画出两锥齿轮轴正交的两条中心线，然后根据圆柱齿轮传动的中心距，画出圆柱齿轮的中心线，如图 6-34 所示。

2. 绘制锥齿轮的轮廓和位置

以已确定的两锥齿轮中心线的交点 O 为圆心，以锥齿轮的锥距 R 为半径画圆 η，根据两锥齿轮的分度圆圆锥角 δ_1、δ_2 画出分度圆锥素线 OA，过 A 作 OA 的垂线，即大端的背锥素线，并在其上量取齿顶高 h_a 和齿根高 h_f，从而可作出齿顶和齿根圆锥素线，沿分度圆锥素线方向量取齿宽 b，并按照表 6-8 中锥齿轮的结构尺寸画出锥齿轮的轮廓形状。

3. 绘制箱体内壁、外廓，圆柱齿轮和轴承座位置

按照表 6-1 推荐的 Δ_2 值，画出小锥齿轮端面一侧和大锥齿轮端面一侧箱体的内壁线。通常锥齿轮减速器的箱体设计成对称小锥齿轮轴线的结构，主要目的是便于设计和制造，并且根据工作需要将中间轴和低速轴掉头安装时可改变输出轴的位置。因此，当大锥齿轮端面一侧箱体内壁线确定后，就可以对称地画出另一侧的内壁线。圆柱齿轮齿顶圆与内壁线的距离仍按照表 6-1 中的 Δ_1 值确定。这样便确定了箱体的四条内壁线。小圆柱齿轮端面与内壁线的距离为 Δ_2，根据其齿宽便可确定另一端面的位置。此端面与大锥齿轮端面的距离不小于 Δ_3 即可，否则，应按 Δ_3 确定小圆柱齿轮的位置及其箱体内壁线，再由此对称确定大锥齿轮一侧的箱体内壁线。接着，按表 4-1 推荐的 δ、C_1、C_2 值，先画出箱体凸缘一侧的宽度 $A = \delta + C_1 + C_2$，然后画出轴承座宽度尺寸 $L_1 = \delta + C_1 + C_2 + (5\sim8)\,\mathrm{mm}$，如图 6-34 所示。

一级锥齿轮减速器装配草图如图 6-35 所示。

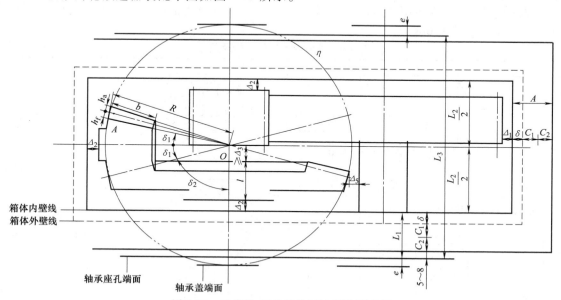

图 6-34　锥齿轮-圆柱齿轮减速器装配草图

二、进行轴的结构设计，确定轴上力作用点和支承点位置

确定了齿轮和箱体内壁、轴承座端面位置后，根据估算的轴径进行各轴的结构设计，确

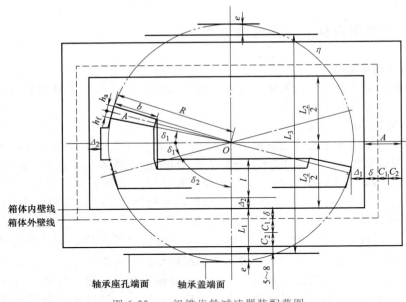

图 6-35　一级锥齿轮减速器装配草图

定轴的各部分尺寸，初选轴承型号并在轴承座中绘出轴承轮廓，从而确定各轴支承点位置和力作用点位置。在此基础上，可进行轴、轴承及键连接的校核计算。

三、锥齿轮的结构设计

锥齿轮的结构与圆柱齿轮类似，根据尺寸的大小，可制成锥齿轮轴、实心式和腹板式，具体结构及尺寸见表6-8。

表 6-8　锻造锥齿轮的结构及尺寸　　　　　　　　　　　　　（单位：mm）

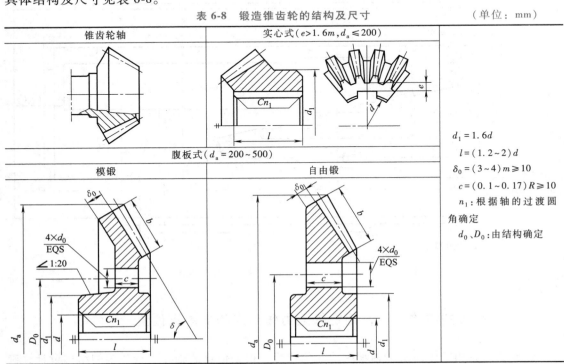

$d_1 = 1.6d$

$l = (1.2 \sim 2)d$

$\delta_0 = (3 \sim 4)m \geqslant 10$

$c = (0.1 \sim 0.17)R \geqslant 10$

n_1：根据轴的过渡圆角确定

d_0、D_0：由结构确定

四、小锥齿轮轴系部件的结构设计

锥齿轮-圆柱齿轮减速器轴系设计方法与圆柱齿轮减速器基本相同，但小锥齿轮轴系设计具有以下特点。

1. 小锥齿轮的悬臂长度和轴的支承跨距

因受空间限制，小锥齿轮一般采用悬臂结构。如图 6-36 所示，齿宽中点至轴承压力中心的轴向距离即为悬臂长度 L_a，$L_a = l_1 + \Delta_2 + S_4 + a$，其中 l_1 为齿宽中点到齿轮端面的距离，由结构确定；Δ_2 为齿轮端面至箱体内壁的距离，见表 6-1；S_4 为套杯钩头厚度，见表 20-6；a 值可查表 14-2 和表 14-3。为了使悬臂轴系有较大刚度，两轴承支点间距离 L_b 不宜过小，一般取 $L_b = (1.5 \sim 2) L_a$，轴承正装时取小值，轴承反装时取大值。也可取为 $L_b = 2.5d$，d 为轴承内径。

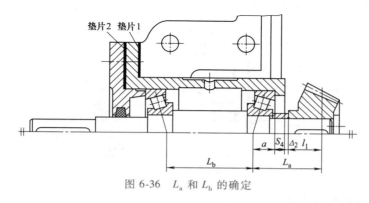

图 6-36　L_a 和 L_b 的确定

为提高轴系刚度，在结构设计中应尽量减小 L_a，图 6-37a 所示的轴向结构尺寸过大（不合理），图 6-37b 所示的轴向结构尺寸紧凑（合理）。

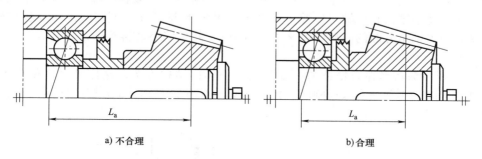

a) 不合理　　　　　b) 合理

图 6-37　L_a 长度的确定

2. 轴的支承结构

小锥齿轮轴较短，常采用两端固定的支承结构。对于圆锥滚子轴承或角接触球轴承，有正装和反装两种不同的布置方案。

图 6-36 和图 6-38 所示为两轴承外圈窄边相对，即正装方案。其中，图 6-36 所示为锥齿轮与轴分开制造的结构，当小锥齿轮齿顶圆直径大于套杯凸肩孔径时，采用此结构装拆方便。图 6-38 所示为齿轮与轴制造成齿轮轴的结构，此结构适用于小锥齿轮齿顶圆直径小于套杯凸肩孔径的场合。这两种结构便于轴上零件在套杯外与轴安装成一体后装入或推出套杯，所以装拆方便。轴承游隙用轴承端盖与套杯间的调整垫片 2（图 6-36、图 6-38）来调

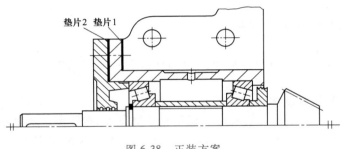

图 6-38　正装方案

整，调整方便。

图 6-39 所示为两轴承外圈宽边相对，即反装方案。这种结构虽然轴的刚度大，但装拆不方便，轴承游隙靠圆螺母调整也较麻烦，故应用较少。

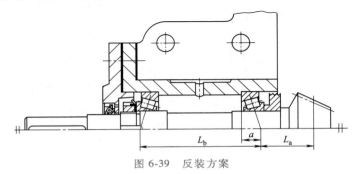

图 6-39　反装方案

3. 轴承部件的调整及套杯

为保证锥齿轮传动的啮合精度要求，装配时需要调整两个锥齿轮的轴向位置，使两锥齿轮的锥顶重合。因此，小锥齿轮轴和轴承通常放在套杯内，用套杯凸缘与箱体轴承座端面之间的垫片 1 调整小锥齿轮的轴向位置，如图 6-36 和图 6-38 所示。同时，采用套杯结构也便于设置用来固定轴承外圈的凸肩（套杯加工方便），并可使小锥齿轮轴系部件成为一个独立的装配单元。

图 6-40 所示为将套杯与箱体的一部分制成一体的结构方案，这样可以简化箱体结构。采用这种结构时，必须注意保证刚度，如取其壁厚不小于 1.5δ（δ 为箱座壁厚），同时增设加强肋。

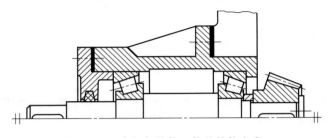

图 6-40　套杯与箱体一体的结构方案

4. 轴承的润滑

当小锥齿轮轴的轴承采用油润滑时，需在箱座剖分面上加工出导油沟，并将套杯适当部位的直径车小且设置数个进油孔，如图 6-36 所示，以便将油导入套杯内润滑轴承。当小锥齿轮轴的轴承采用脂润滑时，要在其与相近轴承之间设置封油盘，如图 6-39 所示，并设计加脂油杯。

第七节 蜗杆减速器设计特点

蜗杆减速器装配草图的设计内容和绘图步骤与圆柱齿轮减速器大体相同，因此，在设计时应仔细阅读本章圆柱齿轮减速器装配草图设计的内容，并注意蜗杆减速器装配草图设计的内容及特点。下面以常见的单级下置式蜗杆减速器为例，介绍其设计的特点与步骤。

一、确定蜗杆、蜗轮及箱体、轴承座的位置

1. 绘制蜗杆、蜗轮的中心线

由于蜗杆与蜗轮的轴线呈空间交错，绘制装配草图需在主视图和左视图上同时进行。因此，首先在主视图和左视图位置上画出蜗杆、蜗轮的中心线，如图 6-41 所示。

2. 按蜗轮外圆确定箱体内壁和蜗杆轴承座位置

如图 6-41 所示，按所确定的中心线位置，并根据计算所得尺寸数据画出蜗杆和蜗轮的轮廓。再由表 6-1 推荐的 Δ_1 和 δ、δ_1 值，在主视图上根据蜗轮外圆尺寸确定箱体内壁和外壁位置。

为了提高蜗杆轴的刚度，其支承距离应尽量减小，因此蜗杆轴承座体常伸到箱体内。在主视图上取蜗杆轴承座外凸台高为 5~8mm，可定出蜗杆轴承座外端面 F_1 位置，内伸轴承座的外径一般与轴承端盖凸缘外径 D_2 相同。设计时，应使轴承座内伸端部分与蜗轮外圆之间保持适当距离 Δ_1。为使轴承座尽量内伸，可将轴承座内伸端制成斜面。使斜面端部具有一定的厚度 b，一般取 $b \approx 0.2(D_2-D)$，可确定轴承座内端面 E_1 位置。L_{31} 为蜗杆轴承座两外端面间的距离。

3. 按蜗杆轴承座尺寸确定箱体宽度及蜗轮轴承座位置

通常取箱体宽度等于蜗杆轴承座外端面外径，即 $L_{x2} = D_2$（图 6-41），由箱体外表面宽度按壁厚 δ 可确定内壁 E_2 的位置，即蜗轮轴承座内端面位置。轴承座的宽度按表 6-1 取 L_1，可确定蜗轮轴承外端面 F_2 的位置。

4. 确定其余箱壁位置

在此之前，与轴系部件有关的箱体轴承座位置已经确定，其余箱壁位置也可在此确定。如图 6-41 所示，取 Δ_1 确定上箱壁位置。对下置式蜗杆减速器，为保证散热，常取蜗轮轴中心高 $H_2 = (1.8~2)a$，a 为蜗杆传动中心距。此时蜗杆轴中心高 H_1 还需满足传动件的润滑要求，中心高 H_1、H_2 需圆整。有时蜗轮、蜗杆伸出轴用联轴器直接与工作机、原动机连接。如相差不大，最好与工作机、原动机中心高相同，以便于在机架上安装。

二、进行轴的结构设计，确定轴上力的作用点和支承点

根据轴的初估直径和所确定的箱体轴承座位置，进行蜗杆轴和蜗轮轴的结构设计，确定轴的各部尺寸，初选轴承型号，确定轴上力的作用点和支承点。然后进行轴、轴承、键连接的校核计算。

选择蜗杆轴承时应注意，因蜗杆轴承承受的轴向载荷较大，所以一般选用圆锥滚子轴承或角接触球轴承。当轴向力很大时，可考虑选用双向推力球轴承承受轴向力。

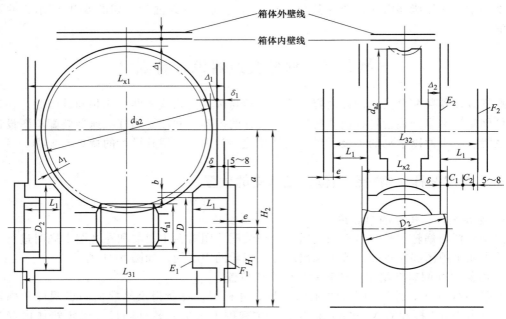

图 6-41　单级下置式蜗杆减速器装配草图

三、蜗杆、蜗轮的结构设计

1. 蜗杆

蜗杆在大多数情况下都做成蜗杆轴。蜗杆螺旋齿的加工方法可采用车制和铣制。车制蜗杆时，轴上应有退刀槽；铣削蜗杆时，可在轴上直接铣出螺旋齿面，不需要退刀槽，可获得较大的刚度，具体结构及尺寸见表6-9。

表 6-9　蜗杆的结构及尺寸　　　　　　　　　　（单位：mm）

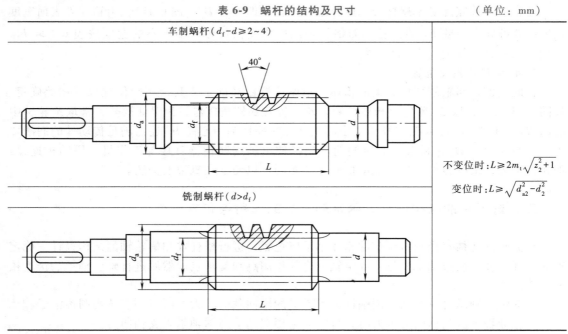

不变位时：$L \geqslant 2m_1\sqrt{z_2^2+1}$

变位时：$L \geqslant \sqrt{d_{a2}^2-d_2^2}$

2. 蜗轮

蜗轮可制成整体式或装配式。为了节约贵重的有色金属材料，大多数蜗轮由青铜齿圈与铸铁轮芯组合而成。常用的蜗轮结构形式有以下几种：

1）整体式。主要用于铸铁蜗轮、铝铁青铜蜗轮及直径小于100mm的锡青铜蜗轮。

2）镶铸式。这种结构的蜗轮，其青铜齿圈浇注在铸铁轮芯上，然后切齿。为防止齿圈与轮芯相对滑动，在轮芯外圆柱上预制出榫槽。此方法只用于大批生产的蜗轮。

3）齿圈压配式。蜗轮的青铜齿圈和铸铁轮芯多采用过盈配合H7/s6，并沿结合面周围加装4~6个螺钉，以增强连接的可靠性。为了便于钻孔，应将螺纹孔中心线向材料较硬的一边偏移2~3mm。这种结构用于尺寸不大及工作温度变化较小的蜗轮，以免热膨胀影响啮合质量。

4）螺栓连接式。这种结构的蜗轮，青铜齿圈和铸铁轮芯可采用过渡配合H7/js6，用普通螺栓连接，也可采用间隙配合H7/h6，用铰制孔用螺栓连接。这种结构工作可靠、装拆方便，多用于尺寸较大或易于磨损，需更换齿圈的蜗轮。

蜗轮的具体结构及尺寸见表6-10。

表6-10　蜗轮的结构及尺寸　（单位：mm）

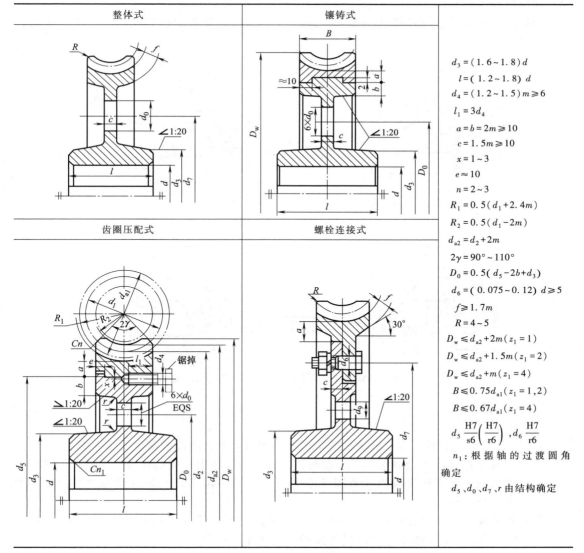

四、蜗杆传动轴系部件设计

1. 轴承支承方式

（1）两端固定 当蜗杆轴较短（支承跨距小于300mm）且温升不是很高时，或者虽然蜗杆轴较长，但间歇工作且温升较小时，蜗杆轴的支承常采用两端固定结构，如图6-42所示。

（2）一端固定、一端游动 若蜗杆轴较长且温升较大，则热膨胀伸长量大，如果采用两端固定结构，轴承间隙将减小甚至消失，轴承将承受很大的附加载荷而加速其破坏。这种情况常采用一端固定、一端游动的结构，如图6-43所示。固定端常采用两个圆锥滚子轴承面对面安装的支承形式，游动端可采用深沟球轴承或圆柱滚子轴承。固定支承端一般设在轴的非外伸端，以便于轴承的调整。

设计时，应使蜗杆两个轴承座孔直径相同且大于蜗杆外径，以便于箱体上轴承座孔的加工和蜗杆的装入。

蜗杆轴支承采用轴承套杯（图6-43）便于固定端轴承外圈的轴向固定，也便于使两轴承座孔径取得一致。

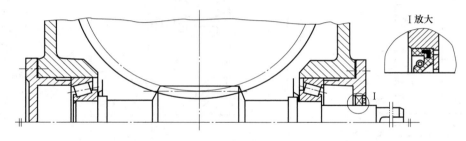

图 6-42 蜗杆轴两端固定支承方式

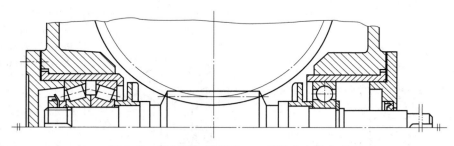

图 6-43 蜗杆轴一端固定、一端游动支承方式

2. 润滑与密封

（1）润滑

1）下置蜗杆。下置蜗杆及轴承一般采用浸油润滑。蜗杆的浸油深度见表4-5。

当油面高度符合轴承浸油深度要求而蜗杆齿尚未浸入油中，或蜗杆浸油太浅时，可在蜗杆两侧设置溅油轮，利用飞溅的油来润滑传动件，如图6-44所示。设置溅油轮时，轴承的浸油深度可适当降低。

蜗轮轴转速较低，其轴承润滑一般采用脂润滑或刮板润滑（图6-30）。

2）上置蜗杆。上置蜗杆靠蜗轮浸油润滑，浸油深度见表4-5。

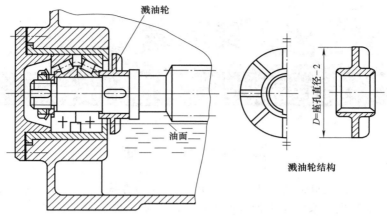

图 6-44 蜗杆轴上安装溅油轮

对于上置蜗杆，蜗杆轴轴承因远离油面，润滑比较困难，可采用脂润滑，或采用飞溅润滑，如图 6-45 所示，靠蜗轮旋转，油溅到箱壁上，然后顺着箱盖的导油槽进入轴承进行润滑。

（2）密封 下置蜗杆轴外伸处应采用较可靠的密封装置，如橡胶唇形密封圈。蜗轮轴轴承的密封与齿轮减速器相同。

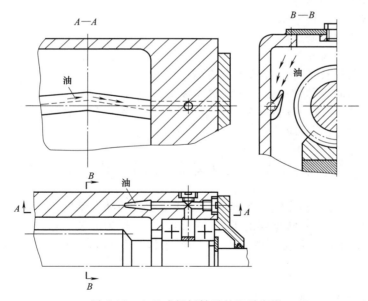

图 6-45 上置式蜗杆轴承的飞溅润滑

第七章

减速器装配工作图的设计

第一节 概 述

减速器装配工作图反映减速器整体轮廓形状和传动方式，也表达各零（部）件的相对位置、结构尺寸及装配关系，是设计零件工作图的基础，也是减速器部件组装、调试、检验和维修的技术依据。完成减速器装配草图的设计之后，箱体内各零（部）件的相对位置、结构尺寸及装配关系已确定。在此基础上，进行减速器装配工作图的设计，按国家机械制图标准规定完成三个视图，必要时可增加局部视图。

在这一设计阶段，仍然需要从基本的设计原则出发，对草图的结构设计进行认真检查，对发现的零部件之间的不协调，制造、装配工艺方面考虑不周之处都必须进行修改。

这一设计阶段的任务包括：

1）减速器箱体的结构设计。

2）减速器附件的选择与设计。

3）装配工作图的绘制。

4）装配工作图的尺寸标注。

5）编制减速器的技术特性表和技术要求。

6）装配工作图的零部件编号、明细栏和标题栏。

设计中应遵循先箱体、后附件，先主体、后局部，先轮廓、后细节的结构设计顺序，并注意视图的选择、表达及对应关系。

第二节 减速器箱体的结构设计

减速器箱体用来支承和固定轴系部件，保证传动件的啮合精度，并使箱体内零件具有良好的润滑和密封。箱体是非常重要的零件，其结构形状较为复杂。箱体应结构紧凑，具有足够的强度和刚度及良好的加工工艺性。减速器箱体的结构设计应在三个基本视图上同时进行。

一、箱体的结构形式

减速器箱体的结构形式如第四章所述，一般采用剖分式铸造箱体。

二、箱体的刚度

设计箱体时，要保证其具有足够的刚度，应考虑以下几个方面。

1. 轴承座的刚度

（1）轴承座的厚度 为了保证轴承座的刚度，轴承座应有足够的厚度。当采用凸缘式轴承端盖时，轴承座的厚度通常取 $2.5d_3$（d_3 为轴承端盖连接螺钉的直径），如图 7-1b 所示；当采用嵌入式轴承端盖时，轴承座的厚度一般与采用凸缘式轴承端盖时相同，如图 7-1a 所示。

（2）肋板和凸壁　为了增强轴承座的刚度，可在轴承座外设置加强肋或凸壁。加强肋分外肋板和内肋板两种结构形式，一般中、小型减速器加外肋板，肋板的厚度通常取壁厚的 85%。大型减速器也可以采用凸壁式机体结构，肋板与凸壁结构如图 7-2 所示。

（3）轴承座旁螺栓的位置　为了提高轴承座的连接刚度，轴承座孔两侧的连接螺栓应尽量靠近。在不与轴承座孔、轴承盖螺钉孔以及箱体上导油沟相干涉的前提下，螺栓孔的距离 S 应尽量小，通常取 $S \approx D_2$（D_2 为轴承座外圆直径），即取螺栓中心线与轴承座外圆相切的位置，如图 7-3 所示。若两轴承座孔间距较小不能装入两

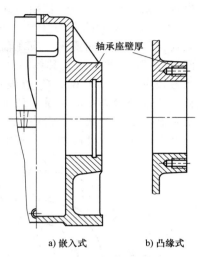

a) 嵌入式　　　b) 凸缘式

图 7-1　轴承座壁厚

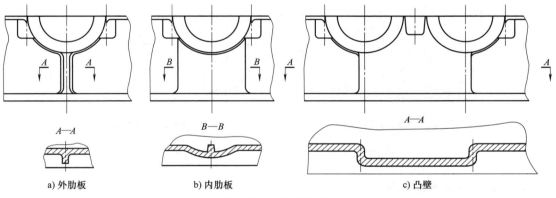

a) 外肋板　　　　　b) 内肋板　　　　　c) 凸壁

图 7-2　肋板与凸壁

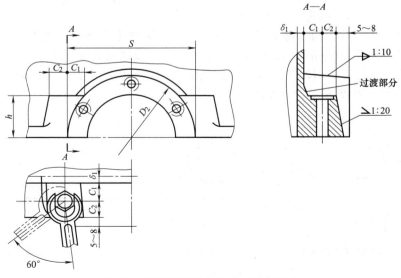

图 7-3　螺栓的位置及凸台的结构尺寸

个螺栓,则可只装入一个螺栓,其位置在两轴承座孔中间同时兼顾两个轴承座。

(4)轴承座旁凸台的高度 由于轴承旁连接螺栓的中心线与轴承座外圆相切,为满足安装连接螺栓的空间要求,应在轴承座旁设置凸台。凸台的高度 h 应以保证足够的螺母扳手空间尺寸 C_1 为原则,其具体高度由绘图确定并作适当圆整。凸台的结构如图7-3所示,其中螺母扳手空间尺寸 C_1、C_2 查表4-2取得。为了便于制造和装拆,应采用相同规格尺寸的螺栓,全部凸台高度应尽量一致。因此,应以最大尺寸轴承座旁的凸台高度为准,但一般最大凸台高度要小于或等于最小尺寸轴承座的半径。

凸台的结构设计应在三个基本视图上同时进行,其结构关系如图7-4所示。

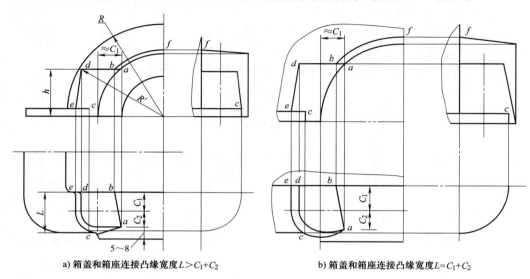

a) 箱盖和箱座连接凸缘宽度 $L>C_1+C_2$ b) 箱盖和箱座连接凸缘宽度 $L=C_1+C_2$

图7-4 轴承座旁凸台的三视图结构投影关系

2. 箱盖和箱座的连接刚度

(1)连接凸缘尺寸 对于剖分式箱体,为了保证箱盖和箱座的连接刚度,连接凸缘厚度 b_1、b 应大于箱体壁厚,一般取为箱体壁厚 δ_1、δ 的1.5倍;连接凸缘宽度应由连接螺栓的扳手空间尺寸 C_1、C_2 确定,如图7-5a所示。

(2)箱体底座尺寸 为了保证箱体的支承刚度,箱体底座凸缘厚度 b_2 一般取为箱座壁厚 δ 的2.5倍,如图7-5b所示,其中 C_1、C_2 为底座连接螺栓的扳手空间尺寸(注:若用地脚螺栓,其尺寸参看表13-17)。箱体底座的宽度 B 应超过内壁位置,一般取 $B=C_1+C_2+2\delta$。图7-5c所示为底座宽度 B 不符合要求的错误结构。

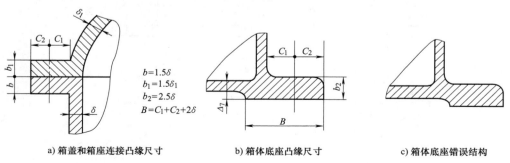

$$b=1.5\delta$$
$$b_1=1.5\delta_1$$
$$b_2=2.5\delta$$
$$B=C_1+C_2+2\delta$$

a) 箱盖和箱座连接凸缘尺寸   b) 箱体底座凸缘尺寸   c) 箱体底座错误结构

图7-5 箱盖和箱座连接凸缘及箱体底座的结构尺寸

三、箱体的密封

为了保证箱盖和箱座接合面的密封性，应采取如下措施。

（1）接合面的精度　接合面除应有足够的宽度外，对几何精度和表面粗糙度也应有一定的要求，一般精刨削表面粗糙度值 $Ra<1.6\mu m$，密封要求高的表面还需要经过刮研。装配时可涂密封胶或水玻璃，但不允许放置任何垫片，以免影响轴承座孔的精度。

（2）凸缘连接螺栓的间距　螺栓的间距不应过大，一般减速器应不大于 $100\sim150mm$，大型减速器可取 $150\sim200mm$。螺栓的分布应尽量均匀、对称，并注意避免与吊耳、吊钩、定位销和启盖螺钉等发生干涉。

（3）设置回油沟　为增强接合面的密封性，可在箱座接合面上设置回油沟，使渗向接合面的润滑油回流入箱内。回油沟的结构如图 7-6 所示，其尺寸与导油沟的尺寸相同，参见图 6-31。

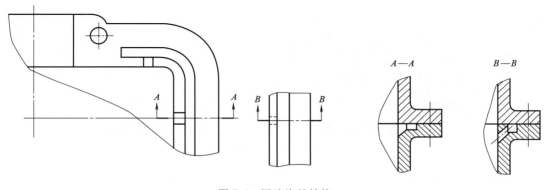

图 7-6　回油沟的结构

四、箱体的结构工艺性

箱体结构的工艺性对箱体制造质量、生产率、成本、检修维护等有直接影响，所以设计时应特别注意。

1. 铸造工艺性

设计铸造箱体时，应充分考虑铸造工艺的特点，力求形状简单、结构合理、壁厚均匀、过渡平缓、金属无过度积聚、拔模容易等。

（1）保证金属液流动通畅　铸件壁厚不宜过薄，最小壁厚见表 11-34。

（2）避免缩孔或应力裂纹　不同壁厚之间应采用平缓的过渡结构，过渡斜度尺寸见表11-36。

（3）避免金属积聚　两壁之间不可采用锐角连接，图 7-7a 所示为锐角连接易形成气泡的不合理结构。

（4）方便拔模　外形沿拔模方向应有 $1:10\sim1:20$ 的斜度，如图 7-3 所示。当沿拔模方向有凸起结构时，将使得造型中拔模困难，故应尽量减少或避免凸起结构。当有多个凸起时，应尽量将其连成一体，如图 7-8 所示。

（5）避免出现狭缝　狭缝处砂型的强度较低，在取出模型或浇注金属液时，易损坏砂型，产生废品。这时可把两个凸台连成一体铸造，如图 7-9 所示。

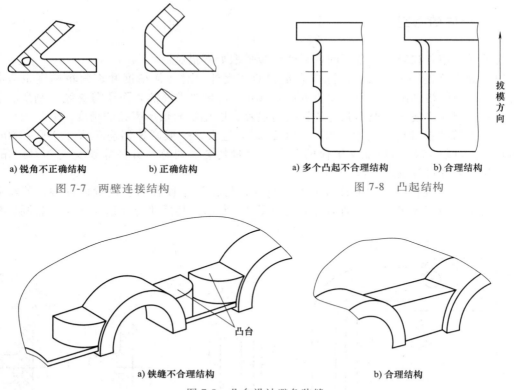

a) 锐角不正确结构

b) 正确结构

图 7-7 两壁连接结构

a) 多个凸起不合理结构

b) 合理结构

拔模方向

图 7-8 凸起结构

a) 铣缝不合理结构

凸台

b) 合理结构

图 7-9 凸台设计避免狭缝

2. 机械加工工艺性

机械加工工艺性综合反映了零件机械加工的可行性和经济性。设计箱体时，要注意机械加工工艺性的要求，尽可能减少机械加工面积和刀具调整次数，严格区分开加工面和非加工面等。

（1）避免不必要的机械加工　应尽可能减少机械加工量，从而降低加工费用。为此，应在箱体上合理设计凹坑和凸台以及加工沉头座孔等，以减小机械加工表面的面积。

为减小箱座底面的加工面积，中、小型箱座底面多采用图 7-10b 所示的结构形式，大型箱座底面则多采用如图 7-10c 所示的结构形式。

a) 加工面积大不合理

b) 中、小型箱座底面

c) 大型箱座底面

图 7-10 箱座底面结构

螺栓连接的支承面应进行机械加工，通常锪出沉头座孔，如图 7-11a、c 所示；也可以设置凸台，铣出平面，如图 7-11b、d 所示。当刀具不能从下方接近工件进行加工时，可采用如图 7-11 c、d 所示的加工方法。

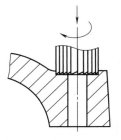

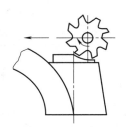

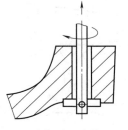

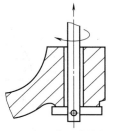

a) 沉头座孔加工方法之一　　b) 凸台平面加工方法之一　　c) 沉头座孔加工方法之二　　d) 凸台平面加工方法之二

图 7-11　螺栓连接支承面的加工

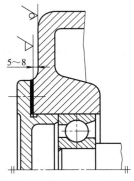

图 7-12　加工面应高出非加工面

（2）区分开加工面和非加工面　箱体上的加工面和非加工面应严格区分开来，加工面应高出非加工面 5～8mm。例如，箱体与轴承盖的接合面，视孔盖、油标和放油孔螺塞与箱体的接合处，如图 7-12，图 7-21 和图 7-32 等所示。

（3）尽量减少刀具调整次数　为保证加工精度和缩短加工时间，应尽量减少机械加工过程中刀具的调整次数。例如，同一轴线上的两轴承座孔直径应相同，以便一次夹中，用同一把刀具完成两孔的加工并保证孔的精度；再如，同一侧箱体各轴承座孔外端面应在同一平面上，以利于一次调整加工，如图 7-13 所示。

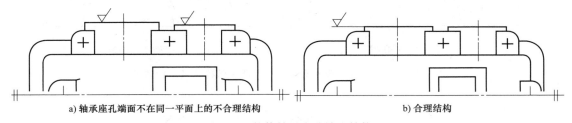

a) 轴承座孔端面不在同一平面上的不合理结构　　　　　　b) 合理结构

图 7-13　箱体轴承座孔端面结构

3. 箱盖外轮廓造型

（1）箱盖顶部外轮廓　圆柱齿轮减速器箱盖顶部外轮廓常以两端圆弧中间用直线相切连接而组成，如图 7-14 所示。

（2）箱盖小齿轮端外轮廓圆弧半径 R　这一端小齿轮直径比较小，不能仅按齿轮与箱体的间距确定箱体内侧壁的位置及箱体外轮廓圆弧半径 R。箱盖的结构造型一般应使外轮廓圆弧包围轴承座旁螺栓凸台，即使 $R \geqslant R'$。先取 $R = R'$，如图 7-14 所示；然后检验箱体内齿轮 2 的齿顶圆与箱体内壁的间距 Δ_1，若此间距不足或发生干涉，则取 $R > R'$，增大 Δ_1，直至满足要求，得到如图 7-15a 所示的结构造型。当轴承座旁螺栓凸台的位置和高度确定后，即可确定小齿轮端箱盖外轮廓圆弧和内壁的位置，再按箱盖与箱座内侧壁对齐确定箱座内侧壁。这样的造型结构简单、便于设计和制造，但箱体的长度尺寸显得大一些。为了减小结构尺寸、减轻重量，小齿轮端箱盖外轮廓圆弧也可以按 $R < R'$ 设计，如图 7-15b 所示，这样的造型结构紧凑些，但轴承座旁螺栓凸台的形状较复杂，增加了铸造箱体的难度，初次设计可采用图 7-14 和图 7-15a 所示的简单结构。

（3）箱盖大齿轮端外轮廓圆弧半径 R_1　箱盖外轮廓圆弧半径 R_1 根据已完成的草图箱座内侧壁确定，其值应保证箱盖与箱座内侧壁对齐，再加上箱盖壁厚 δ_1 即可，如图 7-16 所示。

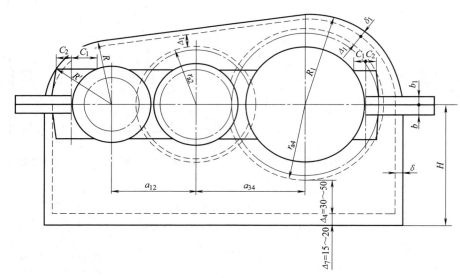

图 7-14　箱盖顶部外轮廓及箱体高度

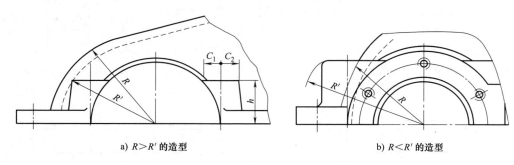

a) $R > R'$ 的造型　　　　　　　　　　　　　b) $R < R'$ 的造型

图 7-15　箱盖小齿轮端外轮廓圆弧半径 R 的确定及结构造型

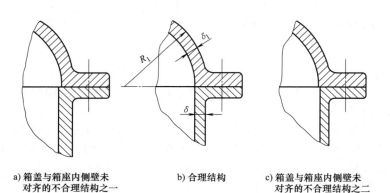

a) 箱盖与箱座内侧壁未　　　　b) 合理结构　　　　c) 箱盖与箱座内侧壁未
　对齐的不合理结构之一　　　　　　　　　　　　　对齐的不合理结构之二

图 7-16　箱盖大齿轮端外轮廓圆弧半径 R_1 的确定

五、减速器中心高 H

　　减速器中心高即箱座的高度，其值与箱内储油量、大齿轮齿顶圆距油池底面的距离以及箱座底部厚度尺寸等有关。有关齿轮润滑需要的油面高度位置、箱内储油量等参见表 4-4 和表 4-5 及其注意事项；再考虑箱座底面的凹凸结构，如图 7-5b 所示，箱底内壁与底面之间

的距离 $\Delta_7 = 15 \sim 20 \text{mm}$。故减速器中心高 $H(\text{mm})$ 可按下式确定

$$H \geqslant r_{\text{a}} + \Delta_4 + \Delta_7$$

式中　r_{a}——浸入油池内最大齿轮的齿顶圆半径。

注意：

1）当减速器输入轴与电动机轴以联轴器连接时，若减速器中心高与电动机中心高相同，则有利于机座的制造和安装。所以，当两者中心高相差不大时，可调整为相同高度。

2）下置式蜗杆减速器的蜗杆轴中心高 H_2 常取为（$0.8 \sim 1.0$）a，a 为中心距。所以这种蜗杆减速器的中心高 $H = (1.8 \sim 2.0)a$。

3）由图确定的中心高 H 值应向大值圆整。

六、锥齿轮、圆柱蜗杆减速器箱体的结构特点

锥齿轮、圆柱蜗杆减速器箱体的结构设计与前述基本相同，下面仅简述其特点。

1. 锥齿轮减速器箱体

（1）锥齿轮减速器箱体的对称性　锥齿轮减速器箱体以小锥齿轮轴线为箱体宽度的对称中心线，这种对称结构的箱体便于设计和加工，并且可以根据需要调整大齿轮的输出端位置。

（2）箱盖顶部外轮廓造型　锥齿轮减速器的箱盖顶部外轮廓造型与圆柱齿轮减速器的箱盖顶部外轮廓造型相同，外轮廓的尺寸和半径 R、R_1，根据已完成的草图中箱座两端内壁确定，其值应保证箱盖与箱座内壁对齐，再加上箱盖壁厚 δ_1，如图 7-17 所示。

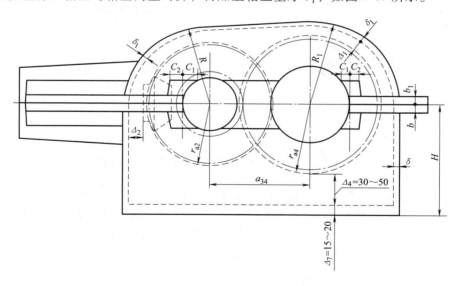

图 7-17　锥齿轮-圆柱齿轮减速器的箱盖外轮廓造型

在图 7-17 中，若 R 与 R_1 尺寸接近，则箱体造型也可以根据齿轮与箱体内壁的距离和箱盖壁厚 δ_1 做成竖直状，顶部为平面，并在连接处倒角，以便于设置吊耳，如图 7-18 所示。

2. 圆柱蜗杆减速器箱体

（1）轴承座结构和肋板　为了提高蜗杆的刚度，应尽量缩短两支点的间距。因此，蜗

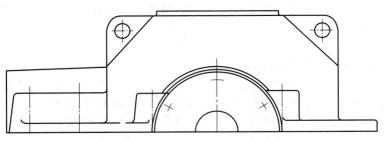

图 7-18　锥齿轮减速器的箱盖外轮廓造型

杆轴承座需要伸入箱体内部。内伸部分的长度与蜗轮外径及蜗杆轴承外径或套杯外径有关。为使两轴承座间距尽量小，常将上部靠近蜗轮部分制出斜面；为提高内伸轴承座的支承刚度，可加设内肋板，如图 7-19 所示。其他结构与圆柱齿轮减速器的设计相似。

（2）散热片的方向　当蜗杆减速器需要加设散热片，并且自然冷却时，散热片应该垂直于箱体外壁竖直方向布置。当蜗杆轴端安装风扇时，应注意使散热片布置方向与风扇气流方向一致。散热片的结构尺寸如图 7-20 所示。

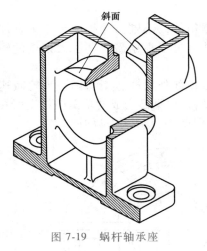

图 7-19　蜗杆轴承座

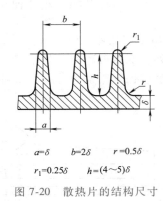

$a=\delta$　　　$b=2\delta$　　　$r=0.5\delta$
$r_1=0.25\delta$　　　$h=(4\sim5)\delta$

图 7-20　散热片的结构尺寸

第三节　减速器附件的选择与设计

为保证减速器正常工作，除传动齿轮、轴系和箱体等主要零部件外，减速器的箱体上通常设置一些辅助零件或附加结构，称为减速器附件。以便于减速器润滑油池的注油、排油、检查油量和观察、检查箱体内传动件的工作情况以及吊装、搬运、装拆、检修等。现就这些附件的功用、结构形式和安放位置等设计问题阐述如下。

一、窥视孔和视孔盖

窥视孔用于检查传动零件的啮合情况、润滑状态、接触斑点和齿侧间隙，还用来向油池内注入润滑油。窥视孔应设置在箱盖的上部，其位置应便于观察到所有传动零件的啮合区，其大小以手能伸入箱体进行检查操作为宜。窥视孔处应设计 5~8mm 高的凸台，以便于进行刨削或铣削加工连接视孔盖的接合面。

视孔盖通常用四个螺钉与窥视孔的凸台固连，以防污物进入箱体内及润滑油飞溅出来。视孔盖与箱体凸台接合面之间加密封垫片，以防渗漏油。窥视孔盖可以用钢板、铸铁或有机玻璃制作，材料不同，其结构也有差别，如图 7-21 所示。其中，图 7-21a 所示的钢板制窥视孔盖结构简单、轻便，上、下面无需切削加工，无论单件还是批量生产均常采用。

　　窥视孔及视孔盖的结构尺寸参见表 20-13 和表 20-14。

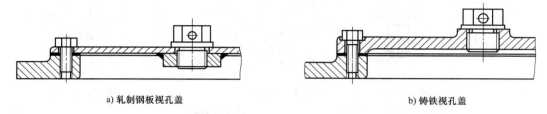

a) 轧制钢板视孔盖　　　　　　　　　　　　b) 铸铁视孔盖

图 7-21　视孔盖与简易式通气器

二、通气器

　　通气器用于箱体内热胀气体的自由溢出，使箱内外气压保持一致，以避免机器运转时箱体内温度升高、内压增大引起润滑油渗漏。通气器分为简易式通气器和带有过滤网的网式通气器两种结构形式，如图 7-22 所示。其结构尺寸参见表 20-1～表 20-3。简易式通气器用于环境较清洁的小型减速器中；带有过滤网的网式通气器用于多尘环境或较重要的减速器中。

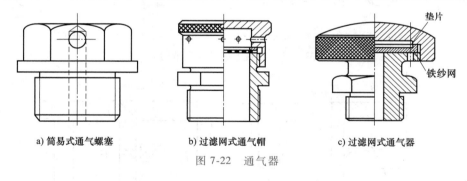

a) 简易式通气螺塞　　　　　b) 过滤网式通气帽　　　　　c) 过滤网式通气器

图 7-22　通气器

　　通气器大多安装在视孔盖或箱盖上。安装在钢板视孔盖上的通气器，用一个薄六角螺母紧固，为防止螺母松脱落入箱内，将螺母焊接在视孔盖上，如图 7-21a 所示，这种结构简单，应用广泛。安装在铸铁视孔盖上或箱盖上的通气器，需要在铸件上制作螺纹孔和连接支承端部平面，如图 7-21b 所示。

三、起吊装置

　　起吊装置用于装拆和搬运减速器。起吊装置包括设置在箱盖上的吊环螺钉、起重螺栓、吊耳和吊钩，一般用于吊运箱盖，也可以吊运轻型减速器；设置在箱座上的吊钩用于吊运整台减速器。

　　吊环螺钉及其连接结构如图 7-23 所示。吊环螺钉为标准件，按减速器的质量选取其公称直径，参见表 20-16。由于吊环螺钉承受较大的载荷，为保证起吊安全，应将其完全拧入螺纹孔，故箱盖上螺纹孔口处应有局部锪大的圆柱孔。

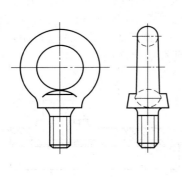

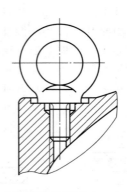

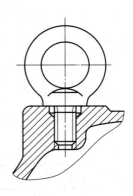

a)吊环螺钉   b)吊环螺钉连接结构之一   c)吊环螺钉连接结构之二

图 7-23   吊环螺钉及其连接结构

采用吊环螺钉需在箱盖上进行比较复杂的机械加工，可在箱盖上直接铸造出吊耳或吊钩，如图 7-24 所示；箱座上直接铸造出的吊钩，如图 7-25 所示。吊钩和吊耳的尺寸参见表 20-14。

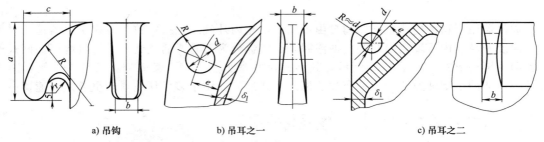

a) 吊钩   b) 吊耳之一   c) 吊耳之二

图 7-24   箱盖上的吊耳和吊钩

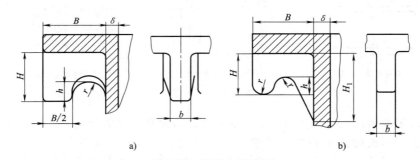

a)   b)

图 7-25   箱座上的吊钩

四、启盖螺钉

启盖螺钉用于拆卸箱盖。为提高箱盖和箱座连接的密封性能，在接合面上常常涂有密封胶或水玻璃，但拆卸时不易分开。为便于拆卸箱盖，通常在箱盖凸缘上制作螺纹孔装设 1~2 个启盖螺钉。拆卸箱盖时，先拧动此螺钉顶起箱盖。启盖螺钉的直径一般等于凸缘连接螺栓直径，螺纹有效长度应大于凸缘厚度，为避免启盖时顶坏螺纹，螺杆端部制作成圆柱形并光滑倒角或半球形，如图 7-26a 所示。也可在箱座凸缘上制作启盖螺纹孔，如图 7-26b 所示。启盖螺钉选用全螺纹螺栓时参见表 13-10。

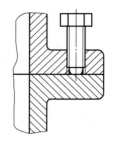
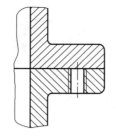

a) 箱盖上的启盖螺钉及螺纹孔   b) 箱座上的启盖螺纹孔

图 7-26 启盖螺钉及启盖螺纹孔   图 7-27 定位销

五、定位销

定位销用于剖分式箱体中，可保证轴承座孔的加工和装配精度，以及箱盖经多次拆装后轴承座孔始终保持制造加工时的相对位置。在箱盖和箱座用螺栓连接后，镗制轴承座孔之前，连接凸缘上应装设两个定位销。两定位销相距应尽量远些，常安置在箱体纵向两侧连接凸缘上，并成非对称布置，以保证定位精度。同时还应考虑钻孔、铰孔方便，且不应与邻近连接螺栓、吊钩、启盖螺钉等发生干涉。

定位销分圆锥形和圆柱形两种结构。为便于拆卸和保证重复拆装时的定位精度，应采用圆锥销。直径一般取为箱盖和箱座连接螺栓直径的 70%～80%，并圆整为标准值。其长度应大于连接凸缘的总厚度，装配成上、下两头均有一定的外伸长度，以便于拆卸，如图 7-27 所示。定位销是标准件，其尺寸选用参见表 13-32。

六、油面指示器

油面指示器用于指示油池油面高度，以保证油池中有满足齿轮润滑及散热的正常油量。油面指示器通常设置在箱座上便于观察且油面较稳定之处，如低速轴附近。油面指示器有各种结构类型，有的类型已有国家标准。常见的形式有油标尺、圆形油标、管状油标和长形油标等。

1. 油标尺

油标尺结构简单，在减速器中应用较多。为了便于加工和节约材料，油标尺的手柄和尺杆通常由两个零件铆接或焊接在一起，如图 7-28a、b 所示，其中图 7-28a 所示的油标尺还具有通气器的功用。油标尺的各部分尺寸参见表 20-10。

油标尺安装在减速器上，可采用螺纹连接，也可采用 H9/h8 配合装入。尺杆上刻有分别对应最高和最低油面的两条刻线，如图 7-28c、d 所示。检查油面高度时拔出油标尺，以尺杆上油痕表明的油面高度来判断是否满足要求。长期连续工作的减速器，需要在运转过程中检查油面高度，为避免油液波动影响检查结果，以及机器运转中拔出油标时油液飞溅出来，可在尺杆外面装有隔离套，如图 7-28d 所示。

油标尺多安装在箱体侧面，设计时应注意确定油标尺插孔的位置及倾斜角度。既要避免箱体内润滑油溢出，又要保证油标尺插取及插孔加工不与箱体凸缘干涉。在此前提下，油标尺的位置应尽量高些，与水平面之间的倾斜角度不得小于 45°，如图 7-29 所示。

当箱座高度较小，不便采用侧装油标尺时，可将其从箱盖上装入，如图 7-30 所示。

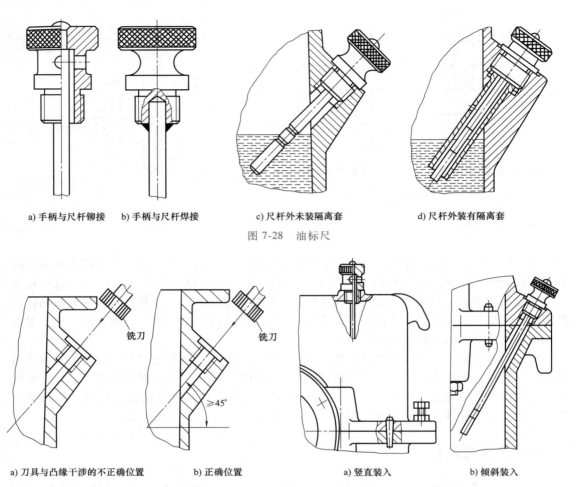

a) 手柄与尺杆铆接　　b) 手柄与尺杆焊接　　　　c) 尺杆外未装隔离套　　　　d) 尺杆外装有隔离套

图 7-28　油标尺

a) 刀具与凸缘干涉的不正确位置　　b) 正确位置

图 7-29　油标尺插孔的位置

a) 竖直装入　　　　b) 倾斜装入

图 7-30　从箱盖上装入油标尺

2. 其他形式的油面指示器

油标尺为间接观察式油标，而如图 7-31 所示的圆形、长形、管状油标和油面指示螺钉为直接观察式油标，可随时观察油面高度，其结构尺寸见表 20-7~表 20-9。这些油面指示器的安装位置不受限制，用于当减速器距地面较高便于直接观察或箱座高度较小无法安装油标尺的场合。

七、放油孔和螺塞

放油孔用于排放油池中的润滑油，为了将污油排放干净，放油孔应设置在箱座底部不高于油池底面的位置，其螺纹孔的小径与油池底面取平为宜，并且设置在不与其他部件靠近的一侧。油池底面常做成 1°~1.5° 的倾斜面，在油孔处附近做一尺寸为 20mm 的方形凹坑（沉渣坑），以便汇集排净。不排油时，用螺塞和封油垫圈堵塞放油孔。封油垫圈的材料可用皮革或石棉橡胶板，带有细牙螺纹的螺塞和封油垫圈的结构尺寸参见表 20-11。圆锥管螺纹油塞的结构尺寸参见表 20-12。

放油孔处的箱体外壁应设凸台，经机械加工作为螺塞头部的支承面。放油孔与螺塞如图 7-32 所示。

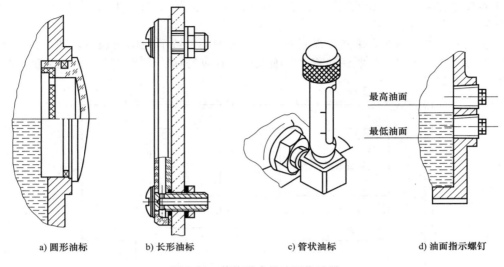

a) 圆形油标　　　　b) 长形油标　　　　　　c) 管状油标　　　　　d) 油面指示螺钉

图 7-31　其他形式的油面指示器

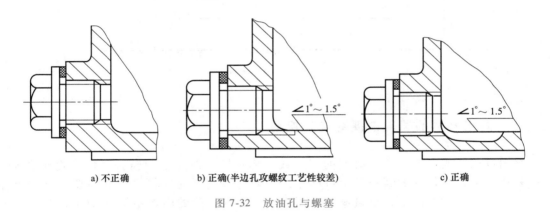

a) 不正确　　　　b) 正确(半边孔攻螺纹工艺性较差)　　　　c) 正确

图 7-32　放油孔与螺塞

八、油杯

轴承采用脂润滑时，可在轴承座或轴承盖相应部位安装直通式或旋盖式压注油杯，其结构形式及尺寸参见表 15-7～表 15-10，应用形式如图 6-27 所示。

第四节　装配工作图的绘制

减速器装配工作图的各个视图应在已完成装配草图的基础上进行绘制，并符合国家机械制图标准的规定。本阶段的工作及注意事项如下。

一、选定图纸幅面及绘图比例并合理布置图面

绘制装配工作图之前，首先选定图纸幅面及绘图比例，画出边框。标准图幅的尺寸见表 11-20。为了增强对设计尺寸的真实感受和判断能力，优先选用 1∶1 的比例尺。但

机械设计课程设计 第2版

在减速器尺寸相对于图纸的尺寸过大或过小时，也可按表 11-21 选用图样比例进行缩小或放大绘制。

减速器装配工作图通常用三个视图并辅以必要的局部或向视图来表达。图中的三视图、技术特性表、技术要求、标题栏和零件明细表等布置应匀称、美观并符合标准规范。图面布置可参考图 7-33。

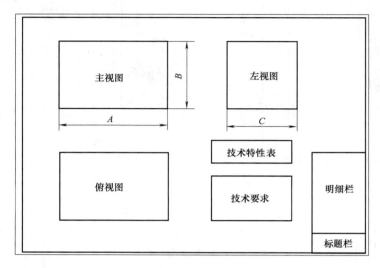

图 7-33　图面布置

二、画出必要的局部剖视图或向视图

视图以两个或三个为主，必要的剖视或局部视图、向视图为辅。完整、清晰地表达减速器内、外部各零件的结构形状和尺寸，尽量把减速器的工作原理和主要装配关系集中表达在一个基本视图上，尽量避免采用虚线，必须表达的内部结构（如附件结构）和细节结构可采用局部剖视图或向视图，为了将局部表达清楚，可把局部移出，必要时用放大比例表示。

三、画出零件的剖面线

剖视图的表达，需用剖面线填充剖面。为区分不同零件，相邻接零件的剖面线方向或间距应不同，而同一零件在不同剖视图上的剖面线方向或间距应一致。对于剖面厚度不大于 2mm 的薄形零件，如垫片，其剖面可用涂黑填充代替剖面线。

四、零件简略表示

根据机械制图国家标准规定，在装配工作图中某些结构允许采用省略画法、简化画法和示意画法。例如，同类型、同规格尺寸的螺栓连接，可以只画出一个，其他连接件仅在相应位置上画出中心线即可。但所画的一个螺栓连接必须在各视图上表达完整。再如，螺纹连接件等可以用简化画法，滚动轴承可以用简化画法或示意画法，但同一张图样上的画法风格应一致。零部件结构的规定画法、简化画法和示意画法参见表 11-25～表 11-28。

五、加深装配工作图

装配工作图底图完成后，按线型要求加深装配工作图。在工程设计中，通常按装配工作底图，先完成零件工作图，再完成装配工作图的顺序进行。在课程设计中，由于仅画出少数几个零件图，因此可以按装配工作底图，先完成装配工作图之后，再完成零件工作图的顺序进行。

六、AutoCAD 画图注意事项

（1）按照国家标准设置图层、颜色和线型 在 GB/T 14665—2012《机械工程 CAD 制图规则》中，对于图层名称、颜色和线型进行了规定，见表 7-1。

表 7-1 图层名称、颜色和线型的规定（摘自 GB/T 14665—2012）

图层名称	颜色	线型应用	图层名称	颜色	线型应用
01	白色	粗实线	08		尺寸线，投影连线，尺寸和公差，尺寸终端符号细实线
02	绿色	细实线，波浪线，双折线			
03	白色	粗虚线	09		参考圆，包括引出线及其终端（如箭头）
04	黄色	细虚线	10		剖面符号
05	细色	细点画线	11		文本（细实线）
06	棕色	粗点画线	12		文本（粗实线）
07	粉红	细双点画线	13,14,15		用户选用

AutoCAD 提供了 acad. lin 和 acadiso. lin 两个线型文件。acadiso. lin 中的线型是按国际标准 ISO 规范设置的，其中 ACAD-ISO08W100 点画线、ACAD-ISO09W100 双点画线和 ACAD-ISO02W100 虚线比较常用。

（2）画边框 按相应型号图幅的标准尺寸画出外边框，并注意图层和线型。

（3）完成装配图 确定主视图、俯视图和左视图的位置，按照制图标准完成装配图，注意图层和线型。

（4）打印图 出图时，首先注意比例的设置，其次注意线宽的设置方法与绘图仪有关。

第五节 装配工作图的尺寸标注

装配工作图是装配、检验、安装及包装减速器时所依据的图样，因此，在装配工作图上应标注以下四种类型的尺寸。

一、外形尺寸

外形尺寸是表示减速器总体大小的尺寸，包括减速器的总长、总宽和总高。以此尺寸考虑所需空间大小和工作范围，供车间布置和包装运输时参考。

二、特性尺寸

特性尺寸是表明减速器性能、规格和特征的尺寸。如传动零件的中心距及其偏差等，偏差值参考表 19-11 选取。

三、配合尺寸

减速器主要零件的配合处都应标出公称尺寸、配合性质和公差等级。所选择的配合性质和公差等级对减速器的工作性能、加工工艺及制造成本等有很大影响，同时也是选择装配方法的依据。减速器主要零件的推荐配合见表7-2，供设计时参考选用。

表7-2   减速器主要零件的推荐配合

配合零件	推荐配合	装拆方法
一般情况下的齿轮、蜗轮、带轮、链轮、联轴器与轴的配合	H7/r6	用压力机
较少装拆时的齿轮、蜗轮、带轮、链轮、联轴器与轴的配合	H7/n6	
小锥齿轮及经常装拆处的齿轮、蜗轮、带轮、链轮、联轴器与轴的配合	H7/m6, H7/k6	用压力机或锤子打入
蜗轮轮缘与轮芯的配合	轮箍式：H7/s6 螺栓连接式：H7/h6	轮箍式用加热轮缘或用压力机推入；螺栓连接式可徒手装拆
滚动轴承内圈孔与轴的配合	j6, k6	温差法或用压力机
滚动轴承外圈与轴承座孔的配合	H7	
轴承套杯与箱体座孔的配合	H7/js6, H7/h6	徒手装拆
轴承盖与箱体轴承座孔或套杯孔的配合	H7/d11, H7/h8, H7/f9	
嵌入式轴承盖的凸缘与箱体轴承座孔中凹槽的配合	H11/d11	
轴套、挡油板、溅油轮与轴的配合	D11/k6, F9/k6, F9/m6, H8/h7 H8/h8	

滚动轴承与轴和轴承座孔的配合参见表14-6和表14-7。

四、安装尺寸

减速器在安装时，与基础、机架和机械设备的某部分相连接。这就需要在装配图样上标注出与这些相关零件的连接尺寸，即安装尺寸。

安装尺寸主要有箱体底座的尺寸，地脚螺栓孔的直径、间距及定位尺寸（地脚螺栓孔中心线至高速轴中心线的水平距离），输入、输出轴外伸轴端的直径和配合长度以及中心高等。

标注尺寸的符号和方法参见表11-29~表11-31。应使尺寸线布置整齐、清晰，并尽量集中标注在反映主要结构关系的视图上。多数尺寸应标注在视图图形之外，数字要书写得工整、清楚。

第六节   编制减速器的技术特性表

设置技术特性表，用以标明减速器的各项运动、动力参数及传动的主要几何参数。技术特性表布置在装配工作图中左视图下方的适当位置。下面以二级圆柱齿轮减速器为例列出技术特性的示范表，见表7-3。

表 7-3　减速器技术特性表

输入功率/kW	输入转速/(r/min)	传动效率 η	总传动比 i	传动特性							
				第一级				第二级			
				m_n	β	z_2/z_1	精度等级	m_n	β	z_2/z_1	精度等级

第七节　编制减速器的技术要求

减速器的技术要求是指在视图上无法表达的，关于装配、调整、检验和维护等方面用来保证减速器各种性能的设计要求。技术要求通常包含以下几方面的内容。

一、对零件的要求

所有零件的配合尺寸都要符合设计图样的要求，并且在装配前要用煤油或汽油进行清洗。机体内应清理干净，不允许存在任何杂物，机体内壁应涂上防侵蚀的涂料。

二、对润滑剂的要求

润滑剂对传动性能有很大的影响，它具有减少摩擦、降低磨损、减振、防锈和散热冷却等作用。因此，在技术要求中应标明传动件及轴承所用润滑剂的牌号、用量、补充及更换的时间。

1）润滑剂的选择应考虑传动类型、载荷性质及运转速度等因素。一般情况下，对重载、高速、反复运转及频繁起动的传动件，由于形成油膜的条件差、温升高，应选用粘度高、油性和极压性好的润滑油；对轻载、间歇工作的传动件，可选取粘度较低的润滑油。

2）当传动件与轴承采用同一润滑剂时，应优先满足传动件的要求，适当兼顾轴承的要求。

3）对于多级传动，高速级和低速级对润滑油粘度的要求不同，可选用平均值。

4）一般齿轮减速器，常用 L-AN 全损耗系统用油；对于中、重型齿轮减速器，可用中载荷工业齿轮油和重载荷工业齿轮油；对于蜗杆减速器，可用蜗轮蜗杆油。

润滑油应添加至规定的油面高度，换油时间取决于油中杂质的多少及氧化与污染的程度，一般半年左右更换一次。

5）轴承采用润滑脂润滑时，填入轴承空隙内的润滑脂要适量，填入过量或不足都会影响润滑效果。轴承转速 $n \leqslant 1500$r/min 时，润滑脂填入量为轴承空隙容积的 $1/2 \sim 2/3$；轴承转速 $n > 1500$r/min 时，润滑脂填入量为轴承空隙容积的 $1/3 \sim 1/2$。一般每间隔半年左右补充或更换一次润滑脂。

三、对密封的要求

在试运转过程中，减速器所有密封处和连接面都不允许漏油。箱盖与箱座的接合面（剖分面）之间不允许使用任何垫片，但可以涂密封胶或水玻璃用于密封。

四、对滚动轴承轴向游隙的要求

在对减速器进行装配时，必须保证滚动轴承有一定的轴向间隙（游隙），在技术要求中应标明游隙的大小。轴向间隙的确定可参考如下几点：

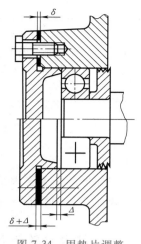

图7-34 用垫片调整
轴向间隙

1）当两端固定的轴承结构中采用的轴承间隙不可调时，如深沟球轴承，可在轴承端盖与轴承外圈端面之间预留适当的轴向间隙Δ，以允许轴的热伸长。一般Δ取0.25~0.4mm，当轴的两支点之间距离较大、工作温升较高时，轴的热伸长量较大，Δ取较大值。

轴向间隙的大小采用一组厚度不同的垫片（通常用软钢08F制作）来调整，如图7-34所示。用垫片调整轴向间隙Δ的方法是，先消除轴承的轴向间隙，用轴承端盖将轴承顶紧至轴仅能勉强转动，此时轴承的轴向间隙基本消除，再由塞尺量得轴承端盖与轴承座之间的间隙δ，然后将厚度为δ+Δ的调整垫片置于轴承端盖与轴承座之间，拧紧轴承端盖螺钉即可获得需要的轴向间隙Δ。

2）当采用的轴承间隙可调时，如角接触轴承，游隙一般都较小，其推荐值Δ可查阅表14-10选取。

轴承间隙也可以采用圆螺母或调节螺钉的结构形式进行调整，如图7-35所示。调整时，先拧紧圆螺母或调节螺钉至基本消除轴承的轴向游隙，然后再放松圆螺母或螺钉至需要的轴承游隙，再用锁紧螺母锁紧即可。此结构中轴承端盖与轴承座之间的垫片不起调整游隙的作用，仅起密封作用。

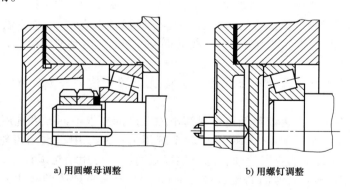

a) 用圆螺母调整　　　　　b) 用螺钉调整

图7-35 用圆螺母或螺钉调整轴向间隙

五、对传动副的侧隙与接触斑点的要求

在安装齿轮或蜗杆副时，为了保证传动副的正常运转，必须保证齿面之间具有必要的侧隙及足够的齿面接触斑点。所以在技术要求中需标明其具体数值，供装配后检验用。侧隙及接触斑点的具体数值由传动精度确定，可参阅表19-13和表19-14。

（1）传动副侧隙的检查　传动副侧隙的检查可以用塞尺或铅丝塞进相互啮合的两齿面间，然后测量塞尺厚度或铅丝变形后的厚度。

（2）接触斑点的检查　接触斑点的检查是对装配好的齿轮副施加轻微载荷来进行的。首先在主动轮齿面上涂以红丹粉或其他专用涂料，当主动轮转动 2~3 周后，观察从动轮齿面的着色情况，分析接触区的位置及接触面积的大小是否满足要求。传动的正常接触斑点如图 7-36 所示。

对于多级传动，若各级传动的侧隙和接触斑点要求不同时，应在技术要求中分别标明。

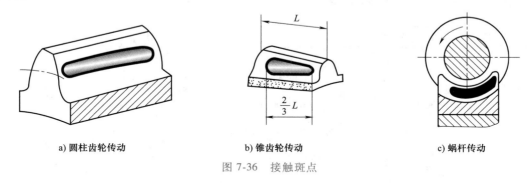

a) 圆柱齿轮传动　　　　　b) 锥齿轮传动　　　　　c) 蜗杆传动

图 7-36　接触斑点

六、对试车的要求

当减速器装配完成后，在出厂前应进行试验。试验的规范和要求达到的指标应在技术要求中标明。试验分空载试验和负载试验两步进行。通常先做空载试验，在满载转速 n_m 下正、反转各 1h，要求运转平稳、噪声小、连接固定处不得松动。然后做负载试验，要求在满载转速 n_m 下按 25%、50%、75%、100%、125% 逐级加载，各运转 1~2h。油池温升不得超过 35~40℃，轴承温升不得超过 40~50℃。

七、对包装、运输和外观的要求

机体表面应涂漆；对外伸轴及其零件需涂油包装严密；减速器在包装箱内应固定牢靠；安装搬运、装卸时不可倒置，不得使用箱盖上的吊耳、吊钩和吊环；包装箱外应写明"不可倒置""防雨淋"等字样。

第八节　零部件编号、明细栏和标题栏

为了便于识别减速器的结构和组成，便于装配和进行生产准备工作，需要在装配工作图上对每个零（部）件进行编号。同时编制出相应的明细表和标题栏。

一、零部件编号

装配图中包括标准件在内的所有零（部）件应统一编号，不得出现重复和遗漏现象，并且编注应符合机械制图国家标准的有关规定。

1. 序号的表示方法

装配图中零（部）件序号的表示方法有以下三种，如图 7-37 所示。

1）序号注写在水平基准线（细实线）上，字号比该装配图中所注尺寸数字的字号大1~2号，如图7-37a所示。

2）序号注写在圆圈（细实线）内，字号比该装配图中所注尺寸数字的字号大1~2号，如图7-37b所示。

3）序号注写在指引线非零件端附近，不加水平线或圆圈，字号比该装配图中所注尺寸数字的字号大两号，如图7-37c所示。

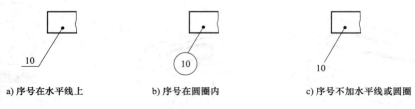

a) 序号在水平线上   b) 序号在圆圈内   c) 序号不加水平线或圆圈

图7-37　序号的表示方法

2. 指引线的表示

1）应自所指零（部）件的可见轮廓内引出至视图以外，并在端部画一圆点，如图7-37所示。

2）若指引线所指零（部）件（很薄的零件或涂黑的剖面）内不便画圆点则可在指引线端部画出箭头，并指向该部分的轮廓，如图7-38所示。

3）必要时，允许将指引线画成折线，如图7-39所示，但只允许折弯一次。

4）一组紧固件或装配关系清楚的零件组，如螺栓、螺母和垫片，可用一条公共指引线，但需分别编号，如图7-40所示。

5）指引线应尽可能排布均匀，不宜过长，不可相互交叉，尽量不穿过或少穿过其他零件的轮廓，当穿过有剖面线的区域时，不应与剖面线平行。

3. 序号的编排方法

1）同一装配图中编排序号的形式应一致。

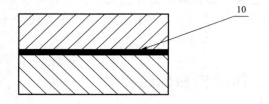

图7-38　指引线端部画箭头的应用场合

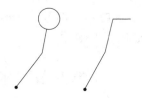

图7-39　指引线折弯一次

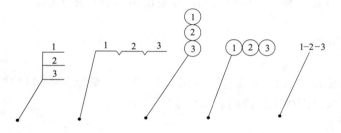

图7-40　公共指引线序号标注

2）对各独立组件，如滚动轴承、通气器、油标以及焊接件等，可编一个序号；相同零（部）件通常用一个序号，一般只标注一次。

3）装配图中的序号应沿水平或竖直方向排列整齐，按顺时针或逆时针方向顺序排列，不得跳号。在整个图上无法连续排序时，可只在每个水平或竖直方向顺序排列。

二、标题栏

标题栏用以表明减速器的名称、绘图比例、件数、重量、图号、设计者和单位以及审核者、责任人等内容。

标题栏应布置在图纸的右下角，紧贴图框线，其格式、线型及内容已由国家标准规定。但由于标准中尺寸较大，内容较多，故在机械设计课程设计中推荐采用简化的标题栏，其参考格式见表11-22。

三、明细栏

明细栏是装配图上所有零（部）件的详细目录，用以表明各零（部）件的序号、名称、数量、材料及标准规格等内容。填写明细栏的过程也是最后审核确定各零部件材料和选定标准规格的过程。

明细栏应紧接在标题栏之上，按序号自下而上顺序填写，序号必须与装配图中零（部）件的编号一致。各标准件应按规定的标记完整地写明零件的名称、材料、主要尺寸和标准代号；传动件必须写出主要参数，如齿轮的模数、齿数和螺旋角等；材料应标注具体牌号。在机械设计课程设计中推荐采用简化的明细栏，其参考格式见表11-23。

第八章

零件工作图的设计

在装配图完成之后，为了制造出装配图中的各个非标准零件，需要绘制出零件的工作图。零件工作图是零件生产、检验和制订工艺规程的基本技术文件和依据，包含零件制造和检验的全部内容，应能全面、正确、清晰地表明零件的结构形状，给出制造、检验所需的全部尺寸和技术要求。不仅反映设计意图，而且要考虑加工、使用的可行性和合理性。正确设计零件工作图，可以起到减少废品、降低生产成本、提高生产率和机械使用性能的作用。因此，合理设计零件工作图是设计过程中的重要环节。

在机械设计课程设计中，由于学时所限，一般由指导教师指定绘制 2~3 个典型零件工作图。

第一节　对零件工作图的基本要求

1. 布置和选择视图

每个零件工作图应单独绘制在一个标准图幅中，其基本结构与主要尺寸应与装配图一致。若在零件工作图的设计过程中，发现装配图上的零件有不完善之处或错误时，可以修改该零件的结构及相关尺寸，但同时必须对装配图进行相应的修改。零件工作图应合理地选用各种视图表达，如三视图、剖视图、局部剖视图和向视图等，以能完全、正确、清楚表明零件的结构形状和相对位置关系为原则。视图比例优先选用 1∶1。对于零件的局部细小结构，如过渡圆角、退刀槽、砂轮越程槽和保留中心孔等，必要时可采用局部放大图。

2. 标注尺寸

零件工作图上的尺寸是加工与检验零件的依据。尺寸标注要选好基准面，标注在最能反映形体特征的视图上，保证尺寸完整，便于加工测量，但要避免重复、遗漏、封闭和数值差错。对于装配图中未表示出的结构，如圆角、倒角、退刀槽和铸件壁厚的过渡尺寸等，在零件工作图上均应绘出标明。

3. 标注公差

在零件工作图上，对于要求精确及有配合关系的尺寸，均应标注尺寸的极限偏差。对于重要的装配表面及定位表面，应标注表面几何公差。

4. 标注表面粗糙度值

零件的所有表面均应标明表面粗糙度值，以便制订相应的加工工艺。当有多个表面具有相同表面粗糙度值时，为简便起见，可在图纸右下方统一标注。表面粗糙度值均应按表面作用及必要的制造经济精度确定，标注方法参见表 18-18~表 18-21。

5. 列出齿轮类零件的啮合特性表

对于齿轮、蜗轮类传动零件，其参数和误差检验项目较多，应在图纸右上角紧贴边框列出啮合特性表，填写零件的主要几何参数、精度等级、误差检验项目及偏差等。

6. 编写技术要求

零件在制造和检验时应保证的设计要求和条件，不便用图形或符号表示时，应在零件图的技术要求中注明。涉及的内容视具体零件的加工方法和要求而定。有关轴、齿轮和箱体零件技术要求的具体内容见下面各节中。

7. 绘制标题栏

标题栏应绘制在图纸的右下角并紧贴图框线，其格式与尺寸可按国家标准规定绘制，机械设计课程设计中也可按表 11-22 推荐的简化格式绘制。

第二节 轴类零件工作图

1. 视图

轴类零件为圆柱回转体，如轴、套筒等。一般按轴向水平布置其主视图，仅一个视图即可基本表达清楚其结构。在有键槽或孔的位置，增加必要的剖视或断面图；对于不易表达清楚的细小部位，如过渡圆角、退刀槽、砂轮越程槽、中心孔等，必要时可绘制局部放大图。

2. 标注尺寸

轴类零件主要是标注径向尺寸（直径）和轴向尺寸（长度）。在标注径向尺寸时，要求逐一标注出各轴段的直径，不同位置上直径相同的各轴段也不能省略。

在标注轴向尺寸时，首先标注总长，然后根据加工工艺要求合理选定主要基准面和辅助基准面，并尽量使标注的尺寸反映加工工艺及测量的要求，避免出现封闭的尺寸链。一般将轴上尺寸中最不重要的一段作为尺寸的封闭环，不标注尺寸。

图 8-1 所示为轴类零件的尺寸标注示例。图中标注的尺寸是加工测量尺寸，未标注的尺寸是加工过程中自然形成的尺寸。它反映了表 8-1 所示轴的主要车削加工过程。以齿轮的轴向定位面 A 作为主要基准面，两端面 B、C 作为辅助基准面。L_1、L_4、L_5 和 L_6 等尺寸均以主要基准面 A 作为基准进行标注，可以减少加工的测量误差；尺寸 L_1 是考虑轴承的定位及控制轴承支点的距离；L_6 是考虑齿轮的轴向定位和固定的可靠性。而直径 d_1、d_7 轴段的长度尺寸误差不影响轴系部件的装配精度，所以将其作为封闭环，使加工的误差积累在该轴段，并避免出现封闭尺寸链。

标注键槽的尺寸时，沿轴向应标注键槽长度尺寸 L_7、L_8 和轴向定位尺寸 L_9（以基准面为基准）；键槽的宽度和深度可绘制轴的剖面图并在其上标注。

轴上的全部过渡圆角、倒角、退刀槽、砂轮越程槽及中心孔等细部结构也必须标注，若尺寸均相同也可在技术要求中加以说明。

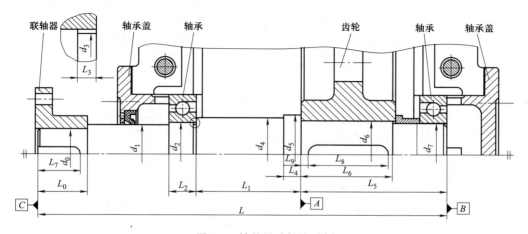

图 8-1　轴的尺寸标注示例

表 8-1 轴的车削主要加工工序

工序号	工序名称	工序草图	所需尺寸
1	下料,车削两端面,钻中心孔		$L,d_5+\Delta$(余量)
2	中心孔定位,车削外圆		L,d_5
3	夹住一头,测量 L_5,车削 d_6 段		L_5,d_6
4	测量 L_6,车削 d_7 段		L_6,d_7
5	掉头,测量 L_4,车削 d_4 段		L_4,d_4
6	测量 L_1,车削 d_2 段		L_1,d_2
7	测量 L_2,车削 d_1 段		L_2,d_1
8	测量 L_0,车削 d_0 段		L_0,d_0
9	在 d_2 段切砂轮越程槽,测量 L_3,车削 d_3 段		L_3,d_3

3. 标注尺寸公差

对于在装配图中有配合要求的轴段直径，应根据选定的配合性质从表 18-3 中查取相应的尺寸偏差，标注在相应的径向尺寸处。

键槽的宽度和深度也应标注相应的尺寸偏差，其值按键连接标注规定，由表 13-30 查取。

轴向长度尺寸一般按自由公差处理，不标注长度公差。

4. 标注几何公差

1）轴的重要表面应标注几何公差，即形状公差、位置公差和跳动公差，以保证零件的加工精度和机器的装配质量。公差值由第十八章第二节查取。

2）与滚动轴承配合的轴段有较高的精度要求。由于滚动轴承套圈壁厚较薄，且宽径比较小，为了保证轴的旋转精度，通常要求在配合轴段标注径向圆跳动公差及圆度或圆柱度公差，在轴承的定位轴肩处标注轴向圆跳动公差。

3）齿轮（蜗轮）的轮毂厚度较大，配合轴段的圆度或圆柱度误差对一般精度的齿轮啮合传动影响不大，通常在该轴段上只标出径向圆跳动公差；对于精度高、转速高的齿轮传动，则配合轴段应增加标注圆度或圆柱度公差。定位齿轮的轴肩标注轴向圆跳动公差。

4）轴的外伸轴通常与带轮、链轮或联轴器配合，在该配合轴段通常仅标注径向圆跳动公差。

5）轴上键槽宽度尺寸通常标注对称度公差。

6）同一轴段同时标注有尺寸公差、位置公差和形状公差时，通常各公差值大小的关系是：尺寸公差值>位置、跳动公差值>形状公差值。

7）普通减速器中轴类零件的几何公差及其精度等级推荐标注项目见表 8-2。

轴的尺寸公差、几何公差标注参考如图 8-2 所示。

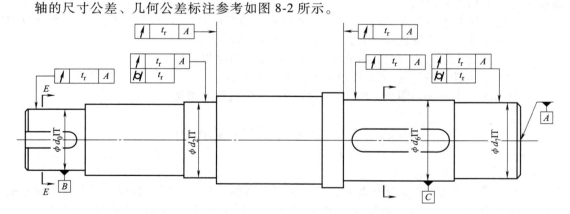

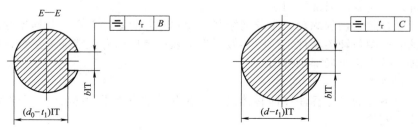

图 8-2 轴的尺寸公差、几何公差标注参考

表 8-2　轴类零件几何公差及其精度等级推荐标注项目

类别	项　目	符号	精度等级	作　用
形状公差	与轴承相配合表面的圆度或圆柱度	○	6~7	影响轴承与轴配合的松紧及对中性
	与传动件毂孔相配合表面的圆度或圆柱度	⌭	7~8	影响传动件与轴配合的松紧及对中性
跳动公差和位置公差	与轴承配合表面对轴线的圆跳动	↗	6~8	影响轴承及传动件的运转偏心度
	与传动件毂孔配合表面对轴线的圆跳动			影响传动件的运转偏心度
	轴承定位端面对轴线的圆跳动			影响轴承定位及受载均匀性
	传动件定位端面对轴线的圆跳动			影响传动件定位及受载均匀性
	键槽对轴线的对称度	⌯	7~9	影响键与键槽的受载均匀及装拆难易程度

5. 标注表面粗糙度值

轴的全部表面都要加工，其表面粗糙度值可参考表 8-3 确定。

表 8-3　轴的工作表面粗糙度值　（单位：μm）

加工表面	*Ra*	加工表面	*Ra*	
与 P_0 级滚动轴承相配合的表面	1.6~0.8	平键键槽的工作面	3.2~1.6	
与 P_0 级滚动轴承相配合的轴肩端面	3.2	平键键槽的非工作面	6.3	
与传动件和联轴器轮毂相配合的轴头表面	3.2~0.8	与毛毡油封接触的表面	$v \leqslant 3$m/s	$v>3$m/s
			3.2~1.6	1.6~0.8
与传动件和联轴器轮毂相配合的轴肩端面	6.3~3.2	与橡胶油封接触的表面	$v>3\sim5$m/s	$v>5\sim10$m/s
			0.8~0.4	0.4~0.2

6. 技术要求

轴类零件工作图的技术要求主要包括以下几个方面：

（1）对材料及其热处理的要求　如允许代用的材料，热处理方式及热处理后的表面硬度、渗碳层的深度和淬火深度。

（2）对机械加工的要求　如定位销孔与其他零件的配合加工（配钻、铰钻）；是否保留中心孔（若要求保留，应在图中画出或按国家标准加以说明）。

（3）对图上未注明的倒角、圆角及表面粗糙度值的说明。

（4）其他必要的说明　如对较长轴要求校直毛坯等。

轴的零件工作图例如图 21-18~图 21-21 所示，供设计时参考。

第三节　齿轮类零件工作图

1. 视图

齿轮类零件包括齿轮、蜗轮和蜗杆等，也是回转体。其工作图一般需要用主视图和左视图两个视图表示。主视图一般按轴线水平布置，采用半剖或者全剖反映零件的轮廓腹板、肋、孔等内部结构尺寸；左视图则主要表示轮毂孔、键槽的形状和尺寸，可绘制出完整的视图，也可以只绘制出局部视图。

对于组合式结构的蜗轮，应分别绘制齿圈和轮芯的零件工作图及蜗轮的组件图。齿轮轴和蜗杆轴的视图与轴类零件工作图类似。为了表达齿形的有关特征及参数，如蜗杆的轴向齿距等，必要时应绘出局部剖视图。

2. 标注尺寸

齿轮类零件的尺寸标注按回转体进行。齿轮零件工作图中应标注径向尺寸（直径）和轴向尺寸（宽度）。

齿轮类零件的轮毂孔不仅是装配的基准，也是切齿和检测加工精度的基准，所以各径向尺寸以孔的中心线为基准标注其直径。分度圆直径是齿轮设计的基本尺寸，必须精确标注；齿顶圆直径、轮毂孔直径是加工测量的基本尺寸，也必须精确标注；而轮毂直径、轮缘直径、轮辐或腹板孔的直径和位置等都是齿轮生产加工中不可缺少的尺寸，参见表6-4、表6-8～表6-10，按经验公式要求确定，均应圆整并标注在图样上。齿根圆是根据齿轮参数加工而得到的，其直径按规定不必标注。

轮毂孔的端面是装配和切齿的定位基准，所以轴向尺寸以端面为基准标注其轴向宽度。

蜗轮的组件图还应标注齿圈和轮芯配合的配合尺寸、配合性质和精度等级等。

圆角、倒角、锥度和键槽等尺寸应按既不重复、又不遗漏的原则标注；铸造或模锻制造的齿轮毛坯应标注拔模斜度。

3. 标注尺寸公差

齿顶圆和轮毂孔是加工、装配的重要基准，尺寸精度要求高，应标注尺寸极限偏差。齿顶圆直径极限偏差按其是否作为测量基准而定，参考表19-22选取；轮毂孔直径极限偏差由其精度等级和配合性质决定，参考表18-4选取。轮毂孔上的键槽尺寸根据配合性质标注极限偏差，参考表13-30选取。对于锥齿轮，应标注锥体大端的直径极限偏差、齿宽尺寸极限偏差、端面到锥体大端及端面到锥顶距离的极限偏差，参考表19-38和表19-39选取。对于蜗轮，应标注端面到中间平面距离的极限偏差和中心距的极限偏差，参考表19-48选取。

4. 标注几何公差

齿坯的几何公差对齿轮类零件传动精度的影响很大，通常根据精度等级确定其公差值。一般需要标注的项目有齿顶圆的径向圆跳动、基准端面对轴线的轴向圆跳动和键槽两侧面对孔中心线的对称度等。齿轮、蜗轮轮坯的几何公差等级对齿轮工作性能的影响见表8-4。

齿轮、蜗轮轮坯的尺寸及其公差和几何公差标注参考如图8-3～图8-6所示。

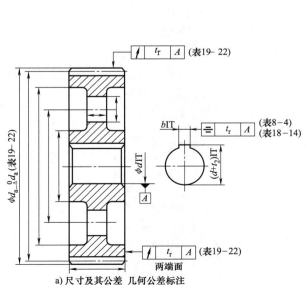

法向模数	m_n		
齿数	z		
齿形角(压力角)	α		
齿顶高系数	h_{an}^*		备注
顶隙系数	c_n^*		
螺旋角	β		
螺旋方向			
径向变位系数	x		
跨测齿数	K		表19-16～表19-20
公法线长度及其极限偏差	$W_n \begin{smallmatrix} E_{bns} \\ E_{bni} \end{smallmatrix}$		
精度等级			
齿轮副中心距及其极限偏差	$a \pm f_a$		表19-11
配对齿轮	图号		
	齿数		
检验项目	代号	公差(或极限偏差值)	
径向跳动公差	F_r		表19-10
齿距累积总偏差	F_p		表19-6
单个齿距偏差	$\pm f_{pt}$		表19-6
螺旋线总偏差	F_β		表19-8

a) 尺寸及其公差 几何公差标注　　　　b) 啮合特性表

图 8-3　圆柱齿轮毛坯尺寸及其公差、几何公差标注和啮合特性表

表 8-4　齿轮、蜗轮零件的几何公差精度等级及推荐标注项目

类别	项目	符号	精度等级	作　用
形状公差	轮毂孔的圆度或圆柱度	○ ⌭	6~8	影响轴孔配合的松紧及对中性
跳动公差和位置公差	齿顶圆对轴线的圆跳动	↗	按齿轮精度等级及尺寸确定	影响传动精度及载荷分布的均匀性
	齿轮基准端面对轴线的圆跳动	↗		
	轮毂键槽对孔中心线的对称度	⌯	7~9	影响键与键槽受载的均匀性及装拆难易程度

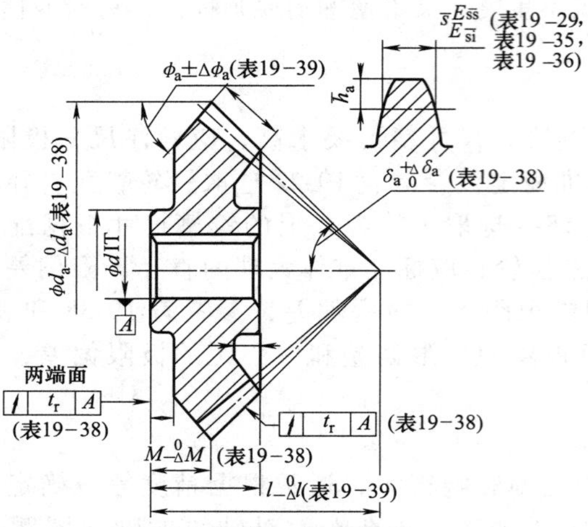

a) 尺寸及其公差 几何公差标注

模数		m		备注
齿数		z		
齿形角		α		
分度圆直径		d		
分锥角		δ		
全齿高		h		
轴交角		Σ		
锥距		R		
螺旋角及方向		β		
变位系数	径向	x		
	切向	x_t		
大端分度圆	弦齿厚	$\bar{s}$		表19-37或表19-15
	弦齿高	$\bar{h}$		
配对齿轮		图号		
		齿数		
精度等级				
公差组	检验项目	代号	偏差值	
Ⅰ	齿距积累偏差	F_p		表19-30
Ⅱ	齿距极限偏差	$\pm f_{pt}$		表19-29
Ⅲ	接触斑点 齿高			表19-31
	接触斑点 齿长			

b) 啮合特性表

图 8-4　锥齿轮毛坯尺寸及其公差、几何公差标注和啮合特性表

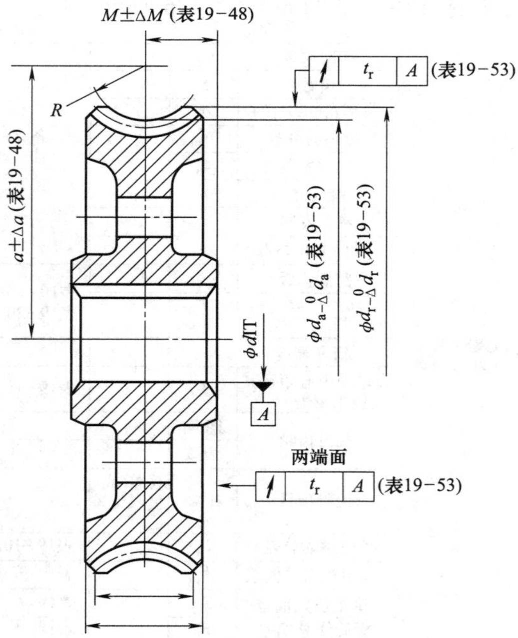

a) 尺寸及其公差、几何公差标注

模数		m		备注
齿数		z		
轴向齿形角		α		
齿顶高系数		h_a^*		
顶隙系数		c^*		
螺旋角		β		
螺旋方向				
变位系数		x		
分度圆直径		d		
分度圆齿厚		s		
全齿高		h		
精度等级				
配对蜗杆		图号		
		齿数		
		类型		
公差组	检验项目	代号	公差(或极限偏差)值	
Ⅰ	齿距累积偏差	F_p		表19-46
Ⅱ	齿距极限偏差	$\pm f_{pt}$		
Ⅲ	齿形公差	f_{f2}		

b) 啮合特性表

图 8-5　蜗轮毛坯尺寸及其公差、几何公差标注和啮合特性表

5.标注表面粗糙度值

齿轮类零件表面分为加工表面和非加工表面，该类零件的所有表面均应标注表面粗糙度值。各加工表面的表面粗糙度值可参考表8-5选取。

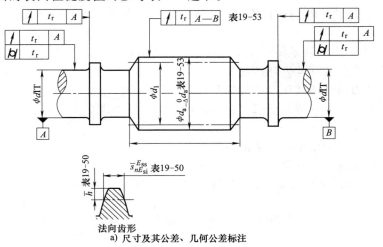

a) 尺寸及其公差、几何公差标注

轴向模数	m		
齿数(头数)	z		
轴向齿形角	α		
齿顶高系数	h_{a1}^*		
顶隙系数	c^*		
导程角	γ		备
螺旋方向			
分度圆直径	d		注
全齿高	h		
精度等级			
中心距及其极限偏差	$a\pm f_a$		
配对蜗轮	图号		
	齿数		
公差组	检验项目	代号	公差(或极限偏差)值
II	齿槽径向跳动公差	f_r	表19-45
	轴向齿距极限偏差	$\pm f_{px}$	
III	齿形公差	f_{f1}	

b) 啮合特性表

图8-6 蜗杆毛坯尺寸及其公差、几何公差标注和啮合特性表

表8-5 齿轮、蜗轮加工面的表面粗糙度 Ra 值 （单位：μm）

加工表面		精度等级			
		6	7	8	9
轮齿工作面		0.8~0.4	1.6~0.8	3.2~1.6	6.3~3.2
齿顶圆	作为测量基准	1.6	3.2~1.6	3.2~1.6	6.3~3.2
	不作为测量基准	3.2	6.3~3.2	6.3	12.5~6.3
与轴肩配合的端面		3.2~0.8		3.2~1.6	6.3~3.2
轴孔配合面		1.6~0.8		3.2~1.6	6.3~3.2
齿圈与轮芯配合面		1.6~0.8		3.2~1.6	6.3~3.2
其他加工面		6.3~1.6		6.3~3.2	12.5~6.3

注：原则上尺寸数值较大时取大些的 Ra 值。

6. 啮合特性表

啮合特性表一般布置在零件工作图右上角紧贴图框处,其内容包括齿轮或蜗轮的主要参数、精度等级和相应的误差检验项目等。误差检验项目及数值参考第十九章。啮合特性表的内容及格式参考图 8-3~图 8-6,列出的参数项目可根据需要增减,检验项目按功能要求而定。

7. 技术要求

齿轮类零件工作图的技术要求主要包括以下几个方面:

1) 对铸件、锻件或其他齿坯件的要求。

2) 对材料的力学性能和化学成分的要求以及允许的代用材料。

3) 对材料表面力学性能的要求,如热处理方法、热处理后的硬度、渗碳深度及淬火深度等。

4) 图上未注明的圆角半径、倒角及表面粗糙度值的说明。

5) 对大型或高速齿轮的动平衡试验要求。

齿轮类零件工作图例如图 21-22~图 21-27 所示,供设计时参考。

第四节　箱体零件工作图

1. 视图

箱体零件的结构较为复杂,一般需要绘制三个基本视图。按具体情况加绘必要的剖视图、局部视图和局部放大图,以表达清楚其内部和外部结构。

2. 标注尺寸

箱体零件结构形状复杂,故尺寸繁多。标注尺寸时,应注意以下事项。

(1) 标注基准　采用加工基准作为标注尺寸的基准,以方便加工时测量。例如:箱盖、箱座的高度尺寸应以剖分面为基准进行标注,如图 8-7 所示;箱体的宽度尺寸应以对称中心线为基准进行标注,如图 8-7 和图 8-8 所示;箱体的长度尺寸一般以轴承孔中心线为基准进行标注,如图 8-9 所示。

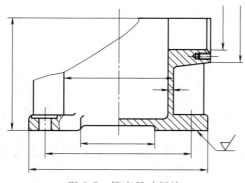
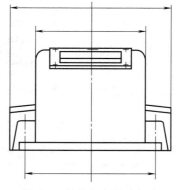

图 8-7　箱座尺寸标注　　　　图 8-8　箱盖宽度尺寸标注

(2) 定位尺寸　定位尺寸是确定箱体各部分相对位置的尺寸,应从基准直接标注。如孔中心距及孔中心线位置尺寸等,如图 8-9 所示。

(3) 定形尺寸　定形尺寸是确定箱体各部位形状大小的尺寸,应直接标注,不应有任何运算。如箱体的长、宽、高、壁厚,凸缘厚度,肋板厚,槽的深和宽,各种孔径和深度等,如图 8-7~图 8-9 所示。

(4) 功能尺寸　功能尺寸是影响工作性能的尺寸,应直接标注,以保证加工的准确性,

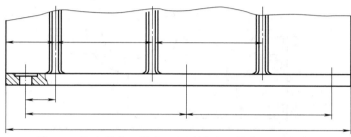

图 8-9 箱座长度、孔中心距及孔中心线位置尺寸标注

如轴承座孔的中心距、箱座的中心高等。

（5）其他尺寸 倒角、圆角、拔模斜度等尺寸在图中标注或在技术要求中说明。

此外，还应避免尺寸重复、遗漏及封闭尺寸链。

3. 标注尺寸公差

重要的配合尺寸均应标出尺寸极限偏差。例如，轴承座孔及其中心距均应标出极限偏差，其值可根据配合要求通过查阅第十八章和第十九章相关标准获取。

4. 标注几何公差

为保证加工及装配精度，箱体零件工作图还应标注几何公差。各项几何公差及其精度等级推荐标注项目见表 8-6。

表 8-6 箱体零件的几何公差及其精度等级推荐标注项目

类别	项目	符号	精度等级	作用
形状公差	轴承座孔的圆度或圆柱度	○ /◯	6~7	影响箱体与轴承配合的性能及对中性
	剖分面的平面度	▱	7~8	影响剖分面的密合性能
位置公差	轴承座孔中心线间的平行度	//	6~7	影响齿面接触斑点及传动的平稳性
	轴承座孔中心线的同轴度	◎	6~8	影响轴系安装及齿面载荷分布的均匀性
	两轴承座孔中心线的垂直度	⊥	7~8	影响传动精度及载荷分布的均匀性
	轴承座孔中心线与端面的垂直度	⊥	7~8	影响轴承固定及轴向载荷分布的均匀性
	轴承座孔中心线对剖分面的位置度	⊕	<0.3mm	影响孔系精度及轴系装配

箱体零件的基准面和几何公差的标注参考如图 8-10 和图 8-11 所示。

5. 标注表面粗糙度值（见表 8-7）

表 8-7 箱体零件加工面的表面粗糙度值 （单位：μm）

加工表面	Ra	加工表面	Ra
剖分面	3.2~1.6	圆锥销孔面	1.6~0.8
底面	12.5~6.3	螺栓孔座面	12.5~6.3
轴承座孔面	3.2~1.6	油塞孔座面	12.5~6.3
轴承座孔外端面	6.3~3.2	视孔盖接触面	12.5
嵌入式轴承端盖凸缘槽面	6.3~3.2	其他非配合表面	12.5~6.3

6. 技术要求

箱体零件工作图的技术要求主要包括以下几个方面：

1）铸件时效处理。

2）对铸件清砂、清洗、去毛刺的要求。

3）对铸件的质量要求（如不许有缩孔、砂眼和渗漏现象等）。

4）箱盖与箱座组装后配作定位销孔，并装入定位销后，加工轴承座孔和外端面的说明。

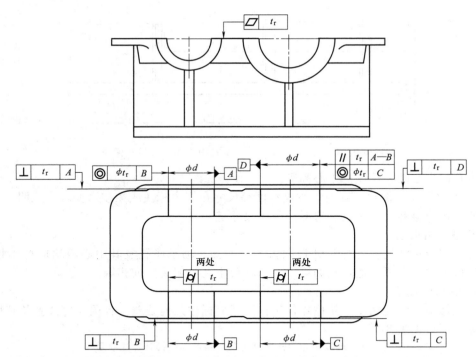

图 8-10 圆柱齿轮减速器箱座基准面及几何公差标注参考

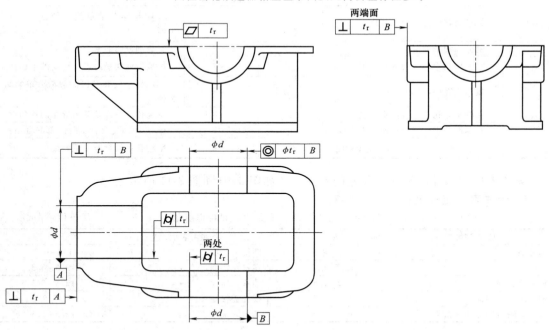

图 8-11 锥齿轮减速器箱座基准面及几何公差标注参考

5）组装后剖分面不允许有渗漏现象，必要时可涂密封胶或水玻璃等的说明。

6）未注明的倒角、圆角和铸造斜度的说明。

7）箱体内表面需用煤油清洗后涂防锈漆的说明。

8）其他需要文字说明的特殊要求。

箱体零件工作图例如图 21-28～图 21-31 所示，供设计时参考。

第九章

编写设计计算说明书、课程设计的总结和答辩

在图样设计完成后，应编写设计计算说明书，对课程设计进行总结并准备答辩。

第一节 编写设计计算说明书

设计计算说明书是图样设计的理论依据，是对设计计算的整理和总结，也是审核设计的技术文件之一。因此，编写设计计算说明书是设计工作的重要环节之一。

一、设计计算说明书的内容

设计计算说明书的内容依据设计工作任务而定。对于机械传动装置的设计，一般包括以下内容：

1）目录（标题、页码）。

2）设计任务书（指导教师根据第二章设计题目指定）。

3）传动方案的拟定及说明（如果传动方案已给定，则应对给定方案进行简要分析和评价，并附运动方案简图）。

4）电动机的选择（包括各传动装置的传动效率选择、总效率计算）。

5）传动装置的运动及动力参数的选择计算（包括分配各级传动比，计算各轴的转速、功率和转矩等）。

6）传动零件的设计计算（包括带传动、链传动、齿轮传动及蜗杆传动等的主要参数、结构形式和几何尺寸，传动零件可按照经初算后确定的参数和传动比、转矩进行校核计算）。

7）轴的设计及校核计算（包括绘制轴的结构图、受力分析图、弯矩和转矩图等）。

8）滚动轴承的选择及寿命计算（包括绘制受力分析图）。

9）键和花键连接的选择及强度校核计算。

10）联轴器的选择。

11）齿轮传动及滚动轴承的润滑方法与密封形式的选择（包括润滑剂的种类和牌号、装油量的计算、密封形式及密封件的类型等）。

12）箱体、附件的选择及说明（包括箱体结构形式，窥视孔及视孔盖、通气器、地脚螺栓、连接螺栓、启盖螺钉、定位销、油面指示器、油塞的规格尺寸，套杯和轴承端盖的结构等）。

13）设计小结（简要说明课程设计的体会、分析设计中的优点和不足，并提出改进意见等）。

14）参考文献（格式为"［序号］.作者.书名.版次.出版地：出版社名称，出版年份."）

二、设计计算说明书的编写要求和注意事项

设计计算说明书应简要说明设计中所考虑的主要问题和全部计算项目及计算依据。其编写要求和注意事项如下：

1）用黑色或蓝色水笔书写在统一格式的设计计算说明书中或用文字编辑软件按规定的

格式编写并打印，采用统一格式的封面装订成册。格式参考图 9-1 和图 9-2。

　2）要求文字简洁通顺、图表清晰、计算正确、书写工整、格式规范。

　3）计算部分应列出计算公式，必须代入有关数值，可以略去演算过程，直接得出计算结果。最后应给出简要的结论，如应力计算中"$\sigma \leq [\sigma]$""满足强度要求""安全""合格"等。

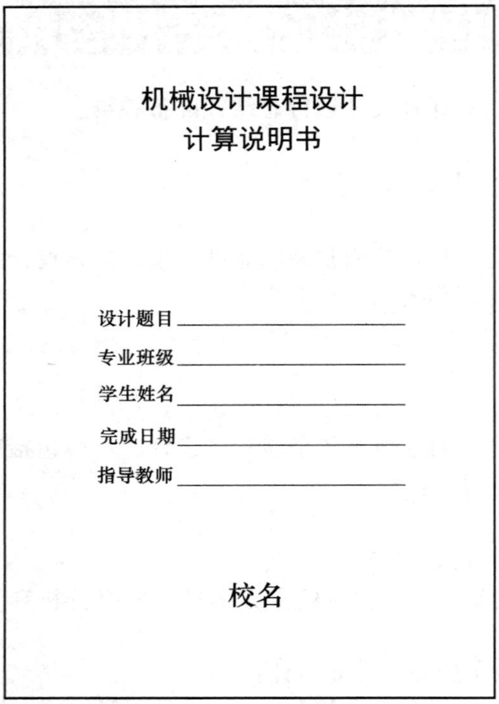

机械设计课程设计
计算说明书

设计题目 _____

专业班级 _____

学生姓名 _____

完成日期 _____

指导教师 _____

校名

图 9-1　设计计算说明书封面格式

机械设计课程设计计算说明书

设计计算及说明	主要结果

图 9-2　设计计算说明书编写格式

　4）为了清楚地说明计算内容，应附有必要的插图，如传动方案简图、轴的结构图、受力分析图、弯矩和转矩图以及滚动轴承组合装置形式简图等。同一根轴的计算、分析等图应画在同一页纸上，并且相应位置要对齐。

　5）对引用的计算公式和数据，应标注来源，即参考文献的序号"［×］"、页码、公式编号、图号或表号等。

　6）对选定的主要参数、几何尺寸、规格和计算结果等，可写在相应页的"主要结果"栏中，或采用表格形式列出。

　7）全部计算中所使用的参量符号和角标，必须前后统一，不可混乱。各参量的数值应标明单位，且单位要统一、写法要一致。

　8）如果计算有修改，只写修改后的结果、结论，不必写出修改过程。

三、设计计算说明书书写示例

参见附录设计实例中计算说明书的书写格式。

第二节　课程设计的总结

在完成全部图样的设计和设计计算说明书的编写之后，应对本次课程设计进行系统的总结，并为参加课程设计的答辩做准备。

总结应从本次设计的各个方面进行，分析其优缺点及需要改进的方面。通过系统、全面的总结，进一步掌握机械设计的一般方法和步骤：初步计算→画图（结构设计）→校核计算的设计过程；先装配图后零件图的设计过程。在计算与画图交替进行的过程中，综合考虑强度、刚度、结构、工艺、标准和规范以及各个零件的装配、调整、维护和润滑方法等。通过总结，提高分析和解决工程实际设计问题的能力。

第三节　课程设计的答辩

一、课程设计答辩的目的

答辩是课程设计的最后一个环节。答辩不仅是为了考核和评价学生的设计能力、设计质量和设计水平，通过答辩前的总结准备，还可使学生对自己的设计工作和设计结果进行一次全面系统的回顾、分析与总结。同时，经过答辩，可找出设计计算和设计图样中存在的问题与不足，进一步把存在疑惑的、不甚理解的、未曾考虑到或考虑不周全的问题弄清楚，从而做到不但"知其然"而且"知其所以然"，圆满达到课程设计的目的与要求。因此，答辩也是知识和能力再提高的过程。

二、课程设计答辩中的常见问题

下面列出一些答辩涉及的常见思考题，以供答辩时参考。

1. 对传动方案的分析与评价。

2. 简述确定电动机功率和转速的方法。同步转速与满载转速有何区别？设计计算时用哪个转速？

3. 分配传动比时考虑了哪些因素？在带传动——一级齿轮传动系统中，为什么传动比 $i_带 < i_{齿轮}$？为什么二级圆柱齿轮减速器中的传动比 $i_高 > i_低$？

4. 计算各轴输入功率时，通用减速器与专用减速器在计算上有何不同？

5. 带传动设计计算中，如何合理确定小带轮的直径？若带速 $v < 5m/s$，应采取什么措施？若小带轮包角 $\alpha_1 < 120°$，应采取什么措施？若带根数过多，应采取什么措施？

6. 要减小链传动的结构尺寸，应从哪些方面入手？

7. 在链传动中，最主要的特征参数是什么？它对传动特性有何影响？

8. 简述齿轮传动设计的方法和步骤。

9. 设计开式齿轮传动、闭式硬齿面齿轮传动、闭式软齿面齿轮传动时，小齿轮齿数 z_1 的选择有何不同？简述理由。

10. 在你设计的齿轮传动中，各齿轮选用了什么材料及热处理方式？选择了怎样的加工工艺和怎样的结构形式？

11. 在锥齿轮-圆柱齿轮减速器中，锥齿轮传动通常布置在高速级还是低速级？为什么？

12. 在你设计的齿轮减速器中，啮合齿轮对的齿宽之间有何关系？为什么？

13. 在你设计的齿轮减速器中，齿轮传动的哪些参数需要取为标准值？哪些参数需要圆整？哪些参数需要精确计算？

14. 在齿轮传动的设计计算中，如何做到基本参数优化？斜齿圆柱齿轮的螺旋角 β 为何要控制在 $8° \sim 20°$ 的范围内？β 取值过大、过小有何问题？

15. 在你设计的齿轮减速器中，齿轮传动的主要失效形式及设计准则是什么？

16. 齿轮材料与齿轮结构之间有何关系？

17. 在你设计的蜗杆减速器中，蜗杆、蜗轮分别选用什么材料？采用什么结构？

18. 在你设计的蜗杆减速器中，蜗杆、蜗轮轴上轴承的支承方式和润滑方法是怎样的？

19. 齿轮轮齿上的轴向力方向如何确定？对于二级齿轮减速器，中间轴上两齿轮轮齿的螺旋方向有何关系？为什么？

20. 在锥齿轮减速器中，如果两锥齿轮锥顶不重合，对传动有何影响？如何调整使得锥顶重合？套杯有何作用？

21. 蜗杆减速器中，如果蜗杆、蜗轮中间平面不重合，对传动有何影响？如何调整使得中间平面重合？

22. 初步估算出的轴径，根据什么进行圆整？

23. 减速器中的轴为什么设计成阶梯轴？以低速轴为例，说明各段轴的作用以及其尺寸是如何确定的。

24. 轮毂的宽度与其配合的轴段长度之间的关系是什么？

25. 外伸轴段定位轴肩与轴承端盖之间的距离应如何确定？

26. 在你的设计中选用了何种联轴器？其特点如何？与联轴器配合的轴段尺寸是如何确定的？

27. 如何选择齿轮的润滑方式和轴承的润滑方式？如何从结构上保证润滑良好？

28. 箱座剖分面上的油沟如何开设？你设计的油沟是怎样加工的？

29. 确定轴承座的宽度时应考虑哪些因素？

30. 轴承旁设置挡油盘、甩油环或封油盘的作用是什么？在什么情况下使用？

31. 轴承端盖与轴承座端面之间加装的垫片有何作用？垫片是采用什么材料制作的？

32. 箱体上加工出沉头座坑的目的是什么？沉头座坑如何加工？其尺寸如何确定？

33. 箱体连接剖分面上是否加装垫片？采取什么措施防止油从剖分面渗出？

34. 在你设计的齿轮减速器中，哪些部位需要密封？分别采用了什么密封结构形式？

35. 在你设计的齿轮减速器中，设计有哪些附件？它们的功用分别是什么？分别设置在什么位置？

36. 在你设计的齿轮减速器中，如何确定油面高度、油量？选用油标的结构形式时应考虑哪些因素？如何利用油标测量箱内油面高度？

37. 在你的设计中，采用了何种类型的轴承？采用什么支承配置方式？为什么？支点位置及其距离（跨距）如何确定？

38. 箱体的中心高、箱盖与箱座连接凸缘的宽度和厚度、底座连接凸缘的宽度和厚度是如何确定的？

39. 轴承座两旁的连接螺栓中心线位置及凸台高度如何确定？

40. 箱体同一侧各个轴承座端面为什么要位于同一平面上？

41. 箱体的刚性对减速器的工作性能有何影响？你设计的箱体是如何保证其具有足够刚性的？轴承座孔处的壁厚、肋板和连接螺栓的位置对刚性有何影响？

42. 箱体底面是怎样的结构形状？为什么要采用这种结构？

43. 凸缘式轴承端盖与嵌入式轴承端盖各有什么特点？设计时如果凸缘式轴承端盖稍有干涉，应如何解决？

44. 在你的设计中，用到了哪几种尺寸规格的螺纹连接件？各螺纹直径是如何选定的？

45. 在你的设计中，用到了哪些标准件？核对装配图中各个标准件的实际尺寸与明细表中对应的标记是否一致。

46. 减速器装配工作图中标注有哪些种类的尺寸？其作用分别是什么？

47. 轴系各零件如何固定和定位？

48. 轴承内、外圈采用的是什么配合基准制？配合的性质如何？为什么？配合尺寸如何标注？

49. 螺栓扳手空间如何确定？螺栓连接如何防松？

50. 如何检查齿侧间隙和齿面接触斑点？若不合格，应采取什么措施？

51. 如何选择减速器中主要零件的配合与精度？

52. 解释你设计的装配图中的技术要求。

53. 零件工作图的用途是什么？它包含的内容有哪些？

54. 在轴的零件工作图中，标注尺寸时应注意的问题有哪些？如何选取基准？标注尺寸与加工工艺有何关系？对轴的几何公差有哪些基本要求？

55. 在设计轴时，什么情况下设置砂轮越程槽、螺纹退刀槽？轴肩高度与倒角、过渡圆角（圆弧）半径有何关系？

56. 轴上键槽的位置与长度如何确定？你设计的键槽是如何加工的？

57. 轴的强度校核计算中，其弯矩和转矩如何合成？危险截面如何确定？

58. 在齿轮零件工作图中，为什么要设置特性表？对齿轮的几何公差有哪些基本要求？

59. 在你设计的零件工作图中，说明任一几何公差、表面粗糙度代号的含义。

60. 轴类、齿轮类零件的装配基准、工艺基准和检验基准是如何确定的？

61. 说明你设计的箱体结构、加工方法和使用的材料。

62. 对你的设计进行综合评价。尚有哪些不足之处？应如何改进？

三、答辩方式与成绩评定

答辩方式可采用单独答辩或典型答辩。课程设计成绩的评定以设计图样、设计计算说明书和答辩过程中回答问题的情况为依据，并参考设计过程中的表现综合评定。

第四节 课程设计资料的整理

完成设计任务并通过答辩之后，应将装配工作图和零件工作图的图纸折叠好。图9-3所示为0号图纸的折叠方法，其他型号图纸的折叠方法以此类推，然后与装订好的设计计算说明书一起装入设计资料袋中，并认真填写资料袋封面信息，以备归档。资料袋封面参考格式如图9-4所示。

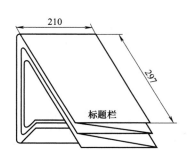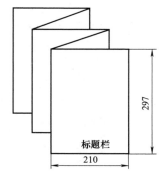

图9-3 设计图纸的折叠方法

机械设计课程设计
资料袋

资料编号 _____

课程设计题目 _____

专业班级 _____ 学生姓名 _____

完成日期 _____ 指导教师 _____

资料清单

序号	归档内容	件数	备注
1	课程设计任务书		
2	课程设计计算说明书		
3	设计图纸		
...			

图 9-4　设计资料袋封面参考格式

第十章

减速器装配图常见错误示例

第一节　轴系结构设计中的错误示例

轴系结构设计中的错误示例见表 10-1 ~ 表 10-7。

表 10-1　轴系结构设计中的错误示例之一

错误图例	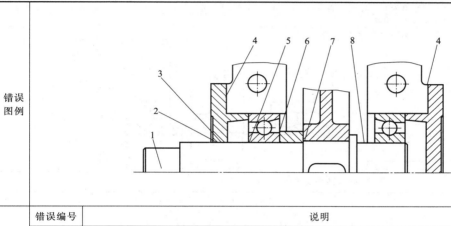	
错误分析	错误编号	说明
	1	轴上零件未考虑周向定位
	2	轴承盖与轴直接接触造成干涉,应留有间隙
	3	缺少密封件
	4	缺少垫片,无法调整轴承的游隙
	5	精加工面过长,缺少安装轴肩,轴承装拆不便
	6	套筒太厚,超过轴承内圈,影响轴承的拆卸
	7	齿轮处的轴段长度与轮毂长度相等,齿轮固紧不可靠
	8	轴承轴向未定位
正确图例	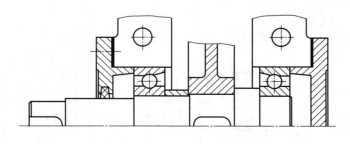	

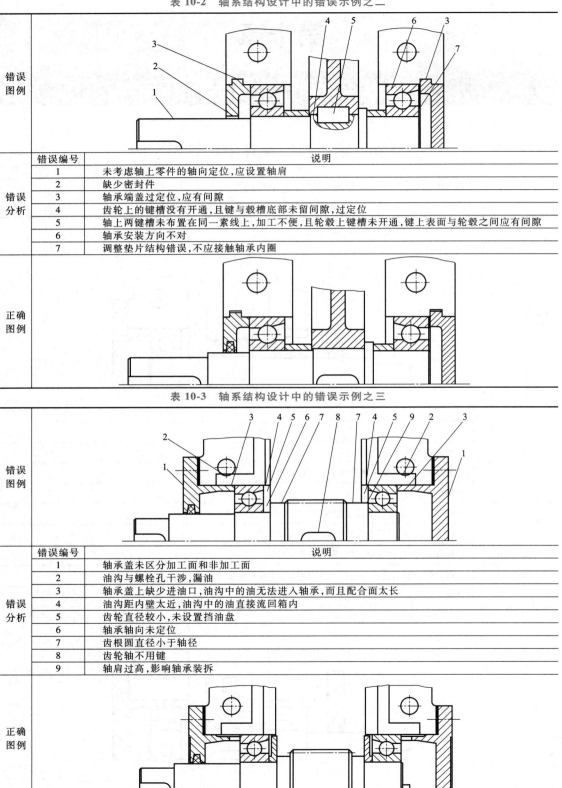

表 10-2　轴系结构设计中的错误示例之二

错误图例		

错误编号	说明
1	未考虑轴上零件的轴向定位,应设置轴肩
2	缺少密封件
3	轴承端盖过定位,应有间隙
4	齿轮上的键槽没有开通,且键与毂槽底部未留间隙,过定位
5	轴上两键槽未布置在同一素线上,加工不便,且轮毂上键槽未开通,键上表面与轮毂之间应有间隙
6	轴承安装方向不对
7	调整垫片结构错误,不应接触轴承内圈

（错误分析）

正确图例		

表 10-3　轴系结构设计中的错误示例之三

错误图例		

错误编号	说明
1	轴承盖未区分加工面和非加工面
2	油沟与螺栓孔干涉,漏油
3	轴承盖上缺少进油口,油沟中的油无法进入轴承,而且配合面太长
4	油沟距内壁太近,油沟中的油直接流回箱内
5	齿轮直径较小,未设置挡油盘
6	轴承轴向未定位
7	齿根圆直径小于轴径
8	齿轮轴不用键
9	轴肩过高,影响轴承装拆

（错误分析）

正确图例		

表 10-4　轴系结构设计中的错误示例之四

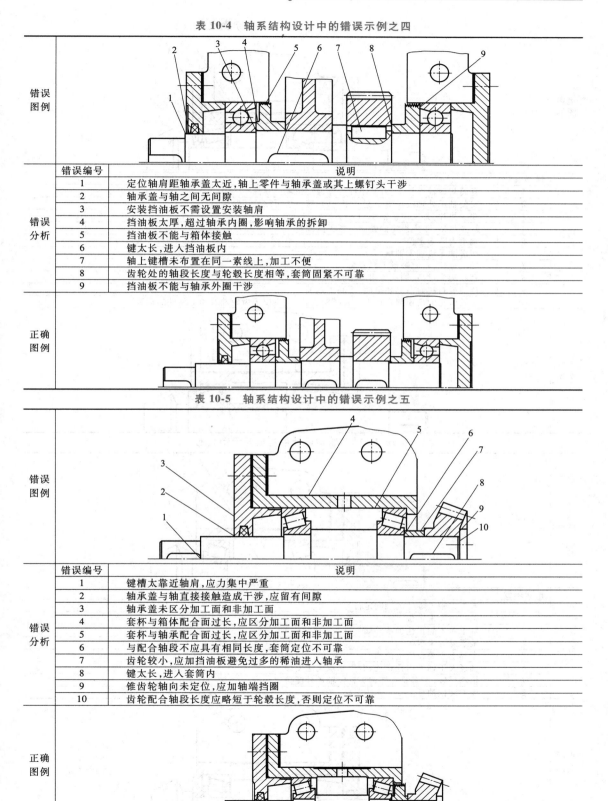

错误图例	（图）

错误编号	说明
1	定位轴肩距轴承盖太近,轴上零件与轴承盖或其上螺钉头干涉
2	轴承盖与轴之间无间隙
3	安装挡油板不需设置安装轴肩
4	挡油板太厚,超过轴承内圈,影响轴承的拆卸
5	挡油板不能与箱体接触
6	键太长,进入挡油板内
7	轴上键槽未布置在同一素线上,加工不便
8	齿轮处的轴段长度与轮毂长度相等,套筒固紧不可靠
9	挡油板不能与轴承外圈干涉

表 10-5　轴系结构设计中的错误示例之五

错误编号	说明
1	键槽太靠近轴肩,应力集中严重
2	轴承盖与轴直接接触造成干涉,应留有间隙
3	轴承盖未区分加工面和非加工面
4	套杯与箱体配合面过长,应区分加工面和非加工面
5	套杯与轴承配合面过长,应区分加工面和非加工面
6	与配合轴段不应具有相同长度,套筒定位不可靠
7	齿轮较小,应加挡油板避免过多的稀油进入轴承
8	键太长,进入套筒内
9	锥齿轮轴向未定位,应加轴端挡圈
10	齿轮配合轴段长度应略短于轮毂长度,否则定位不可靠

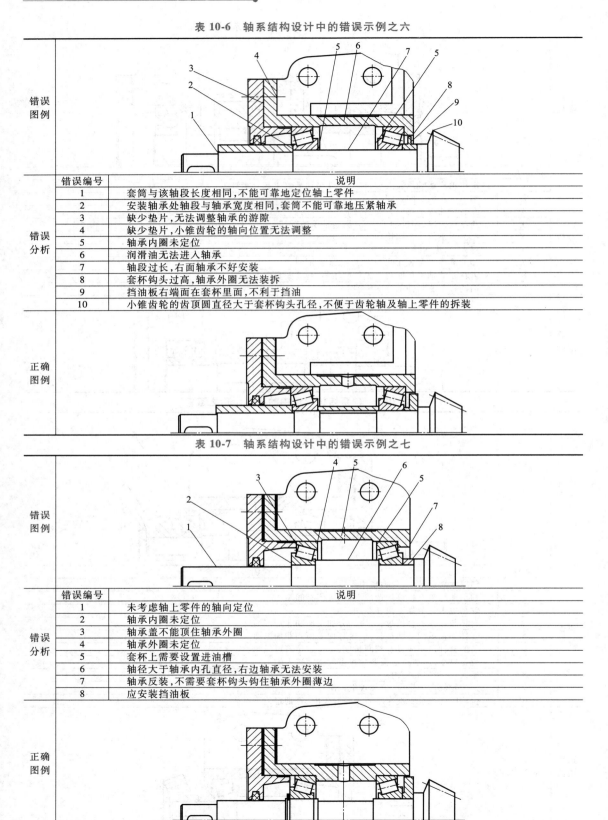

表 10-6　轴系结构设计中的错误示例之六

错误编号	说明
1	套筒与该轴段长度相同,不能可靠地定位轴上零件
2	安装轴承处轴段与轴承宽度相同,套筒不能可靠地压紧轴承
3	缺少垫片,无法调整轴承的游隙
4	缺少垫片,小锥齿轮的轴向位置无法调整
5	轴承内圈未定位
6	润滑油无法进入轴承
7	轴段过长,右面轴承不好安装
8	套杯钩头过高,轴承外圈无法装拆
9	挡油板右端面在套杯里面,不利于挡油
10	小锥齿轮的齿顶圆直径大于套杯钩头孔径,不便于齿轮轴及轴上零件的拆装

表 10-7　轴系结构设计中的错误示例之七

错误编号	说明
1	未考虑轴上零件的轴向定位
2	轴承内圈未定位
3	轴承盖不能顶住轴承外圈
4	轴承外圈未定位
5	套杯上需要设置进油槽
6	轴径大于轴承内孔直径,右边轴承无法安装
7	轴承反装,不需要套杯钩头钩住轴承外圈薄边
8	应安装挡油板

第二节　箱体设计中的错误示例

箱体设计中的错误示例见表 10-8～表 10-10。

表 10-8　减速器箱体设计中的错误示例一

错误图例	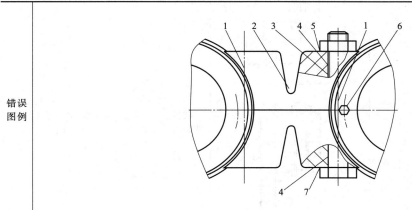

	错误编号	说明
错误分析	1	螺栓孔中心线太靠近轴承,应与轴承座(盖)相切
	2	两凸台间形成夹缝,不便于铸造,应连成一体。L 较小时用一个螺栓,如图 a 所示;L 较大时用两个螺栓,如图 b 所示
	3	局部剖视图未表示出螺纹终止线
	4	普通螺栓连接的孔和螺杆之间应有间隙
	5	螺母支承面与箱体接合面处没有加工沉孔,且没有防松装置
	6	轴承盖螺钉不能设置在箱座和箱盖的剖分面上
	7	螺栓头部与箱体接合面处没有加工沉孔

正确图例	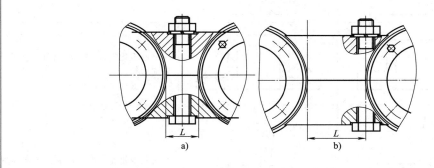

表 10-9　减速器箱体设计中的错误示例二

编号	错误图例	正确图例	错误分析
1			1. 螺栓孔太靠近箱体内壁,与油沟发生干涉 2. 形状不便于铸造或加工

（续）

编号	错误图例	正确图例	错误分析
2			装拆空间不够,不能装配,改变安装方式或加大下方空间
3			内、外壁均没有设计拔模斜度
4			壁厚不均匀,容易出现缩孔,应减小壁厚并加肋板
5			飞溅到箱盖的油无法流到下箱体的导油沟中
6			1. 螺纹不能加工到孔底部,应先钻不通孔再加工螺纹孔,且螺纹孔深度要小于不通孔深度 2. 螺纹长度太短,光杆进入螺纹孔,无法拧到位 3. 该被连接件孔径要大于螺纹大径 4. 弹簧垫圈开口反向,且应为60°

表 10-10 减速器附件设计中的错误示例

编号	错误图例	正确图例	错误分析
窥视孔及窥视孔盖			1. 窥视孔与箱盖接合处未设计凸台,不利于加工 2. 窥视孔太小且没有布置在齿轮啮合区上方,不利于观察啮合区情况 3. 没有加密封垫片
定位销			圆锥销长度过短,不利于定位和装拆
油标			1. 螺纹孔螺纹部分不需要太长 2. 游标尺插孔上部未加工沉孔 3. 游标尺位置过高,与箱座凸缘干涉,无法加工和装配 4. 游标尺无法量出油面高低
放油孔及油塞			1. 未加密封垫,易漏油 2. 放油孔位置过高,箱内油放不完

Article 2

第二篇

机械设计常用标准和规范

第十一章

常用数据和标准

第一节 标 准 代 号

表 11-1 国内部分标准代号

代号	名称	代号	名称	代号	名称
FJ	原纺织工业标准	HB	航空工业标准	QC	汽车行业标准
FZ	纺织行业标准	HG	化学工业行业标准	SY	石油天然气行业标准
GB	强制性国家标准	JB	机械工业行业标准	SH	石油化工行业标准
GBn	国家内部标准	JB/ZQ	原机械部重型矿山机械标准	YB	钢铁冶金行业标准
GBJ	国家工程建设标准	JT	交通行业标准	YS	有色冶金行业标准
GJB	国家军用标准	QB	原轻工行业标准	ZB	原国家专业标准

注：在代号后加"/T"为推荐性标准，在代号后加"/Z"为指导性标准。

第二节 常 用 数 据

表 11-2 常用材料的弹性模量及泊松比

材料名称	弹性模量 E/GPa	切变模量 G/GPa	泊松比 μ	材料名称	弹性模量 E/GPa	切变模量 G/GPa	泊松比 μ
灰铸铁、白口铸铁	115~160	45	0.23~0.27	铸铝青铜	105	42	0.30
球墨铸铁	150~160	61	0.25~0.29	硬铝合金	71	27	0.30
碳钢	200~220	81	0.24~0.28	冷拔黄铜	91~99	35~37	0.32~0.42
合金钢	210	81	0.25~0.30	轧制纯铜	110	40	0.31~0.34
铸钢	175~216	70~84	0.25~0.29	轧制锌	84	32	0.27
轧制磷青铜	115	42	0.32~0.35	轧制铝	69	26~27	0.32~0.36
轧制锰青铜	110	40	0.35	铅	17	7	0.42

表 11-3 常用材料的密度

材料名称	密度/(g/cm³)	材料名称	密度/(g/cm³)	材料名称	密度/(g/cm³)
碳钢	7.30~7.85	铅	11.37	无填料的电木	1.2
合金钢	7.9	锡	7.29	赛璐珞	1.4
不锈钢(铬的质量分数为13%)	7.75	锰	7.43	氟塑料	2.1~2.2
球墨铸铁	7.3	铬	7.19	泡沫塑料	0.2

（续）

材料名称	密度/(g/cm³)	材料名称	密度/(g/cm³)	材料名称	密度/(g/cm³)
灰铸铁	7.0	钼	10.2	尼龙 6	1.13~1.14
纯铜	8.9	镁合金	1.74~1.81	尼龙 66	1.14~1.15
黄铜	8.4~8.85	硅钢片	7.55~7.8	尼龙 1010	1.04~1.06
锡青铜	8.7~8.9	锡基轴承合金	7.34~7.75	木材	0.40~0.75
无锡青铜	7.5~8.2	铅基轴承合金	9.33~10.67	石灰石、花岗石	2.4~2.6
碾压磷青铜	8.8	胶木板、纤维板	1.3~1.4	砌砖	1.9~2.3
冷压青铜	8.8	玻璃	2.4~2.6	混凝土	1.8~2.45
铝、铝合金	2.5~2.95	有机玻璃	1.18~1.19	汽油	0.66~0.75
锌铝合金	6.3~6.9	橡胶石棉板	1.5~2.0	各类润滑油	0.90~0.95

注：表内数值大部分是近似值。

表 11-4　常用材料间的摩擦因数

材料名称	摩擦因数 μ				材料名称	摩擦因数 μ			
	静摩擦		滑动摩擦			静摩擦		滑动摩擦	
	无润滑剂	有润滑剂	无润滑剂	有润滑剂		有润滑剂	无润滑剂	有润滑剂	无润滑剂
钢-钢	0.15	0.10~0.12	0.15	0.05~0.10	铸铁-铸铁	0.2	0.18	0.15	0.07~0.12
钢-低碳钢	—		0.2	0.1~0.2	铸铁-青铜	0.28	0.16	0.15~0.20	0.07~0.15
钢-铸铁	0.3	—	0.18	0.05~0.15	青铜-青铜	—	0.1	0.2	0.04~0.10
钢-青铜	0.15	0.10~0.15	0.15	0.10~0.15	纯铝-钢	—	—	0.17	0.02
低碳钢-青铜	0.2	—	0.18	0.07~0.15	粉末冶金-钢	—	—	0.4	0.1
低碳钢-铸铁	0.2	—	0.15	0.05~0.15	粉末冶金-铸铁	—	—	0.4	0.1

表 11-5　物体的摩擦因数

名称			摩擦因数 μ	名称		摩擦因数 μ
滚动轴承	深沟球轴承	径向载荷	0.002	滑动轴承	液体摩擦轴承	0.001~0.008
		轴向载荷	0.004		半液体摩擦轴承	0.008~0.08
	角接触球轴承	径向载荷	0.003		半干摩擦轴承	0.1~0.5
		轴向载荷	0.005	轧辊轴承	滚动轴承	0.002~0.005
	圆锥滚子轴承	径向载荷	0.008		层压胶木轴瓦	0.004~0.006
		轴向载荷	0.2		青铜轴瓦（用于热轧辊）	0.07~0.1
	调心球轴承		0.0015		青铜轴瓦（用于冷轧辊）	0.04~0.08
	圆柱滚子轴承		0.002		特殊密封全液体摩擦轴承	0.003~0.005
	长圆柱或螺旋滚子轴承		0.006		特殊密封半液体摩擦轴承	0.005~0.01
	滚针轴承		0.008	密封软填料盒中填料与轴的摩擦		0.2

表 11-6　黑色金属硬度及强度换算（摘自 GB/T 1172—1999）

硬度			碳钢抗拉强度 σ_b/MPa	硬度			碳钢抗拉强度 σ_b/MPa
洛氏 HRC	维氏 HV	布氏 ($F/D^2=30$) HBW		洛氏 HRC	维氏 HV	布氏 ($F/D^2=30$) HBW	
20.0	226	225	774	45.0	441	428	1459
21.0	230	229	793	46.0	454	441	1503
22.0	235	234	813	47.0	468	455	1550
23.0	241	240	833	48.0	482	470	1600
24.0	247	245	854	49.0	497	486	1653
25.0	253	251	875	50.0	512	502	1710
26.0	259	257	897	51.0	527	518	
27.0	266	263	919	52.0	544	535	
28.0	273	269	942	53.0	561	552	
29.0	280	276	965	54.0	578	569	
30.0	288	283	989	55.0	596	585	
31.0	296	291	1014	56.0	615	601	
32.0	304	298	1039	57.0	635	616	
33.0	313	306	1065	58.0	655	628	
34.0	321	314	1092	59.0	676	639	
35.0	331	323	1119	60.0	698	647	
36.0	340	332	1147	61.0	721		
37.0	350	341	1177	62.0	745		
38.0	360	350	1207	63.0	770		
39.0	371	360	1238	64.0	795		
40.0	381	370	1271	65.0	822		
41.0	393	381	1305	66.0	850		
42.0	404	392	1340	67.0	879		
43.0	416	403	1378	68.0	909		
44.0	428	415	1417				

注：F 为压头上的负荷（N）；D 为压头直径（mm）。

表 11-7　常用材料极限强度的近似关系

材料		结构钢	铸铁	铝合金
对称循环疲劳极限	拉压对称疲劳极限 σ_{-11}	$\approx 0.3\sigma_b$	$\approx 0.225\sigma_b$	$\approx \sigma_b/6+73.5MPa$
	弯曲对称疲劳极限 σ_{-1}	$\approx 0.43\sigma_b$	$\approx 0.45\sigma_b$	
	扭转对称疲劳极限 τ_{-1}	$\approx 0.25\sigma_b$	$\approx 0.36\sigma_b$	
脉动循环疲劳极限	拉压脉动疲劳极限 σ_{01}	$\approx 1.42\sigma_{-11}$		$(0.55\sim0.58)\sigma_{-1}\approx1.5\sigma_{-11}$
	弯曲脉动疲劳极限 σ_0	$\approx 1.33\sigma_{-1}$	$\approx 1.35\sigma_{-1}$	—
	扭转对称疲劳极限 τ_0	$\approx 1.33\tau_{-1}$	$\approx 1.35\tau_{-1}$	—

第三节　一般标准

表 11-8　标准尺寸（直径、长度和高度等）（摘自 GB/T 2822—2005）（单位：mm）

R			R'			R			R'			R			R'		
R10	R20	R40	R'10	R'20	R'40	R10	R20	R40	R'10	R'20	R'40	R10	R20	R40	R'10	R'20	R'40
2.5	2.5		2.5	2.5		40.0	40.0	40.0	40	40	40		280	280		280	280
	2.8			2.8				42.5			42			300			300
3.15	3.15		3.0	3.0			45.0	45		45	45	315	315	315	320	320	320
	3.55			3.5				47.5			48			335			340
4.00	4.00		4.0	4.0		50.0	50.0	50.0	50	50	50		355	355		360	360
	4.50			4.5				53.0			53			375			380
5.00	5.00		5.0	5.0			56.0	56.0		56	56	400	400	400	400	400	400
	5.60			5.5				60.0			60			425			420
6.30	6.30		6.0	6.0		63.0	63.0	63.0	63	63	63		450	450		450	450
	7.10			7.0				67.0			67			475			480
8.00	8.00		8.0	8.0			71.0	71.0		71	71	500	500	500	500	500	500
	9.00			9.0				75.0			75			530			530
10.0	10.0		10.0	10.0		80.0	80.0	80.0	80	80	80		560	560		560	560
	11.2			11				85.0			85			600			600
12.5	12.5	12.5	12	12	12		90.0	90.0		90	90	630	630	630	630	630	630
		13.2			13			95.0			95			670			670
	14.0	14.0		14	14	100	100	100	100	100	100		710	710		710	710
		15.0			15			106			105			750			750
16.0	16.0	16.0	16	16	16		112	112		110	110	800	800	800	800	800	800
		17.0			17			118			120			850			850
	18.0	18.0		18	18	125	125	125	125	125	125		900	900		900	900
		19.0			19			132			130			950			950
20.0	20.0	20.0	20	20	20		140	140		140	140	1000	1000	1000	1000	1000	1000
		21.2			21			150			150			1060			
	22.4	22.4		22	22	160	160	160	160	160	160		1120	1120			
		23.6			24			170			170			1180			
25.0	25.0	25.0	25	25	25		180	180		180	180	1250	1250	1250			
		26.5			26			190			190			1320			
	28.0	28.0		28	28	200	200	200	200	200	200		1400	1400			
		30.0			30			212			210			1500			
31.5	31.5	31.5	32	32	32		224	224		220	220	1600	1600	1600			
		33.5			34			236			240			1700			
	35.5	35.5		36	36	250	250	250	250	250	250		1800	1800			
		37.5			38			265			260			1900			

注：1. 选择标准尺寸系列及单个尺寸时，应首先在优先数系 R 系列中选用标准尺寸，选用顺序为 R10、R20、R40。
如果必须将数值圆整，则可在相应的 R' 系列中选用，选用顺序为 R'10、R'20、R'40。

2. 本标准适用于有互换性或系列化要求的主要尺寸，其他结构尺寸也应尽可能采用标准尺寸。本标准不适用于
由主要尺寸导出的因变量尺寸、工艺上工序间的尺寸和已有专用标准规定的尺寸。

表 11-9　一般用途圆锥的锥度与圆锥角（摘自 GB/T 157—2001）

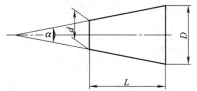

$$C = \frac{D-d}{L}$$

$$C = 2\tan\frac{\alpha}{2} = \frac{1}{2\cot\frac{\alpha}{2}}$$

一般用途圆锥的锥度与圆锥角				
基本值		推算值		主要用途
系列 1	系列 2	圆锥角 α	锥度 C	
120°	—	—	1 : 0.2886751	螺纹孔内倒角、填料盒内填料的锥度
90°	—	—	1 : 0.5000000	沉头螺钉头、螺纹倒角，轴的倒角
	75°	—	1 : 0.6516127	沉头带榫螺栓的螺栓头
60°	—	—	1 : 0.8660254	车床顶尖、中心孔
45°	—	—	1 : 1.2071068	轻型螺纹管接口的锥形密合
30°	—	—	1 : 1.8660254	摩擦离合器
1 : 3	18°55′28.7199″	18.92464442°		具有极限转矩的锥形摩擦离合器
	1 : 4	14°15′0.1177″	14.25003270°	
1 : 5	11°25′16.2706″	11.4211867°		易拆零件的锥形连接、锥形摩擦离合器
	1 : 6	9°31′38.2202″	9.52728338°	
	1 : 7	8°10′16.4408″	8.17123356°	重型机床顶尖
	1 : 8	7°9′9.6075″	7.15266875°	联轴器和轴的圆锥面连接
1 : 10	5°43′29.3176″	5.72481045°		受轴向力及横向力的锥形零件的接合面、电机及其他机械的锥形轴端
	1 : 12	4°46′18.7970″	4.77188806°	固定球轴承及滚子轴承的衬套
	1 : 15	3°49′5.8975″	3.81830487°	受轴向力的锥形零件的接合面、活塞与其杆的连接
1 : 20	2°51′51.0925″	2.86419237°		机床主轴的锥度、刀具尾柄、米制锥度铰刀、圆锥螺栓
1 : 30	1°54′34.8570″	1.90968251°		装柄的铰刀及扩孔钻
1 : 50	1°8′45.1586″	1.14587740°		圆锥销、定位销、圆锥销孔的铰刀
1 : 100	34′22.6309″	0.57295302°		承受陡振及静、变载荷的不需拆卸的连接零件，楔键
1 : 200	17′11.3219″	0.28647830°		承受陡振及冲击变载荷的需拆卸的连接零件，圆锥螺栓
1 : 500	6′52.5295″	0.11459152°		

表 11-10　机器轴高 h 的基本尺寸（摘自 GB/T 12217—2005）　　（单位：mm）

系列	轴高 h 的基本尺寸
I	25,40,63,100,160,250,400,630,1000,1600
II	25,32,40,50,63,80,100,125,160,200,250,315,400,500,630,800,1000,1250,1600
III	25,28,32,36,40,45,50,56,63,71,80,90,100,112,125,140,160,180,200,225,250,280,315,355,400,450,500,560,630,710,800,900,1000,1120,1250,1400,1600
IV	25,26,28,30,32,34,36,38,40,42,45,48,50,53,56,60,63,67,71,75,80,85,90,95,100,105,112,118,125,132,140,150,160,170,180,190,200,212,225,236,250,265,280,300,315,335,355,375,400,425,450,475,500,530,560,600,630,670,710,750,800,850,900,950,1000,1060,1120,1180,1250,1320,1400,1500,1600

	轴高 h	极限偏差		平行度公差		
		电动机、从动机器、减速器等	除电动机以外的主动机器	$L < 2.5h$	$2.5h \leqslant L \leqslant 4h$	$L > 4h$
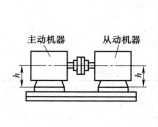	25 ~ 50	0 −0.4	+0.4 0	0.2	0.3	0.4
	>50 ~ 250	0 −0.5	+0.5 0	0.25	0.4	0.5

（续）

	轴高 h	极限偏差		平行度公差		
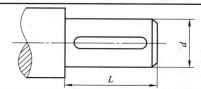		电动机、从动机器、减速器等	除电动机以外的主动机器	$L<2.5h$	$2.5h\leqslant L\leqslant 4h$	$L>4h$
	>250~630	0 / -1.0	+1.0 / 0	0.5	0.75	1.0
	>630~1000	0 / -1.5	+1.5 / 0	0.75	1.0	1.5
	>1000	0 / -2.0	+2.0 / 0	1.0	1.5	2.0

注：1. 机器轴高应优先选用第 I 系列数值，如不能满足需要，可选用第 II 系列的数值，其次选用第 III 系列的数值，第 IV 系列的数值尽量不采用。

2. h 不包括安装时所用的垫片厚度。

3. L 为轴的全长。

表 11-11　圆柱形轴伸（摘自 GB/T 1569—2005）　　　　（单位：mm）

公称尺寸	极限偏差	长系列	短系列	公称尺寸	极限偏差	长系列	短系列	公称尺寸	极限偏差	长系列	短系列
6	+0.006 / -0.002	16	—	19		40	28	40		110	82
7	+0.007 / -0.002	16	—	20	+0.009 / -0.004　j6	50	36	42	+0.018 / -0.002　k6	110	82
8		20	—	22		50	36	45		110	82
9		20	—	24		50	36	48		110	82
10	j6	23	20	25		60	42	50		110	82
11		23	20	28		60	42	55		110	82
12	+0.008 / -0.003	30	25	30		80	58	60	+0.030 / +0.011　m6	140	105
14		30	25	32		80	58	65		140	105
16		40	28	35	+0.018 / +0.002　k6	80	58	70		140	105
18		40	28	38		80	58	75		140	105

表 11-12　中心孔（摘自 GB/T 145—2001）　　　　（单位：mm）

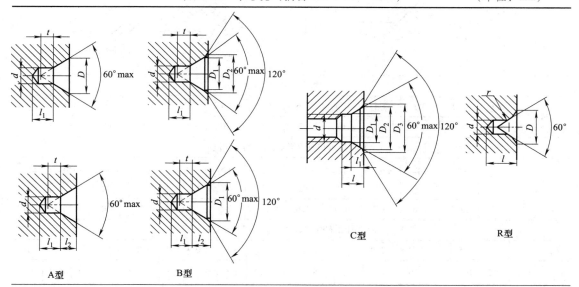

A 型　　　B 型　　　C 型　　　R 型

（续）

d	D、D_1	D_2	l_2（参考）	t（参考）	l_{min}	r_{max}	r_{min}	d	D_1	D_2	D_3	l	l_1（参考）	选择中心孔的参考数据		
A、B、R型	A、B、R型	B型	A型	B型	A、B型	R型			C型					原料端部最小直径D_0	轴状原料最大直径D_c	工件最大质量/kg
1.6	3.35	5.00	1.52	1.99	1.4	3.5	5.00	4.00								
2.0	4.25	6.30	1.95	2.54	1.8	4.4	6.30	5.00						8	>10~18	120
2.5	5.30	8.00	2.42	3.20	2.2	5.5	8.00	6.30						10	>18~30	200
3.15	6.70	10.00	3.07	4.03	2.8	7.0	10.00	8.00	M3	3.2	5.3	5.8	2.6	1.8	12	>30~50	500
4.00	8.50	12.50	3.90	5.05	3.5	8.9	12.50	10.00	M4	4.3	6.7	7.4	3.2	2.1	15	>50~80	800
(5.00)	10.60	16.00	4.85	6.41	4.4	11.2	16.00	12.50	M5	5.3	8.1	8.8	4.0	2.4	20	>80~120	1000
6.30	13.20	18.00	5.98	7.36	5.5	14.0	20.00	16.00	M6	6.4	9.6	10.5	5.0	2.8	25	>120~180	1500
(8.00)	17.00	22.40	7.79	9.36	7.0	17.9	25.00	20.00	M8	8.4	12.2	13.2	6.0	3.3	30	>180~220	2000
10.00	21.20	28.00	9.70	11.66	8.7	22.5	31.00	25.00	M10	10.5	14.9	16.3	7.5	3.8	35	>180~220	2500
									M12	13.0	18.1	19.8	9.5	4.4	42	>220~260	3000

注：1. 括号内的尺寸尽量不采用。
2. A型：1) 尺寸l_1取决于中心钻的长度，即使中心钻重磨后再使用，此值也不应小于t值。
　　　2) 表中同时列出了D和l_2尺寸，制造厂可任选其中一个尺寸。
3. B型：1) 尺寸l_1取决于中心钻的长度，即使中心钻重磨后再使用，此值也不应小于t值。
　　　2) 表中同时列出了D_2和l_2尺寸，制造厂可任选其中一个尺寸。
　　　3) 尺寸d和与D_1中心钻的尺寸一致。
4. 选择中心孔的参考数据不属于 GB/T 145—2001 的内容，仅供参考。

表 11-13　零件倒圆与倒角（摘自 GB/T 6403.4—2008）　　　　（单位：mm）

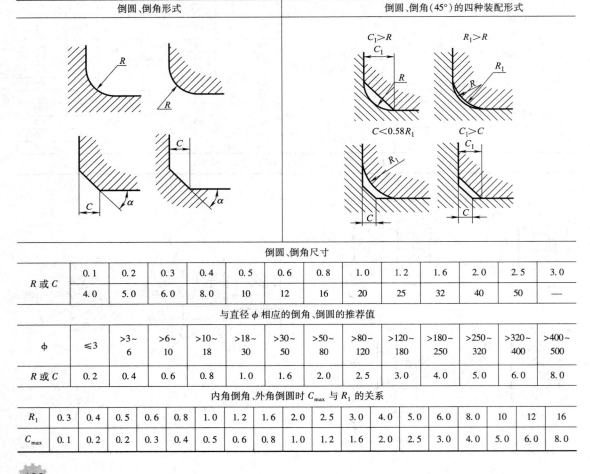

倒圆、倒角形式	倒圆、倒角（45°）的四种装配形式

倒圆、倒角尺寸

R 或 C	0.1	0.2	0.3	0.4	0.5	0.6	0.8	1.0	1.2	1.6	2.0	2.5	3.0
	4.0	5.0	6.0	8.0	10	12	16	20	25	32	40	50	—

与直径 φ 相应的倒角、倒圆的推荐值

φ	≤3	>3~6	>6~10	>10~18	>18~30	>30~50	>50~80	>80~120	>120~180	>180~250	>250~320	>320~400	>400~500
R 或 C	0.2	0.4	0.6	0.8	1.0	1.6	2.0	2.5	3.0	4.0	5.0	6.0	8.0

内角倒角、外角倒圆时 C_{max} 与 R_1 的关系

R_1	0.3	0.4	0.5	0.6	0.8	1.0	1.2	1.6	2.0	2.5	3.0	4.0	5.0	6.0	8.0	10	12	16
C_{max}	0.1	0.2	0.2	0.3	0.4	0.5	0.6	0.8	1.0	1.2	1.6	2.0	2.5	3.0	4.0	5.0	6.0	8.0

表 11-14　砂轮越程槽（摘自 GB/T 6403.5—2008）　　　　　　（单位：mm）

回转面及端面砂轮越程槽

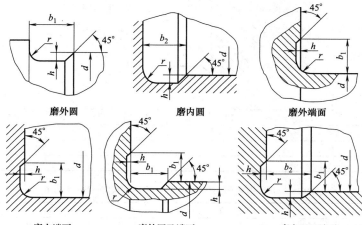

| 磨外圆 | 磨内圆 | 磨外端面 |
| 磨内端面 | 磨外圆及端面 | 磨内圆及端面 |

d		≤10		>10~50		>50~100		>100	
r	0.2		0.5	0.8	1.0	1.6	2.0		3.0
h	0.1		0.2	0.3	0.4	0.6	0.8		1.2
b_1	0.6	1.0	1.6	2.0	3.0	4.0	5.0	8.0	10
b_2	2.0		3.0	4.0		5.0		8.0	10

平面砂轮及 V 形砂轮越程槽

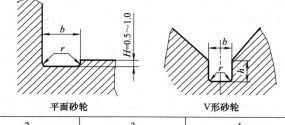

平面砂轮　　　　　　　V形砂轮

b	2	3	4	5
h	1.6	2.0	2.5	3.0
r	0.5	1.0	1.2	1.6

燕尾导轨砂轮越程槽

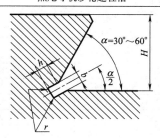

H	≤5	6	8	10	12	16	20	25	32	40	50	63	80
b / h	1	2			3			4			5		6
r		0.5			1.0				1.6				2.0

（续）

矩形导轨砂轮越程槽

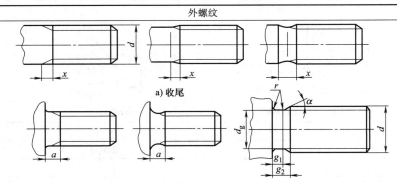

H	8	10	12	16	20	25	32	40	50	63	80	100
b		2				3			5		8	
h		1.6				2.0			3.0		5.0	
r		0.5				1.0			1.6		2.0	

表 11-15　单头齿轮滚刀外径尺寸（摘自 GB/T 6083—2016）　　（单位：mm）

模数 m	1、1.25	1.5	2	2.5	3	4	5	6	8	10
滚刀　I型	50	55	65	70	75	85	95	105	120	130

表 11-16　矩形花键滚刀外径尺寸（摘自 GB/T 10952—2005）　　（单位：mm）

轻系列	花键直径 D	26	30、32、36	40、46	50、58、62	68、78、88	98、108	120	
	滚刀外径 d_e	63	71	80	90	100	112	118	
中系列	花键直径 D	20、22	25、28	32、34、38	42、48、54、60	65	72、82、92	102、112	125
	滚刀外径 d_e	63	71	80	90	100	112	118	125

表 11-17　普通螺纹收尾、肩距、退刀槽和倒角（摘自 GB/T 3—1997）　　（单位：mm）

外螺纹

a) 收尾

b) 肩距　　　　　　　　　　c) 退刀槽

螺距 P	收尾 x max		肩距 a max			退刀槽			
	一般	短的	一般	长的	短的	g_2 max	g_1 min	d_g	$r\approx$
0.5	1.25	0.7	1.5	2	1	1.5	0.8	$d-0.8$	0.2
0.6	1.5	0.75	1.8	2.4	1.2	1.8	0.9	$d-1$	0.4
0.7	1.75	0.9	2.1	2.8	1.4	2.1	1.1	$d-1.1$	0.4
0.75	1.9	1	2.25	3	1.5	2.25	1.2	$d-1.2$	0.4
0.8	2	1	2.4	3.2	1.6	2.4	1.3	$d-1.3$	0.4
1	2.5	1.25	3	4	2	3	1.6	$d-1.6$	0.6
1.25	3.2	1.6	4	5	2.5	3.75	2	$d-2$	0.6
1.5	3.8	1.9	4.5	6	3	4.5	2.5	$d-2.3$	0.8
1.75	4.3	2.2	5.3	7	3.5	5.25	3	$d-2.6$	1
2	5	2.5	6	8	4	6	3.4	$d-3$	1

（续）

螺距 P	收尾 x max		肩距 a max			退刀槽			
	一般	短的	一般	长的	短的	g_2 max	g_1 min	d_g	$r \approx$
2.5	6.3	3.2	7.5	10	5	7.5	4.4	$d-3.6$	1.2
3	7.5	3.8	9	12	6	9	5.2	$d-4.4$	1.6
3.5	9	4.5	10.5	14	7	10.5	6.2	$d-5$	1.6
4	10	5	12	16	8	12	7	$d-5.7$	2
4.5	11	5.5	13.5	18	9	13.5	8	$d-6.4$	2.5
5	12.5	6.3	15	20	10	15	9	$d-7$	2.5
5.5	14	7	16.5	22	11	17.5	11	$d-7.7$	3.2
6	15	7.5	18	24	12	18	11	$d-8.3$	3.2
参考值	$\approx 2.5P$	$\approx 1.25P$	$\approx 3P$	$=4P$	$=2P$	$\approx 3P$	—	—	—

注：1. 应优先选用"一般"长度的收尾和肩距；"短"收尾和"短"肩距仅用于结构受限制的螺纹件上；产品等级为 B 或 C 级的螺纹紧固件可采用"长"肩距。

2. d 为螺纹公称直径代号。

3. d_g 公差为：h13（$d>3\text{mm}$）；h12（$d\leqslant 3\text{mm}$）。

内螺纹

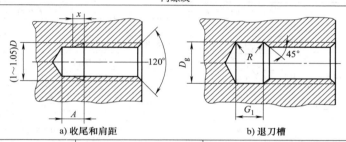

a) 收尾和肩距　　　　　b) 退刀槽

螺距 P	收尾 x max		肩距 A		退刀槽				
	一般	短的	一般	长的	G_1		D_g	$R \approx$	
					一般	长的			
0.5	2	1	3	4	2	1		0.2	
0.6	2.4	1.2	3.2	4.8	2.4	1.2		0.3	
0.7	2.8	1.4	3.5	5.6	2.8	1.4	$D+0.3$	0.4	
0.75	3	1.5	3.8	6	3	1.5		0.4	
0.8	3.2	1.6	4	6.4	3.2	1.6		0.4	
1	4	2	5	8	4	2		0.5	
1.25	5	2.5	6	10	5	2.5		0.6	
1.5	6	3	7	12	6	3		0.8	
1.75	7.	3.5	9	14	7	3.5		0.9	
2	8	4	10	16	8	4		1	
2.5	10	5	12	18	10	5		1.2	
3	12	6	14	22	12	6	$D+0.5$	1.5	
3.5	14	7	16	24	14	7		1.8	
4	16	8	18	26	16	8		2	
4.5	18	9	21	29	18	9		2.2	
5	20	10	23	32	20	10		2.5	
5.5	22	11	25	35	22	11		2.8	
6	24	12	28	38	24	12		3	
参考值	$=4P$	$=2P$	$\approx 6\sim 5P$	$\approx 8\sim 6.5P$	$=4$	$=2P$	—	$\approx 0.5P$	

注：1. 应优先选用"一般"长度的收尾和肩距；容屑需要较大空间时可选用"长"肩距；结构受限制时可选用"短"收尾。

2. 短退刀槽只在结构受限时使用。

3. D_g 的公差为 H13。

4. D 为螺纹公称直径代号。

表 11-18　齿轮加工退刀槽（摘自 JB/ZQ 4239—1986）　　　　（单位：mm）

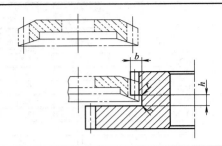

插齿空刀槽													
模数	1.5	2	2.5	3	4	5	6	7	8	9	10	12	14	16
h_{min}	5	5	6			7			8			9		
b_{min}	4	5	6	7.5	10.5	13	15	16	19	22	24	28	33	38
r		0.5					1.0							

表 11-19　三面刃铣刀尺寸（摘自 GB/T 6119—2012）　　　　（单位：mm）

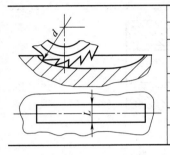

铣刀外圆直径 d	铣刀厚度 L 系列
50	4,5,6,8,10
63	4,5,6,8,10,12,14,16
80	5,6,8,10,12,14,16,18,20
100	6,8,10,12,14,16,18,20,22,25
125	8,10,12,14,16,18,20,22,25,28
160	10,12,14,16,18,20,22,25,28,32
200	12,14,16,18,20,22,25,28,32,36,40

第四节　机械制图一般规范

表 11-20　图纸幅面和格式（摘自 GB/T 14689—2008）　　　　（单位：mm）

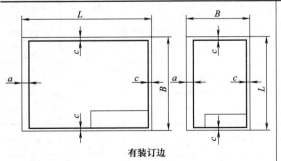

有装订边

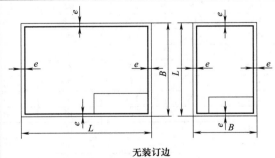

无装订边

基本幅面（第一选择）					必要时允许选用的加长幅面					
					第二选择		第三选择			
幅面代号	$B×L$	a	c	e	幅面代号	$B×L$	幅面代号	$B×L$	幅面代号	$B×L$
A0	841×1189			20	A3×3	420×891	A0×2	1189×1682	A3×5	420×1486
A1	594×841		10		A3×4	420×1189	A0×3	1189×2523	A3×6	420×1783
A2	420×594	25			A4×3	297×630	A1×3	841×1783	A3×7	420×2080
A3	297×420			10	A4×4	297×841	A1×4	841×2378	A4×6	297×1261
A4	210×297		5		A4×5	297×1051	A2×3	594×1261	A4×7	297×1471
							A2×4	594×1682	A4×8	297×1682
							A2×5	594×2102	A4×9	297×1892

表 11-21 图样比例（摘自 GB/T 14690—1993）

原值比例	1 : 1
缩小比例	$(1:1.5)$ $1:2$ $(1:2.5)$ $(1:3)$ $(1:4)$ $1:5$ $(1:6)$ $1:10$ $(1:1.5\times10^n)$ $1:1\times10^n$ $1:2\times10^n$ $(1:2.5\times10^n)$ $(1:3\times10^n)$ $(1:4\times10^n)$ $1:5\times10^n$ $(1:6\times10^n)$
放大比例	$2:1$ $(2.5:1)$ $(4:1)$ $5:1$ $1\times10^n:1$ $2\times10^n:1$ $(2.5\times10^n:1)$ $(4\times10^n:1)$ $5\times10^n:1$

注：1. 优先选取不带括号的数值。

　　2. n 为正整数。

表 11-22 标题栏

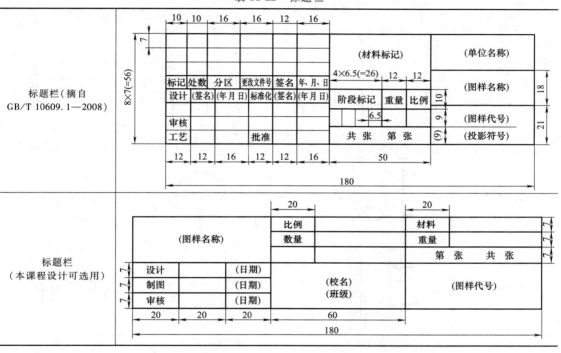

标题栏（摘自 GB/T 10609.1—2008）

标题栏（本课程设计可选用）

表 11-23 明细栏（摘自 GB/T 10609.2—2009）

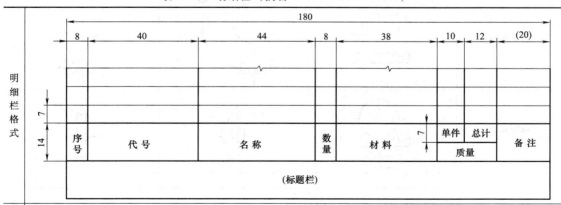

明细栏格式

填写说明

序号：填写图样中相应组成部分的序号

代号：填写图样中相应组成部分的图样代号或标准编号

名称：填写图样中相应组成部分的名称，必要时，也可写出其形式和尺寸

数量：填写图样中相应组成部分在装配中的数量

材料：填写图样中相应组成部分的材料标记

质量：填写图样中相应组成部分单件和总件数的计算质量，以千克（公斤）为计量单位时，允许不写出其计量单位

分区：必要时，应按照有关规定将分区代号填写在备注栏中

备注：填写该项的附加说明或其他有关的内容

表 11-24　机构运动简图符号（摘自 GB/T 4460—2013）

	构件及其组成部分的连接					
名称	机架	轴、杆	构件组成部分的永久连接	组成部分与轴（杆）的固定连接		构件组成部分的可调连接
基本符号及可用符号						

	齿轮机构							
名称	圆柱齿轮	锥齿轮	圆柱齿轮（指明齿线）			锥齿轮（指明齿线）		
			直齿	斜齿	人字齿	直齿	斜齿	弧齿
基本符号								
可用符号								

	齿轮传动和蜗杆传动		
名称	圆柱齿轮传动	锥齿轮传动	交错轴斜齿圆柱齿轮传动
基本符号			
可用符号			
名称	齿条传动	蜗轮与圆柱蜗杆传动	蜗轮与球面蜗杆传动
基本符号			
可用符号			

	带传动						
	一般符号						轴上宝塔轮
名称	不指明类型	指明类型				例：V 带传动	
		V 带	圆带	同步带	平带		
基本符号							

（续）

链传动				
名称	不指明类型	指明类型		
		滚子链	无声链	例：无声链传动
基本符号				

原动机			
名称	通用符号（不指明类型）	电动机一般符号	装在支架上的电动机
基本符号			

联轴器、制动器及离合器				
名称	联轴器			制动器
	一般符号（不指明类型）	固定联轴器	可移式联轴器	弹性联轴器	一般符号
基本符号				

离合器				
名称	单向啮合式离合器	双向啮合式离合器	单向摩擦式离合器	双向摩擦式离合器	超越离合器
基本符号				
可用符号				

轴承				
名称	向心轴承		推力轴承		
	滑动轴承	滚动轴承	单向	双向	滚动轴承
基本符号					
可用符号					

名称	向心推力轴承		
	单向	双向	滚动轴承
基本符号			
可用符号			

表 11-25　齿轮、蜗杆蜗轮啮合的规定画法（摘自 GB/T 4459.2—2003）

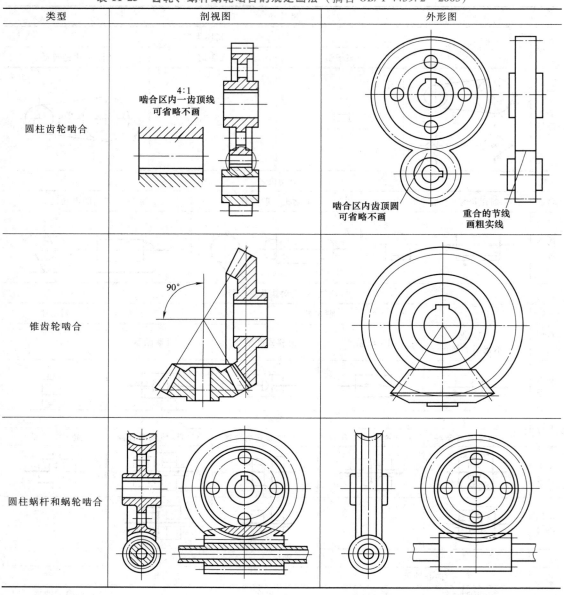

类型	剖视图	外形图
圆柱齿轮啮合	4:1　啮合区内一齿顶线可省略不画	啮合区内齿顶圆可省略不画　　重合的节线画粗实线
锥齿轮啮合	90°	
圆柱蜗杆和蜗轮啮合		

表 11-26　螺纹及螺纹连接的规定画法（摘自 GB/T 4459.1—1995）

类型	画法及说明
外螺纹	小径画入倒角内　小径画细实线　圆只画约3/4圈　倒角圆省略不画　终止线画粗实线　大径画粗实线　终止线画到小径止　剖面线画到粗实线 a) 视图的画法　　b) 剖视图的画法

（续）

类型	画法及说明
内螺纹	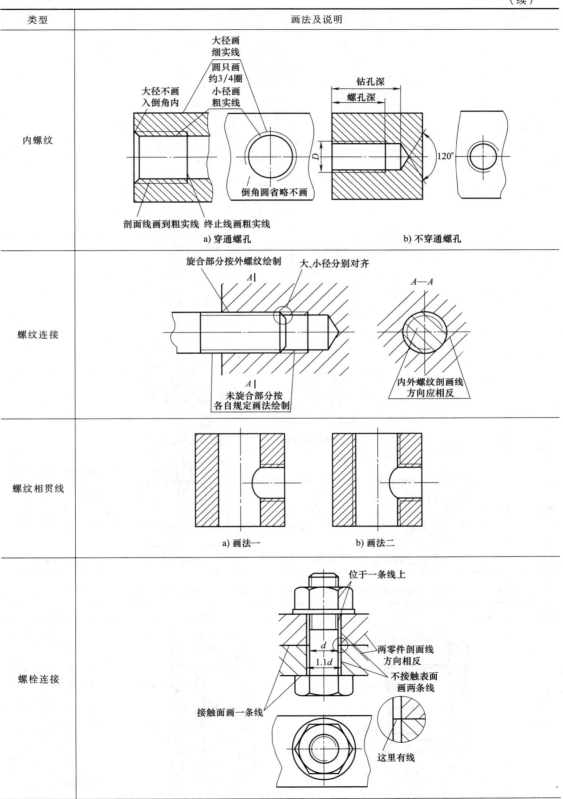
螺纹连接	
螺纹相贯线	
螺栓连接	

（续）

类型	画法及说明
螺柱连接	
螺钉连接	a) 开槽圆柱头螺钉　　b) 开槽沉头螺钉
紧定螺钉连接	a) 柱端紧定螺钉1　　b) 锥端紧定螺钉　　c) 柱端紧定螺钉2　　d) 平端紧定螺钉

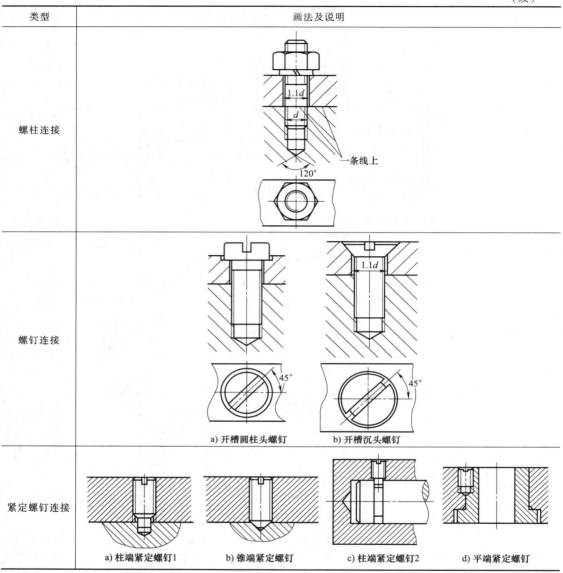

表 11-27　装配图中常用的简化画法（参阅 GB/T 4458.1—2002、GB/T 4459.1—1995）

名称	简化前	简化后	说明
轴承盖			1. 省略轴承内外圈所有倒角、圆角 2. 省略轴承与轴配合处的过渡圆角及砂轮越程槽 3. 省略轴承与座孔配合处轴承盖上的工艺槽 4. 轴承盖上的进油缺口按直线绘制 5. 轴承上侧按规定画法绘制，下侧按通用画法绘制

（续）

名称	简化前	简化后	说明
密封件	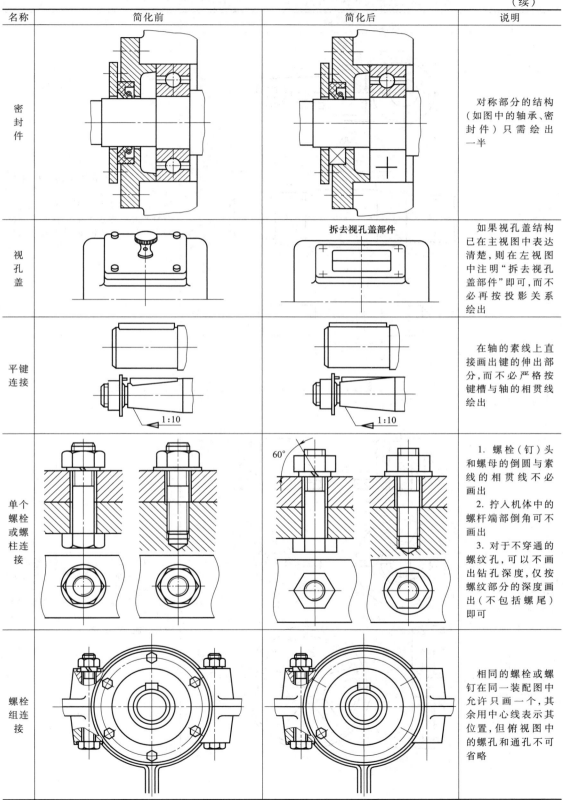		对称部分的结构（如图中的轴承、密封件）只需绘出一半
视孔盖		拆去视孔盖部件	如果视孔盖结构已在主视图中表达清楚，则在左视图中注明"拆去视孔盖部件"即可，而不必再按投影关系绘出
平键连接	1:10	1:10	在轴的素线上直接画出键的伸出部分，而不必严格按键槽与轴的相贯线绘出
单个螺栓或螺柱连接		60°	1. 螺栓（钉）头和螺母的倒圆与素线的相贯线不必画出 2. 拧入机体中的螺杆端部倒角可不画出 3. 对于不穿通的螺纹孔，可以不画出钻孔深度，仅按螺纹部分的深度画出（不包括螺尾）即可
螺栓组连接			相同的螺栓或螺钉在同一装配图中允许只画一个，其余用中心线表示其位置，但俯视图中的螺孔和通孔不可省略

表 11-28　其他简化画法和规定画法（参阅 GB/T 16675.1—2012）

内容	图　例	说　明
断开画法	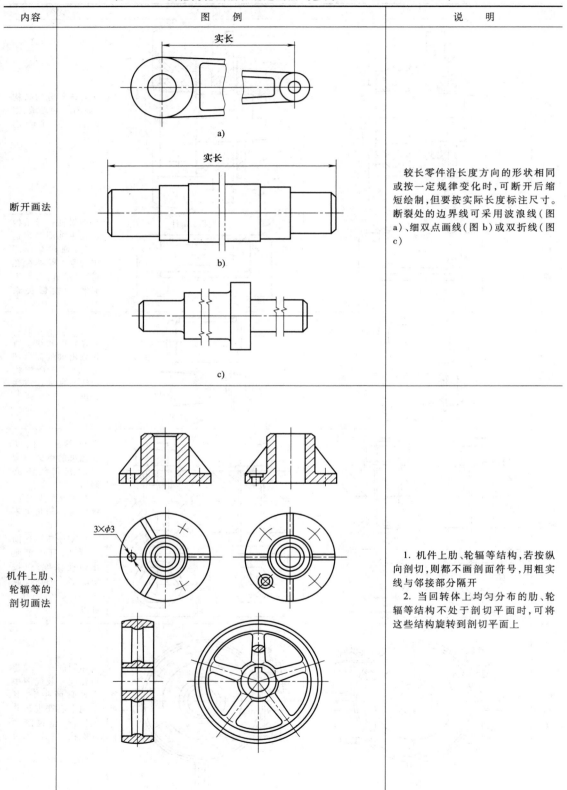	较长零件沿长度方向的形状相同或按一定规律变化时,可断开后缩短绘制,但要按实际长度标注尺寸。断裂处的边界线可采用波浪线(图a)、细双点画线(图b)或双折线(图c)
机件上肋、轮辐等的剖切画法		1. 机件上肋、轮辐等结构,若按纵向剖切,则都不画剖面符号,用粗实线与邻接部分隔开 2. 当回转体上均匀分布的肋、轮辐等结构不处于剖切平面时,可将这些结构旋转到剖切平面上

（续）

内容	图　例	说　明
对称机件的省略画法	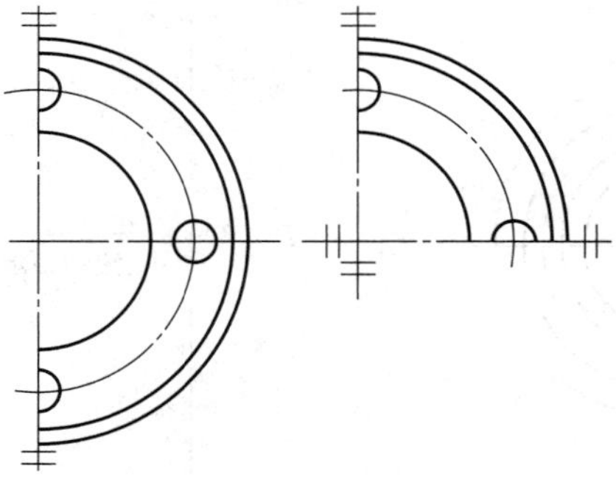	对称机件可只画出一半或1/4,但应在对称中心线的两端分别画出两条与其垂直的平行细实线
轴上移出剖面和局部放大图的画法	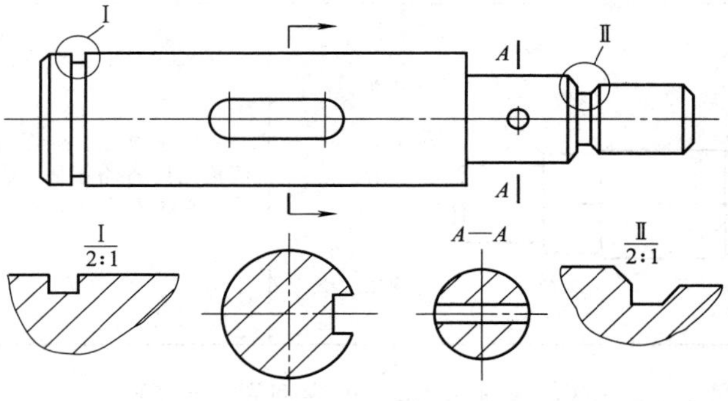	1. 轴上有移出剖面时,一般应用剖切符号表示其剖切位置,用箭头表示投影方向,并注上字母,而在剖面图的上方也必须用同样的字母标注,但配置在剖切符号延长线上的移出剖面可省略字母 2. 当轴上有几处被放大部分时,必须用罗马数字依次标明,并在局部放大图上标出相应的罗马数字和放大比例
网状物、编织物或滚花部分画法	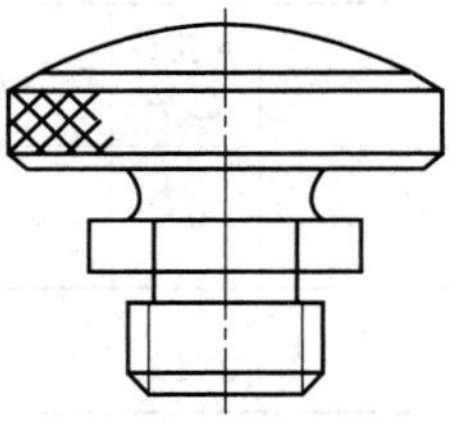	网状物、编织物或零件滚花部分可在轮廓线附近用粗实线示意画出一部分,无需全部画出
剖中剖的画法	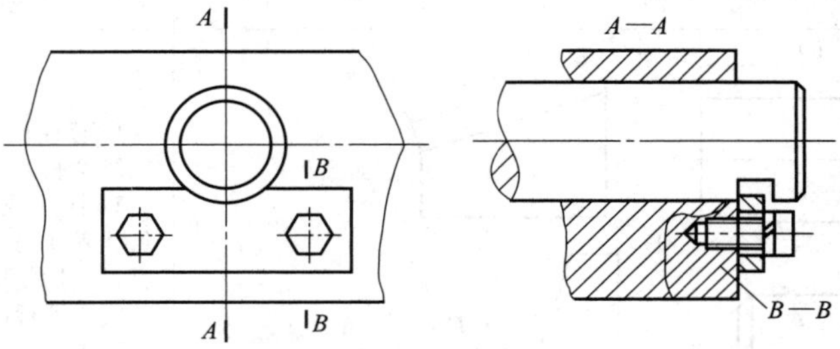	在装配图或零件图的剖视图中可再作一次局部剖,两个剖面的剖面线应同方向、同间隔,但要互相错开,并用引出线标注其剖切符号,当剖切位置明显时,也可省略标注
轮类零件的简化画法	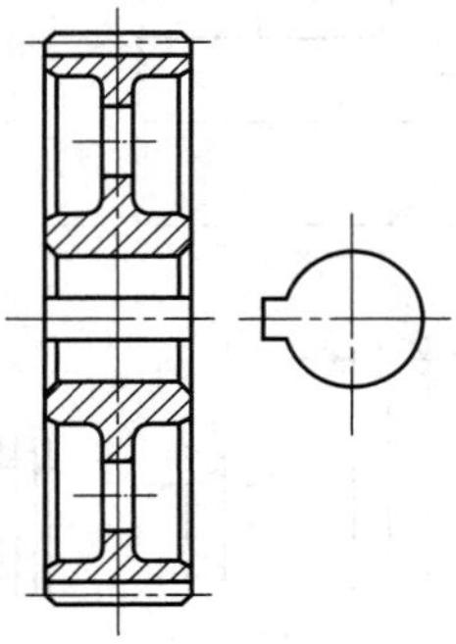	绘制轮类零件时,主视图表达轮缘、轮辐等结构,左视图中只需画出其内孔和键槽

（续）

内容	图　例	说　明
滚动轴承垂直于轴线的视图画法	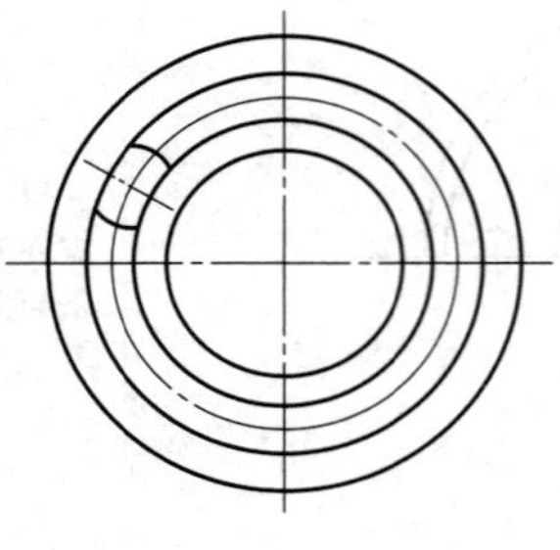	在垂直于轴线的投影面的视图中,滚动轴承可按照左图绘制
小倒角和小圆角的画法	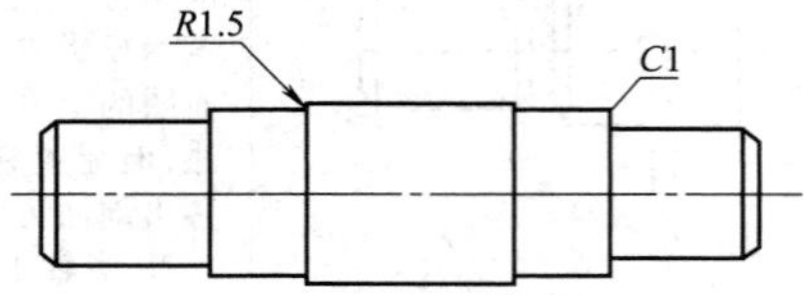 R1.5　　C1	零件图中的小圆角、小倒角或45°倒角允许省略不画,但必须标注尺寸或在技术要求中加以说明

表 11-29　标注尺寸的符号和缩写词（摘自 GB/T 16675.2—2012）

名称	直径	半径	球直径	球半径	厚度	正方形	45°倒角	深度	沉孔或锪平	埋头孔	弧长	斜度	锥度	均布
符号或缩写	ϕ	R	$S\phi$	SR	t	□	C	↧	⊔	⌄	⌒	∠	◁	EQS

表 11-30　有关尺寸标注法（参阅 GB/T 16675.2—2012、GB/T 4458.4—2003）

内容	图　例	说　明
尺寸线和尺寸界线 / 线性尺寸和角度尺寸	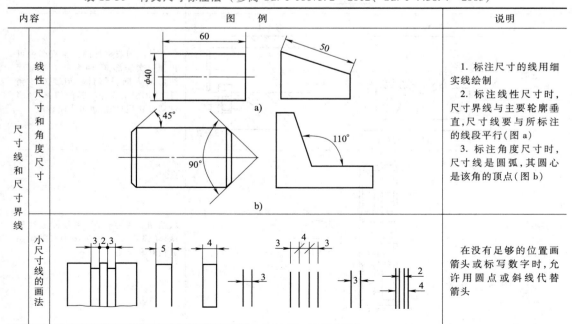	1. 标注尺寸的线用细实线绘制 2. 标注线性尺寸时,尺寸界线与主要轮廓垂直,尺寸线要与所标注的线段平行(图 a) 3. 标注角度尺寸时,尺寸线是圆弧,其圆心是该角的顶点(图 b)
小尺寸线的画法		在没有足够的位置画箭头或标写数字时,允许用圆点或斜线代替箭头

134

（续）

内容	图　例	说明
尺寸数字注法	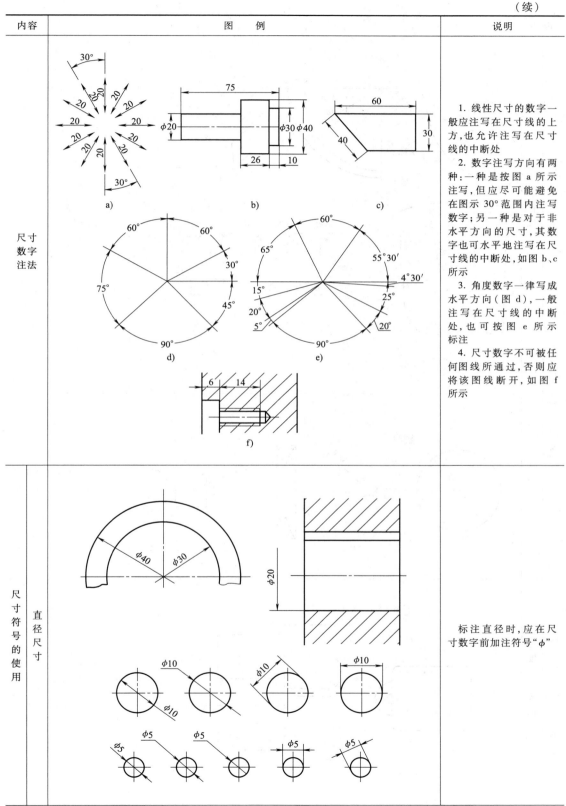	1. 线性尺寸的数字一般应注写在尺寸线的上方，也允许注写在尺寸线的中断处 2. 数字注写方向有两种：一种是按图 a 所示注写，但应尽可能避免在图示 30° 范围内注写数字；另一种是对于非水平方向的尺寸，其数字也可水平地注写在尺寸线的中断处，如图 b、c 所示 3. 角度数字一律写成水平方向（图 d），一般注写在尺寸线的中断处，也可按图 e 所示标注 4. 尺寸数字不可被任何图线所通过，否则应将该图线断开，如图 f 所示
尺寸符号的使用　直径尺寸		标注直径时，应在尺寸数字前加注符号"ϕ"

135

（续）

内容	图　例	说明
尺寸符号的使用　半径尺寸		标注半径时，应在尺寸数字前加注符号"R"
球面尺寸		标注球面的直径或半径时，应在尺寸数字前加注符号"Sφ"或"SR"
厚度和正方形尺寸		标注剖面为正方形结构尺寸时，可在正方形边长上加注符号"□"或用"B×B"标出，B为正方形的对边距离

（续）

内容		图　例	说明
尺寸符号的使用	斜度尺寸	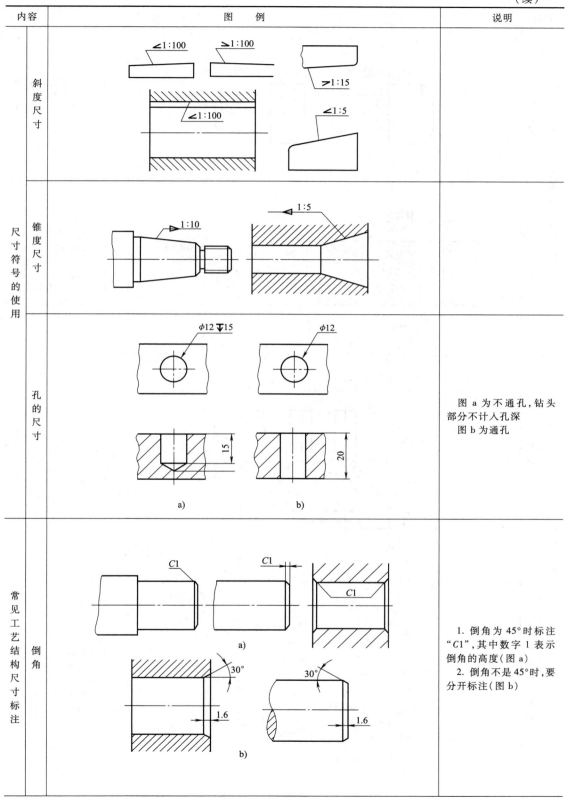	
	锥度尺寸		
	孔的尺寸		图 a 为不通孔,钻头部分不计入孔深 图 b 为通孔
常见工艺结构尺寸标注	倒角		1. 倒角为 45°时标注"C1",其中数字 1 表示倒角的高度(图 a) 2. 倒角不是 45°时,要分开标注(图 b)

（续）

内容		图　例	说　明
常见工艺结构尺寸标注	退刀槽、砂轮越程槽	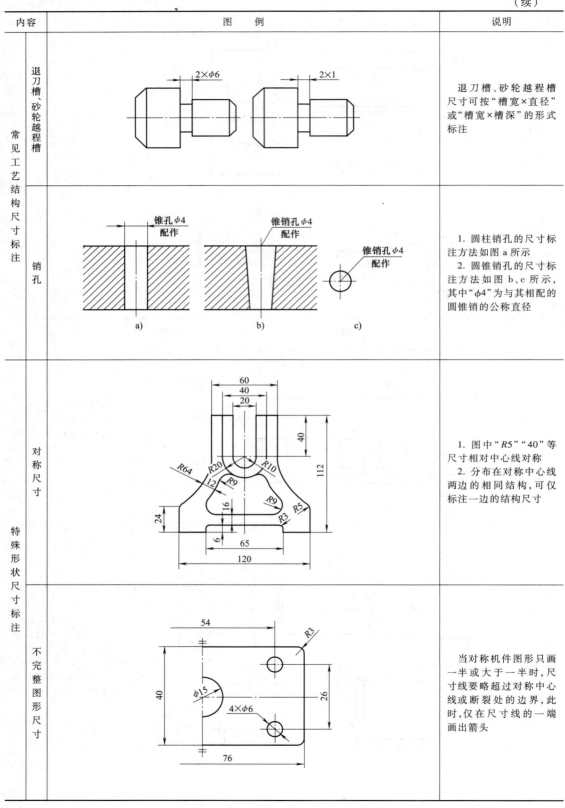	退刀槽、砂轮越程槽尺寸可按"槽宽×直径"或"槽宽×槽深"的形式标注
	销孔		1. 圆柱销孔的尺寸标注方法如图 a 所示 2. 圆锥销孔的尺寸标注方法如图 b、c 所示，其中"φ4"为与其相配的圆锥销的公称直径
特殊形状尺寸标注	对称尺寸		1. 图中"R5""40"等尺寸相对中心线对称 2. 分布在对称中心线两边的相同结构，可仅标注一边的结构尺寸
	不完整图形尺寸		当对称机件图形只画一半或大于一半时，尺寸线要略超过对称中心线或断裂处的边界，此时，仅在尺寸线的一端画出箭头

表 11-31 花键画法及尺寸标注（摘自 GB/T 4459.3—2000）

内容		图 例	说明
花键	外花键	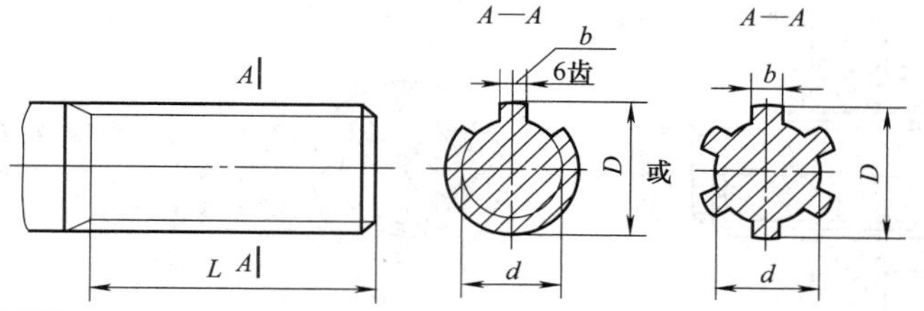	外花键的大径用粗实线、小径用细实线绘制，并在断面图中画出一部分或全部齿形
		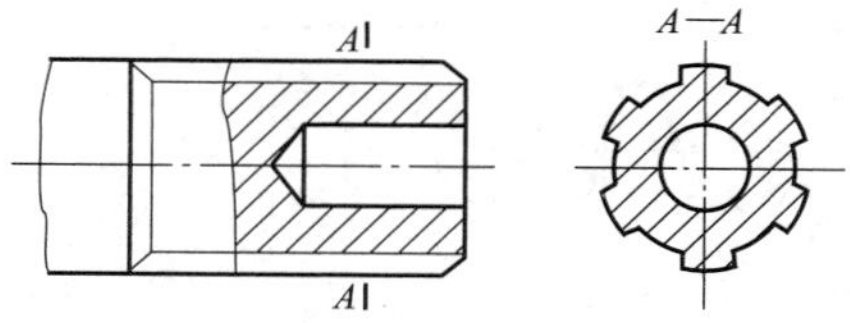	外花键局部剖视画法
		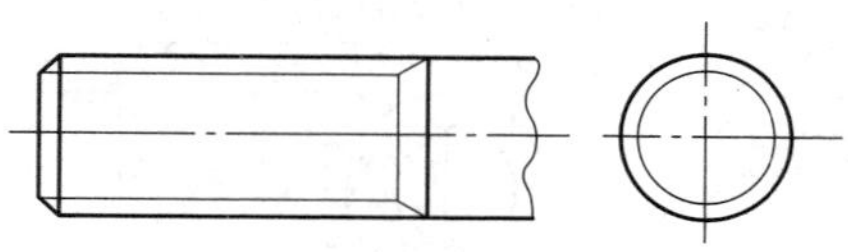	垂直于花键轴线的投影面的视图画法
	内花键	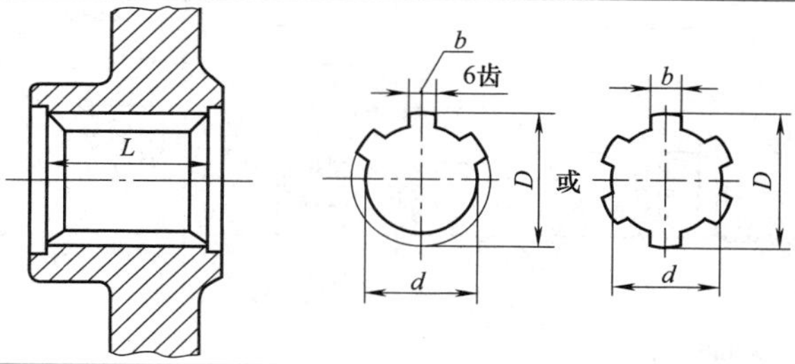	内花键的大径及小径均用粗实线绘制，并在局部视图中画出一部分或全部齿形
	长度标注	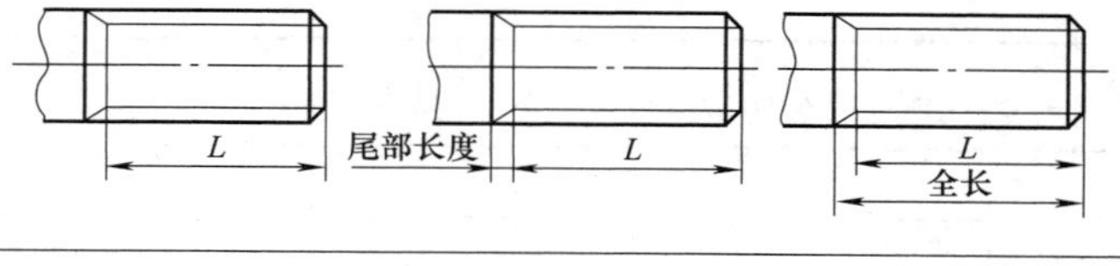	三种长度标注法
	渐开线花键	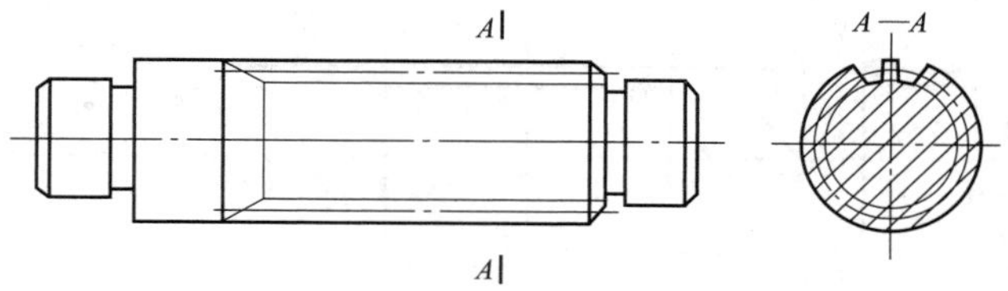	除分度圆和分度线用细点画线绘制外，其余部分与矩形花键画法相同
花键连接	矩形花键	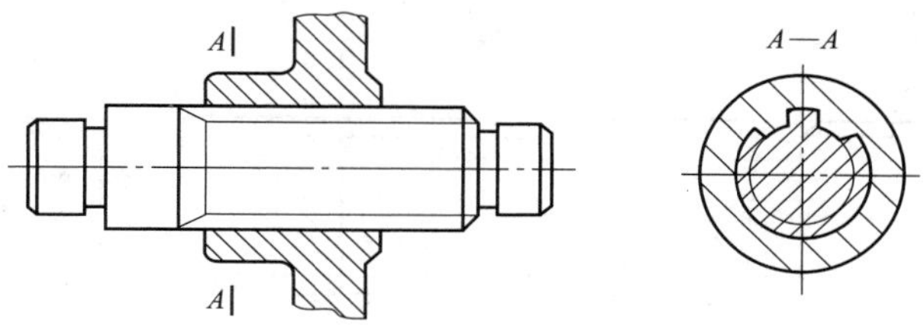	在装配图中，花键连接用剖视图表示时，其连接部分按外花键绘制

139

机械设计课程设计 第2版

（续）

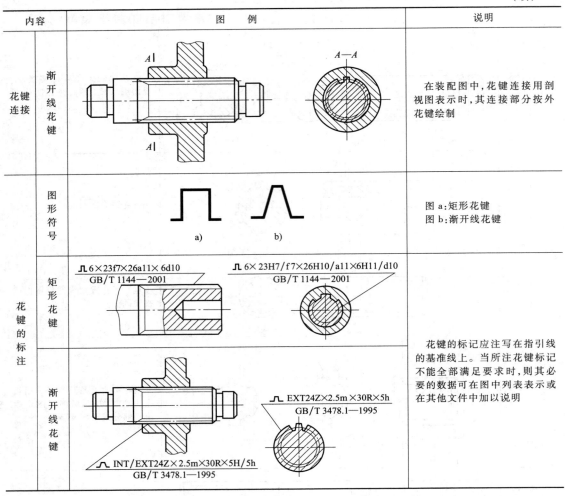

内容		图 例	说明
花键连接	渐开线花键		在装配图中，花键连接用剖视图表示时，其连接部分按外花键绘制
	图形符号	a) b)	图a:矩形花键 图b:渐开线花键
花键的标注	矩形花键	⊓ 6×23f7×26a11× 6d10 GB/T 1144—2001 ⊓ 6× 23H7/f 7×26H10/a11×6H11/d10 GB/T 1144—2001	花键的标记应注写在指引线的基准线上。当所注花键标记不能全部满足要求时，则其必要的数据可在图中列表表示或在其他文件中加以说明
	渐开线花键	⊓ EXT24Z×2.5m ×30R×5h GB/T 3478.1—1995 ⊓ INT/EXT24Z× 2.5m×30R×5H/5h GB/T 3478.1—1995	

表 11-32　尺寸公差与配合注法（摘自 GB/T 4458.5—2003）

内容		图 例	说明
零件图上的公差注法	线性尺寸公差的标注	$\phi65k6$　$\phi65H7$	公差带代号标注在公称尺寸的右边
	注写极限偏差	$\phi65^{+0.021}_{+0.002}$　$\phi65^{+0.03}_{0}$	上极限偏差应标注在公称尺寸的右上方，下极限偏差应与公称尺寸标注在同一底线上。上、下极限偏差数字的字号比公称尺寸数字的字号小一号

140

（续）

内容	图　例	说明
零件图上的公差注法　同时注写公差带代号和极限偏差	$\phi 65k6(^{+0.021}_{+0.002})$　　$\phi 65H7(^{+0.03}_{0})$	同时标注公差带代号和相应的极限偏差时，后者加圆括号
同一公称尺寸、不同公差的注法	$\phi 60^{0}_{-0.046}$　$\phi 60^{+0.039}_{+0.020}$　70	同一公称尺寸的表面，若有不同的公差时，应用细实线分开，并分别标注其公差
装配图上的配合标注法　一般标注	$\phi 30\dfrac{H7}{f6}$　$\phi 30\dfrac{H7}{f6}$　$\phi 30H7/f6$	标注配合代号时，必须在公称尺寸的右边用分数形式标出，分子位置标注孔的公差带代号，分母位置标注轴的公差带代号
标准件标注	$\phi 62J7$　$\phi 30k6$	标注与标准件配合的零件（轴或孔）的配合要求时，可以仅标注该零件的公差带代号

表 11-33　中心孔表示法（摘自 GB/T 4459.5—1999）

图例	说　明
GB/T 4459.5-B3.15/10	采用 B 型中心孔，$d = 3.15\mathrm{mm}$，$D_1 = 10\mathrm{mm}$，在完工的零件上要求保留中心孔，可省略标记中的标准编号
GB/T 4459.5-A4/8.5	采用 A 型中心孔，$d = 4\mathrm{mm}$，$D = 8.5\mathrm{mm}$，在完工的零件上不允许保留中心孔，可省略标记中的标准编号
GB/T 4459.5-A4/8.5	采用 A 型中心孔，$d = 4\mathrm{mm}$，$D = 8.5\mathrm{mm}$，在完工的零件上是否保留中心孔都可以，可省略标记中的标准编号
2×GB/T 4459.5-B3.15/10	同一轴两端的中心孔相同，可只在其一端标注，但应标注出数量，可省略标记中的标准编号

第五节　铸件设计一般规范

表 11-34　铸件最小壁厚　　　　　　　　　　　　　　　　（单位：mm）

铸造方法	铸件尺寸	铸钢	灰铸铁	球墨铸铁	可锻铸铁	铝合金	铜合金
砂型铸造	~200×200	8	~6	6	5	3	3~5
	>200×200~500×500	10~12	>6~10	12	8	4	6~8
	>500×500	15~20	15~20			6	

表 11-35　铸造斜度（摘自 JB/ZQ 4257—1997）

斜度 $a:h$	角度 β	使用范围
1:5	11°30′	$h<25\mathrm{mm}$ 的钢和铁铸件
1:10	5°30′	$h = 25 \sim 500\mathrm{mm}$ 的钢和铁铸件
1:20	3°	
1:50	1°	$h>500\mathrm{mm}$ 的钢和铁铸件
1:100	30′	有色金属铸件

表 11-36　铸造过渡斜度（摘自 JB/ZQ 4254—2006）　　　　　　（单位：mm）

铸铁和铸钢件的壁厚 δ	K	h	R
10~15	3	15	5
>15~20	4	20	5
>20~25	5	25	5
>25~30	6	30	8
>30~35	7	35	8
>35~40	8	40	10
>40~45	9	45	10
>45~50	10	50	10

适用于减速器、连接管、气缸及其他连接法兰

表 11-37　铸造内圆角（摘自 JB/ZQ 4255—2006）　　　　　　　　　（单位：mm）

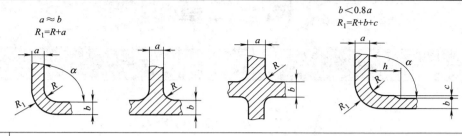

$\dfrac{a+b}{2}$	R											
	内圆角 α											
	≤50°		>50°~75°		>75°~105°		>105°~135°		>135°~165°		>165°	
	钢	铁	钢	铁	钢	铁	钢	铁	钢	铁	钢	铁
≤8	4	4	4	4	6	4	8	6	16	10	20	16
9~12	4	4	4	4	6	6	10	8	16	12	25	20
13~16	4	4	6	4	8	6	12	10	20	16	30	25
17~20	6	4	8	6	10	8	16	12	25	20	40	30
21~27	6	6	10	8	12	10	20	16	30	25	50	40
28~35	8	6	12	10	16	12	25	20	40	30	60	50

		c 和 h			
b/a		≤0.4	>0.4~0.65	>0.65~0.8	>0.8
c≈		0.7(a−b)	0.8(a−b)	a−b	—
h≈	钢	8c			
	铁	9c			

表 11-38　铸造外圆角（摘自 JB/ZQ 4256—2006）　　　　　　　　　（单位：mm）

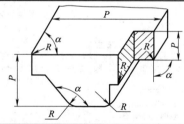

表面的最小边尺寸 P	R					
	外圆角 α					
	≤50°	>50°~75°	>75°~105°	>105°~135°	>135°~165°	>165°
≤25	2	2	2	4	6	8
>25~60	2	4	4	6	10	16
>60~160	4	4	6	8	16	25
>160~250	4	6	8	12	20	30
>250~400	6	8	10	16	25	40
>400~600	6	8	12	20	30	50

第十二章

常用工程材料

第一节 黑色金属材料

表 12-1 钢的常用热处理方法及应用

名称	说 明	应用举例
退火	退火是将钢件加热到临界温度以上 30~50℃,保温一段时间,然后再缓慢地冷却下来(一般随炉冷却)	用来消除铸、锻、焊零件的内应力,降低硬度,以易于切削加工,细化金属晶粒,改善组织,增加韧度
正火	正火是将钢件加热到临界温度以上 30~50℃,保温一段时间,然后在空气中冷却,冷却速度比退火快	用来处理低碳和中碳结构钢材及渗碳零件,使其组织细化,增大强度及韧度,减小内应力,改善切削性能
淬火	淬火是将钢件加热到临界点以上温度,保温一段时间,然后放入水、盐水或油中(个别材料在空气中)急剧冷却,使其得到高硬度	用来提高钢的硬度和强度极限,但淬火时会引起内应力而使钢变脆,所以淬火后必须回火
回火	回火是将淬硬的钢件加热到临界点以下的某一温度,保温一段时间,然后在空气或油中冷却下来	用来消除淬火后的脆性和内应力,提高钢的塑性和冲击韧度
调质	淬火后高温回火	用来使钢获得高的韧度和足够的强度,很多重要零件都是经过调质处理的
表面淬火	仅对零件表层进行淬火,使零件表层有高的硬度和耐磨性,而心部则保持原有的强度和韧度	常用来处理轮齿的表面
渗碳	使表面增碳,渗碳层深度为 0.4~6mm 或大于 6mm,硬度为 56~65HRC	增加钢件的耐磨性能、表面硬度、抗拉强度及疲劳极限,适用于低碳、中碳($w_c < 0.40\%$)结构钢的中小型零件和大型的重载荷、受冲击、耐磨零件
碳氮共渗	使表面增加碳和氮,扩散层深度较浅,为 0.02~3.0mm;硬度高,在共渗层为 0.02~0.04mm 时可达 66~70HRC	增加结构钢、工具钢制件的耐磨性能、表面硬度和疲劳极限,提高刀具切削性能和使用寿命。适用于要求硬度高、耐磨的中、小型及薄片的零件和刀具等
渗氮	表面增氮,氮化层深度为 0.025~0.8mm,渗氮时间需 40~50h,硬度很高(1200HV),耐磨、耐蚀性高	增加钢件的耐磨性能、表面硬度、疲劳极限和耐蚀性,适用于结构钢和铸造件,如气缸套、机床主轴、丝杠等耐磨零件,以及在潮湿碱水和燃烧气体介质的环境中工作的零件,如水泵轴、排气阀等

表 12-2 灰铸铁(摘自 GB/T 9439—2010)

牌号	铸件壁厚/mm		最小抗拉强度 σ_b(min)(单铸试棒)/MPa	硬度 HBW	应用举例
	>	≤			
HT100	5	40	100	≤170	盖、外罩、油盘、手轮、手把、支架等
HT150	5	10	150	125~205	端盖、汽轮泵体、轴承座、阀壳、管及管路附件、手轮、一般机床底座、床身及其他复杂零件、滑座、工作台等
	10	20			
	20	40			
HT200	5	10	200	150~230	气缸、齿轮、底架、箱体、飞轮、齿条、衬套、一般机床铸有导轨的床身及中等压力(8MPa 以下)的液压缸、液压泵和阀的壳体等
	10	20			
	20	40			
HT225	5	10	225	170~240	
	10	20			
	20	40			

（续）

牌号	铸件壁厚/mm >	铸件壁厚/mm ≤	最小抗拉强度 σ_b(min)（单铸试棒）/MPa	硬度 HBW	应用举例
HT250	5	10	250	180~250	阀壳、液压缸、气缸、联轴器、箱体、齿轮、齿轮箱体、飞轮、衬套、凸轮、轴承座等
HT250	10	20	250	180~250	阀壳、液压缸、气缸、联轴器、箱体、齿轮、齿轮箱体、飞轮、衬套、凸轮、轴承座等
HT250	20	40	250	180~250	阀壳、液压缸、气缸、联轴器、箱体、齿轮、齿轮箱体、飞轮、衬套、凸轮、轴承座等
HT275	10	20	275	190~260	阀壳、液压缸、气缸、联轴器、箱体、齿轮、齿轮箱体、飞轮、衬套、凸轮、轴承座等
HT275	20	40	275	190~260	阀壳、液压缸、气缸、联轴器、箱体、齿轮、齿轮箱体、飞轮、衬套、凸轮、轴承座等
HT300	10	20	300	200~275	齿轮、凸轮、车床卡盘、剪床及压力机的床身、导板、转塔自动车床及其他重负荷机床铸有导轨的床身、高压液压缸、液压泵和滑阀的壳体等
HT300	20	40	300	200~275	齿轮、凸轮、车床卡盘、剪床及压力机的床身、导板、转塔自动车床及其他重负荷机床铸有导轨的床身、高压液压缸、液压泵和滑阀的壳体等
HT350	10	20	350	220~290	齿轮、凸轮、车床卡盘、剪床及压力机的床身、导板、转塔自动车床及其他重负荷机床铸有导轨的床身、高压液压缸、液压泵和滑阀的壳体等
HT350	20	40	350	220~290	齿轮、凸轮、车床卡盘、剪床及压力机的床身、导板、转塔自动车床及其他重负荷机床铸有导轨的床身、高压液压缸、液压泵和滑阀的壳体等

表 12-3　球墨铸铁（摘自 GB/T 1348—2009）

牌号	抗拉强度 σ_b/MPa(min)	屈服强度 $\sigma_{0.2}$/MPa(min)	伸长率 A（%）(min)	硬度 HBW	应用举例
QT350-22L	350	220	22	≤160	减速器箱体、管、阀体、阀座、压缩机气缸、拨叉、离合器壳体等
QT400-18L	400	240	18	120~175	减速器箱体、管、阀体、阀座、压缩机气缸、拨叉、离合器壳体等
QT400-15	400	250	15	120~180	减速器箱体、管、阀体、阀座、压缩机气缸、拨叉、离合器壳体等
QT450-10	450	310	10	160~210	液压泵齿轮、阀体、车辆轴瓦、凸轮、犁铧、减速器箱体、轴承座等
QT500-7	500	320	7	170~230	液压泵齿轮、阀体、车辆轴瓦、凸轮、犁铧、减速器箱体、轴承座等
QT550-5	550	350	5	180~250	液压泵齿轮、阀体、车辆轴瓦、凸轮、犁铧、减速器箱体、轴承座等
QT600-3	600	370	3	190~270	曲轴、凸轮轴、齿轮轴、机床主轴、缸体、缸套、连杆、矿车车轮、农机零件等
QT700-2	700	420	2	225~305	曲轴、凸轮轴、齿轮轴、机床主轴、缸体、缸套、连杆、矿车车轮、农机零件等
QT800-2	800	480	2	245~335	曲轴、凸轮轴、齿轮轴、机床主轴、缸体、缸套、连杆、矿车车轮、农机零件等
QT900-2	900	600	2	280~360	曲轴、凸轮轴、连杆、拖拉机链轨板等

表 12-4　一般工程用铸造碳钢（摘自 GB/T 11352—2009）

牌号	抗拉强度 σ_b/MPa	屈服强度 $\sigma_b(\sigma_{0.2})$/MPa	伸长率 A(%)	根据合同选择 断面收缩率 Z(%)	根据合同选择 冲击吸收功 A_{KV}/J	硬度 正火回火 HBW	硬度 表面淬火 HRC	应用举例
ZG 200-400	400	200	25	40	30	—		各种形状的机件，如机座、变速器壳体等
ZG 230-450	450	230	22	32	25	≥131	—	铸造平坦的零件，如机座、机盖、箱体、铁砧台，工作温度在450℃以下的管路附件等。焊接性良好
ZG 270-500	500	270	18	25	22	≥143	40~45	各种形状的机件，如飞轮、机架、蒸汽锤、桩锤、联轴器、水压机工作缸、横梁等。焊接性尚可
ZG 310-570	570	310	15	21	15	≥153	40~50	各种形状的机件，如联轴器、气缸、齿轮、齿轮圈及重负荷机架等
ZG 340-640	640	340	10	18	10	169~229	45~55	起重运输机中的齿轮、联轴器及重要的机件等

注：表中硬度值非 GB/T 11352—2009 内容，仅供参考。

表 12-5   大型低合金铸钢（摘自 JB/T 6402—2006）

牌号	热处理状态	抗拉强度 σ_b/MPa	屈服强度 σ_s/MPa	伸长率 A(%)	收缩率 Z(%)	冲击吸收功 A_{KV}/J	硬度 HBW	应用举例
		不小于						
ZG40Mn	正火+回火	640	295	12	30	—	163	承受摩擦和冲击的零件，如齿轮、凸轮等
ZG20Mn	调质	500~650	300	24	—	39	150~190	焊接性及流动性良好，可制作缸体、阀、弯头、叶片等
ZG35Mn	调质	640	415	12	25	27	200~240	承受摩擦的零件
ZG20MnMo	正火+回火	490	295	16		39	156	受压容器，如泵壳、缸体等
ZG35CrMnSi	正火+回火	690	345	14	30		217	承受冲击、摩擦的零件，如齿轮、滚轮等
ZG40Cr1	正火+回火	630	345	18	26		212	高强度齿轮
ZG35NiCrMo	—	830	660	14	30			直径大于 300mm 的齿轮铸件

表 12-6   普通碳素结构钢（摘自 GB/T 700—2006）

牌号	等级	屈服强度 σ_b/MPa 钢材厚度（直径）/mm ≤16	>16~40	>40~60	>60~100	>100~150	>150~200	抗拉强度 R_m/MPa	伸长率 A(%) 钢材厚度（直径）/mm ≤40	>40~60	>60~100	>100~150	>150~200	冲击试验（V型试样）温度/℃	冲击吸收功（纵向）/J	应用举例
		不小于							不大于						不小于	
Q195	—	195	185	—	—	—	—	315~430	33	—	—	—	—	—	—	常用其轧制薄板、拉制线材、制钉和焊接钢管
Q215	A	215	205	195	185	175	165	335~450	31	30	29	27	26	—	—	金属结构件、拉杆、套圈、铆钉、螺栓、短轴、心轴、凸轮、垫圈、渗碳零件及焊接件
Q215	B													20	27	
Q235	A	235	225	215	205	195	185	375~500	26	25	24	22	21	—	—	金属结构件、心部强度要求不高的渗碳或碳氮共渗零件，吊钩、拉杆、套圈、气缸、齿轮、螺栓、螺母、连杆、轮轴、盖及焊接件
Q235	B													20	27	
Q235	C													0	27	
Q235	D													−20		
Q275	A	275	265	255	245	225	215	410~540	22	21	20	18	17	—	—	轴、轴销、制动件、螺栓、螺母、垫圈、连杆、齿轮以及其他强度较高的零件
Q275	B													20	27	
Q275	C													0	27	
Q275	D													−20		

表 12-7　优质碳素结构钢（摘自 GB/T 699—2015）

牌号	式样毛坯尺寸/mm	推荐热处理温度			力 学 性 能					交货硬度 HBW		应 用 举 例
		正火	淬火	回火	抗拉强度 σ_b/MPa	屈服强度 σ_s/MPa	断后伸长率 A（%）	断面收缩率 Z（%）	冲击吸收能量 KU_2/J	未热处理钢	退火钢	
		加热温度/℃			≥					≤		
08	25	930	—	—	325	195	33	60	—	131	—	塑性好的零件,如管子、垫片、垫圈;心部强度要求不高的渗碳和碳氮共渗件,如套筒、短轴、挡块、支架、靠模、离合器盘等
10	25	930	—	—	335	205	31	55	—	137	—	拉杆、卡头、垫圈、铆钉等。这种钢无回火脆性、焊接性能好,因而用来制造焊接零件
15	25	920	—	—	375	225	27	55	—	143	—	受力不大、韧性要求较高的零件、渗碳零件、紧固件以及不需要热处理的低负荷零件,如螺栓、螺钉、法兰盘和化工储器
20	25	910	—	—	410	245	25	55	—	156	—	受力不大而要求很大韧性的零件,如轴套、螺钉、开口销、吊钩、垫圈、齿轮、链轮等;还可用于表面硬度高而心部强度要求不高的渗碳和碳氮共渗零件
25	25	900	870	600	450	275	23	50	71	170	—	制造焊接设备和不承受高应力的零件,如轴、垫圈、螺栓、螺钉、螺母等
30	25	880	860	600	490	295	21	50	63	179	—	制造重型机械上韧性要求高的锻件及其制件,如气缸、拉杆、吊环、机架
35	25	870	850	600	530	315	20	45	55	197	—	曲轴、转轴、轴销、连杆、螺栓、螺母、垫圈、飞轮等,多在正火、调质条件下使用
40	25	860	840	600	570	335	19	45	47	217	187	机床零件,重型、中型机械的曲轴、轴、齿轮、连杆、键、拉杆、活塞等,正火后可用于制作圆盘
45	25	850	840	600	600	335	16	40	39	229	197	要求综合力学性能高的各种零件,通常在正火或调质条件下使用,如轴、齿轮、齿条、链轮、螺栓、螺母、销钉、键、拉杆等
50	25	830	830	600	630	375	14	40	31	241	207	要求有一定耐磨性、需承受一定冲击作用的零件,如轮缘、轧辊、摩擦盘等
55	25	820	—	—	645	380	13	35	—	255	217	
65	25	810	—	—	695	410	10	30	—	255	229	弹簧、弹簧垫圈、凸轮、轧辊等
70	25	790	—	—	715	420	9	30	—	269	229	截面不大、强度要求不高的一般机器上的圆形和方形螺旋弹簧,如汽车、拖拉机或火车等机械上承受振动的扁形板簧和圆形螺旋弹簧
15Mn	25	920	—	—	410	245	26	55	—	163	—	心部力学性能要求较高且需渗碳的零件
20Mn	25	910	—	—	450	275	24	50	—	197	—	齿轮、曲柄轴、支架、铰链、螺钉、螺母、铆焊结构件等

（续）

牌号	式样毛坯尺寸/mm	推荐热处理温度			力 学 性 能					交货硬度HBW		应 用 举 例
		正火	淬火	回火	抗拉强度 σ_b /MPa	屈服强度 σ_s /MPa	断后伸长率 A (%)	断面收缩率 Z (%)	冲击吸收能量 KU_2 /J	未热处理钢	退火钢	
		加热温度/℃			≥					≤		
25Mn	25	900	870	600	490	295	22	50	71	207	—	渗碳件,如凸轮、齿轮、联轴器、铰链、销等
30Mn	25	880	860	600	540	315	20	45	63	217	187	齿轮、曲柄轴、支架、铰链、螺钉、铆焊结构件、寒冷地区农具等
35Mn	25	870	850	600	560	335	18	45	55	229	197	中型机械中的螺栓、螺母、杠杆等
40Mn	25	860	840	600	590	355	17	45	47	229	207	轴、曲轴、连杆及高应力下工作的螺栓、螺母等
45Mn	25	850	840	600	620	375	15	40	39	241	217	受磨损的零件,如转轴、心轴、曲轴、花键轴、万向联轴器轴、齿轮、离合器盘等
50Mn	25	830	830	600	645	390	13	40	31	255	217	多在淬火、回火后使用,用于制作齿轮、齿轮轴、摩擦盘、凸轮等
60Mn	25	810	—	—	690	410	11	35	—	269	229	大尺寸螺旋弹簧、板簧、各种圆扁弹簧、弹簧环片、冷拉钢丝及发条等
65Mn	25	830	—	—	735	430	9	30	—	285	229	耐磨性好,用于制作圆盘、衬板、齿轮、花键轴、弹簧等
70Mn	25	790	—	—	785	450	8	30	—	285	229	耐磨、承受载荷较大的机械零件,如弹簧垫圈、止推环、离合器盘、锁紧圈、盘簧等

表 12-8　合金结构钢（摘自 GB/T 3077—2015）

牌号	试样毛坯尺寸/mm	推荐热处理方法					力 学 性 能					供货状态为退火或高温回火钢棒布氏硬度HBW	应 用 举 例
		淬火			回火		抗拉强度 σ_b /MPa	屈服强度 σ_s /MPa	伸长率 A (%)	收缩率 Z (%)	冲击吸收能量 KU_2 /J		
		加热温度/℃		冷却剂	加热温度/℃	冷却剂							
		第1次淬火	第2次淬火				不小于					不大于	
20Mn2	15	850	—	水、油	200	水、空气	785	590	10	40	47	187	截面尺寸小时与20Cr相当,用于制作渗碳小齿轮、小轴、钢套、链板等,渗碳淬火后硬度为56~62HRC
		880	—	水、油	440	水、空气							
35Mn2	25	840	—	水	500	水	835	685	12	45	55	207	对于截面较小的零件可代替40Cr,可制作直径不大于15mm的重要用途的冷镦螺栓及小轴等,表面淬火后硬度为40~50HRC
45Mn2	25	840	—	油	550	水、油	885	735	10	45	47	217	较高应力与磨损条件下的零件,直径不大于60mm的零件,如万向联轴器、齿轮、齿轮轴、曲轴、连杆、花键轴和摩擦盘等,表面淬火后硬度为45~55HRC

（续）

牌号	试样毛坯尺寸/mm	推荐热处理方法					力学性能					供货状态为退火或高温回火钢棒布氏硬度 HBW	应用举例
		淬火			回火		抗拉强度 σ_b /MPa	屈服强度 σ_s /MPa	伸长率 A (%)	收缩率 Z (%)	冲击吸收能量 KU_2/J		
		加热温度/℃		冷却剂	加热温度/℃	冷却剂							
		第1次淬火	第2次淬火				不小于					不大于	
20MnV	15	880	—	水、油	200	水、空气	785	590	10	40	55	187	相当于 20CrNi 的渗碳钢，渗碳淬火后硬度为 56~62HRC
35SiMn	25	900	—	水	570	水、油	885	735	15	45	47	229	除了要求低温（-20℃以下）及冲击韧性很高的情况外，可全面代替 40Cr 做调质钢。也可部分代替 40CrNi，制作中小型轴类、齿轮等零件以及在 430℃ 以下工作的重要紧固件。表面淬火后硬度为 45~55HRC
42SiMn	25	880	—	水	590	水	885	735	15	40	47	229	与 35SiMn 钢相同，可代替 40Cr、34CrMo 钢制作大齿圈。适合制作表面淬火件，表面淬火后硬度为 45~55HRC
37SiMn2MoV	25	870	—	水、油	650	水、空气	980	835	12	50	63	269	可代替 34CrNiMo 等，制作高强度重负荷轴、曲轴、齿轮、蜗杆等零件。表面淬火后硬度为 50~55HRC
40MnB	25	850	—	油	500	水、油	980	785	10	45	47	207	可代替 40Cr 制作重要调质件，如齿轮、轴、连杆、螺栓等
20MnVB	15	860	—	油	200	水、空气	1080	885	10	45	55	207	制造模数较大、负荷较重的中小渗碳零件，如重型机床上的齿轮和轴、汽车上的后桥主动齿轮、被动齿轮等
20Cr	15	880	780~820	水、油	200	水、空气	835	540	10	40	47	179	要求心部强度高、承受磨损、尺寸较大的渗碳零件，如齿轮、齿轮轴、蜗杆、凸轮、活塞销等；也用于速度较大、受中等冲击的调质零件。渗碳淬火后硬度为 56~62HRC
40Cr	25	850	—	油	520	水、油	980	785	9	45	47	207	承受交变载荷、中等速度、中等载荷、强烈磨损而无很大冲击的重要零件，如重要的齿轮、轴、曲轴、连杆、螺栓、螺母等。表面淬火后硬度为 48~55HRC

（续）

牌号	试样毛坯尺寸/mm	推荐热处理方法					力学性能					供货状态为退火或高温回火钢棒布氏硬度 HBW	应用举例
		淬火			回火		抗拉强度 σ_b /MPa	屈服强度 σ_s /MPa	伸长率 A (%)	收缩率 Z (%)	冲击吸收能量 KU_2/J		
		加热温度/℃		冷却剂	加热温度/℃	冷却剂							
		第1次淬火	第2次淬火				不小于					不大于	
38CrMoAl	30	940	—	水、油	640	水、油	980	835	14	50	71	229	要求高耐磨性、高疲劳强度和相当高的强度且热处理变形小的零件,如镗杆、主轴、蜗杆、齿轮、套筒、套环等。渗氮后表面硬度为1100HV
20CrMnMo	15	850	—	油	200	水、空气	1180	885	10	45	55	217	要求表面硬度高、耐磨、心部有较高强度和韧性的零件,如传动齿轮和曲轴等。渗碳淬火后硬度为56~62HRC
20CrMnTi	15	880	870	油	200	水、空气	1080	850	10	45	55	217	强度、冲击韧度均高,是铬镍钢的代用品。用于承受高速、中等或重载荷以及冲击磨损等的重要零件,如渗碳齿轮、凸轮等。表面淬火后硬度为56~62HRC
20CrNi	25	850	—	水、油	460	水、油	785	590	10	50	63	197	用于制造承受较高载荷的渗碳零件,如齿轮、轴、花键轴、活塞销等
40CrNi	25	820	—	油	500	水、油	980	785	10	45	55	241	用于制造要求强度高、韧性高的零件,如齿轮、轴、链条、连杆等
40CrNiMo	25	850	—	油	600	水、油	980	835	12	55	78	269	用于特大截面的重要调质件,如机床主轴、传动轴、转子轴等

第二节 有色金属材料

表 12-9 铸造铜合金、铸造铝合金和铸造轴承合金

合金牌号	合金名称（或代号）	铸造方法	合金状态	力学性能				应用举例
				抗拉强度 σ_b	屈服强度 $\sigma_{0.2}$	伸长率 A	硬度 HBW	
				MPa		%		
铸造铜合金（摘自 GB/T 1176—2003）								
ZCuSn5Pb5Zn5	5-5-5	S、J、R		200	90	13	60	在较高载荷、中等滑动速度下工作的耐磨、耐蚀件,如轴瓦、衬套、缸套、活塞离合器、泵件压盖及蜗轮等
	锡青铜	Li、La		250	100	13	65	

（续）

合金牌号	合金名称（或代号）	铸造方法	合金状态	力学性能				应用举例
				抗拉强度 σ_b	屈服强度 $\sigma_{0.2}$	伸长率 A	硬度 HBW	
				MPa		%		
ZCuSn10P1	10-1 锡青铜	S、R		220	130	3	80	高载荷（20MPa以下）和高滑动速度（8m/s）下工作的耐磨件，如连杆、衬套、轴瓦、齿轮、蜗轮等
		J		310	170	2	90	
		Li		330	170	4	90	
		La		360	170	6	90	
ZCuSn10Pb5	10-5 锡青铜	S		195		10	70	结构材料，耐蚀、耐酸件及破碎机衬套、轴瓦等
		J		245		10	70	
ZCuPb17Sn4Zn4	17-4-4 锡青铜	S		150		5	55	一般耐磨件、高滑动速度的轴承等
		J		175		7	60	
ZCuAl10Fe3	10-3 铝青铜	S		490	180	13	100	要求强度高、耐磨、耐蚀的重型铸件，如轴套、螺母、蜗轮以及在250℃以下工作的管配件
		J		540	200	15	110	
		Li、La		540	200	15	110	
ZCuAl10Fe3Mn2	10-3-2 铝青铜	S、R		490		15	110	要求强度高、耐磨、耐蚀的零件，如齿轮、轴承、衬套、管嘴及耐热管配件等
		J		540		20	120	
ZCuZn38	38 黄铜	S		295	95	30	60	一般结构件和耐蚀件，如法兰、阀座、支架、手柄和螺母等
		J		295	95	30	70	
ZCuZn40Pb2	40-2 铅黄铜	S、R		220	95	15	80	一般用途的耐磨、耐蚀件，如轴套、齿轮等
		J		280	120	20	90	
ZCuZn38Mn2Pb2	38-2-2 锰黄铜	S		245		10	70	一般用途的结构件，船舶、仪表等使用的外形简单的铸件，如套筒、衬套、轴瓦、滑块等
		J		345		18	80	
ZCuZn16Si4	16-4 硅黄铜	S、R		345	180	15	90	接触海水工作的管配件和水泵、叶轮、旋塞，在空气、淡水、油、燃料以及4.5MPa、250℃以下蒸气中工作的铸件
		J		390		20	100	
铸造铝合金（摘自 GB/T 1173—2013）								
ZAlSi12	ZL102 铝硅合金	SB、JB RB、KB	F	145		4	50	气缸活塞以及高温下工作的、承受冲击载荷的复杂薄壁零件
		J	F	155		2	50	
		SB、JB、RB、KB	T2	135		4	50	
		J	T2	145		3	50	
ZAlSi9Mg	ZL104 铝硅合金	S、J、R、K	F	150		2	50	形状复杂的在高温下承受静载荷或受冲击作用的大型零件，如风扇叶片、水冷气缸头
		J	T1	200		1.5	65	
		SB、RB、KB	T6	230		2	70	
		J、JB	T6	240		2	70	
ZAlMg5Si	ZL303 铝镁合金	S、J、R、K	F	143		1	55	高耐蚀性或在高温下工作的零件
ZAlZn11Si7	ZL401 铝镁合金	S、R、K	T1	195		2	80	铸造性能较好，可不进行热处理，用于制作形状复杂的大型薄壁零件；但耐蚀性差
		J	T1	245		1.5	90	

（续）

合金牌号	合金名称（或代号）	铸造方法	合金状态	力学性能				应用举例
				抗拉强度 σ_b	屈服强度 $\sigma_{0.2}$	伸长率 A	硬度 HBW	
				MPa		%		
铸造轴承合金（摘自 GB/T 1174—1992）								
ZSnSb12Pb10Cu4	锡基轴承合金	J					29	汽轮机、压缩机、机车、发动机、球磨机、轧机减速器、发动机等各种机器的滑动轴承衬
ZSnSb11Cu6		J					27	
ZSnSb8Cu4		J					24	
ZPbSb16Sn16Cu2	铅基轴承合金	J					30	
ZPbSb15Sn10		J					24	
ZPbSb15Sn5		J					20	

注：1. 铸造方法代号：S—砂型铸造；Li—离心铸造；La—连续铸造；R—熔模铸造；K—壳型铸造；B—变质处理。
　　2. 合金状态代号：F—铸态；T1—人工时效；T2—退火；T6—固溶处理加完全人工时效。

第三节　非金属材料

表 12-10　常用工程塑料

品名		抗拉强度 /MPa	拉弯强度 /MPa	抗压强度 /MPa	弹性模量 /GPa	冲击韧度 /(kJ/m²)	硬度	应用举例
尼龙 6	未增强	52.92~76.44	68.6~98	58.8~88.2	0.81~2.55	3.04	85~114 HRR	具有良好的机械强度和耐磨性，广泛用于制作机械、化工及电气零件，如轴承、齿轮、凸轮、滚子、泵叶轮、风扇叶轮、蜗轮、螺钉、螺母、垫圈、耐压密封圈、阀座、输油管、储油容器等。尼龙粉末还可以喷涂于各种零件表面，以提高耐磨性能和密封性能
	增强 30% 玻璃纤维	107.8~127.4	117.6~137.2	88.2~117.6		9.8~14.7	92~94 HRM	
尼龙 66	未增强	55.86~81.34	98~107.8	88.2~117.6	1.37~3.23	3.82	100~118 HRR	
	增强 20%~40% 玻璃纤维	96.43~213.54	123.97~275.58	103.39~165.33		11.76~26.75	94~95 HRM	
尼龙 1010	未增强	50.96~53.9	80.36~87.22	77.4	1.57	3.92~4.9	7.1 HBW	
	增强	192.37	303.8	164.05		96.53	14.97 HBW	

表 12-11　工业用毛毡（摘自 FZ/T 25001—2012）

类型	品号	密度 /(g/cm³)	断裂强度 /(N/cm²)	断裂伸长率 (%)≤	规格		应用举例
					长、宽/m	厚度/mm	
细毛	T112-32~44	0.32~0.44	—	—	长：1~5 宽：0.5~1.9	1.5, 2, 3, 4, 6, 8, 10, 12, 14, 16, 18, 20, 25	用作密封、防漏油、振动缓冲衬垫及作为过滤材料和抛磨光材料
	T112-25~31	0.25~0.31	—	—			
半粗毛	T122-30~38	0.30~0.38	—	—			
	T122-24~29	0.24~0.29	—	—			
粗毛	T132-32~36	0.32~0.36	245~294	110~130			

表 12-12　软钢纸板（摘自 QB/T 2200—1996）

纸板规格/mm			技术性能				应用举例
长度×宽度	厚度		项目		A 类	B 类	
920×650	0.5~0.8 0.9~2.0 2.1~3.0	横切面抗张强度 /(kN/m²)	0.5~1mm		3×10⁴	2.5×10⁴	A 类：飞机发动机密封连接处的垫片及其他部件 B 类：汽车、拖拉机的发动机和内燃机密封片及其他部件用
650×490			1.1~3mm		3×10⁴	3×10⁴	
650×400		抗压强度/MPa			≥160	—	
400×300		水分（%）			4~8	4~8	

第十三章

连接及轴系零件紧固件

第一节 螺纹及螺纹连接

一、螺纹

表 13-1 普通螺纹基本尺寸（摘自 GB/T 196—2003） （单位：mm）

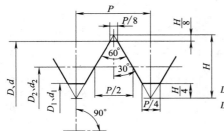

$H = 0.866P$

$d_2 = d - 0.6495P$

$d_1 = d - 1.0825P$

D、d—内、外螺纹基本大径（公称直径）

D_2、d_2—内、外螺纹基本中径

D_1、d_1—内、外螺纹基本小径

P—螺距

标记示例

公称直径为 20、中径和大径的公差带均为 6H 的粗牙右旋内螺纹标记为

M20-6H

公称直径为 20、中径和大径的公差带均为 6g 的粗牙右旋外螺纹标记为

M20-6g

上述规格的螺纹副标记为

M20-6H/6g

公称直径为 20、螺距为 2、中径和大径的公差带分别为 5g 和 6g 的细牙左旋短旋合长度外螺纹的标记为

M20×2-5g6g-S-LH

公称直径 D、d		螺距 P	中径 D_2、d_2	小径 D_1、d_1	公称直径 D、d		螺距 P	中径 D_2、d_2	小径 D_1、d_1	公称直径 D、d		螺距 P	中径 D_2、d_2	小径 D_1、d_1
第一系列	第二系列				第一系列	第二系列				第一系列	第二系列			
3		**0.5**	2.675	2.459	6		**1**	5.350	4.917	12		**1.75**	10.863	10.106
		0.35	2.773	2.621			0.75	5.513	5.188			1.5	11.026	10.376
											1.25	11.188	10.647
											1	11.350	10.917
	3.5	**0.6**	3.110	2.850		7	**1**	6.350	5.917					
		0.35	3.273	3.121			0.75	6.513	6.188	14		**2**	12.701	11.835
4		**0.7**	3.545	3.242	8		**1.25**	7.188	6.647			1.5	13.026	12.376
		0.5	3.675	3.459			1	7.350	6.917			1.25	13.188	12.647
							0.75	7.513	7.188			1	13.350	12.917
	4.5	**0.75**	4.013	3.688										
		0.5	4.175	3.959	10		**1.5**	9.026	8.376	16		**2**	14.701	13.835
							1.25	9.188	8.647			1.5	15.026	14.376
5		**0.8**	4.480	4.134			1	9.350	8.917			1	15.350	14.917
		0.5	4.675	4.459			0.75	9.513	9.188					

（续）

第一系列	第二系列	螺距 P	中径 D_2、d_2	小径 D_1、d_1
	18	**2.5**	16.376	15.294
		2	16.701	15.835
		1.5	17.026	16.376
		1	17.350	16.917
20		**2.5**	18.376	17.294
		2	18.701	17.835
		1.5	19.026	18.376
		1	19.350	18.917
	22	**2.5**	20.376	19.294
		2	20.701	19.835
		1.5	21.026	20.376
		1	21.350	20.917
24		**3**	22.051	20.752
		2	22.701	21.835
		1.5	23.016	22.376
		1	23.350	22.917
	27	**3**	25.051	23.752
		2	25.701	24.835
		1.5	26.026	25.376
		1	26.350	25.917
30		**3.5**	27.727	26.211
		3	28.051	26.752
		2	28.701	27.835
		1.5	29.026	28.376
		1	29.350	28.917

第一系列	第二系列	螺距 P	中径 D_2、d_2	小径 D_1、d_1
	33	**3.5**	30.727	29.211
		3	31.051	29.752
		2	31.701	30.835
		1.5	32.026	31.376
36		**4**	33.402	31.670
		3	34.051	32.752
		2	34.701	33.835
		1.5	35.026	34.376
	39	**4**	36.402	34.670
		3	37.051	35.752
		2	37.701	36.835
		1.5	38.026	37.376
42		**4.5**	39.077	37.129
		4	39.402	37.670
		3	40.051	38.752
		2	40.701	39.835
		1.5	41.026	40.376
	45	**4.5**	42.077	40.129
		4	42.402	40.670
		3	43.051	41.752
		2	43.701	42.835
		1.5	44.026	43.376

第一系列	第二系列	螺距 P	中径 D_2、d_2	小径 D_1、d_1
48		**5**	44.752	42.587
		4	45.402	43.670
		3	46.051	44.752
		2	46.701	45.835
		1.5	47.026	46.376
	52	**5**	48.752	46.587
		4	49.402	47.670
		3	50.051	48.752
		2	50.701	49.835
		1.5	51.026	50.376
56		**5.5**	52.428	50.046
		4	53.402	51.670
		3	54.051	52.752
		2	54.701	53.835
		1.5	55.026	54.376
	60	**5.5**	56.428	54.046
		4	57.402	55.670
		3	58.051	56.752
		2	58.701	57.835
		1.5	59.026	58.376
64		**6**	60.103	57.505
		4	61.402	59.670
		3	62.051	60.752
		2	62.701	61.835
		1.5	63.026	62.376
	68	**6**	64.103	63.505
		4	62.402	60.670
		3	63.051	61.752
		2	63.701	62.835
		1.5	64.026	63.376

注：1."螺距 P"栏中第一个数值（黑体字）为粗牙螺距，其余为细牙螺距。
2. 优先选用第一系列，其次选用第二系列，第三系列（表中未列出）尽可能不用。

表 13-2　螺纹旋合长度（摘自 GB/T 197—2003）　　　　　　（单位：mm）

公称直径 D、d >	≤	螺距 P	S ≤	N >	N ≤	L >
0.99	1.4	0.2	0.5	0.5	1.4	1.4
		0.25	0.6	0.6	1.7	1.7
		0.3	0.7	0.7	2	2
1.4	2.8	0.2	0.5	0.5	1.5	1.5
		0.25	0.6	0.6	1.9	1.9
		0.35	0.8	0.8	2.6	2.6
		0.4	1	1	3	3
		0.45	1.3	1.3	3.8	3.8
2.8	5.6	0.35	1	1	3	3
		0.5	1.5	1.5	4.5	4.5
		0.6	1.7	1.7	5	5
		0.7	2	2	6	6
		0.75	2.2	2.2	6.7	6.7
		0.8	2.5	2.5	7.5	7.5
5.6	11.2	0.75	2.4	2.4	7.1	7.1
		1	3	3	9	9
		1.25	4	4	12	12
		1.5	5	5	15	15

（续）

公称直径 D、d >	公称直径 D、d ≤	螺距 P	旋合长度 S ≤	旋合长度 S >	旋合长度 N ≤	旋合长度 N >	公称直径 D、d >	公称直径 D、d ≤	螺距 P	旋合长度 S ≤	旋合长度 S >	旋合长度 N ≤	旋合长度 N >
11.2	22.4	1	3.8	3.8	11	11	45	90	1.5	7.5	7.5	22	22
		1.25	4.5	4.5	13	13			2	9.5	9.5	28	28
		1.5	5.6	5.6	16	16			3	15	15	45	45
		1.75	6	6	18	18			4	19	19	56	56
		2	8	8	24	24			5	24	24	71	71
		2.5	10	10	30	30			5.5	28	28	85	85
									6	32	32	95	95
22.4	45	1	4	4	12	12	90	180	2	12	12	36	36
		1.5	6.3	6.3	19	19			3	18	18	53	53
		2	8.5	8.5	25	25			4	24	24	71	71
		3	12	12	36	36			6	36	36	106	106
		3.5	15	15	45	45			8	45	45	132	132
		4	18	18	53	53	180	355	3	20	20	60	60
		4.5	21	21	63	63			4	26	26	80	80
									6	40	40	118	118
									8	50	50	150	150

注：S—短旋合长度；N—中旋合长度；L—长旋合长度。

表 13-3　梯形螺纹设计牙型尺寸（摘自 GB/T 5796. 1—2022）（单位：mm）

P	a_c	$H_4 = h_3$	R_{1max}	R_{2max}	P	a_c	$H_4 = h_3$	R_{1max}	R_{2max}	P	a_c	$H_4 = h_3$	R_{1max}	R_{2max}
1.5	0.15	0.9	0.075	0.15	9	0.5	5	0.25	0.5	24	1	13	0.5	1
2	0.25	1.25	0.125	0.25	10	0.5	5.5	0.25	0.5	28	1	15	0.5	1
3	0.25	1.75	0.125	0.25	12	0.5	6.5	0.25	0.5	32	1	17	0.5	1
4	0.25	2.25	0.125	0.25	14	1	8	0.5	1	36	1	19	0.5	1
5	0.25	2.75	0.125	0.25	16	1	9	0.5	1	40	1	21	0.5	1
6	0.5	3.5	0.25	0.5	18	1	10	0.5	1	44	1	23	0.5	1
7	0.5	4	0.25	0.5	20	1	11	0.5	1					
8	0.5	4.5	0.25	0.5	22	1	12	0.5	1					

注：P—螺矩；a_c—设计牙型上的大径、小径间隙；H_4—设计牙型上的内螺纹牙高；h_3—设计牙型上的外螺纹牙高；R_{1max}—设计牙型上的外螺纹牙顶倒圆最大圆弧半径；R_{2max}—设计牙型上的内、外螺纹牙底倒圆最大圆弧半径。

表 13-4　梯形螺纹直径与螺距系列（摘自 GB/T 5796. 2—2022）（单位：mm）

公称直径 d 第一系列	公称直径 d 第二系列	螺距 P	公称直径 d 第一系列	公称直径 d 第二系列	螺距 P	公称直径 d 第一系列	公称直径 d 第二系列	螺距 P
8		1.5*	28	26	8,5*,3	52	50	12,8*,3
10	9	2*,1.5*		30	10,6*,3		55	14,9*,3
	11	3,2*	32		10,6*,3	60		14,9*,3
12		3*,2	36	34	10,6*,3	70	65	16,10*,4
	14	3*,2		38	10,7*,3	80	75	16,10*,4
16	18	4*,2	40	42	10,7*,3		85	18,12*,4
20		4*,2	44		12,7*,3	90		18,12*,4
24	22	8,5*,3	48	46	12,8*,3	100	95	20,12*,4

注：优先选用第一系列的直径，带 * 者为对应直径优先选用的螺距。

表 13-5　梯形螺纹基本尺寸（摘自 GB/T 5796.3—2022）（单位：mm）

螺距 P	外螺纹小径 d_3	内、外螺纹中径 $D_2、d_2$	内螺纹大径 D_4	内螺纹小径 D_1	螺距 P	外螺纹小径 d_3	内、外螺纹中径 $D_2、d_2$	内螺纹大径 D_4	内螺纹小径 D_1
1.5	d-1.8	d-0.75	d+0.3	d-1.5	8	d-9	d-4	d+1	d-8
2	d-2.5	d-1	d+0.5	d-2	9	d-10	d-4.5	d+1	d-9
3	d-3.5	d-1.5	d+0.5	d-3	10	d-11	d-5	d+1	d-10
4	d-4.5	d-2	d+0.5	d-4	12	d-13	d-6	d+1	d-12
5	d-5.5	d-2.5	d+0.5	d-5	14	d-16	d-7	d+2	d-14
6	d-7	d-3	d+1	d-6	16	d-18	d-8	d+2	d-16
7	d-8	d-3.5	d+1	d-7	18	d-20	d-9	d+2	d-18

注：1. d 为外螺纹公称直径（即为螺纹大径）。
　　2. 表中所列的数值是按下式计算的：$d_3 = d - 2h_3$；$D_2 = d_2 = d - 0.5P$；$D_4 = d + 2a_c$；$D_1 = d - P$。

二、螺纹零件的结构要素

表 13-6　螺栓和螺钉通孔及沉孔尺寸　　　　（单位：mm）

螺纹规格	螺栓和螺钉通孔直径 d_h（摘自 GB/T 5277—1985）			沉头螺钉及半沉头螺钉的沉孔（摘自 GB/T 152.2—2014）					内六角圆柱头螺钉的圆柱头沉孔（摘自 GB/T 152.3—1988）				六角头螺栓和六角螺母沉孔（摘自 GB/T 152.4—1988）			
d	精装配	中等装配	粗装配	D_c min（公称）	max	$t\approx$	d_h min（公称）	max	d_2	t	d_3	d_1	d_2	d_3	d_1	t
M3	3.2	3.4	3.6	6.3	6.5	1.55	3.40	3.58	6.0	3.4		3.4	9		3.4	
M4	4.3	4.5	4.8	9.4	9.6	2.55	4.50	4.68	8.0	4.6		4.5	10		4.5	
M5	5.3	5.5	5.8	10.4	10.65	2.58	5.5	5.68	10.0	5.7	—	5.5	11	—	5.5	
M6	6.4	6.6	7	12.6	12.85	3.13	6.6	6.82	11.0	6.8		6.6	13		6.6	
M8	8.4	9	10	17.3	17.55	4.28	9	9.22	15.0	9.0		9.0	18		9.0	
M10	10.5	11	12	20.0	20.3	4.65	11	11.27	18.0	11.0		11.0	22		11.0	只要能制出与通孔轴线垂直的圆平面即可
M12	13	13.5	14.5						20.0	13.0	16	13.5	26	16	13.5	
M14	15	15.5	16.5						24.0	15.0	18	15.5	30	18	15.5	
M16	17	17.5	18.5						26.0	17.5	20	17.5	33	20	17.5	
M18	19	20	21						—				36	22	20.0	
M20	21	22	24						33.0	21.5	24	22	40	24	22.0	
M22	23	24	26	—					—				43	26	24	
M24	25	26	28						40.0	25.5	28	26.0	48	28	26	
M27	28	30	32						—				53	33	30	
M30	31	33	35						48.0	32.0	36	33.0	61	36	33	
M33	34	36	38						—				66	39	36	
M36	37	39	42						57.0	38.0	39	39.0	71	42	39	

表 13-7　普通粗牙螺纹的余留长度、钻孔余留深度（摘自 JZ/ZQ 4247—2006）

　　　　　　　　　　　　　　　　　　　　　　　　　（单位：mm）

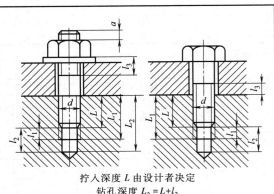

拧入深度 L 由设计者决定
钻孔深度 $L_2 = L + l_2$
螺孔深度 $L_1 = L + l_1$

螺纹直径 d	余留长度			末端长度 a
	内螺纹 l_1	外螺纹 l_3	钻孔 l_2	
5	1.5	2.5	6	2~3
6	2	3.5	7	2.5~4
8	2.5	4	9	2.5~4
10	3	4.5	10	3.5~5
12	3.5	5.5	13	3.5~5
14,16	4	6	14	4.5~6.5
18,20,22	5	7	17	4.5~6.5
24,27	6	8	20	5.5~8
30	7	10	23	5.5~8
36	8	11	26	7~11

表 13-8　普通粗牙螺栓、螺钉的拧入深度和螺纹孔尺寸（参考）　　（单位：mm）

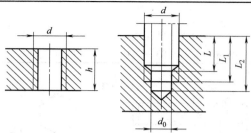

h—内螺纹通孔长度
d_0—钻孔直径
L—双头螺柱或螺钉拧入深度
L_1—攻螺纹深度
L_2—钻孔深度

d	d_0	用于钢或青铜				用于铸铁				用于铝			
		h	L	L_1	L_2	h	L	L_1	L_2	h	L	L_1	L_2
6	5	8	6	10	12	12	10	14	16	15	12	24	29
8	6.8	10	8	12	16	15	12	16	20	20	16	26	30
10	8.5	12	10	16	20	18	15	20	24	24	20	34	38
12	10.2	15	12	18	22	22	18	24	28	28	24	38	42
16	14	20	16	24	28	28	24	30	34	36	32	50	54
20	17.5	25	20	30	35	35	30	38	44	45	40	62	68
24	21	30	24	36	42	42	35	48	54	55	48	78	84
30	26.5	36	30	44	52	50	45	56	62	70	60	94	102
36	32	45	36	52	60	65	55	66	74	80	72	106	114

表 13-9　扳手空间（摘自 JB/ZQ 4005—2006）　　（单位：mm）

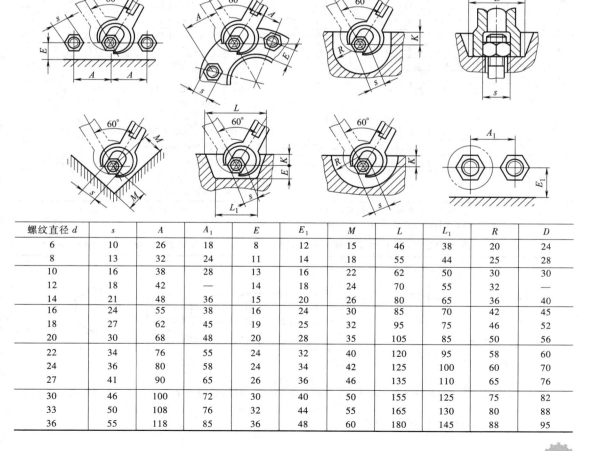

螺纹直径 d	s	A	A_1	E	E_1	M	L	L_1	R	D
6	10	26	18	8	12	15	46	38	20	24
8	13	32	24	11	14	18	55	44	25	28
10	16	38	28	13	16	22	62	50	30	30
12	18	42	—	14	18	24	70	55	32	—
14	21	48	36	15	20	26	80	65	36	40
16	24	55	38	16	24	30	85	70	42	45
18	27	62	45	19	25	32	95	75	46	52
20	30	68	48	20	28	35	105	85	50	56
22	34	76	55	24	32	40	120	95	58	60
24	36	80	58	24	34	42	125	100	60	70
27	41	90	65	26	36	46	135	110	65	76
30	46	100	72	30	40	50	155	125	75	82
33	50	108	76	32	44	55	165	130	80	88
36	55	118	85	36	48	60	180	145	88	95

三、螺纹连接紧固件

表 13-10　六角头螺栓（A 级和 B 级）（摘自 GB/T 5782—2016）、
六角头螺栓—全螺纹—A 级和 B 级（摘自 GB/T 5783—2016）　（单位：mm）

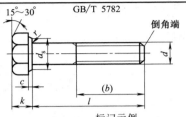 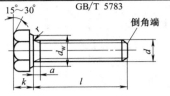

标记示例　　　　　　　　　　　　　　　　标记示例

螺纹规格 d = M12、公称长度 l = 80、性能等级为 8.8 级、表面氧化、A 级的六角头螺栓的标记为

螺栓 GB/T 5782　M12×80

螺纹规格 d = M12、公称长度 l = 80、性能等级为 8.8 级、表面氧化、A 级的六角头螺栓的标记为

螺栓 GB/T 5782　M12×80

螺纹规格 d		M3	M4	M5	M6	M8	M10	M12	(M14)	M16	(M18)	M20	(M22)	M24	(M27)	M30	M36
b 参考	$l≤125$	12	14	16	18	22	26	30	34	38	42	46	50	54	60	66	—
	$125<l≤200$	18	20	22	24	28	32	36	40	44	48	52	56	60	66	72	84
	$l>200$	31	33	35	37	41	45	49	53	57	61	65	69	73	79	85	97
a	max	1.5	2.1	2.4	3	4	4.5	5.3	6	6	7.5	7.5	7.5	9	9	10.5	12
c	max	0.4	0.4	0.5	0.5	0.6	0.6	0.6	0.6	0.8	0.8	0.8	0.8	0.8	0.8	0.8	0.8
	min	0.15	0.15	0.15	0.15	0.15	0.15	0.15	0.15	0.2	0.2	0.2	0.2	0.2	0.2	0.2	0.2
d_w min	A	4.57	5.88	6.88	8.88	11.63	14.63	16.63	19.64	22.49	25.34	28.19	31.71	33.61	—	—	
	B	4.45	5.74	6.74	8.74	11.47	14.47	16.47	19.15	22.00	24.85	27.70	31.35	33.25	38.00	42.75	51.11
e min	A	6.01	7.66	8.79	11.05	14.38	17.77	20.03	23.35	26.75	30.14	33.53	37.72	39.98	—	—	
	B	5.88	7.50	8.63	10.89	14.20	17.59	19.85	22.78	26.17	29.56	32.95	37.29	39.55	45.2	50.85	60.79
k	公称	2	2.8	3.5	4	5.3	6.4	7.5	8.8	10	11.5	12.5	14	15	17	18.7	22.5
r	min	0.1	0.2	0.2	0.25	0.4	0.4	0.6	0.6	0.6	0.6	0.8	0.8	0.8	1	1	1
s	公称	5.5	7	8	10	13	16	18	21	24	27	30	34	36	41	46	55
l 范围		20~60	25~40	25~50	30~60	40~80	45~100	50~120	60~140	65~160	70~180	80~200	90~220	90~240	100~260	110~300	140~360
l 范围（全螺纹）		6~30	8~40	10~50	12~60	16~80	20~100	25~125	30~140	30~150	35~180	40~150	45~200	50~150	55~200	60~200	70~200
l 系列		6,8,10,12,16,20~70（5 进位），80~160（10 进位），180~360（20 进位）															

技术条件	材料	力学性能等级	螺纹公差	公差产品等级	表面处理
	钢	5.6、8.8、10.9	6g	A 级用于 $d≤24$ 和 $l≤10d$ 或 $l≤150$ B 级用于 $d>24$ 和 $l>10d$ 或 $l>150$	氧化

注：1. A、B 为产品等级，A 级最精确，C 级最不精确。C 级产品详见 GB/T 5780—2000、GB/T 5781—2000。
　　2. 括号内为非优选的螺纹直径规格，尽量不采用。

表 13-11　六角头加强杆螺栓—A 级和 B 级（摘自 GB/T 27—1988）　（单位：mm）

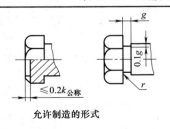 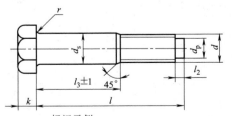

允许制造的形式　　　　　　　　　　　　标记示例

螺纹规格 d = M12、d_s 尺寸按表 13-11 确定、公称长度 l = 80、性能等级 8.8 级、表面氧化处理、A 级的六角头加强杆螺栓的标记为

螺栓 GB/T 27　M12×80

当 d_s 按 m6 制造时应标记为　螺栓 GB/T 27　M12 m6×80

（续）

螺纹规格 d		M6	M8	M10	M12	(M14)	M16	(M18)	M20	(M22)	M24	(M27)	M30	M36
d_s(h9)	max	7	9	11	13	15	17	19	21	23	25	28	32	38
s	max	10	13	16	18	21	24	27	30	34	36	41	46	55
k	公称	4	5	6	7	8	9	10	11	12	13	15	17	20
r	min	0.25	0.4	0.4	0.6	0.6	0.6	0.6	0.8	0.8	0.8	1	1	1
d_p		4	5.5	7	8.5	10	12	13	15	18	18	21	23	28
l_2		1.5		2		3			4			5		6
e_{min}	A	11.05	14.38	17.77	20.03	23.35	26.75	30.14	33.53	37.72	39.98	—	—	—
	B	10.89	14.20	17.59	19.85	22.78	26.17	29.56	32.95	37.29	39.55	45.2	50.85	60.79
g		2.5						3.5				5		
l_0		12	15	18	22	25	28	30	32	35	38	42	50	55
l 范围		25~65	25~80	30~120	35~180	40~180	45~200	50~200	55~200	60~200	65~200	75~200	80~230	90~300
l 系列		25,(28),30,(32),35,(38),40,45,50,(55),60,(65),70,(75),80,(85),90,(95),100~260(10 进位),280,300												

技术条件	材料	力学性能等级	螺纹公差	公差产品等级	表面处理
	钢	8.8	6g	A 级用于 $d \leqslant 24$ 和 $l \leqslant 10d$ 或 $l \leqslant 150$ B 级用于 $d > 24$ 和 $l > 10d$ 或 $l > 150$	氧化

注：1. 尽可能不采用括号内的规格。

　　2. 根据使用要求，螺杆上无螺纹部分杆径（d_s）允许按 m6、u8 制造，但应在标记中注明。

表 13-12　双头螺柱 $b_m = d$（摘自 GB/T 897—1988）、$b_m = 1.25d$（摘自 GB/T 898—1988）、

　　　　　　$b_m = 1.5d$（摘自 GB/T 899—1988）　　　　　　　　　　　　（单位：mm）

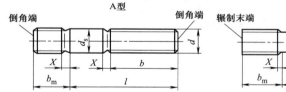 

末端按 GB/T 2—2016 规定

$d_{smax} = d$（A 型）

$d_s \approx$ 螺纹中径（B 型）

$X_{max} = 1.5P$

标记示例

1. 两端均为粗牙普通螺纹，$d = 10$、$l = 50$、性能等级为 4.8 级、不经表面处理、B 型、$b_m = 1.25d$ 的双头螺柱的标记为

螺柱　GB/T 898　M10×50

2. 旋入机体一端为粗牙普通螺纹，旋螺母一端为螺距 $P = 1$ 的细牙普通螺纹，$d = 10$、$l = 50$、性能等级为 4.8 级、不经表面处理、A 型、$b_m = 1.25d$ 的双头螺柱的标记为

螺柱　GB/T 898　AM10—M10×1×50

3. 旋入机体一端为过渡配合螺纹的第一种配合，旋螺母一端为粗牙普通螺纹，$d = 10$、$l = 50$、性能等级为 8.8 级、镀锌钝化、B 型、$b_m = 1.25d$ 的双头螺柱的标记为

螺柱　GB/T 898　GM10—M10×50—8.8—Zn·D

螺纹规格 d		M5	M6	M8	M10	M12	(M14)	M16
b_m（公称）	$b_m = d$	5	6	8	10	12	14	16
	$b_m = 1.25d$	6	8	10	12	15	18	20
	$b_m = 1.5d$	8	10	12	15	18	21	24
$\dfrac{l（公称）}{b}$		$\dfrac{16\sim22}{10}$	$\dfrac{20\sim22}{10}$	$\dfrac{20\sim22}{12}$	$\dfrac{25\sim28}{14}$	$\dfrac{25\sim30}{16}$	$\dfrac{30\sim35}{18}$	$\dfrac{30\sim38}{20}$
		$\dfrac{25\sim50}{16}$	$\dfrac{25\sim30}{14}$	$\dfrac{25\sim30}{16}$	$\dfrac{30\sim38}{16}$	$\dfrac{32\sim40}{20}$	$\dfrac{38\sim45}{25}$	$\dfrac{40\sim55}{30}$
		$\dfrac{32\sim75}{18}$	$\dfrac{32\sim90}{22}$	$\dfrac{40\sim120}{26}$	$\dfrac{45\sim120}{30}$	$\dfrac{50\sim120}{34}$		$\dfrac{60\sim120}{38}$
				$\dfrac{130}{32}$	$\dfrac{130\sim180}{36}$	$\dfrac{130\sim180}{40}$		$\dfrac{130\sim200}{44}$

（续）

螺纹规格 d		（M18）	M20	（M22）	M24	（M27）	M30	M36
b_m（公称）	$b_m=d$	18	20	22	24	27	30	36
	$b_m=1.25d$	22	25	28	30	35	38	45
	$b_m=1.5d$	27	30	33	36	40	45	54
$\dfrac{l（公称）}{b}$		$\dfrac{35\sim40}{22}$	$\dfrac{35\sim40}{25}$	$\dfrac{40\sim45}{30}$	$\dfrac{45\sim50}{30}$	$\dfrac{50\sim60}{35}$	$\dfrac{60\sim65}{40}$	$\dfrac{60\sim75}{45}$
		$\dfrac{45\sim60}{35}$	$\dfrac{45\sim65}{35}$	$\dfrac{50\sim70}{40}$	$\dfrac{55\sim75}{45}$	$\dfrac{65\sim85}{50}$	$\dfrac{70\sim90}{50}$	$\dfrac{80\sim110}{60}$
		$\dfrac{65\sim120}{42}$	$\dfrac{70\sim120}{46}$	$\dfrac{75\sim120}{50}$	$\dfrac{80\sim120}{54}$	$\dfrac{90\sim120}{60}$	$\dfrac{95\sim120}{66}$	$\dfrac{120}{78}$
		$\dfrac{130\sim200}{48}$	$\dfrac{130\sim200}{52}$	$\dfrac{130\sim200}{56}$	$\dfrac{130\sim200}{60}$	$\dfrac{130\sim200}{66}$	$\dfrac{130\sim200}{72}$	$\dfrac{130\sim200}{84}$
							$\dfrac{210\sim250}{85}$	$\dfrac{210\sim300}{97}$
公称长度 l 的系列								

公称长度 l 的系列：16,（18）,20,（22）,25,（28）,30,（32）,35,（38）,40,45,50,（55）,60,（65）,70,（75）,80,（85）,90,（95）,100~260（10进位）,280,300

注：1. 尽可能不采用括号内的规格。GB/T 879 中的 M24、M30 为括号内的规格。

2. GB/T 898 为商品紧固件品种，应优先选用。

3. 当 $b-b_m \leqslant 5$mm 时，旋螺母一端应制成倒圆端。

表 13-13 内六角圆柱头螺钉（摘自 GB/T 70.1—2008）　　　（单位：mm）

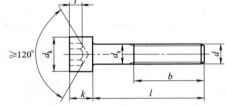

标记示例：

螺纹规格 d=M8、公称长度 l=20、性能等级为 8.8 级、表面氧化的 A 级内六角圆柱头螺钉的标记为

螺钉　GB/T 70　M8×20

螺纹规格 d	M5	M6	M8	M10	M12	M16	M20	M24	M30	M36
b（参考）	22	24	28	32	36	44	52	60	72	84
d_k（max）	8.5	10	13	16	18	24	30	36	45	54
e（min）	4.583	5.723	6.683	9.149	11.429	16	19.44	21.73	25.15	30.85
k（max）	5	6	8	10	12	16	20	24	30	36
s（公称）	4	5	6	8	10	14	17	19	22	27
t（min）	2.5	3	4	5	6	8	10	12	15.5	19
l（范围）	8~50	10~60	12~80	16~100	20~120	25~160	30~200	40~200	45~200	55~200
制成全螺纹 l≤	25	30	35	40	50	60	70	80	100	110

l 系列（公称）：8, 10, 12, 16, 20~70（5进位）,80~160（10进位）,180,200

技术条件	材料	性能等级	螺纹公差	产品等级	表面处理
	钢	8.8, 10.9, 12.9	12.9级为5g或6g,其他等级为6g	A	氧化

表 13-14 十字槽盘头螺钉（摘自 GB/T 818—2016）、
十字槽沉头螺钉（摘自 GB/T 819.1—2016）　　　（单位：mm）

十字槽盘头螺钉

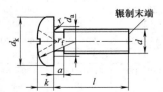

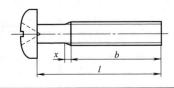

无螺纹部分杆径 ≈ 中径或允许等于螺纹大径

（续）

十字槽沉头螺钉

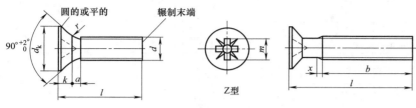

无螺纹部分杆径 ≈
中径或允许等于螺纹
大径

Z型

标记示例

螺纹规格 d ＝M5、公称长度 l ＝20、性能等级为4.8级、不经表面处理的 A 级十字槽盘头螺钉（或十字槽沉头螺钉）的标记为

螺钉　GB/T 818　M5×20（或 GB/T 819.1　M5×20）

	螺纹规格 d		M1.6	M2	M2.5	M3	M4	M5	M6	M8	M10
	螺距 P		0.35	0.4	0.45	0.5	0.7	0.8	1	1.25	1.5
	a	max	0.7	0.8	0.9	1	1.4	1.6	2	2.5	3
	b	min	25	25	25	25	38	38	38	38	38
	x	max	0.9	1	1.1	1.25	1.75	2	2.5	3.2	3.8
十字槽盘头螺钉	d_a	max	2	2.6	3.1	3.6	4.7	5.7	6.8	9.2	11.2
	d_k	max	3.2	4	5	6	8	9.5	12	16	20
	k	max	1.3	1.6	2.1	2.4	3.1	3.7	4.6	6	7.5
	r	min	0.1	0.1	0.1	0.1	0.2	0.2	0.25	0.4	0.4
	r_f	≈	2.5	3.2	4	5	6.5	8	10	13	16
	m	参考	1.6	2.1	2.6	2.8	4.3	4.7	6.7	8.8	9.9
	l 商品规格范围		3~16	3~20	3~25	4~30	5~40	6~45	8~60	10~60	12~60
	d_k	max	3	3.8	4.7	5.5	8.4	9.3	11.3	15.8	18.3
	k	max	1	1.2	1.5	1.65	2.7	2.7	3.3	4.65	5
	r	max	0.4	0.5	0.6	0.8	1	1.3	1.5	2	2.5
	m	参考	1.6	1.9	2.8	3	4.4	4.9	6.6	8.8	9.8
	l 商品规格范围		3~16	3~20	3~25	4~30	5~40	6~50	8~60	10~60	12~60
公称长度 l 的系列			3,4,5,6,8,10,12,(14),16,20~60(5进位)								

技术条件	材料	性能等级	螺纹公差	公差产品等级	表面处理
	钢	4.8	6g	A	不经处理

注：1. 公称长度 l 中的（14）、（55）等规格尽可能不采用。

2. 对十字槽盘头螺钉，当 $d \leqslant$M3、$l \leqslant$25 或 $d \geqslant$M4、$l \leqslant$40mm 时，制出全螺纹（$b=l-a$）；对十字槽沉头螺钉，$d \leqslant$M3、$l \leqslant$30 或 $d \geqslant$M4、$l \leqslant$45mm 时，制出全螺纹 $b=l-(K+a)$。

表 13-15　开槽盘头螺钉（摘自 GB/T 67—2016）、开槽沉头螺钉（摘自 GB/T 68—2016）

（单位：mm）

开槽盘头螺钉　　　　　　　　　　　　　　开槽沉头螺钉

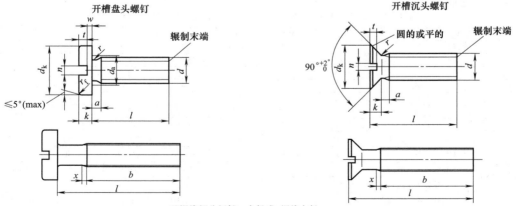

无螺纹部分杆径 ≈中径或＝螺纹大径

标记示例

螺纹规格 d ＝M5、公称长度 l ＝20、性能等级为4.8级、不经表面处理的 A 级开槽盘头螺钉（或开槽沉头螺钉）的标记为

螺钉　GB/T 67　M5×20（或 GB/T 68　M5×20）

（续）

螺纹规格 d			M1.6	M2	M2.5	M3	M4	M5	M6	M8	M10
螺距 P			0.35	0.4	0.45	0.5	0.7	0.8	1	1.25	1.5
a		max	0.7	0.8	0.9	1	1.4	1.6	2	2.5	3
b		min	25	25	25	25	38	38	38	38	38
n		公称	0.4	0.5	0.6	0.8	1.2	1.2	1.6	2	2.5
x		max	0.9	1	1.1	1.25	1.75	2	2.5	3.2	3.8
开槽盘头螺钉	d_k	max	3.2	4	5	5.6	8	9.5	12	16	20
	d_a	max	2	2.6	3.1	3.6	4.7	5.7	6.8	9.2	11.2
	k	max	1	1.3	1.5	2.1	2.4	3.0	3.6	4.8	6
	r	min	0.1	0.1	0.1	0.1	0.2	0.2	0.25	0.4	0.4
	r_f	参考	0.5	0.6	0.8	0.9	1.2	1.5	1.8	2.4	3
	t	min	0.35	0.5	0.6	0.7	1	1.2	1.4	1.9	2.4
	w	min	0.3	0.4	0.5	0.7	1	1.2	1.4	1.9	2.4
	l 商品规格范围		2~16	2.5~20	3~25	4~30	5~40	6~50	8~60	10~80	12~80
开槽沉头螺钉	d_k	max	3	3.8	4.7	5.5	8.4	9.3	11.3	15.8	18.3
	k	max	1	1.2	1.5	1.65	2.7	2.7	3.3	4.65	5
	r	max	0.4	0.5	0.6	0.8	1	1.3	1.5	2	2.5
	t	参考	0.32	0.4	0.5	0.6	1	1.1	1.2	1.8	2
	l 商品规格范围		2.5~16	3~20	4~25	5~30	6~40	8~50	8~60	10~80	12~80
公称长度 l 的系列			2, 2.5, 3, 4, 5, 6, 8, 10, 12, (14), 16, 20~80(5 进位)								
技术条件			材料		性能等级		螺纹公差		公差产品等级		表面处理
			钢		4.8、5.8		6g		A		不经处理

表 13-16　开槽锥端紧定螺钉（GB/T 71—2018）、开槽平端紧钉螺钉（GB/T 73—2017）、开槽长圆柱端紧钉螺钉（GB/T 75—2018）　（单位：mm）

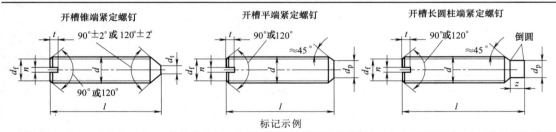

开槽锥端紧定螺钉　　开槽平端紧钉螺钉　　开槽长圆柱端紧定螺钉

标记示例

螺纹规格 d=M5，公称长度 l=12、性能等级为 14H 级、表面氧化的开槽锥端紧定螺钉（或开槽平端，或开槽长圆柱端紧定螺钉）的标记为

螺钉　GB/T 71　M5×12（或 GB/T 73　M5×12，或 GB/T 75　M15×12）

螺纹规格 d			M3	M4	M5	M6	M8	M10	M12
螺距 P			0.5	0.7	0.8	1	1.25	1.5	1.75
$d_f \approx$			螺纹小径						
d_t		max	0.3	0.4	0.5	1.5	2	2.5	3
d_p		max	2	2.5	3.5	4	5.5	7	8.5
n		公称	0.4	0.6	0.8	1	1.2	1.6	2
t		min	0.8	1.12	1.28	1.6	2	2.4	2.8
z		max	1.75	2.25	2.75	3.25	4.3	5.3	6.3
l 范围（商品规格）		GB/T 71—2018	4~16	6~20	8~25	8~30	10~40	12~50	14~60
		GB/T 72—1988	3~16	4~20	5~25	6~30	8~40	10~50	12~60
		GB/T 73—2017	5~163	6~20	8~25	8~30	10~40	12~50	14~60
	短螺钉	GB/T 73—2017	3	4	5	6	—	—	—
		GB/T 75—2018	5	6	8	8, 10	10,12,14	12,14,16	14,16,20
公称长度 l 系列			3,4,5,6,8,10,12,(14),16,20,25,30,35,40,45,50,(55),60						
技术条件			材料	性能等级		螺纹公差		公差产品等级	表面处理
			钢	14H、22H		6g		A	氧化或镀锌钝化

注：尽可能不采用括号内的规格。

表 13-17　地脚螺栓、地脚螺栓孔及凸缘（摘自 GB/T 799—1988）　（单位：mm）

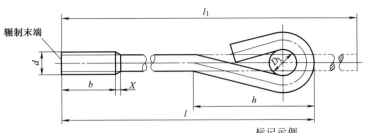

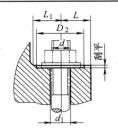

标记示例

$d=20$，$l=400$，性能等级为 3.6，不经表面处理的地脚螺栓标记为

螺栓　GB 799　M20×400

d	b		D_1	h	l_1	$X(\max)$	l	d_1	D_2	L	L_1
	max	min									
M16	50	44	20	93	$l+72$	5	220～550	20	45	25	25
M20	58	52	30	127	$l+110$	6.3	300～600	25	48	30	30
M24	68	60	30	139	$l+110$	7.5	300～800	30	60	35	35
M30	80	72	45	192	$l+165$	8.8	400～800	40	85	50	50
l 系列	80,120,160,220,300,400,500,600,800,1000										

技术条件	材料	力学性能等级	螺纹公差	公差产品等级	表面处理	注：根据结构和工艺要求，必要时尺寸 l 及 l_1 可以变动
	Q235,35,45	3.6	8g	C	①不处理；②氧化；③镀锌钝化 GB 5267	

表 13-18　1 型六角螺母—A 级和 B 级（摘自 GB/T 6170—2015）、

六角薄螺母—A 级和 B 级（摘自 GB/T 6172.1—2016）　（单位：mm）

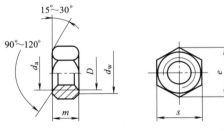

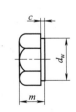

标记示例

1. 螺纹规格为 M12、性能等级为 8 级、表面不经处理、A 级的 1 型六角螺母的标记为

螺母　GB 6170 M12

2. 螺纹规格为 M12、性能等级为 04 级、不经表面处理、A 级的六角薄螺母的标记为

螺母　GB/T　6172.1　M12

允许制造形式（GB/T 6170）

螺纹规格 D		M3	M4	M5	M6	M8	M10	M12	(M14)	M16	(M18)	M20	(M22)	M24	(M27)	M30	M36
d_a	max	3.45	4.6	5.75	6.75	8.75	10.8	13	15.1	17.30	19.5	21.6	23.7	25.9	29.1	32.4	38.9
d_w	min	4.6	5.9	6.9	8.9	11.6	14.6	16.6	19.6	22.5	24.9	27.7	31.4	33.3	38	42.8	51.1
e	min	6.01	7.66	8.79	11.05	14.38	17.77	20.03	23.36	26.75	29.56	32.95	37.29	39.55	45.2	50.85	60.79
s	max	5.5	7	8	10	13	16	18	21	24	27	30	34	36	41	46	55
c	max	0.4	0.4	0.5	0.5	0.6	0.6	0.6	0.6	0.8	0.8	0.8	0.8	0.8	0.8	0.8	0.8
m（max）	1 型六角螺母	2.4	3.2	4.7	5.2	6.8	8.4	10.8	12.8	14.8	15.8	18	19.4	21.5	23.8	25.6	31
	六角薄螺母	1.8	2.2	2.7	3.2	4	5	6	7	8	9	10	11	12	13.5	15	18

技术条件	材料	性能等级	螺纹公差	表面处理	公差产品等级
	钢	六角螺母 6,8,10 薄螺母 04,05	6H	不经处理	A 级用于 $D \leqslant$ M16 B 级用于 $D >$ M16

表 13-19 圆螺母（摘自 GB/T 812—1988）、小圆螺母（摘自 GB/T 810—1988） （单位：mm）

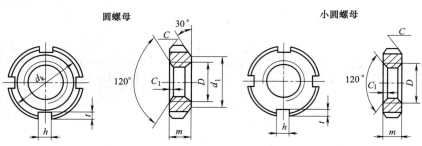

标记示例
螺纹规格为 M16×1.5、材料为 45 钢、槽或全部热处理硬度为 35~45HRC、表面氧化的圆螺母和小圆螺母螺母标记为
螺母 GB/T 812 M16×1.5
螺母 GB/T 810 M16×1.5

圆螺母（GB/T 812—1988）

螺纹规格 $D×P$	d_k	d_1	m	h max	h min	t max	t min	C	C_1
M10×1	22	16	8	4.3	4	2.6	2	0.5	0.5
M12×1.25	25	19	8	4.3	4	2.6	2	0.5	0.5
M14×1.5	28	20	8	4.3	4	2.6	2	0.5	0.5
M16×1.5	30	22	8	4.3	4	2.6	2	0.5	0.5
M18×1.5	32	24	8	4.3	4	2.6	2	0.5	0.5
M20×1.5	35	27	8	4.3	4	2.6	2	0.5	0.5
M22×1.5	38	30	8	5.3	5	3.1	2.5	1	0.5
M24×1.5	42	34	10	5.3	5	3.1	2.5	1	0.5
M25×1.5*	42	34	10	5.3	5	3.1	2.5	1	0.5
M27×1.5	45	37	10	5.3	5	3.1	2.5	1	0.5
M30×1.5	48	40	10	5.3	5	3.1	2.5	1	0.5
M33×1.5	52	43	10	6.3	6	3.6	3	1	0.5
M35×1.5*	52	43	10	6.3	6	3.6	3	1	0.5
M36×1.5	55	46	10	6.3	6	3.6	3	1	0.5
M39×1.5	58	49	10	6.3	6	3.6	3	1	0.5
M40×1.5*	58	49	10	6.3	6	3.6	3	1	0.5
M42×1.5	62	53	10	6.3	6	3.6	3	1	0.5
M45×1.5	68	59	10	6.3	6	3.6	3	1	0.5
M48×1.5	72	61	12	6.3	6	3.6	3	1	0.5
M50×1.5*	72	61	12	6.3	6	3.6	3	1	0.5
M52×1.5	78	67	12	6.3	6	3.6	3	1	0.5
M55×2*	78	67	12	8.36	8	4.25	3.5	1	0.5
M56×2	85	74	12	8.36	8	4.25	3.5	1	0.5
M60×2	90	79	12	8.36	8	4.25	3.5	1	0.5
M64×2	95	84	12	8.36	8	4.25	3.5	1.5	1
M65×2*	95	84	12	8.36	8	4.25	3.5	1.5	1
M68×2	100	88	12	8.36	8	4.25	3.5	1.5	1
M72×2	105	93	12	8.36	8	4.25	3.5	1.5	1
M75×2*	105	93	12	8.36	8	4.25	3.5	1.5	1
M76×2	110	98	15	10.36	10	4.75	4	1.5	1
M80×2	115	103	15	10.36	10	4.75	4	1.5	1
M85×2	120	108	15	10.36	10	4.75	4	1.5	1
M90×2	125	112	15	10.36	10	4.75	4	1.5	1
M95×2	130	117	15	10.36	10	4.75	4	1.5	1
M100×2	135	122	18	12.43	12	5.75	5	1.5	1
M105×2	140	127	18	12.43	12	5.75	5	1.5	1

小圆螺母（GB/T 810—1988）

螺纹规格 $D×P$	d_k	m	h max	h min	t max	t min	C	C_1
M10×1	20	6	4.3	4	2.6	2	0.5	0.5
M12×1.25	22	6	4.3	4	2.6	2	0.5	0.5
M14×1.5	25	6	4.3	4	2.6	2	0.5	0.5
M16×1.5	28	6	4.3	4	2.6	2	0.5	0.5
M18×1.5	30	6	4.3	4	2.6	2	0.5	0.5
M20×1.5	32	6	4.3	4	2.6	2	0.5	0.5
M22×1.5	35	6	4.3	4	2.6	2	0.5	0.5
M24×1.5	38	6	4.3	4	2.6	2	0.5	0.5
M27×1.5*	42	8	5.3	5	3.1	2.5	0.5	0.5
M30×1.5	45	8	5.3	5	3.1	2.5	0.5	0.5
M33×1.5	48	8	5.3	5	3.1	2.5	0.5	0.5
M36×1.5	52	8	5.3	5	3.1	2.5	0.5	0.5
M391.5*	55	8	6.3	6	3.6	3	0.5	0.5
M42×1.5	58	8	6.3	6	3.6	3	0.5	0.5
M45×1.5	62	8	6.3	6	3.6	3	0.5	0.5
M48×1.5*	68	8	6.3	6	3.6	3	1	0.5
M52×1.5	72	8	6.3	6	3.6	3	1	0.5
M56×1.5	78	8	6.3	6	3.6	3	1	0.5
M60×1.5	80	10	8.36	8	4.25	3.5	1	1
M64×1.5*	85	10	8.36	8	4.25	3.5	1	1
M68×1.5	90	10	8.36	8	4.25	3.5	1	1
M72×2*	95	10	8.36	8	4.25	3.5	1	1
M76×2	100	10	8.36	8	4.25	3.5	1	1
M80×2	105	10	8.36	8	4.25	3.5	1	1
M85×2	110	12	10.36	10	4.75	4	1.5	1
M90×2*	115	12	10.36	10	4.75	4	1.5	1
M95×2	120	12	10.36	10	4.75	4	1.5	1
M100×2	125	12	10.36	10	4.75	4	1.5	1
M105×2*	130	15	12.43	12	5.75	5	1.5	1

注：1. 槽数 n：当 $D≤M100×2$ 时，$n=4$；当 $D≥M105×2$ 时，$n=6$。

2. *仅用于滚动轴承锁紧装置。

表 13-20　小垫圈　A 级（摘自 GB/T 848—2002）、平垫圈　A 级（摘自 GB/T 97.1—2002）、
平垫圈　倒角型　A 级（摘自 GB/T 97.2—2002）　（单位：mm）

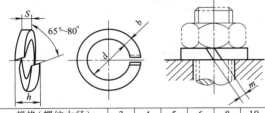

标记示例
小系列（或标准系列）、公称规格 8mm、由钢制造的硬度等级为 200HV 级、不经表面处理、产品等级为 A 级的平垫圈的标记为
垫圈　GB/T 848　8
（或 GB/T 97.1　8 或 GB/T 97.2　8）

公称尺寸（螺纹规格 d）		3	4	5	6	8	10	12	(14)	16	20	24	30	36
d_1（公称）	GB/T 848—2002	3.2	4.3	5.3	6.4	8.4	10.5	13	15	17	21	25	31	37
	GB/T 97.1—2002													
	GB/T 97.2—2002	—	—											
d_2（公称）	GB/T 848—2002	6	8	9	11	15	18	20	24	28	34	39	50	60
	GB/T 97.1—2002	7	9	10	12	16	20	24	28	30	37	44	56	66
	GB/T 97.2—2002													
h（公称）	GB/T 848—2002	0.5	0.5	1	1.6	1.6	1.6	2	2.5	2.5	3	4	4	5
	GB/T 97.1—2002		0.8				2	2.5		3				
	GB/T 97.2—2002													

注：尽可能不采用括号内的规格。

表 13-21　标准型弹簧垫圈（摘自 GB 93—1987）、轻型弹簧垫圈（摘自 GB/T 859—1987）　（单位：mm）

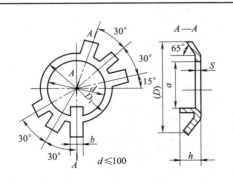

标记示例
规格为 16、材料为 65Mn、表面氧化的标准型（或轻型）弹簧垫圈的标记为
垫圈　GB/T 93　16
（或　GB/T 859　16）

规格（螺纹大径）			3	4	5	6	8	10	12	(14)	16	(18)	20	(22)	24	(27)	30	(33)	36
GB/T 93 —1987	S(b)	公称	0.8	1.1	1.3	1.6	2.1	2.6	3.1	3.6	4.1	4.5	5.0	5.5	6.0	6.8	7.5	8.5	9
	H	min	1.6	2.2	2.6	3.2	4.2	5.2	6.2	7.2	8.2	9	10	11	12	13.6	15	17	18
		max	2	2.75	3.25	4	5.25	6.5	7.75	9	10.25	11.25	12.5	13.75	15	17	18.75	21.25	22.5
	m	≤	0.4	0.55	0.65	0.8	1.05	1.3	1.55	1.8	2.05	2.25	2.5	2.75	3	3.4	3.75	4.25	4.5
GB/T 859 —1987	s	公称	0.6	0.8	1.1	1.3	1.6	2	2.5	3	3.2	3.6	4	4.5	5	5.5	6		
	b	公称	1	1.2	1.5	2	2.5	3	3.5	4	4.5	5	5.5	6	7	8	9		
	H	min	1.2	1.6	2.2	2.6	3.2	4	5	6	6.4	7.2	8	9	10	11	12		
		max	1.5	2	2.75	3.25	4	5	6.25	7.5	8	9	10	11.25	12.5	13.75	15		
	m	≤	0.3	0.4	0.55	0.65	0.8	1.0	1.25	1.5	1.6	1.8	2.0	2.25	2.5	2.75	3.0		

注：尽可能不采用括号内的规格。

表 13-22　圆螺母用止动垫圈（摘自 GB/T 858—1988）　（单位：mm）

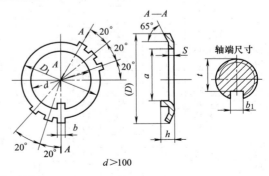

$d \leqslant 100$　　　　　　$d > 100$

标记示例
规格为 16、材料为 Q235 A、经退火和表面氧化的圆螺母用止动垫圈标记为
垫圈 GB/T 858 16

（续）

规格（螺纹大径）	d	D（参考）	D1	S	b	a	h	轴端		规格（螺纹大径）	d	D（参考）	D1	S	b	a	h	轴端	
								b1	t									b1	t
10	10.5	25	16	1	3.8	8	3		7	48	48.5	76	61	1.5	7.7	45	5		44
12	12.5	28	19			9			8	50*	50.5					47			—
14	14.5	32	20			11			10	52	52.5	82	67			49			48
16	16.5	34	22			13			12	55*	56					52			—
18	18.5	35	24		4.8	15	4		14	56	57	90	74			53			52
20	20.5	38	27			17			16	60	61	94	79		9.6	57	6		56
22	22.5	42	30			19			18	64	65	100	84			61			60
24	24.5	45	34			21			20	65*	66					62			—
25*	25.5					22			—	68	69	105	88			65			64
27	27.5	48	37			24			23	72	73	110	93			69			68
30	30.5	52	40			27			26	75*	76					71			—
33	33.5	56	43	1.5		30	5		29	76	77	115	98			72			70
35*	33.5					32			—	80	81	120	103			76	7		74
36	36.5	60	46			33			32	85	86	125	108			81			79
39	39.5	62	49		5.7	36			35	90	91	130	112			86			84
40*	40.5					37			—	95	96	135	117	2	11.6	91			89
42	42.5	62	53			39			38	100	101	140	122			96			94
45	45.5	72	59			42			41	105	106	145	127			101			99

注：* 仅用于滚动轴承锁紧装置。

表 13-23　外舌止动垫圈（摘自 GB/T 856—1988）　　　　（单位：mm）

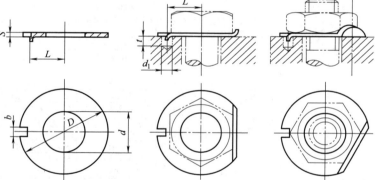

标记示例

规格为 10mm、材料为 Q235、经退火、不经表面处理的外舌止动垫圈的标记为

垫圈 GB/T 856　10

规格（螺纹大径）	d		D		b		L			S	d1	t
	max	min	max	min	max	min	公称	min	max			
2.5	2.95	2.7	10	9.64	2	1.75	3.5	3.2	3.3	0.4	2.5	
3	3.5	3.2	12	11.57	2.5	2.25	4.5	4.2	4.8		3	3
4	4.5	4.2	14	13.57	2.5	2.25	5.5	5.2	5.8			
5	5.6	5.3	17	16.57	3.5	3.2	7	6.64	7.36	0.5	4	4
6	6.76	6.4	19	18.48	3.5	3.2	7.5	7.14	7.86			
8	8.76	8.4	22	21.48	3.5	3.2	8.5	8.14	8.86			
10	10.93	10.5	26	25.48	4.5	4.2	10	9.64	10.36	1	5	5
12	13.43	13	32	31.38	4.5	4.2	12	11.57	12.43		5	
(14)	15.43	15	32	31.38	4.5	4.2	12	11.57	12.43			6
16	17.43	17	40	39.38	5.5	5.2	15	14.57	15.43		6	
(18)	19.52	19	45	44.38	6	5.7	18	17.57	18.43	1	7	
20	21.52	21	45	44.38	6	5.7	18	17.57	18.43			7
(22)	23.52	23	50	49.38	7	6.64	20	19.48	20.52		8	
24	25.52	25	50	49.38	7	6.64	20	19.48	20.52			
(27)	28.52	28	58	57.26	8	7.64	23	22.48	23.52		9	10
30	31.62	31	63	62.26	8	7.64	25	24.48	25.52			10
36	37.62	37	75	74.26	11	10.57	31	30.38	31.62	1.5	12	
42	43.62	43	88	87.13	11	10.57	36	35.38	36.62		12	12
48	50.62	50	100	99.13	13	12.57	40	39.38	40.62		14	13

注：尽量不采用括号内的规格。

表 13-24　单耳止动垫圈（摘自 GB/T 854—1988）（单位：mm）

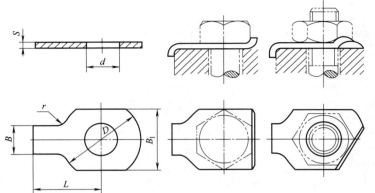

标记示例

规格为 10mm、材料为 Q235、经退火、不经表面处理的单耳止动垫圈的标记为

垫圈　GB/T 854　10

规　格 （螺纹大径）	d		D		L			S	B	B_1	r
	max	min	max	min	公称	min	max				
2.5	2.95	2.7	8	7.64	10	9.17	10.29	0.4	3	6	2.5
3	3.5	3.2	10	9.64	12	11.65	12.35		4	7	
4	4.5	4.2	14	13.57	14	13.65	14.35		5	9	
5	5.6	5.3	17	16.57	16	15.65	16.35	0.5	6	11	
6	6.76	6.4	19	18.48	18	17.65	18.35		7	12	4
8	8.78	8.4	22	21.48	20	19.58	20.42		8	16	
10	10.93	10.5	26	25.48	22	21.58	22.42		10	19	6
12	13.43	13	32	31.38	28	27.58	28.42	1	12	21	10
(14)	15.43	15	32	31.38	28	27.58	28.42			25	
16	17.43	17	40	39.38	32	31.50	32.50		15	32	
(18)	19.52	19	45	44.38	36	35.50	36.50		18	38	
20	21.52	21	45	49.38	36	36.50	36.50				
(22)	23.52	23	50	49.38	42	41.50	42.50		20	39	
24	25.52	25	50	49.38	42	41.50	42.50			42	
(27)	28.52	28	58	57.26	48	47.50	48.5		24	48	
30	31.62	31	63	62.26	52	51.40	52.60	1.5	26	55	16
36	37.62	37	75	74.26	62	61.4	62.60		30	65	
42	43.62	43	88	87.13	70	69.40	70.60		35	78	
48	50.62	50	100	99.13	80	79.40	80.60		40	90	

注：尽量不采用括号内的规格。

表 13-25　双耳止动垫圈（摘自 GB/T 855—1988）　　　　（单位：mm）

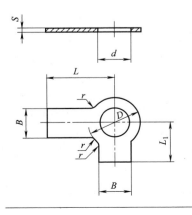

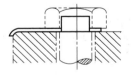
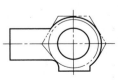

标记示例

规格为 10mm、材料为 Q235、经退火、不经表面处理的双耳止动垫圈的标记为

垫圈　GB/T 855　10

（续）

规 格（螺纹大径）	d		D		L			L_1			B	S	r
	max	min	max	min	公称	min	max	公称	min	max			
2.5	2.95	2.7	5	4.7	10	9.71	10.29	4	3.76	4.24	3		
3	3.5	3.2	5	4.7	12	11.65	12.35	5	4.76	5.24	4	0.4	
4	4.5	4.2	8	7.64	14	13.65	14.35	7	6.71	7.29	5		1
5	5.6	5.3	9	8.64	16	15.65	16.35	8	7.71	8.29	6		
6	6.76	6.4	11	10.57	18	17.65	18.35	9	8.71	9.29	7	0.5	
8	8.78	8.4	14	12.57	20	19.58	20.42	11	10.65	11.35	8		
10	10.93	10.5	17	15.57	22	21.58	22.42	13	12.65	13.35	10		
12	13.43	13	22	21.48	28	27.58	28.42	16	15.65	16.35	12		2
(14)	15.43	15	22	21.48	28	27.58	28.42	16	15.65	16.35	12		
16	17.43	17	27	26.48	32	31.50	32.50	20	19.58	20.42	15		
(18)	19.52	19	32	31.38	36	31.50	36.50	22	21.58	22.42	18	1	
20	21.52	21	32	31.88	36	35.50	36.50	22	21.58	22.42	18		
(22)	23.52	23	36	35.38	42	41.50	42.50	25	24.58	25.42	20		
24	25.52	25	36	35.38	42	41.50	42.50	25	24.58	25.42	20		3
(27)	28.52	28	41	40.38	48	47.50	48.50	30	29.58	30.42	24		
30	31.62	31	46	45.38	52	51.40	52.60	32	31.50	32.50	26		
36	37.62	37	54	54.26	62	61.40	62.60	38	37.50	38.50	30	1.5	
42	43.62	43	65	64.26	70	69.40	70.60	44	43.50	44.50	35		
48	50.62	50	75	74.26	80	79.40	80.60	50	49.50	50.50	40		4

注：尽量不采用括号内的规格。

表 13-26　轴端止动垫片（摘自 JB/ZQ 4347—2006）　　　　（单位：mm）

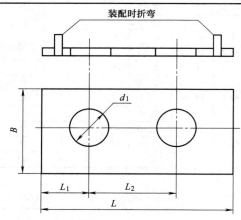
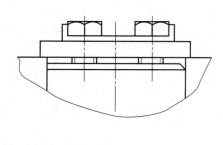

装配时折弯

标记示例

$B=20$mm、$L=45$mm 的轴端止动垫片的标记为

止动垫　20×45　JB/ZQ 4347—2006

B	L	S	L_1	L_2	d_1	轴端挡圈直径 D
15	40		20	10	7	40、45、50
20	45		25			60
25	55		25	15	12	70
30	70	1	30			80
30	80		40	20	14	90、100
30	90		50			125
30	100		60			150
35	130		80			180
35	160	2	110	25	18	220
35	190		140			260

注：轴端挡圈按 JB/ZQ 4349 选用。

第二节　轴系零件紧固件

表 13-27　螺钉紧固轴端挡圈（摘自 GB 891—1986）、螺栓紧固轴端挡圈（摘自 GB 892—1986）

（单位：mm）

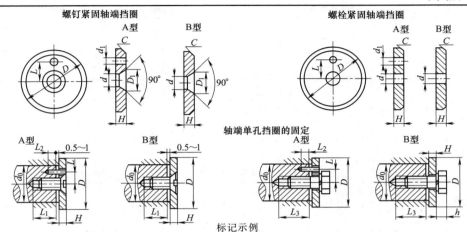

标记示例

公称直径 D＝45、材料 Q235 A、不经表面处理的 A 型螺钉（或螺栓）紧固轴端挡圈的标记为：挡圈　GB 891（或 892）　45

公称直径 D＝45、材料 Q235 A、不经表面处理的 B 型螺钉（或螺栓）紧固轴端挡圈标记为：挡圈　GB 891（892）　B45

轴径 ≤	公称直径 D	H	L	d	D_1	C	D_1	螺钉 GB/T 819.1—2016（推荐）	圆柱销 GB/T 119.1—2000（推荐）	螺栓 GB/T 5783—2016（推荐）	圆柱销 GB/T 119.1—2000（推荐）	垫圈 GB 93—1987（推荐）	L_1	L_2	L_3	h
14	20	4	—													
16	22	4	—													
18	25	4	—	5.5	2.1	0.5	11	M5×12	A2×10	M5×16	A2×10	5	14	6	16	4.8
20	28	4	7.5													
22	30	4	7.5													
25	32	5	10													
28	35	5	10													
30	38	5	10	6.6	3.2	1	13	M6×16	A3×12	M6×20	A3×12	6	18	7	20	5.6
32	40	5	12													
35	45	5	12													
40	50	5	12													
45	55	6	16													
50	60	6	16													
55	65	6	16	9	4.2	1.5	17	M8×20	A4×14	M8×25	A4×14	8	22	8	24	7.4
60	70	6	20													
65	75	6	20													
70	80	6	20													
75	90	8	25	13	5.2	2	25	M12×25	A5×16	M12×30	A5×16	12	26	10	28	10.6
85	100	8	25													

表 13-28　轴用弹性挡圈—A 型（摘自 GB 894.1—1986）　　　（单位：mm）

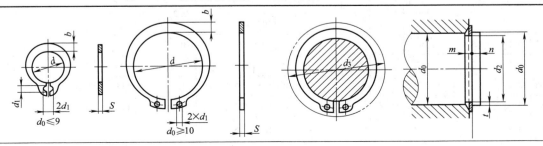

（续）

标记示例　　　　　　　　　　　d_3 — 允许套入的最小孔径

轴径 $d_0 = 50$、材料为 65Mn、热处理硬度 44~51HRC、经表面氧化处理的 A 型轴用弹性挡圈标记为

挡圈　GB 894　50

轴径 d_0	挡圈				沟槽（推荐）					孔 d_3 ≥	轴径 d_0	挡圈				沟槽（推荐）					孔 d_3 ≥
	d	S	$b≈$	d_1	d_2 公称尺寸	d_2 极限偏差	m 公称尺寸	m 极限偏差	$n≥$			d	S	$b≈$	d_1	d_2 公称尺寸	d_2 极限偏差	m 公称尺寸	m 极限偏差	$n≥$	51
3	2.7	0.4	0.8	1	2.8	0 −0.04	0.5		0.3	7.2	38	35.2	1.5	5.0	2.5	36	0 −0.25	1.7		3	51
4	3.7		0.88		3.8					8.8	40	36.5				37.5					53
5	4.7	0.6	1.12	1.2	4.8	0 −0.048	0.7		0.5	10.7	42	38.5				39.5				3.8	56
6	5.6		1.32		5.7					12.2	45	41.5				42.5					59.4
7	6.5				6.7					13.8	48	44.5				45.5					62.8
8	7.4	0.8	1.44		7.6	0 −0.058	0.9		0.6	15.2	50	45.8	2	5.48	3	47	0 −0.30	2.2		4.5	64.8
9	8.4			1.5	8.6					16.4	52	47.8				49					67
10	9.3				9.6					17.6	55	50.8		6.12		52					70.4
11	10.2	1	1.52		10.5	0 −0.11	1.1		0.8	18.6	56	51.8				53					71.7
12	11		1.72		11.5					19.6	58	53.8				55					73.6
13	11.9		1.88		12.4				0.9	20.8	60	55.8				57					75.8
14	12.9				13.4					22	62	57.8				59					79
15	13.8		2.00	1.7	14.3			+0.14 0	1.1	23.2	63	58.8	2.5	6.32		60			+0.14 0		79.6
16	14.7		2.32		15.2				1.2	24.4	65	60.8				62		2.7			81.6
17	15.7				16.2					25.6	68	63.5				65					85
18	16.5		2.48		17					27	70	65.5				67					87.2
19	17.5				18	0 −0.13				28	72	67.5				69					89.4
20	18.5				19					29	75	70.5				72	0 −0.35			5.3	92.8
21	19.5		2.68		20					31	78	73.5				75					96.2
22	20.5				21					32	80	74.5		7.0		76.5					98.2
24	22.2	1.2	3.32	2	22.9	0 −0.21	1.3		1.7	34	82	76.5				78.5					101
25	23.2				23.9					35	85	79.5				81.5		3.2			104
26	24.2				24.9					36	88	82.5	3			84.5					107.3
28	25.9		3.60		26.6				2.1	38.4	90	84.5		7.6		86.5					110
29	26.9		3.72		27.6					39.8	95	89.5		9.2		91.5	0 −0.54				115
30	27.9				28.6					42	100	94.5				96.5					121
32	29.6		3.92		30.3	0 −0.25	1.7		2.6	44	105	98		10.7	4	101				6	132
34	31.5	1.5	4.32	2.5	32.3					46	110	103		11.3		106					136
35	32.2				33				3	48	115	108		12		111			+0.18 0		142
36	33.2		4.52		34					49	120	113				116	0 −0.63				145
37	34.2				35					50	125	118		12.6		121					151

表 13-29　孔用弹性挡圈——A 型（摘自 GB 893.1—1986）　　　　（单位：mm）

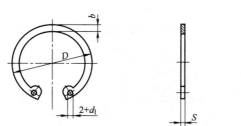

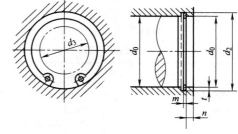

标记示例　　　　　　　　　　　　　d_3—允许套入的最大轴径

孔径 $d_0 = 50$、材料为 65Mn、热处理硬度 44～51HRC、经表面氧化处理的 A 型孔用弹性挡圈的标记为

挡圈　GB 893.1　50

轴径 d_0	挡圈 D	挡圈 S	挡圈 $b\approx$	挡圈 d_1	沟槽 d_2 公称尺寸	沟槽 d_2 极限偏差	沟槽 m 公称尺寸	沟槽 m 极限偏差	沟槽 $n\geqslant$	轴 $d_3\leqslant$
8	8.7	0.6	1	1	8.4	+0.09 0	0.7			2
9	9.8		1.2		9.4				0.6	2
10	10.8	0.8			10.4					3
11	11.8		1.7	1.5	11.4		0.9			3
12	13				12.5					4
13	14.1				13.6	+0.11 0			0.9	4
14	15.1				14.6					5
15	16.2		2.1	1.7	15.7					6
16	17.3				16.8				1.2	7
17	18.3				17.8					8
18	19.5	1			19		1.1			9
19	20.5				20	+0.13 0				10
20	21.5		2.5		21				1.5	10
21	22.5				22					11
22	23.5				23					12
24	25.9		2		25.2			+0.14 0		13
25	26.9		2.8		26.2	+0.21 0			1.8	14
26	27.9				27.2					15
28	30.1	1.2	3.2	2	29.4		1.3			17
30	32.1				31.4				2.1	18
31	33.4				32.7					19
32	34.4				33.7				2.6	20
34	36.5			2.5	35.7					22
35	37.8				37					23
36	38.8		3.6		38	+0.25 0			3	24
37	39.9				39					25
38	40.8				40					26
40	43.5	1.5			42.5		1.7			27
42	45.5		4		44.5					29
45	48.5				47.5				3.8	31
47	50.5		4.7	3	49.5					32
48	51.5	1.5			50.5		1.7		3.8	33
50	54.2		4.7		53					36
52	56.2				55					38
55	59.2				58					40
56	60.2				59		2.2			41
58	62.2	2	5.2		61					43
60	64.2				63	+0.30 0				44
62	66.2				65					45
63	67.2				66				4.5	46
65	69.2				68					48
68	72.5		5.7	3	71					50
70	74.5				73			+0.14 0		53
72	76.5				75					55
75	79.5		6.3		78					56
78	82.5				81					60
80	85.5	2.5	6.8		83.5		2.7			63
82	87.5				85.5					65
85	90.5				88.5					68
88	93.5		7.3		91.5	+0.35 0			5.3	70
90	95.5				93.5					72
95	100.5		7.7		98.5					73
98	103.5				101.5					75
100	105.5				103.5					78
102	108		8.1		106					80
105	112				109					82
108	115		8.8		112	+0.54 0	3.2	+0.18 0	6	83
110	117	3		4	114					86
112	119		9.3		116					88
115	122				119					90
120	127		10		124	+0.63 0				95

第三节 键 连 接

表 13-30 平键 键槽的剖面尺寸（摘自 GB/T 1095—2003）、

普通平键的形式和尺寸（摘自 GB/T 1096—2003） （单位：mm）

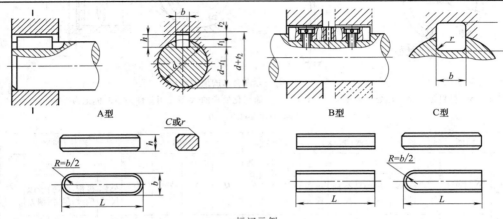

标记示例

$b=16$、$h=10$、$L=100$ 的圆头普通平键（A 型）的标记为 GB/T 1096 键 16×10×100

$b=16$、$h=10$、$L=100$ 的平头普通平键（B 型）的标记为 GB/T 1096 键 B 16×10×100

$b=16$、$h=10$、$L=100$ 的单头普通平键（C 型）的标记为 GB/T 1096 键 C 16×10×100

轴	键	键槽										
		宽度 b					深度				半径 r	
		公称尺寸	极限偏差				轴 t_1		毂 t_2			
			松连接		正常连接		紧密连接					
公称尺寸 d	键尺寸 $b×h$		轴 H9	毂 D10	轴 N9	毂 JS9	轴和毂 P9	公称尺寸	极限偏差	公称尺寸	极限偏差	min	max
自 6~8	2×2	2	+0.025 0	+0.060 +0.020	−0.004 −0.029	±0.0125	−0.006 −0.031	1.2	+0.1 0	1.0	+0.1 0	0.08	0.16
>8~10	3×3	3						1.8		1.4			
>10~12	4×4	4	+0.030 0	+0.078 +0.030	0 −0.030	±0.015	−0.012 −0.042	2.5		1.8		0.16	0.25
>12~17	5×5	5						3.0		2.3			
>17~22	6×6	6						3.5		2.8			
>22~30	8×7	8	+0.036 0	+0.098 +0.040	0 −0.036	±0.018	−0.015 −0.051	4.0		3.3		0.25	0.40
>30~38	10×8	10						5.0		3.3			
>38~44	12×8	12	+0.043 0	+0.120 +0.050	0 −0.043	±0.0215	−0.018 −0.061	5.0		3.3			
>44~50	14×9	14						5.5		3.8			
>50~58	16×10	16						6.0	+0.2 0	4.3	+0.2 0		
>58~65	18×11	18						7.0		4.4			
>65~75	20×12	20	+0.052 0	+0.149 +0.065	0 −0.052	±0.026	−0.022 −0.074	7.5		4.9		0.40	0.60
>75~85	22×14	22						9.0		5.4			
>85~95	25×14	25						9.0		5.4			
>95~110	28×16	28						10.0		5.4			
键的长度系列	6、8、10、12、14、16、18、20、22、25、28、32、36、40、45、50、56、63、70、80、90、100、110、125、140、160、180、200、220、250、280、320、360												

注：1. 在工作图中，轴槽深用 t_1 或（$d-t_1$）标注，轮毂槽深用（$d+t_2$）标注。

2. （$d-t_1$）和（$d+t_2$）两组组合尺寸的极限偏差按相应的 t_1 和 t_2 极限偏差选取，但（$d-t_1$）极限偏差值应取负号（−）：

3. 键尺寸的极限偏差 b 为 h8，h 为 h11，L 为 h14。

4. 键材料的抗拉强度应不小于 590MPa。

5. GB/T 1096—2003 中未给出相应轴的直径，此栏取自旧国家标准，供选键时参考。

表 13-31 矩形花键的尺寸和公差（摘自 GB/T 1144—2001） （单位：mm）

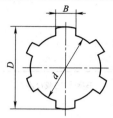 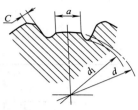

标记示例：花键，$N=6$、$d=23\dfrac{H7}{f7}$、$D=26\dfrac{H10}{a11}$、$B=6\dfrac{H11}{d10}$ 的标记为

花键规格：$N×d×D×B$

$6×23×26×6$

花键副：$6×23\dfrac{H7}{f7}×26\dfrac{H10}{a11}×6\dfrac{H11}{d10}$ GB/T 1144—2001

内花键：$6×23H7×26H10×6H11$ GB/T 1144—2001

外花键：$6×23f7×26a11×6d10$ GB/T 1144—2001

小径 d	轻系列 规格 $N×d×D×B$	C	r	参考 d_{1min}	参考 a_{min}	中系列 规格 $N×d×D×B$	C	r	参考 d_{1min}	参考 a_{min}
						基本尺寸系列和键槽截面尺寸				
18	—					6×18×22×5	0.3	0.2	16.6	1.0
21						6×21×25×5			19.5	2.0
23	6×23×26×6	0.2	0.1	22	3.5	6×23×28×6			21.2	1.2
26	6×26×30×6	0.3	0.2	24.5	3.8	6×26×32×6			23.6	1.2
28	6×28×32×7			26.6	4.0	6×28×34×7			25.8	1.4
32	8×32×36×6			30.3	2.7	8×32×38×6	0.4	0.3	29.4	1.0
36	8×36×40×7			34.4	3.5	8×36×42×7			33.4	1.0
42	8×42×46×8			40.5	5.0	8×42×48×8			39.4	2.5
46	8×46×50×9			44.6	5.7	8×46×54×9			42.6	1.4
52	8×52×58×10			49.6	4.8	8×52×60×10	0.5	0.4	48.6	2.5
56	8×56×62×10			53.5	6.5	8×56×65×10			52.0	2.5
62	8×62×68×12			59.7	7.3	8×62×72×12			57.7	2.4
72	10×72×78×12	0.4	0.3	69.6	5.4	10×72×82×12			67.7	1.0
82	10×82×88×12			79.3	8.5	10×82×92×12	0.6	0.5	77.0	2.9
92	10×92×98×14			89.6	9.9	10×92×102×14			87.3	4.5
102	10×102×108×16			99.6	11.3	10×102×112×16			97.7	6.2

内、外花键的尺寸公差带

内花键 d	D	B 拉削后不热处理	B 拉削后热处理	外花键 d	D	B	装配形式
			一般公差带				
H7	H10	H9	H11	f7	a11	d10	滑动
				g7		f9	紧滑动
				h7		h10	固定
			精密传动用公差带				
H5	H10		H7、H9	f5	a11	d8	滑动
				g5		f7	紧滑动
				h5		h8	固定
H6				f6		d8	滑动
				g6		f7	紧滑动
				h6		d8	固定

注：1. 精密传动用的内花键，当需要控制键侧配合间隙时，槽宽可选用 H7，一般情况下可选用 H9。

　　2. d 为 H6 和 H7 的内花键，允许与提高一级的外花键配合。

第四节 销 连 接

表 13-32 圆柱销（摘自 GB/T 119.1—2000）、圆锥销（摘自 GB/T 117—2000）

（单位：mm）

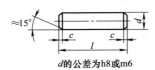
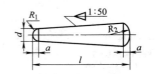

A型(磨削)　　　B型(切削或冷镦)

d的公差为h8或m6

公差 m6：表面粗糙度 $Ra \le 0.8\mu m$

公差 h8：表面粗糙度 $Ra \le 1.6\mu m$

标记示例

公称直径 $d=6$、公差为 m6、公称长度 $l=30$、材料为钢、不经淬火、不经表面处理的圆柱销的标记为

销 GB/T 119.1　6 m6×30

公称直径 $d=6$、长度 $l=30$、材料为 35 钢、热处理硬度 28~38HRC、表面氧化处理的 A 型圆锥销的标记为

销 GB/T 117　6×30

	公称直径 d		3	4	5	6	8	10	12	16	20	25
圆柱销	d h8 或 m6		3	4	5	6	8	10	12	16	20	25
	$c \approx$		0.5	0.63	0.8	1.2	1.6	2.0	2.5	3.0	3.5	4.0
	l（公称）		8~30	8~40	10~50	12~60	14~80	18~95	22~140	26~180	35~200	50~200
圆锥销	d h10	min	2.96	3.95	4.95	5.95	7.94	9.94	11.93	15.93	19.92	24.92
		max	3	4	5	6	8	10	12	16	20	25
	$a \approx$		0.4	0.5	0.63	0.8	1.0	1.2	1.6	2.0	2.5	3.0
	l（公称）		12~45	14~55	18~60	22~90	22~120	26~160	32~180	40~200	45~200	50~200
l（公称）的系列			12~32（2 进位），35~100（5 进位），100~200（20 进位）									

表 13-33 内螺纹圆柱销（摘自 GB/T 120.1—2000）、内螺纹圆锥销（摘自 GB/T 118—2000）

（单位：mm）

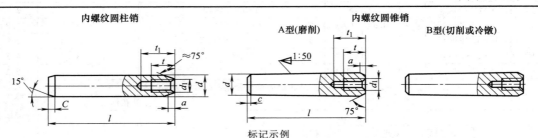

内螺纹圆柱销　　　内螺纹圆锥销

A型(磨削)　　　B型(切削或冷镦)

标记示例

公称直径 $d=6$、公差为 m6、公称长度 $l=30$、材料为钢、不经淬火、不经表面处理的内螺纹圆柱销的标记为

销 GB/T 120.1 6×30

公称直径 $d=10$、公称长度 $l=60$、材料为 35 钢、热处理硬度 28~38HRC、表面氧化处理的 A 型内螺纹圆锥销的标记为

销 GB/T 118 10×30

	公称直径 d		6	8	10	12	16	20	25	30	40	50
内螺纹圆柱销	$c_1 \approx$		0.8	1	1.2	1.6	2	2.5	3	4	5	6.3
	d m6	min	6.004	8.006	10.006	12.007	16.007	20.008	25.008	30.008	40.009	50.009
		max	6.012	8.015	10.015	12.018	16.081	20.021	25.021	30.021	40.025	50.025
	$c_2 \approx$		1.2	1.6	2	2.5	3	3.5	4	5	6.3	8
	d_1		M4	M5	M6	M6	M8	M10	M16	M20	M20	M24
	t_1		6	8	10	12	16	18	24	30	30	36
	t_2（min）		10	12	16	20	25	28	35	40	40	50
	l（公称）		16~60	18~80	22~100	26~120	32~160	40~200	50~200	60~200	80~200	100~200

（续）

公称直径 d		6	8	10	12	16	20	25	30	40	50
内螺纹圆锥销	$dh10$ min	5.952	7.942	9.942	11.930	15.93	19.916	24.916	29.916	39.900	49.900
	max	6	8	10	12	16	20	25	30	40	50
	d_1	M4	M5	M6	M6	M8	M10	M16	M20	M20	M24
	t	6	8	10	12	16	18	24	30	30	36
	t_1 min	10	12	16	20	25	28	35	40	40	50
	$C\approx$	0.8	1	1.2	1.6	2	2.5	3	4	5	6.3
	l(公称)	16~60	18~80	22~100	26~120	32~160	40~200	50~200	60~200	80~200	100~200
l(公称)的系列		16~32(2 进位),35~100(5 进位),100~200(20 进位)									

表 13-34　开口销（摘自 GB/T 91—2000）　　　　　　（单位：mm）

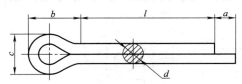

允许制造的形式

标记示例

公称直径 $d=5$,长度 $l=50$,材料为低碳钢、不经表面处理的开口销的标记为

销　GB/T 91 5×50

公称直径 d		0.6	0.8	1	1.2	1.6	2	2.5	3.2	4	5	6.3	8	10	13
a	max	1.6				2.5			3.2		4				6.3
c	max	1	1.4	1.8	2	2.8	3.6	4.6	5.8	7.4	9.2	11.8	15.0	19.0	24.8
	min	0.9	1.2	1.6	1.7	2.4	3.2	4.0	5.1	6.5	8	10.3	13.1	16.6	21.7
$b\approx$		2	2.4	3	3	3.2	4	5	6.4	8	10	12.6	16	20	26
l(公称)		4~12	5~16	6~20	8~25	8~32	10~40	12~50	14~63	18~80	22~100	32~125	40~160	45~200	71~250
l(公称)的系列		4,5,6~22(2 进位),25,28,32,36,40,45,50,56,63,71,80,90,100,112,125,140,160,180,200,224,250													

注：销孔的公称直径等于销的公称直径。

第十四章

滚动轴承

第一节　常用滚动轴承

表 14-1　深沟球轴承（摘自 GB/T 276—2013、GB/T 4662—2003 和 GB/T 7639—2010）

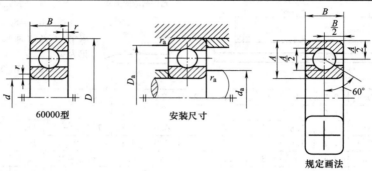

60000型　　　安装尺寸　　　规定画法

标记示例

代号为 6200 的轴承的标记为　滚动轴承 6200 GB/T 276—2013

F_a/C_{0r}	e	Y		
0.014	0.19	2.3	径向当量动载荷	当 $\dfrac{F_a}{F_r} \le e$ 时，$P_r = F_r$
0.028	0.22	1.99		
0.056	0.26	1.71		当 $\dfrac{F_a}{F_r} > e$ 时，$P_r = 0.56F_r + YF_a$
0.084	0.28	1.55		
0.11	0.30	1.45	径向当量静载荷	$P_{0r} = F_r$
0.17	0.34	1.31		$P_{0r} = 0.6F_r + 0.5F_a$
0.28	0.38	1.15		取上列两式计算结果中的较大值
0.42	0.42	1.04		
0.56	0.44	1.00		

外形尺寸/mm			安装尺寸/mm		径向基本额定动载荷 C_r/kN	径向基本额定静载荷 C_{0r}/kN	极限转速 /(r/min)		轴承代号
d	D	B	d_a min	D_a max			脂润滑	油润滑	
10	19	5	12.0	17	1.80	0.93	28000	36000	61800
	22	6	12.4	20	2.70	1.30	25000	32000	61900
	26	8	12.4	23.6	4.58	1.98	22000	30000	6000
	30	9	15.0	26	5.10	2.38	20000	26000	6200
	35	11	15.0	30.0	7.65	3.48	18000	24000	6300
12	21	5	14	19	1.90	1.00	24000	32000	61801
	24	6	14.4	22	2.90	1.50	22000	28000	61901
	28	8	14.4	25.6	5.10	2.38	20000	26000	6001
	32	10	17.0	28	6.82	3.05	19000	24000	6201
	37	12	18.0	32	9.72	5.08	17000	22000	6301
15	24	5	17	22	2.10	1.30	22000	30000	61802
	28	7	17.4	26	4.30	2.30	20000	26000	61902
	32	9	17.4	29.6	5.58	2.85	19000	24000	6002

（续）

外形尺寸/mm			安装尺寸/mm		径向基本额定动载荷 C_r/kN	径向基本额定静载荷 C_{0r}/kN	极限转速/(r/min)		轴承代号
d	D	B	d_a min	D_a max			脂润滑	油润滑	
15	35	11	20.0	32	7.65	3.72	18000	22000	6202
	42	13	21.0	37	11.5	5.42	16000	20000	6302
17	26	5	19	24	2.20	1.5	20000	28000	61803
	30	7	19.4	28	4.60	2.6	19000	24000	61903
	35	10	19.4	32.6	6.0	3.25	17000	21000	6003
	40	12	22.0	36	9.58	4.78	16000	20000	6203
	47	14	23.0	41.0	13.5	6.58	15000	18000	6303
	62	17	24.0	55.0	22.7	10.8	11000	15000	6403
20	32	7	22.4	30	3.50	2.20	18000	24000	61804
	37	9	22.4	34.6	6.40	3.70	17000	22000	61904
	42	12	25.0	38	9.38	5.02	16000	19000	6004
	47	14	26.0	42	12.8	6.65	14000	18000	6204
	52	15	27.0	45.0	15.8	7.88	13000	16000	6304
	72	19	27.0	65.0	31.0	15.2	9500	13000	6404
25	37	7	27.4	35	4.3	2.90	16000	20000	61805
	42	9	27.4	40	7.0	4.50	14000	18000	61905
	47	12	30	43	10.0	5.85	13000	17000	6005
	52	15	31	47	14.0	7.88	12000	15000	6205
	62	17	32	55	22.2	11.5	10000	14000	6305
	80	21	34	71	38.2	19.2	8500	11000	6405
30	42	7	32.4	40	4.70	3.60	13000	17000	61806
	47	9	32.4	44.6	7.20	5.00	12000	16000	61906
	55	13	36	50.0	13.2	8.30	11000	14000	6006
	62	16	36	56	19.5	11.5	9500	13000	6206
	72	19	37	65	27.0	15.2	9000	11000	6306
	90	23	39	81	47.5	24.5	8000	10000	6406
35	47	7	37.4	45	4.90	4.00	11000	15000	61807
	55	10	40	51	9.50	6.80	10000	13000	61907
	62	14	41	56	16.2	10.5	9500	12000	6007
	72	17	42	65	25.5	15.2	8500	11000	6207
	80	21	44	71	33.4	19.2	8000	9500	6307
	100	25	44	91	56.8	29.5	6700	8500	6407
40	52	7	42.4	50	5.10	4.40	10000	13000	61808
	62	12	45	58	13.7	9.90	9500	12000	61908
	68	15	46	62	17.0	11.8	9000	11000	6008
	80	18	47	73	29.5	18.0	8000	10000	6208
	90	23	49	81	40.8	24.0	7000	8500	6308
	110	27	50	100	65.5	37.5	6300	8000	6408
45	58	7	47.4	56	6.40	5.60	9000	12000	61809
	68	12	50	63	14.1	10.90	8500	11000	61909
	75	16	51	69	21.0	14.8	8000	10000	6009
	85	19	52	78	31.5	20.5	7000	9000	6209
	100	25	54	91	52.8	31.8	6300	7500	6309
	120	29	55	110	77.5	45.5	5600	7000	6409
50	65	7	52.4	62.6	6.6	6.1	8500	10000	61810
	72	12	55	68	14.5	11.7	8000	9500	61910
	80	16	56	74	22.0	16.2	7000	9000	6010
	90	20	57	83	35.0	23.2	6700	8500	6210

（续）

外形尺寸/mm			安装尺寸/mm		径向基本额定动载荷 C_r/kN	径向基本额定静载荷 C_{0r}/kN	极限转速 /(r/min)		轴承代号
d	D	B	d_a min	D_a max			脂润滑	油润滑	
50	110	27	60	100	61.8	38.0	6000	7000	6310
	130	31	62	118	92.2	55.2	5300	6300	6410
55	72	9	57.4	69.6	9.1	8.4	8000	9500	61811
	80	13	61	75	15.9	13.2	7500	9000	61911
	90	18	62	83	30.2	21.8	7000	8500	6011
	100	21	64	91	43.2	29.2	6000	7500	6211
	120	29	65	110	71.5	44.8	5600	6700	6311
	140	33	67	128	100	62.5	4800	6000	6411
60	78	10	62.4	75.6	9.1	8.7	7000	8500	61812
	85	13	66	80	16.4	14.2	6700	8000	61912
	95	18	67	89	31.5	24.2	6300	7500	6012
	110	22	69	101	47.8	32.8	5600	7000	6212
	130	31	72	118	81.8	51.8	5000	6000	6312
	150	35	72	138	109	70.0	4500	5600	6412
65	85	10	69	81	11.9	11.5	6700	8000	61813
	90	13	71	85	17.4	16.0	6300	7500	61913
	100	18	72	93	32.0	24.8	6000	7000	6013
	120	23	74	111	57.2	40.0	5000	6300	6213
	140	33	77	128	93.8	60.5	4500	5300	6313
	160	37	77	148	118	78.5	4300	5300	6413
70	90	10	74	86	12.1	11.9	6300	7500	61814
	100	16	76	95	23.7	21.1	6000	7000	61914
	110	20	77	103	38.5	30.5	5600	6700	6014
	125	24	79	116	60.8	45.0	4800	6000	6214
	150	35	82	138	105	68.0	4300	5000	6314
	180	42	84	166	140	99.5	3800	4500	6414
75	95	10	79	91	12.5	12.8	6000	7000	61815
	105	16	81	100	24.3	22.5	5600	6700	61915
	115	20	82	108	40.2	33.2	5300	6300	6015
	130	25	84	121	66.0	49.5	4500	5600	6215
	160	37	87	148	113	76.8	4000	4800	6315
	190	45	89	176	154	115	3600	4300	6415
80	100	10	84	96	12.7	13.3	5600	6700	61816
	110	16	86	105	24.9	23.9	5300	6300	61916
	125	22	87	118	47.5	39.8	5000	6000	6016
	140	26	90	130	71.5	54.2	4300	5300	6216
	170	39	92	158	123	86.5	3800	4500	6316
	200	48	94	186	163	125	3400	4000	6416
85	110	13	90	105	19.2	19.8	5000	6300	61817
	120	18	92	113.5	31.9	29.7	4800	6000	61917
	130	22	92	123	50.8	42.8	4500	5600	6017
	150	28	95	140	83.2	63.8	4000	5000	6217
	180	41	99	166	132	96.5	3600	4300	6317
	210	52	103	192	175	138	3200	3800	6417
90	115	13	95	110	19.5	20.5	4800	6000	61818
	125	18	97	118.5	32.8	31.5	4500	5600	61918
	140	24	99	131	58.0	49.8	4300	5300	6018
	160	30	100	150	95.8	71.5	3800	4800	6218

（续）

外形尺寸/mm			安装尺寸/mm		径向基本额定动载荷 C_r/kN	径向基本额定静载荷 C_{0r}/kN	极限转速/(r/min)		轴承代号
d	D	B	d_a min	D_a max			脂润滑	油润滑	
90	190	43	104	176	145	108	3400	4000	6318
	225	54	108	207	192	158	2800	3600	6418
95	120	13	100	115	19.8	21.3	4500	5600	61819
	130	18	102	124	33.7	33.3	4300	5300	61919
	145	24	104	136	57.8	50.0	4000	5000	6019
	170	32	107	158	110	82.8	3600	4500	6219
	200	45	109	186	157	122	3200	3800	6319
100	125	13	105	120	20.1	22.0	4300	5300	61820
	140	20	107	133	42.7	41.9	4000	5000	61920
	150	24	109	141	64.5	56.2	3800	4800	6020
	180	34	112	168	122	92.8	3400	4300	6220
	215	47	114	201	173	140	2800	3600	6320
	250	58	118	232	223	195	2400	3200	6420

注：套圈倒角 r、定位轴肩倒角 r_a 见 GB/T 276—2013。

表 14-2　角接触球轴承（摘自 GB/T 292—2007）

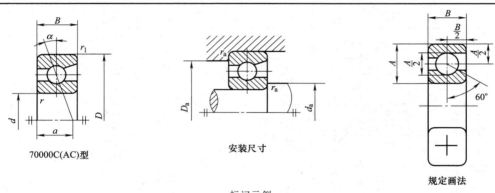

70000C(AC)型　　　　安装尺寸　　　　规定画法

标记示例

代号为 7206C 的轴承的标记为　　滚动轴承　7206C GB/T 292—2007

F_a/C_{0r}	e	Y		70000C	70000AC
0.015	0.38	1.47	径向当量动载荷	当 $\dfrac{F_a}{F_r} \le e$ 时，$P_r = F_r$	当 $\dfrac{F_a}{F_r} \le 0.68$ 时，$P_r = F_r$
0.029	0.40	1.40			
0.058	0.43	1.30			
0.087	0.46	1.23		当 $\dfrac{F_a}{F_r} > e$ 时，$P_r = 0.44F_r + YF_a$	当 $\dfrac{F_a}{F_r} > 0.68$ 时，$P_r = 0.41F_r + 0.87F_a$
0.12	0.47	1.19			
0.17	0.50	1.12			
0.29	0.55	1.02	径向当量静载荷	$P_{0r} = F_r$	$P_{0r} = F_r$
0.44	0.56	1.00		$P_{0r} = 0.5F_r + 0.46F_a$	$P_{0r} = 0.5F_r + 0.38F_a$
0.58	0.56	1.00		取上列两式计算结果中的较大值	取上列两式计算结果中的较大值

外形尺寸/mm				安装尺寸/mm		径向基本额定动载荷 C_r/kN	径向基本额定静载荷 C_{0r}/kN	极限转速/(r/min)		轴承代号
d	D	B	a	d_a min	D_a max			脂润滑	油润滑	
10	26	8	6.4	12.4	23.6	4.92	2.25	19000	28000	7000 C
	26	8	8.2	12.4	23.6	4.75	2.12	19000	28000	7000 AC
	30	9	7.2	15	25	5.82	2.95	18000	26000	7200 C
	30	9	9.2	15	25	5.58	2.82	18000	26000	7200 AC
12	28	8	6.7	14.4	25.6	5.42	2.65	18000	26000	7001 C
	28	8	8.7	14.4	25.6	5.20	2.55	18000	26000	7001 AC

（续）

外形尺寸/mm				安装尺寸/mm		径向基本额定动载荷 C_r/kN	径向基本额定静载荷 C_{0r}/kN	极限转速/(r/min)		轴承代号
d	D	B	a	d_a min	D_a max			脂润滑	油润滑	
12	32	10	8	17	27	7.35	3.52	17000	24000	7201 C
	32	10	10.2	17	27	7.10	3.35	17000	24000	7201 AC
15	32	9	7.6	17.4	29.6	6.25	3.42	17000	24000	7002 C
	32	9	10	17.4	29.6	5.95	3.25	17000	24000	7002 AC
	35	11	8.9	20	30	8.68	4.62	16000	22000	7202 C
	35	11	11.4	20	30	8.35	4.40	16000	22000	7202 AC
17	35	10	8.5	19.4	32.6	6.60	3.85	16000	22000	7003 C
	35	10	11.1	19.4	32.6	6.30	3.68	16000	22000	7003 AC
	40	12	9.9	22	35	10.8	5.95	15000	20000	7203 C
	40	12	12.8	22	35	10.5	5.65	15000	20000	7203 AC
20	42	12	10.2	25	37	10.5	6.08	14000	19000	7004 C
	42	12	13.2	25	37	10.0	5.78	14000	19000	7004 AC
	47	14	11.5	26	41	14.5	8.22	13000	18000	7204 C
	47	14	14.9	26	41	14.0	7.82	13000	18000	7204 AC
	47	14	21.1	26	41	14.0	7.85	13000	18000	7204 B
	52	15	11.3	27	45	14.2	9.68	12000	17000	7304 C
	52	15	16.3	27	45	13.8	9.10	12000	17000	7304 AC
25	47	12	10.8	30	42	11.5	7.45	12000	17000	7005 C
	47	12	14.4	30	42	11.2	7.08	12000	17000	7005 AC
	52	15	12.7	31	46	16.5	10.5	11000	16000	7205 C
	52	15	16.4	31	46	15.8	9.88	11000	16000	7205 AC
	52	15	23.7	31	46	15.8	9.45	9500	14000	7205 B
	62	17	13.1	32	55	21.5	15.8	9500	14000	7305 C
	62	17	19.1	32	55	20.8	14.8	9500	14000	7305 AC
	62	17	26.8	32	55	26.2	15.2	8500	12000	7305 B
30	55	13	12.2	36	49	15.2	10.2	9500	14000	7006 C
	55	13	16.4	36	49	14.5	9.85	9500	14000	7006 AC
	62	16	14.2	36	56	23.0	15.0	9000	13000	7206 C
	62	16	18.7	36	56	22.0	14.2	9000	13000	7206 AC
	62	16	27.4	36	56	20.5	13.8	8500	12000	7206 B
	72	19	15	37	65	26.5	19.8	8500	12000	7306 C
	72	19	22.2	37	65	25.2	18.5	8500	12000	7306 AC
	72	19	31.1	37	65	31.0	19.2	7500	10000	7306 B
	90	23	26.1	39	81	42.5	32.2	7500	10000	7406 AC
35	62	14	13.5	41	56	19.5	14.2	8500	12000	7007 C
	62	14	18.3	41	56	18.5	13.5	8500	12000	7007 AC
	72	17	15.7	42	65	30.5	20.0	8000	11000	7207 C
	72	17	21	42	65	29.0	19.2	8000	11000	7207 AC
	72	17	30.9	42	65	27.0	18.8	7500	10000	7207 B
	80	21	16.6	44	71	34.2	26.8	7500	10000	7307 C
	80	21	24.5	44	71	32.8	24.8	7500	10000	7307 AC
	80	21	34.6	44	71	38.2	24.5	7000	9500	7307 B
	100	25	29	44	91	53.8	42.5	6300	8500	7407 AC
40	68	15	14.7	46	62	20.0	15.2	8000	11000	7008 C
	68	15	20.1	46	62	19.0	14.5	8000	11000	7008 AC
	80	18	17	47	73	36.8	25.8	7500	10000	7208 C
	80	18	23	47	73	35.2	24.5	7500	10000	7208 AC

（续）

外形尺寸/mm				安装尺寸/mm		径向基本额定动载荷 C_r/kN	径向基本额定静载荷 C_{0r}/kN	极限转速/(r/min)		轴承代号
d	D	B	a	d_a min	D_a max			脂润滑	油润滑	
40	80	18	34.5	47	73	32.5	23.5	6700	9000	7208 B
	90	23	18.5	49	81	40.2	32.3	6700	9000	7308 C
	90	23	27.5	49	81	38.5	30.5	6700	9000	7308 AC
	90	23	38.8	49	81	46.2	30.5	6300	8500	7308 B
	110	27	31.8	50	100	62.0	49.5	6000	8000	7408 AC
	110	27	38.7	50	100	67.0	47.5	6000	8000	7408 B
45	75	16	16	51	69	25.8	20.5	7500	10000	7009 C
	75	16	21.9	51	69	25.8	19.5	7500	10000	7009 AC
	85	19	18.2	52	78	38.5	28.5	6700	9000	7209 C
	85	19	24.7	52	78	36.8	27.2	6700	9000	7209 AC
	85	19	36.8	52	78	36.0	26.2	6300	8500	7209 B
	100	25	20.2	54	91	49.2	39.8	6000	8000	7309 C
	100	25	30.2	54	91	47.5	37.2	6000	8000	7309 AC
	100	25	42.0	54	91	59.5	39.8	6000	8000	7309 B
	120	29	34.6	55	110	66.8	52.8	5300	7000	7409 AC
50	80	16	16.7	56	74	26.5	22.0	6700	9000	7010 C
	80	16	23.2	56	74	25.2	21.0	6700	9000	7010 AC
	90	20	19.4	57	83	42.8	32.0	6300	8500	7210 C
	90	20	26.3	57	83	40.8	30.5	6300	8500	7210 AC
	90	20	39.4	57	83	37.5	29.0	5600	7500	7210 B
	110	27	22	60	100	53.5	47.2	5600	7500	7310 C
	110	27	33	60	100	55.5	44.5	5600	7500	7310 AC
	110	27	47.5	60	100	68.2	48.0	5000	6700	7310 B
	130	31	37.4	62	118	76.5	64.2	5000	6700	7410 AC
	130	31	46.2	62	118	95.2	64.2	5000	6700	7410 B
55	90	18	18.7	62	83	37.2	30.5	6000	8000	7011 C
	90	18	25.9	62	83	35.2	29.2	6000	8000	7011 AC
	100	21	20.9	64	91	52.8	40.5	5600	7500	7211 C
	100	21	28.6	64	91	50.5	38.5	5600	7500	7211 AC
	100	21	43	64	91	46.2	36.0	5300	7000	7211 B
	120	29	23.8	65	110	70.5	60.5	5000	6700	7311 C
	120	29	35.8	65	110	67.2	56.8	5000	6700	7311 AC
	120	29	51.4	65	110	78.8	56.5	4500	6000	7311 B
60	95	18	19.4	67	88	38.2	32.8	5600	7500	7012 C
	95	18	27.1	67	88	36.2	31.5	5600	7500	7012 AC
	110	22	22.4	69	101	61.0	48.5	5300	7000	7212 C
	110	22	30.8	69	101	58.2	46.2	5300	7000	7212 AC
	110	22	46.7	69	101	56.0	44.5	4800	6300	7212 B
	130	31	25.6	72	118	80.5	70.2	4800	6300	7312 C
	130	31	38.7	72	118	77.8	65.8	4800	6300	7312 AC

（续）

外形尺寸/mm				安装尺寸/mm		径向基本额定动载荷 C_r/kN	径向基本额定静载荷 C_{0r}/kN	极限转速 /(r/min)		轴承代号
d	D	B	a	d_a min	D_a max			脂润滑	油润滑	
60	130	31	55.4	72	118	90.0	66.3	4300	5600	7312 B
	150	35	43.1	72	138	102	90.8	4300	5600	7412 AC
	150	35	55.7	72	138	118	85.5	4300	5600	7412 B
65	100	18	20.1	72	93	40.0	35.5	5300	7000	7013 C
	100	18	28.2	72	93	38.0	33.8	5300	7000	7013 AC
	120	23	24.2	74	111	69.8	55.2	4800	6300	7213 C
	120	23	33.5	74	111	66.5	52.5	4800	6300	7213 AC
	120	23	51.1	74	111	62.5	53.2	4300	5600	7213 B
	140	33	27.4	77	128	89.8	80.5	4300	5600	7313 C
	140	33	41.5	77	128	75.5	75.5	4300	5600	7313 AC
	140	33	59.5	77	128	102	77.8	4000	5300	7313 B
70	110	20	22.1	77	103	48.2	43.5	5000	6700	7014 C
	110	20	30.9	77	103	45.8	41.5	5000	6700	7014 AC
	125	24	25.3	79	116	70.2	60.0	4500	6700	7214 C
	125	24	35.1	79	116	69.2	57.5	4500	6700	7214 AC
	125	24	52.9	79	116	70.2	57.2	4300	5600	7214 B
	150	35	29.2	82	138	102	91.5	4000	5300	7314 C
	150	35	44.3	82	138	98.5	86.0	4000	5300	7314 AC
	150	35	63.7	82	138	115	87.2	3600	4800	7314 B
	180	42	51.5	84	166	125	125	3600	4800	7414 AC
75	115	20	22.7	82	108	49.5	46.5	4800	6300	7015 C
	115	20	32.2	82	108	46.8	44.2	4800	6300	7015 AC
	130	25	26.4	84	121	79.2	65.8	4300	5600	7215 C
	130	25	36.6	84	121	75.2	63.0	4300	5600	7215 AC
	130	25	55.5	84	121	72.8	62.0	4000	5300	7215 B
	160	37	31	87	148	112	105	3800	5000	7315 C
	160	37	47.2	87	148	108	97.0	3800	5000	7315 AC
	160	37	68.4	87	148	125	98.5	3400	4500	7315 B
80	125	22	24.7	87	118	58.5	55.8	4500	6000	7016 C
	125	22	34.9	87	118	55.5	53.2	4500	6000	7016 AC
	140	26	27.7	90	130	89.5	78.2	4000	5300	7216 C
	140	26	38.9	90	130	85.0	74.5	4000	5300	7216 AC
	140	26	59.2	90	130	80.2	69.5	3600	4800	7216 B
	170	39	32.8	92	158	122	118	3600	4800	7316 C
	170	39	50	92	158	118	108	3600	4800	7316 AC
	170	39	71.9	92	158	135	110	3600	4800	7316 B
	200	48	58.1	94	186	152	162	3200	4300	7416 AC

（续）

外形尺寸/mm				安装尺寸/mm		径向基本额定动载荷 C_r/kN	径向基本额定静载荷 C_{0r}/kN	极限转速/(r/min)		轴承代号
d	D	B	a	d_a min	D_a max			脂润滑	油润滑	
85	130	22	25.4	92	123	62.5	60.2	4300	5600	7017 C
	130	22	36.1	92	123	59.2	57.2	4300	5600	7017 AC
	150	28	29.9	95	140	99.8	85.0	3800	5000	7217 C
	150	28	41.6	95	140	94.8	81.5	3800	5000	7217 AC
	150	28	63.6	95	140	93.0	81.5	3400	4500	7217 B
	180	41	34.6	99	166	132	128	3400	4500	7317 C
	180	41	52.8	99	166	125	122	3400	4500	7317 AC
	180	41	76.1	99	166	148	122	3000	4000	7317 B
90	140	24	27.4	99	131	71.5	69.8	4000	5300	7018 C
	140	24	38.8	99	131	67.5	66.5	4000	5300	7018 AC
	160	30	31.7	100	150	122	105	3600	4800	7218 C
	160	30	44.2	100	150	118	100	3600	4800	7218 AC
	160	30	67.9	100	150	105	94.5	3200	4300	7218 B
	190	43	36.4	104	176	135	142	3200	4300	7318 C
	190	43	55.6	104	176	135	135	3200	4300	7318 AC
	190	43	80.2	104	176	158	138	2800	3800	7318 B
95	145	24	28.1	104	136	73.5	73.2	3800	5000	7019 C
	145	24	40	104	136	69.5	69.8	3800	5000	7019 AC
	170	32	33.8	107	158	135	115	3400	4500	7219 C
	170	32	46.9	107	158	128	108	3400	4500	7219 AC
	170	32	72.5	107	158	120	108	3000	4000	7219 B
	200	45	38.2	109	186	152	158	3000	4000	7319 C
	200	45	58.6	109	186	145	148	3000	4000	7319 AC
	200	45	84.4	109	186	172	155	2800	3800	7319 B
100	150	24	28.7	109	141	79.2	78.5	3800	5000	7020 C
	150	24	41.2	109	141	75	74.8	3800	5000	7020 AC
	180	34	35.8	112	168	148	128	3200	4300	7220 C
	180	34	49.7	112	168	142	122	3200	4300	7220 AC
	180	34	75.7	112	168	130	115	2600	3600	7220 B
	215	47	40.2	114	201	162	175	2600	3600	7320 C
	215	47	61.9	114	201	1465	178	2600	3600	7320 AC
	215	47	89.6	114	201	188	180	2400	3400	7320 B

注：套圈宽边倒角 r、套圈窄边倒角 r_1、定位轴肩倒角 r_a 见 GB/T 292—2007。

机械设计课程设计 第2版

表 14-3 圆锥滚子轴承（摘自 GB/T 297—2015）

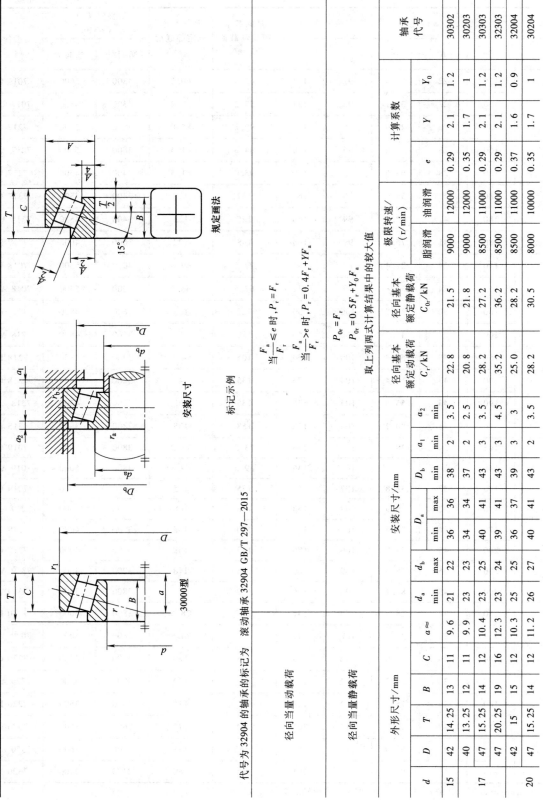

规定画法　安装尺寸　30000型

标记示例

代号为32904的轴承的标记为　滚动轴承 32904 GB/T 297—2015

径向当量动载荷

$$\text{当 } \frac{F_a}{F_r} \le e \text{ 时，} P_r = F_r$$
$$\text{当 } \frac{F_a}{F_r} > e \text{ 时，} P_r = 0.4F_r + YF_a$$

径向当量静载荷

$$P_{0r} = F_r$$
$$P_{0r} = 0.5F_r + Y_0 F_a$$

取上列两式中计算结果中的较大值

d	外形尺寸/mm					安装尺寸/mm							径向基本额定动载荷 C_r/kN	径向基本额定静载荷 C_{0r}/kN	极限转速/(r/min)		计算系数			轴承代号
	D	T	B	C	$a\approx$	d_a min	d_b max	D_a min	D_a max	D_b min	a_1 min	a_2 min			脂润滑	油润滑	e	Y	Y_0	
15	42	14.25	13	11	9.6	21	22	36	36	38	2	3.5	22.8	21.5	9000	12000	0.29	2.1	1.2	30302
	40	13.25	12	11	9.9	23	23	34	34	37	2	2.5	20.8	21.8	9000	12000	0.35	1.7	1	30203
17	47	15.25	14	12	10.4	23	25	40	41	43	3	3.5	28.2	27.2	8500	11000	0.29	2.1	1.2	30303
	47	20.25	19	16	12.3	23	24	39	41	43	3	4.5	35.2	36.2	8500	11000	0.29	2.1	1.2	32303
20	42	15	15	12	10.3	25	25	36	37	39	3	3	25.0	28.2	8500	11000	0.37	1.6	0.9	32004
	47	15.25	14	12	11.2	26	27	40	41	43	2	3.5	28.2	30.5	8000	10000	0.35	1.7	1	30204

184

轴承代号	d																			
30304		52	16.25	15	13	11.1	27	28	44	45	48	3	3.5	33.0	33.2	7500	9500	0.3	2	1.1
32304		52	22.25	21	18	13.6	27	26	43	45	48	3	4.5	42.8	46.2	7500	9500	0.3	2	1.1
32005	25	47	15	15	11.5	11.6	30	30	40	42	44	3	3.5	28.0	34.0	7500	9500	0.43	1.4	0.8
33005	25	47	17	17	14	11.1	30	30	40	42	45	3	3	32.5	42.5	7500	9500	0.29	2.1	1.1
30205	25	52	16.25	15	13	12.5	31	31	44	46	48	2	3.5	32.2	37.0	7000	9000	0.37	1.6	0.9
33205	25	52	22	22	18	14.0	31	30	43	46	49	4	4	47.0	55.8	7000	9000	0.35	1.7	0.9
30305	25	62	18.25	17	15	13.0	32	34	54	55	58	3	3.5	46.8	48.0	6300	8000	0.3	2	1.1
31305	25	62	18.25	17	13	20.1	32	31	47	55	59	3	5.5	40.5	46.0	6300	8000	0.83	0.7	0.4
32305	25	62	25.25	24	20	15.9	32	32	52	55	58	3	5.5	61.5	68.8	6300	8000	0.3	2	1.1
32006	30	55	17	17	13	13.3	36	35	48	49	52	3	4	35.8	46.8	6300	8000	0.43	1.4	0.8
33006	30	55	20	20	16	12.8	36	35	48	49	52	3	4	43.8	58.8	6300	8000	0.29	2.1	1.1
30206	30	62	17.25	16	14	13.8	36	37	53	56	58	2	3.5	43.2	50.5	6000	7500	0.37	1.6	0.9
32206	30	62	21.25	20	17	15.6	36	36	52	56	58	3	4.5	51.8	63.8	6000	7500	0.37	1.6	0.9
33206	30	62	25	25	19.5	15.7	36	36	53	56	59	5	5.5	63.8	75.5	6000	7500	0.34	1.8	1
30306	30	72	20.75	19	16	15.3	37	40	62	65	66	3	5	59.0	63.0	5600	7000	0.31	1.9	1.1
31306	30	72	20.75	19	14	23.1	37	37	55	65	68	3	7	52.5	60.5	5600	7000	0.83	0.7	0.4
32306	30	72	28.75	27	23	18.9	37	38	59	65	66	4	6	81.5	96.5	5600	7000	0.31	1.9	1.1
32907	35	55	14	14	11.5	10.1	40	40	49	50	52	3	2.5	25.8	34.8	6000	7500	0.29	2.1	1.1
32007	35	62	18	18	14	15.1	41	40	54	56	59	4	4	43.2	59.2	5600	7000	0.44	1.4	0.8
33007	35	62	21	21	17	13.5	41	41	54	56	59	3	4	46.8	63.2	5600	7000	0.31	2	1.1
30207	35	72	18.25	17	15	15.3	42	44	62	65	67	3	3.5	54.2	63.5	5300	6700	0.37	1.6	0.9
32207	35	72	24.25	23	19	17.9	42	42	61	65	68	3	5.5	70.5	89.5	5300	6700	0.37	1.6	0.9
33207	35	72	28	28	22	18.2	42	42	61	65	68	5	6	82.5	102	5300	6700	0.35	1.7	1.1
30307	35	80	22.75	21	18	16.8	44	45	70	71	74	3	5	75.2	82.5	5000	6300	0.31	1.9	1.1
31307	35	80	22.75	21	15	25.8	44	42	62	71	76	4	8	65.8	76.8	5000	6300	0.83	0.7	0.4
32307	35	80	32.75	31	25	20.4	44	43	66	71	74	4	8.5	99.0	118	5000	6300	0.31	1.9	1.1
32908	40	62	15	15	12	11.1	45	45	55	57	59	3	3	31.5	46.0	5600	7000	0.29	2.1	1.1
32008	40	68	19	19	14.5	14.9	46	46	60	62	65	4	4.5	51.8	71.0	5300	6700	0.38	1.6	0.9
33008	40	68	22	22	18	14.1	46	46	60	62	64	3	4	60.2	79.5	5300	6700	0.28	2.1	1.2

（续）

d	外形尺寸/mm					安装尺寸/mm							径向基本额定动载荷 C_r/kN	径向基本额定静载荷 C_{0r}/kN	极限转速/(r/min)		计算系数			轴承代号
	D	T	B	C	$a\approx$	d_a min	d_b max	D_a min	D_a max	D_b min	a_1 min	a_2 min			脂润滑	油润滑	e	Y	Y_0	
40	75	26	26	20.5	18.0	47	47	65	68	71	4	5.5	84.8	110	5000	6300	0.36	1.7	0.9	33108
	80	19.75	18	16	16.9	47	49	69	73	75	3	4	63.0	74.0	5000	6300	0.37	1.6	0.9	30208
	80	24.75	23	19	18.9	47	48	68	73	75	3	6	77.8	97.2	5000	6300	0.37	1.6	0.9	32208
	80	32	32	25	20.8	47	47	67	73	76	5	7	105	135	5000	6300	0.36	1.7	0.9	33208
	90	25.25	23	20	19.5	49	52	77	81	84	3	5.5	90.8	108	4500	5600	0.35	1.7	1	30308
	90	25.25	23	17	29.0	49	48	71	81	87	4	8.5	81.5	96.5	4500	5600	0.83	0.7	0.4	31308
	90	35.25	33	27	23.3	49	49	73	81	83	4	8.5	115	148	4500	5600	0.35	1.7	1	32308
45	68	15	15	12	12.2	50	50	61	63	65	3	3	32.0	48.5	5300	6700	0.32	1.9	1	32909
	75	20	20	15.5	16.5	51	51	67	69	72	4	4.5	58.5	81.5	5000	6300	0.39	1.5	0.8	32009
	75	24	24	19	15.9	51	51	67	69	72	4	5	72.5	100	5000	6300	0.32	1.9	1	33009
	80	26	26	20.5	19.1	52	52	69	73	77	4	5.5	87.0	118	4500	5600	0.38	1.6	1	33109
	85	20.75	19	16	18.6	52	53	74	78	80	3	5	67.8	83.5	4500	5600	0.4	1.5	0.8	30209
	85	24.75	23	19	20.1	52	53	73	78	81	3	6	80.8	105	4500	5600	0.4	1.5	0.8	32209
	85	32	32	25	21.9	52	52	72	78	81	3	7	110	145	4500	5600	0.39	1.5	0.9	33209
	100	27.25	25	22	21.3	54	59	86	91	94	3	5.5	108	130	4000	5000	0.35	1.7	1	30309
	100	27.25	27.25	18	31.7	54	54	79	91	96	4	9.5	95.5	115	4000	5000	0.83	0.7	0.4	31309
	100	38.25	38.25	30	25.6	54	56	82	91	93	3	8.5	145	188	4000	5000	0.35	1.7	1	32309
50	72	15	15	12	13.0	55	55	64	67	69	3	3	36.8	56.0	5000	6300	0.34	1.8	1	32910
	80	20	20	15.5	17.8	56	56	72	74	77	4	4.5	61.0	89.0	4500	5600	0.42	1.4	0.8	32010
	80	24	24	19	17.0	56	56	72	74	76	4	5	76.8	110	4500	5600	0.32	1.9	1	33010
	85	26	26	20	20.4	57	56	74	78	82	4	6	89.2	125	4300	5300	0.41	1.5	0.8	33110
	90	21.75	20	17	20.0	57	58	79	83	86	3	5	73.2	92.0	4300	5300	0.42	1.4	0.8	30210
	90	24.75	23	19	21.0	57	57	78	83	86	3	6	82.8	108	4300	5300	0.42	1.4	0.8	32210
	90	32	32	24.5	23.2	57	57	77	83	87	5	7.5	112	155	4300	5300	0.41	1.5	0.8	33210
	110	29.25	27	23	23.0	60	65	95	100	103	4	6.5	130	158	3800	4800	0.35	1.7	1	30310
	110	29.25	27	19	34.8	60	58	87	100	105	4	10.5	108	128	3800	4800	0.83	0.7	0.4	31310
	110	42.25	40	33	28.2	60	61	90	100	102	5	9.5	178	235	3800	4800	0.35	1.7	1	32310
	80	17	17	14	14.3	61	60	71	74	77	3	3	41.5	66.8	4800	6000	0.31	1.9	1.1	32911
	90	23	23	17.5	19.8	62	63	81	83	86	4	5.5	80.2	118	4000	5000	0.41	1.5	0.8	32011
	90	27	27	21	19.0	62	63	81	83	86	5	6	94.8	145	4000	5000	0.31	1.9	1.1	33011

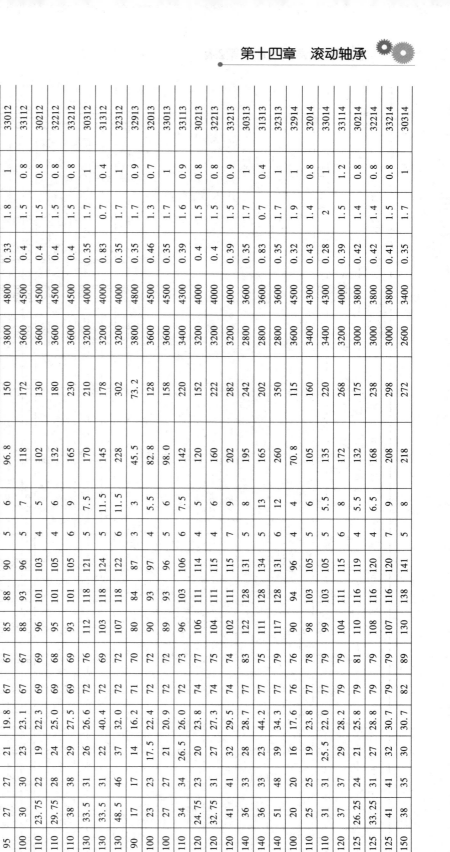

d	代号																			D
55	33111	0.9	1.6	0.37	4800	3800	165	115	7	5	91	88	83	62	62	21.9	23	30	30	95
55	30211	0.8	1.5	0.4	4800	3800	115	90.8	5	4	95	91	88	64	64	21.0	18	21	22.75	100
55	32211	0.8	1.5	0.4	4800	3800	142	108	6	4	96	91	87	62	64	22.8	21	25	26.75	100
55	33211	0.8	1.5	0.4	4800	3800	198	142	8	6	96	91	85	62	64	25.1	27	35	35	100
55	30311	1	1.7	0.35	4300	3400	188	152	6.5	4	112	110	104	70	65	24.9	25	29	31.5	120
55	31311	0.4	0.7	0.83	4300	3400	158	130	10.5	4	114	110	94	63	65	37.5	21	29	31.5	120
55	32311	1	1.7	0.35	4300	3400	270	202	10	5	111	110	99	66	65	30.4	35	43	45.5	120
60	32912	1	1.8	0.33	5000	4000	73.0	46.0	3	3	82	79	75	65	66	15.1	14	17	17	85
60	32012	0.8	1.4	0.43	4800	3800	122	81.8	5.5	4	91	88	85	67	67	20.9	17.5	23	23	95
60	33012	1	1.8	0.33	4800	3800	150	96.8	6	5	90	88	85	67	67	19.8	21	27	27	95
60	33112	0.8	1.5	0.4	4500	3600	172	118	7	5	96	93	88	67	67	23.1	23	30	30	100
60	30212	0.8	1.5	0.4	4500	3600	130	102	5	4	103	101	96	69	69	22.3	19	22	23.75	110
60	32212	0.8	1.5	0.4	4500	3600	180	132	6	4	105	101	95	68	69	25.0	24	28	29.75	110
60	33212	0.8	1.5	0.4	4500	3600	230	165	9	6	105	101	93	69	69	27.5	29	38	38	110
60	30312	1	1.7	0.35	4000	3200	210	170	7.5	5	121	118	112	76	72	26.6	26	31	33.5	130
60	31312	0.4	0.7	0.83	4000	3200	178	145	11.5	5	124	118	103	69	72	40.4	22	31	33.5	130
60	32312	1	1.7	0.35	4000	3200	302	228	11.5	6	122	118	107	72	72	32.0	37	46	48.5	130
65	32913	0.9	1.7	0.35	4800	3800	73.2	45.5	3	3	87	84	80	70	71	16.2	14	17	17	90
65	32013	0.7	1.3	0.46	4500	3600	128	82.8	5.5	4	97	93	90	72	72	22.4	17.5	23	23	100
65	33013	1	1.7	0.35	4500	3600	158	98.0	6	5	96	93	89	72	72	20.9	21	27	27	100
65	33113	0.9	1.6	0.39	4300	3400	220	142	7.5	6	106	103	96	73	72	26.0	26.5	34	34	110
65	30213	0.8	1.5	0.4	4000	3200	152	120	5	4	114	111	106	77	74	23.8	20	23	24.75	120
65	32213	0.8	1.5	0.4	4000	3200	222	160	6	4	115	111	104	75	74	27.3	27	31	32.75	120
65	33213	0.9	1.5	0.39	4000	3200	282	202	9	7	115	111	102	74	77	29.5	32	41	41	120
65	30313	1	1.7	0.35	3600	2800	242	195	8	5	131	128	122	83	77	28.7	28	33	36	140
65	31313	0.4	0.7	0.83	3600	2800	202	165	13	5	134	128	111	75	77	44.2	23	33	36	140
65	32313	1	1.7	0.35	3600	2800	350	260	12	6	131	128	117	79	77	34.3	39	48	51	140
70	32914	1	1.9	0.32	4500	3600	115	70.8	4	4	96	94	90	76	76	17.6	16	20	20	100
70	32014	0.8	1.4	0.43	4300	3400	160	105	6	6	105	103	98	78	77	23.8	19	25	25	110
70	33014	1	2	0.28	4300	3400	220	135	5.5	4	105	103	99	79	77	22.0	25.5	31	31	110
70	33114	1.2	1.5	0.39	4000	3200	268	172	8	6	115	111	104	79	79	28.2	29	37	37	120
70	30214	0.8	1.4	0.42	3800	3000	175	132	5.5	4	119	116	110	81	79	25.8	21	24	26.25	125
70	32214	0.8	1.4	0.42	3800	3000	238	168	6.5	4	120	116	108	79	79	28.8	27	31	33.25	125
70	33214	0.8	1.5	0.41	3800	3000	298	208	9	7	120	116	107	79	79	30.7	32	41	41	125
70	30314	1	1.7	0.35	3400	2600	272	218	8	5	141	138	130	89	82	30.7	30	35	38	150

（续）

d	D	外形尺寸/mm				安装尺寸/mm							径向基本额定动载荷 C_r/kN	径向基本额定静载荷 C_{0r}/kN	极限转速/(r/min)		计算系数			轴承代号
		T	B	C	$a\approx$	d_a min	d_b max	D_a min	D_a max	D_b min	a_1 min	a_2 min			脂润滑	油润滑	e	Y	Y_0	
70	150	38	35	25	46.8	82	80	118	138	143	5	13	188	230	2600	3400	0.83	0.7	0.4	31314
	150	54	51	42	36.5	82	84	118	138	141	6	12	298	408	2600	3400	0.35	1.7	1	32314
	105	20	20	16	18.5	81	81	94	99	102	4	4	78.2	125	3400	4300	0.33	1.8	1	32915
	115	25	25	19	25.2	82	83	103	108	110	5	6	102	160	3200	4000	0.46	1.3	0.7	32015
	115	31	31	25.5	22.8	82	83	103	108	110	6	5.5	132	220	3200	4000	0.3	2	1	33015
	125	37	37	29	29.4	84	84	109	116	120	6	8	175	280	3000	3800	0.4	1.5	0.8	33115
75	125	27.25	25	22	27.4	84	85	115	121	125	4	5.5	138	185	2800	3600	0.44	1.4	0.8	30215
	130	33.25	31	27	30.0	84	84	115	121	126	4	6.5	170	242	2800	3600	0.44	1.4	0.8	32215
	130	41	41	31	31.9	84	83	111	121	125	7	10	208	300	2800	3600	0.43	1.4	0.8	33215
	160	40	37	31	32.0	87	95	139	148	150	5	9	252	318	2400	3200	0.35	1.7	1	30315
	160	40	37	26	49.7	87	86	127	148	153	6	14	208	258	2400	3200	0.83	0.7	0.4	31315
	160	58	55	45	39.4	87	91	133	148	150	7	13	348	482	2400	3200	0.35	1.7	1	32315
80	110	20	20	16	19.6	86	85	99	104	107	4	4	79.2	128	3200	4000	0.35	1.7	0.9	32916
	125	29	29	22	26.8	87	89	112	117	120	6	7	140	220	3000	3800	0.42	1.4	0.8	32016
	125	36	36	29.5	25.2	87	90	112	117	119	6	7	182	305	3000	3800	0.28	2.2	1.2	33016
	130	37	37	29	30.7	89	89	114	121	126	6	8	180	292	2800	3600	0.42	1.4	0.8	33116
	140	28.25	26	28	28.1	90	90	124	130	133	4	6	160	212	2600	3400	0.42	1.4	0.8	30216
	140	35.25	33	28	31.4	90	89	122	130	135	5	7.5	198	278	2600	3400	0.42	1.4	0.8	32216
	140	46	46	35	35.1	90	89	119	130	135	7	11	245	362	2600	3400	0.43	1.4	0.8	33216
	170	42.5	39	33	34.4	92	102	148	158	160	5	9.5	278	352	2200	3000	0.35	1.7	1	30316
	170	42.5	39	27	52.8	92	91	134	158	161	6	15.5	230	288	2200	3000	0.83	0.7	0.4	31316
	170	61.5	58	48	42.1	92	97	142	158	160	7	13.5	388	542	2200	3000	0.35	1.7	1	32316
85	120	23	23	18	21.1	92	92	111	113	115	4	5	96.8	165	3400	3800	0.33	1.8	1	32917
	130	29	29	22	28.1	92	94	117	122	125	6	7	140	220	2800	3600	0.44	1.4	0.8	32017
	130	36	36	29.5	26.2	92	94	118	122	125	7	6.5	180	305	2800	3600	0.29	2.1	1.1	33017
	140	41	41	32	33.1	95	95	122	130	135	7	9	215	355	2600	3400	0.41	1.5	0.8	33117
	150	30.5	28	24	30.3	95	96	132	140	142	5	6.5	178	238	2400	3200	0.42	1.4	0.8	30217
	150	38.5	36	30	33.9	95	95	130	140	143	5	8.5	228	325	2400	3200	0.42	1.4	0.8	32217
	150	49	49	37	36.9	95	95	128	166	144	7	12	282	415	2400	3200	0.42	1.4	0.8	33217
	180	44.5	41	34	35.9	99	107	156	166	168	6	10.5	305	388	2000	2800	0.35	1.7	1	30317
	180	44.5	41	28	55.6	99	96	143	166	171	6	16.5	255	318	2000	2800	0.83	0.7	0.4	31317
	180	63.5	60	49	43.5	99	102	150	166	168	8	14.5	422	592	2000	2800	0.35	1.7	1	32317

d	D	(1)	(2)	(3)	(4)	(5)	(6)	(7)	(8)	(9)	(10)	(11)	(12)	(13)	极限转速(油)	极限转速(脂)	(14)	(15)	(16)	轴承代号
90	125	23	23	18	22.2	97	96	113	117	121	4	5	95.8	165	3200	3600	0.34	1.8	1	32918
	140	32	32	24	30.0	99	100	125	131	134	6	8	170	270	2600	3400	0.42	1.4	0.8	32018
	140	39	39	32.5	27.2	99	100	127	131	135	7	6.5	232	388	2600	3200	0.27	2.2	1.2	33018
	150	45	45	35	34.9	100	100	130	140	144	7	10	252	415	2400	3000	0.4	1.5	0.8	33118
	160	32.5	30	26	32.3	100	102	140	150	151	5	6.5	200	270	2200	3000	0.42	1.4	0.8	30218
	160	42.5	40	34	36.8	100	101	138	150	153	5	8.5	270	395	2200	3000	0.42	1.4	0.8	32218
	160	55	55	42	40.8	100	100	134	150	154	8	13	330	500	2200	3000	0.4	1.5	0.8	33218
	190	46.5	43	36	37.5	104	113	165	176	178	6	10.5	342	440	1900	2600	0.35	1.7	1	30318
	190	46.5	43	30	58.5	104	102	151	176	181	6	16.5	282	358	1900	2600	0.83	0.7	0.4	31318
	190	67.5	64	53	46.2	104	107	157	176	178	8	14.5	478	682	1900	2600	0.35	1.7	1	32318
95	130	23	23	18	23.4	102	101	117	122	126	4	5	97.2	170	2600	3400	0.36	1.7	0.9	32919
	145	32	32	24	31.4	104	105	130	136	140	6	8	175	280	2400	3200	0.44	1.4	0.8	32109
	145	39	39	32.5	28.4	104	104	131	136	139	7	6.5	230	390	2400	3200	0.28	2.2	1.2	33019
	160	49	49	38	37.3	105	105	138	150	154	7	11	298	498	2200	3000	0.39	1.5	0.8	33119
	170	34.5	32	27	34.2	107	108	149	158	160	5	7.5	228	308	2000	2800	0.42	1.4	0.8	30219
	170	45.5	43	37	39.2	107	106	145	158	163	5	8.5	302	448	2000	2800	0.42	1.4	0.8	32219
	170	58	58	44	42.7	107	105	144	158	163	9	14	378	568	2000	2800	0.41	1.5	0.8	33219
	200	49.5	45	38	40.1	109	118	172	186	185	6	11.5	370	478	1800	2400	0.35	1.7	1	30319
	200	49.5	45	32	61.2	109	107	157	186	189	6	17.5	310	400	1800	2400	0.83	0.7	0.4	31319
	200	71.5	67	55	49.0	109	114	166	186	187	8	16.5	515	738	1800	2400	0.35	1.7	1	32319
100	140	25	25	20	24.3	107	108	128	132	136	4	5	128	218	2400	3200	0.33	1.8	1	32920
	150	32	32	24	32.8	109	109	134	141	144	6	8	172	282	2200	3000	0.46	1.3	0.7	32020
	150	39	39	32.5	29.1	109	108	135	141	143	7	6.5	230	390	2200	3000	0.29	2.1	1.2	33020
	165	52	52	40	40.3	110	110	142	155	159	8	12	308	528	2000	2800	0.41	1.5	0.8	33120
	180	37	34	29	36.4	112	114	157	168	169	5	8	255	350	1900	2600	0.42	1.4	0.8	30220
	180	49	46	39	41.9	112	113	154	168	172	5	10	340	512	1900	2600	0.42	1.4	0.8	32220
	180	63	63	48	45.5	112	112	151	168	172	10	15	438	665	1900	2600	0.4	1.5	0.8	33220
	215	51.5	47	39	42.2	114	127	184	201	199	6	12.5	405	525	1600	2000	0.35	1.7	1	30320
	215	56.5	51	35	68.4	114	115	168	201	204	7	21.5	372	488	1600	2000	0.83	0.7	0.4	31320
	215	77.5	73	60	52.9	114	122	177	201	201	8	17.5	600	872	1600	2000	0.35	1.7	1	32320

注：内圈圆角 r、外圈倒角 r_1、内圈定位轴肩倒角 r_a、外圈定位轴肩倒角 r_b 见 GB/T 297—2015。

表 14-4 圆柱滚子轴承（摘自 GB/T 283—2007）

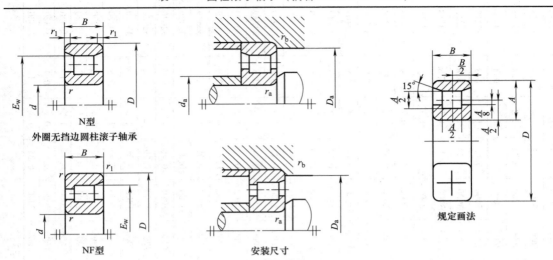

N型
外圈无挡边圆柱滚子轴承

NF型

安装尺寸

规定画法

标记示例

代号为 N 1004 的轴承标记为　滚动轴承 N 1004　GB/T 283—2007
代号为 NF 204 的轴承标记为　滚动轴承 NF 204　GB/T 283—2007

						径向当量动载荷				径向当量静载荷	
						$P_r = F_r$				$P_{0r} = F_{0r}$	
外形尺寸/mm			安装尺寸/mm		其他尺寸/mm	径向基本额定动载荷 C_r/kN	径向基本额定静载荷 C_{0r}/kN	极限转速/(r/min)		轴承代号	
d	D	B	d_a min	D_a min	E_w			脂润滑	油润滑	N 型	NF 型
15	35	11	19	—	29.3	7.98	5.5	15000	19000	N 202	NF 202
17	40	12	21	—	33.9	9.12	7.0	14000	18000	N 203	NF 203
20	42	12	24	—	36.5	10.5	8.0	13000	17000	N 1004	—
	47	14	25	42	40	12.5	11.0	12000	16000	—	NF 204
	47	14	25	42	41.5	25.8	24.0	12000	16000	N 204E	
	47	18	25	42	41.5	30.8	30.0	12000	16000	N 2204E	
	52	15	26.5	47	44.5	18.0	15.0	11000	15000	—	NF 304
	52	15	26.5	47	45.5	29.0	25.5	11000	15000	N 304E	
	52	21	26.5	47	45.5	39.2	37.5	10000	14000	N 2304E	
25	47	12	29	—	41.5	11.0	10.2	11000	15000	N 1005	
	52	15	30	47	45	14.2	12.8	11000	14000	—	NF 205
	52	15	30	47	46.5	27.5	26.8	11000	14000	N 205E	
	52	18	30	—	45	21.2	19.8	11000	14000	N 2205	
	52	18	30	47	46.5	32.8	33.8	11000	14000	N 2205E	
	62	17	31.5	55	54	38.5	35.8	9000	12000	N 305E	
	62	24	31.5	55	53	38.5	39.2	9000	12000	—	NF 2305
	62	24	31.5	55	54	53.2	54.5	9000	12000	N 2305E	
30	62	16	36	56	53.5	19.5	18.2	8500	11000	—	NF 206
	62	16	36	56	55.5	36.0	35.5	8500	11000	N 206E	
	62	20	36	—	53.5	28.8	30.2	8500	11000	N 2206	
	62	20	36	56	55.5	45.5	48.0	8500	11000	N 2206E	
	72	19	37	64	62	33.5	31.5	8000	10000	—	NF 306
	72	19	37	64	62.5	49.2	48.2	8000	10000	N 306E	
	72	27	37	64	62	46.5	47.5	8000	10000	—	NF 2306
	72	27	37	64	62.5	70.0	75.5	8000	10000	N2306E	
	90	23	39	—	73	57.2	53.0	7000	9000	N 406	

（续）

外形尺寸/mm			安装尺寸/mm		其他尺寸/mm	径向基本额定动载荷 C_r/kN	径向基本额定静载荷 C_{0r}/kN	极限转速/(r/min)		轴承代号	
d	D	B	d_a min	D_a min	E_w			脂润滑	油润滑	N 型	NF 型
35	72	17	42	64	61.8	28.5	28.0	7500	9500	—	NF 207
	72	17	42	64	64	46.5	48.0	7500	9500	N 207E	—
	72	23	42	—	61.8	43.8	48.5	7500	9500	N 2207	—
	72	23	42	64	64	57.5	63.0	7500	9500	N 2207E	—
	80	21	44	71	68.2	41.0	39.2	7000	9000	—	NF 307
	80	21	44	71	70.2	62.0	63.2	7000	9000	N 307E	—
	80	31	44	71	68.2	54.8	57.0	7000	9000	—	NF 2307
	80	31	44	71	70.2	87.5	98.2	7000	9000	N 2307E	—
	100	25	44	—	83	70.8	68.2	6000	7500	N 407	—
40	68	15	45	—	61	21.2	22.0	7500	9500	N 1008	—
	80	18	47	72	70	37.5	38.2	7000	9000	—	NF 208
	80	18	47	72	71.5	51.5	53.0	7000	9000	N 208E	—
	80	23	47	—	70	52.0	57.8	7000	9000	N 2208	—
	80	23	47	72	71.5	67.5	75.2	7000	9000	N 2208E	—
	90	23	49	80	77.5	48.8	47.5	6300	8000	—	NF 308
	90	23	49	80	80	76.8	77.8	6300	8000	N 308E	—
	90	33	49	80	77.5	70.8	76.8	6300	8000	—	NF 2308
	90	33	49	80	80	105	118	6300	8000	N 2308E	—
	110	27	50	—	92	90.5	89.8	5600	7000	N 408	—
45	85	19	52	77	75	39.8	41.0	6300	8000	—	NF 209
	85	23	52	—	75	54.8	62.2	6300	8000	N 2209	—
	85	23	52	77	76.5	71.0	82.0	6300	8000	N 2209E	—
	100	25	54	89	86.5	66.8	66.8	5600	7000	—	NF 309
	100	25	54	89	88.5	93.0	98.0	5600	7000	N 309E	—
	100	36	54	89	86.5	91.5	100	5600	7000	—	NF 2309
	100	36	54	89	88.5	130	152	5600	7000	N 2309E	—
	120	29	55	—	100.5	102	100	5000	6300	N 409	—
50	80	16	55	—	72.5	25.0	27.5	6300	8000	N 1010	—
	90	20	57	83	80.4	43.2	48.5	6000	7500	—	NF 210
	90	20	57	83	81.5	61.2	69.2	6000	7500	N 210E	—
	90	23	57	—	80.4	57.2	69.2	6000	7500	N 2210	—
	90	23	57	83	81.5	74.2	88.8	6000	7500	N 2210E	—
	110	27	60	98	95	76.0	79.5	5300	6700	—	NF 310
	110	27	60	98	97	105	112	5300	6700	N 310E	—
	110	40	60	98	95	112	132	5300	6700	—	NF 2310
	110	40	60	98	97	155	185	5300	6700	N 2310E	—
	130	31	62	—	110.8	120	120	4800	6000	N 410	—
55	90	18	61.5	—	80.5	35.8	40.0	5600	7000	N 1011	—
	100	21	64	91	88.5	52.8	60.2	5300	6700	—	NF 211
	100	21	64	91	90.0	80.2	95.5	5300	6700	N 211E	—
	100	25	64	—	88.5	70.8	87.5	5300	6700	N 2211	—
	100	25	64	91	90	94.8	118	5300	6700	N 2211E	—
	120	29	65	107	104.5	97.8	105	4800	6000	—	NF 311
	120	29	65	107	106.5	128	138	4800	6000	N 311E	—
	120	43	65	107	104.5	130	148	4800	6000	—	NF 2311
	120	43	65	107	106.5	190	228	4800	6000	N 2311E	—
	140	33	67	—	117.2	128	132	4300	5300	N 411	—

（续）

外形尺寸/mm			安装尺寸/mm		其他尺寸/mm	径向基本额定动载荷 C_r/kN	径向基本额定静载荷 C_{0r}/kN	极限转速/(r/min)		轴承代号	
d	D	B	d_a min	D_a min	E_W			脂润滑	油润滑	N 型	NF 型
60	95	18	66.5	—	85.5	38.5	45.0	5300	6700	N 1012	—
	110	22	69	100	97	62.8	73.5	5000	6300	—	NF 212
	110	22	69	100	100	89.8	102	5000	6300	N 212E	—
	110	28	69	—	97	91.2	118	5000	6300	N 2212	—
	110	28	69	100	100	122	152	5000	6300	N 2212E	—
	130	31	72	116	113	118	128	4500	5600	—	NF 312
	130	31	72	116	115	142	155	4500	5600	N 312E	—
	130	46	72	116	113	155	195	4500	5600	—	NF 2312
	130	46	72	116	115	212	260	4500	5600	N 2312E	—
	150	35	72	—	127	155	162	4000	5000	N 412	—
65	120	23	74	108	105.6	73.2	87.5	4500	5600	—	NF 213
	120	23	74	108	108.5	102	118	4500	5600	N 213E	—
	120	31	74	—	105.5	108	145	4500	5600	N 2213	—
	120	31	74	108	108.5	142	180	4500	5600	N 2213E	—
	140	33	77	125	121.5	125	135	4000	5000	—	NF 313
	140	33	77	125	124.5	170	188	4000	5000	N 313E	—
	140	48	77	125	121.5	175	210	4000	5000	—	NF 2313
	140	48	77	125	124.5	235	285	4000	5000	N 2313E	—
	160	37	77	—	135.3	170	178	3800	4800	N 413	—
70	110	20	76.5	—	100	47.5	57.0	4800	6000	N 1014	—
	125	24	79	114	110.5	73.2	87.5	4300	5300	—	NF 214
	125	24	79	114	113.5	112	135	4300	5300	N 214E	—
	125	31	79	—	110.5	108	145	4300	5300	N 2214	—
	125	31	79	114	113.5	148	192	4300	5300	N 2214E	—
	150	35	82	134	130	145	162	3800	4800	—	NF 314
	150	35	82	134	133	195	220	3800	4800	N 314E	—
	150	51	82	134	130	212	260	3800	4800	—	NF 2314
	150	51	82	134	133	260	320	3800	4800	N 2314E	—
	180	42	84	—	152	215	232	3400	4300	N 414	—
75	130	25	84	120	116.5	89.0	110	4000	5000	—	NF 215
	130	25	84	120	118.5	125	155	4000	5000	N 215E	—
	130	31	84	—	116.5	125	165	4000	5000	N 2215	—
	130	31	84	120	118.5	155	205	4000	5000	N 2215E	—
	160	37	87	143	139.5	165	188	3600	4500	—	NF 315
	160	37	87	143	143	228	260	3600	4500	N 315E	—
	160	55	87	143	139.5	245	308	3600	4500	N 2315	NF 2315
	190	45	89	—	160.5	250	272	3200	4000	N 415	—
80	125	22	86.5	—	113.5	59.2	77.8	4300	5300	N 1016	—
	140	26	90	128	125.3	102	125	3800	4800	—	NF 216
	140	26	90	128	127.3	132	165	3800	4800	N 216E	—

（续）

外形尺寸/mm			安装尺寸/mm		其他尺寸/mm	径向基本额定动载荷 C_r/kN	径向基本额定静载荷 C_{0r}/kN	极限转速/(r/min)		轴承代号	
d	D	B	d_a min	D_a min	E_w			脂润滑	油润滑	N 型	NF 型
80	140	33	90	—	125.3	145	195	3800	4800	N 2216	—
	140	33	90	128	127.3	178	242	3800	4800	N 2216E	—
	170	39	92	151	147	175	200	3400	4300	—	NF 316
	170	39	92	151	151	245	282	3400	4300	N 316E	—
	170	58	92	151	147	258	328	3400	4300	N 2316	NF 2316
	200	48	94	—	170	285	315	3000	3800	N 416	—
85	150	28	95	137	133.8	115	145	3600	4500	—	NF 217
	150	28	95	137	136.5	158	192	3600	4500	N 217E	—
	150	36	95	—	133.8	165	230	3600	4500	N 2217	—
	150	36	95	137	136.5	205	272	3600	4500	N 2217 E	—
	180	41	99	160	156	212	242	3200	4000	—	NF 317
	180	41	99	160	160	280	332	3200	4000	N 317E	—
	180	60	99	160	156	295	380	3200	4000	N 2317	NF 2317
	210	52	103	—	179.5	312	345	2800	3600	N 417	—
90	140	24	98	—	127	74.0	94.8	3800	4800	N 1018	—
	160	30	100	146	143	142	178	3400	4300	—	NF 218
	160	30	100	146	145	172	215	3400	4300	N 218E	—
	160	40	100	—	143	192	268	3400	4300	N 2218	—
	160	40	100	146	145	230	312	3400	4300	N 2218E	—
	190	43	104	169	165	228	265	3000	3800	—	NF 318
	190	43	104	169	169.5	298	348	3000	3800	N 318 E	—
	190	64	104	169	165	310	395	3000	3800	N 2318	NF 2318
	225	54	108	—	191.5	352	392	2400	3200	N 418	—
95	170	32	107	155	151.5	152	190	3200	4000	—	NF 219
	170	32	107	155	154.5	208	262	3200	4000	N 219E	—
	170	43	107	—	151.5	215	298	3200	4000	N 2219	—
	170	43	107	155	154.5	275	368	3200	4000	N 2219E	—
	200	45	109	178	173.5	245	288	2800	3600	—	NF 319
	200	45	109	178	177.5	315	380	2800	3600	N 319E	—
	200	67	109	178	173.5	370	500	2800	3600	N 2319	NF 2319
	240	55	113	—	201.5	378	428	2200	3000	N 419	—
100	150	24	108	—	137	78.0	102	3400	4300	N 1020	—
	180	34	112	164	160	168	212	3000	3800	—	NF 220
	180	34	112	164	163	235	302	3000	3800	N 220E	—
	180	46	112	—	160	240	335	3000	3800	N 2220	—
	180	46	112	164	163	318	440	3000	3800	N 2220E	—
	215	47	114	190	185.5	282	340	2600	3200	—	NF 320
	215	47	114	190	191.5	365	425	2600	3200	N 320E	—
	215	73	114	190	185.5	415	558	2600	3200	N 2320	NF 2320
	250	58	118	—	211	418	480	2000	2800	N 420	—

注：内圈倒角 r、外圈倒角 r_1、内圈定位轴肩倒角 r_a、外圈定位轴肩倒角 r_b 见 GB/T 283—2007。

表 14-5 推力球轴承（摘自 GB/T 301—2015）

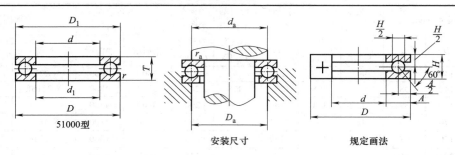

51000型   安装尺寸   规定画法

标记示例

代号为 51305 的轴承标记为   滚动轴承 51305   GB/T 301—2015

轴向当量动载荷										
$P_a = F_a$						轴向当量静载荷				
						$P_{0a} = F_{0a}$				
外形尺寸/mm			安装尺寸/mm			轴向基本额定动载荷 C_a/kN	轴向基本额定静载荷 C_{0a}/kN	极限转速/(r/min)		轴承代号
d	D	T	d_1 max	d_a min	D_a max			脂润滑	油润滑	
10	24	9	24	18	16	10.0	14.0	6300	9000	51100
	26	11	26	20	16	12.5	17.0	6000	8000	51200
12	26	9	26	20	18	10.2	15.2	6000	8500	51101
	28	11	28	22	18	13.2	19.0	5300	7500	51201
15	28	9	28	23	20	10.5	16.8	5600	8000	51102
	32	12	32	25	22	16.5	24.8	4800	6700	51202
17	30	9	30	25	22	10.8	18.2	5300	7500	51103
	35	12	35	28	24	17.0	27.2	4500	6300	51203
20	35	10	35	29	26	14.2	24.5	4800	6700	51104
	40	14	40	32	28	22.2	37.5	3800	5300	51204
	47	18	47	36	31	35.0	55.8	3600	4500	51304
25	42	11	42	35	32	15.2	30.2	4300	6000	51105
	47	15	47	38	34	27.8	50.5	3400	4800	51205
	52	18	52	41	36	35.5	61.5	3000	4300	51305
	60	24	60	46	39	55.5	89.2	2200	3400	51405
30	47	11	47	40	37	16.0	34.2	4000	5600	51106
	52	16	52	43	39	28.0	54.2	3200	4500	51206
	60	21	60	48	42	42.8	78.5	2400	3600	51306
	70	28	70	54	46	72.5	125	1900	3000	51406
35	52	12	52	45	42	18.2	41.5	3800	5300	51107
	62	18	62	51	46	39.2	78.2	2800	4000	51207
	68	24	68	55	48	55.2	105	2000	3200	51307
	80	32	80	62	53	86.8	155	1700	2600	51407
40	60	13	60	52	48	26.8	62.8	3400	4800	51108
	68	19	68	57	51	47.0	98.2	2400	3600	51208
	78	26	78	63	55	69.2	135	1900	3000	51308
	90	36	90	70	60	112	205	1500	2200	51408

（续）

外形尺寸/mm			安装尺寸/mm			轴向基本额定动载荷 C_a/kN	轴向基本额定静载荷 C_{0a}/kN	极限转速/(r/min)		轴承代号
d	D	T	d_1 max	d_a min	D_a max			脂润滑	油润滑	
45	65	14	65	57	53	27.0	66.0	3200	4500	51109
	73	20	73	62	56	47.8	105	2200	3400	51209
	85	28	85	69	61	75.8	150	1700	2600	51309
	100	39	100	78	67	140	262	1400	2000	51409
50	70	14	70	62	58	27.2	69.2	3000	4300	51110
	78	22	78	67	61	48.5	112	2000	3200	51210
	95	31	95	77	68	96.5	202	1600	2400	51310
	110	43	110	86	74	160	302	1300	1900	51410
55	78	16	78	69	64	33.8	89.2	2800	4000	51111
	90	25	90	76	69	67.5	158	1900	3000	51211
	105	35	105	85	75	115	242	1500	2200	51311
	120	48	120	94	81	182	355	1100	1700	51411
60	85	17	85	75	70	40.2	108	2600	3800	51112
	95	26	95	81	74	73.5	178	1800	2800	51212
	110	35	110	90	80	118	262	1400	2000	51312
	130	51	130	102	88	200	395	1000	1600	51412
65	90	18	90	80	75	40.5	112	2400	3600	51113
	100	27	100	86	79	74.8	188	1700	2600	51213
	115	36	115	95	85	115	262	1300	1900	51313
	140	56	140	110	95	215	448	900	1400	51413
70	95	18	95	85	80	40.8	115	2200	3400	51114
	105	27	105	91	84	73.5	188	1600	2400	51214
	125	40	125	103	92	148	340	1200	1800	51314
	150	60	150	118	102	255	560	850	1300	51414
75	100	19	100	90	85	48.2	140	2000	3200	51115
	110	27	110	96	89	74.8	198	1500	2200	51215
	135	44	135	111	99	162	380	1100	1700	51315
	160	65	160	125	110	268	615	800	1200	51415
80	105	19	105	95	90	48.5	145	1900	3000	51116
	115	28	115	101	94	83.8	222	1400	2000	51216
	140	44	140	116	104	160	380	1000	1600	51316
	170	68	170	133	117	292	692	750	1100	51416
85	110	19	110	100	95	49.2	150	1800	2800	51117
	125	31	125	109	101	102	280	1300	1900	51217
	150	49	150	124	111	208	495	950	1500	51317
	180	72	177	141	124	318	782	700	1000	51417
90	120	22	120	108	102	65.0	200	1700	2600	51118
	135	35	135	117	108	115	315	1200	1800	51218
	155	50	155	129	116	205	495	900	1400	51318
	190	77	187	149	131	325	825	670	950	51418
100	135	25	135	121	114	85.0	268	1600	2400	51120
	150	38	150	130	120	132	375	1100	1700	51220
	170	55	170	142	128	235	595	800	1200	51320
	210	85	205	165	145	400	1080	600	850	51420

注：套圈倒角 r、定位轴肩倒角 r_a 见 GB/T 301—2015。

第二节　滚动轴承的配合和游隙

表 14-6　安装轴承的轴公差带代号（摘自 GB/T 275—2015）

载荷情况		举例	深沟球轴承、调心球轴承和角接触球轴承	圆柱滚子轴承和圆锥滚子轴承	调心滚子轴承	公差带
			轴承公称内径 d/mm			
内圈承受旋转载荷或方向不定载荷	轻载荷	输送机、轻载齿轮箱	≤18 >18~100 >100~200	— ≤40 >40~140 >140~200	— ≤40 >40~100 >100~200	h5 j6[1] k6[1] m6[1]
	正常载荷	一般通用机械、电动机、泵、内燃机、正齿轮传动装置	≤18 >18~100 >100~140 >140~200	— ≤40 >40~100 >100~140	— ≤40 >40~100 >65~100	j5,js5 k5[2] m5[2] m6
	重载荷	铁路机车车辆轴箱、牵引电机、破碎机等		>50~140 >140~200	>50~100 >100~140	n6 p6
内圈承受固定载荷	所有载荷 内圈需在轴上易移动	非旋转轴上的各种轮子	所有尺寸			f6,g6[1]
	内圈不需在轴上易移动	张紧轮、绳轮				h6,j6
仅受轴向载荷			所有尺寸			j6,js6

① 凡对精度要求较高的场合，应用 j5、k5、m5 代替 j6、k6、m6。

② 单列圆锥滚子轴承、角接触球轴承配合对游隙影响不大，可用 k6、m6 代替 k5、m5。

表 14-7　安装轴承的外壳孔公差带代号（摘自 GB/T 275—2015）

运转状态		载荷状态	其他状况	公差带[1]	
说明	举例			球轴承	滚子轴承
固定的外圈载荷	一般机械、铁路机车车辆轴箱、曲轴主轴承、泵、电动机	轻、正常、重	轴向易移动，可采用剖分式外壳	H7,G7[2]	
		冲击	轴向能移动，可采用整体或剖分式外壳	J7,Js7	
摆动载荷		轻、正常		K7	
		正常、重		M7	
		冲击		J7	K7
旋转的外圈载荷	张紧滑轮、轴毂轴承	轻	轴向不移动，采用整体式外壳	K7,M7	M7,N7
		正常		M7	N7,P7
		重		—	N7,P7

① 并列公差带随尺寸的增大从左至右选择，对旋转精度有较高要求时，可相应提高一个公差等级。

② 不适用于剖分式外壳。

表 14-8　轴和轴承座孔的几何公差（摘自 GB/T 275—2015）

公称尺寸 /mm		圆柱度 t				轴向圆跳动 t_1			
		轴颈		轴承座孔		轴肩		轴承座孔肩	
		轴承公差等级							
		0	6 (6X)	0	6 (6X)	0	6 (6X)	0	6 (6X)
>	至	公差值/μm							
—	6	2.5	1.5	4	2.5	5	3	8	5
6	10	2.5	1.5	4	2.5	6	4	10	6
10	18	3.0	2.0	5	3.0	8	5	12	8
18	30	4.0	2.5	6	4.0	10	6	15	10
30	50	4.0	2.5	7	4.0	12	8	20	12
50	80	5.0	3.0	8	5.0	15	10	25	15
80	120	6.0	4.0	10	6.0	15	10	25	15
120	180	8.0	5.0	12	8.0	20	12	30	20
180	250	10.0	7.0	14	10.0	20	12	30	20
250	315	12.0	8.0	16	12.0	25	15	40	25

表 14-9　配合表面及端面的表面粗糙度（摘自 GB/T 275—2015）

轴或轴承座孔直径/mm		轴或轴承座孔配合表面直径公差等级								
		IT7			IT6			IT5		
		表面粗糙度 Ra/μm								
大于	至	Rz	Ra		Rz	Ra		Rz	Ra	
			磨	车		磨	车		磨	车
—	80	10	1.6	3.2	6.3	0.8	1.6	4	0.4	0.8
80	500	16	1.6	3.2	10	1.6	3.2	6.3	0.8	1.6
端面		25	3.2	6.3	25	3.2	6.3	10	1.6	3.2

表 14-10　角接触轴承的轴向游隙

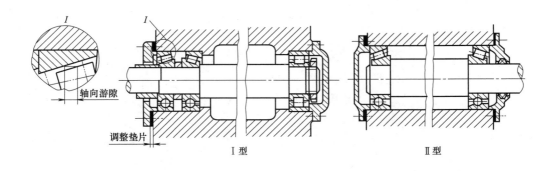

Ⅰ型　　　　　　　　　Ⅱ型

（续）

轴承类型	轴承内径 d/mm		允许轴向游隙的范围/μm						Ⅱ型轴承间允许的距离（最大值）
			Ⅰ型		Ⅱ型		Ⅲ型		
			最小	最大	最小	最大	最小	最大	
	大于	至	接触角 α						
角接触球轴承			α＝15°				α＝25°及40°		8d
	—	30	20	40	30	50	10	20	7d
	30	50	30	50	40	70	15	30	6d
	50	80	40	70	50	100	20	40	5d
	80	120	50	100	60	150	30	50	
圆锥滚子轴承			α＝10°～16°				α＝25°～29°		14d
	—	30	20	40	40	70	—	—	12d
	30	50	40	70	50	100	20	40	11d
	50	80	50	100	80	150	30	50	10d
	80	120	80	150	120	200	40	70	

第十五章

润滑与密封

第一节　润　滑　剂

表 15-1　常用润滑油的性质和用途

名　称	代　号	运动粘度/ (mm²/s) 40℃	倾点/ ℃ 不高于	闪点(开口)/℃ 不低于	主要用途
L-AN 全损耗系统用油 (GB/T 443—1989)	L-AN5	4.14~5.06	-5	80	各种高速轻载机械轴承的润滑和冷却(循环式或油箱式),如转速在10000r/min 以上的精密机械、机床及纺织纱锭的润滑和冷却
	L-AN7	6.12~7.48		110	
	L-AN10	9.00~11.0		130	
	L-AN15	13.5~16.5		150	小型机床齿轮箱、传动装置轴承、中小型电机、风动工具等
	L-AN22	19.8~24.2			
	L-AN32	28.8~35.2			一般机床齿轮变速箱、中小型机床导轨及 100kW 以上电机轴承
	L-AN46	41.4~50.6		160	大型机床、大型刨床
	L-AN68	61.2~74.8			
	L-AN100	90~110		180	低速重载的纺织机械及重型机床,锻造、铸造设备
	L-AN150	135~165			
工业闭式齿轮油 (GB/T 5903—2011)	L-CKC68	61.2~74.8	-12	180	煤炭、水泥、冶金等工业部门大型闭式齿轮传动装置的润滑
	L-CKC100	90~110		200	
	L-CKC150	135~165			
	L-CKC220	198~242	-9		
	L-CKC320	288~352			
	L-CKC460	414~506			
	L-CKC680	612~748	-5		
蜗轮蜗杆油 (SH/T 0094—1991)	L-CKE220	198~242	-6	200	铜-钢配对的圆柱形和双包络等类型的承受轻载荷、传动过程中平稳无冲击的蜗杆副
	L-CKE320	288~352			
	L-CKE460	414~506			
	L-CKE680	612~748		220	
	L-CKE1000	900~1100			

注：表中所列为蜗轮蜗杆油一级品的数值。

表 15-2　闭式齿轮传动润滑油运动粘度（50℃）的推荐值　[单位：(mm²/s)]

齿轮材料	齿面硬度	齿轮节圆速度 v/(m/s)						
		<0.5	0.5~1	1~2.5	2.5~5	5~12.5	12.5~25	>25
调质钢	<280HBW	266	177	118	82	59	44	32
	280~350HBW	266	266	177	118	82	59	44
渗碳或表面淬火钢	40~64HRC	444	266	266	177	118	82	59
塑料、青铜、铸铁	—	177	118	82	59	44	32	—

注：多级齿轮传动润滑油的运动粘度应按各级传动的圆周速度平均值来选取。

表 15-3　闭式蜗杆传动润滑油运动粘度（50℃）的推荐值

滑动速度 v_s/(m/s)	≤1	≤2.5	≤5	>5~10	>10~15	>15~25	>25
工作条件	重载	重载	中载	—	—	—	—
运动粘度/(mm²/s)	444	266	177	118	82	59	44
润滑方法	油池润滑			油池或喷油润滑	喷油润滑,喷油压力/MPa		
					0.07	0.2	0.3

表 15-4　常用润滑脂的主要性质和用途

名称	代号	滴点/℃ 不低于	工作锥入度/(0.1mm) 25℃,150g	特点和用途
钙基润滑脂（GB/T 491—2008）	1号	80	310~340	有耐水性能。用于工作温度为55~60℃的各种工农业、交通运输等机械设备的轴承润滑,特别适用于有水或潮湿的场合
	2号	85	265~295	
	3号	90	220~250	
	4号	95	175~205	
钠基润滑脂（GB 492—1989）	2号	160	265~295	不耐水（或潮湿）。用于工作温度为-10~110℃的一般中负荷机械设备的轴承润滑
	3号		220~250	
通用锂基润滑脂（GB/T 7324—2010）	1号	170	310~340	有良好的耐水性和耐热性。适用于工作温度为-20~120℃的各种机械的滚动轴承、滑动轴承及其他摩擦部位的润滑
	2号	175	265~295	
	3号	180	220~250	
钙钠基润滑脂（SH/T 0368—1992）	2号	120	250~290	用于工作温度为80~100℃、在有水分或较潮湿环境中工作的机械的润滑,多用于铁路机车、列车、小电动车、发电机滚动轴承（温度较高者）的润滑,不适于低温工作
	3号	135	200~240	
7407号齿轮润滑脂（SH/T 046—1994）		160	70~90	各种低速的中、重载齿轮,链轮和联轴器等的润滑,使用温度不高于120℃,可承受冲击载荷不高于25000MPa

表 15-5　滚动轴承润滑脂选用参考（一）

轴径/mm	工作温度/℃	工作环境	轴的转速/(r/min) <300	300~1500	1500~3000	3000~5000
20~140	0~60	有水	3号、4号钙基脂	2号、3号钙基脂	1号、2号钙基脂	1号钙基脂
	60~110	干燥	2号钠基脂	2号钠基脂	2号钠基脂	1号二硫化钼复合钙基脂
	<100	潮湿	2号复合钙基脂	1号、2号复合钙基脂	1号复合钙基脂	1号二硫化钼复合钙基脂
	-20~100	有水	3号、4号锂基脂	2号、3号锂基脂	1号、2号锂基脂	1号二硫化钼锂基脂

表 15-6　滚动轴承润滑脂选用参考（二）

工作温度/℃	轴的转速/(r/min)	载荷	推荐用脂	工作温度/℃	轴的转速/(r/min)	载荷	推荐用脂
0~60	约1000	轻、中	2号、3号钙基脂	0~110	约1000	轻、中、重	2号钠基脂
0~60	约1000	重	4号钙基脂	0~110	约1000	轻、中	2号钠基脂
0~60	1000~2000	轻、中	2号、3号钙基脂	0~140	约1000	轻、中、重	2号二硫化钼复合钙基脂
0~80	约1000	轻、中、重	3号钙钠基脂	0~120	约1000	轻、中	1号二硫化钼复合钙基脂
0~80	1000~2000	轻、中	2号钙钠基脂	0~160			3号二硫化钼复合钙基脂
0~100	约1000	轻、中、重	3号钙钠基脂	-20~100			二硫化钼锂基脂
0~100	约1000	轻、中	1号、2号钙钠基脂				

第二节 润滑装置

表 15-7 直通式压注油杯（摘自 JB/T 7940.1—1995）　　　　　（单位：mm）

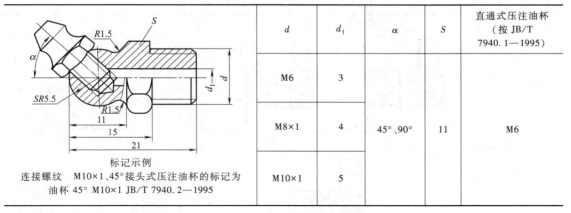

d	H	h	h_1	S	钢球 （按 GB/T 308.1—2013）
M6	13	8	6	8	
M8×1	16	9	6.5	10	3
M10×1	18	10	7	11	

标记示例

连接螺纹 M10×1、直通式压注油杯的标记为

油杯 M10×1 JB/T 7940.1—1995

表 15-8 接头式压注油杯（摘自 JB/T 7940.2—1995）　　　　　（单位：mm）

d	d_1	α	S	直通式压注油杯 （按 JB/T 7940.1—1995）
M6	3			
M8×1	4	45°、90°	11	M6
M10×1	5			

标记示例

连接螺纹 M10×1、45°接头式压注油杯的标记为

油杯 45° M10×1 JB/T 7940.2—1995

表 15-9 压配式压注油杯（摘自 JB/T 7940.4—1995）　　　　　（单位：mm）

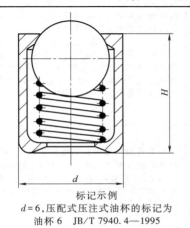

d		H	钢球 （按 GB/T 308.1—2013）
公称尺寸	极限偏差		
6	+0.040 +0.028	6	4
8	+0.049 +0.034	10	5
10	+0.058 +0.040	12	6
16	+0.063 +0.045	20	11
25	+0.085 +0.064	30	12

标记示例

$d=6$，压配式压注式油杯的标记为

油杯 6 JB/T 7940.4—1995

表 15-10 旋盖式油杯（摘自 JB/T 7940.3—1995）　　　　　　（单位：mm）

A型

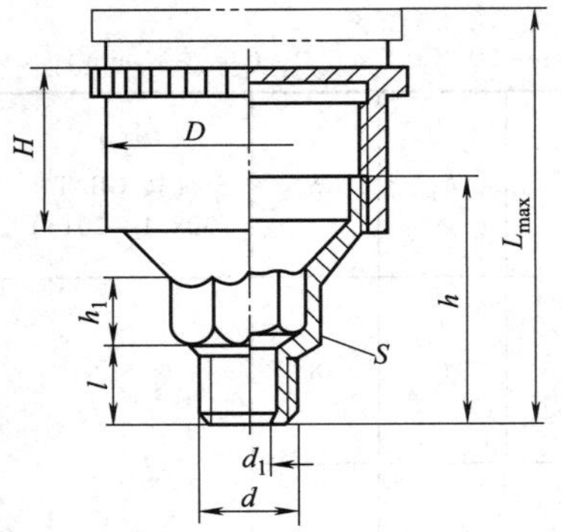

标记示例
最小容量 25cm³、A 型旋盖式油杯的标记为
A25　JB/T 7940.3—1995

最小容量/cm³	d	l	H	h	h_1	d_1	D	L_{max}	S
1.5	M8×1		14	22	7	3	16	33	10
3	M10×1	8	15	23	8	4	20	35	13
6			17	26			26	40	
12			20	30			32	47	
18	M14×1.5		22	32			36	50	18
25		12	24	34	10	5	41	55	
50	M16×1.5		30	44			51	70	21
100			38	52			68	85	

注：B 型旋盖式油杯见 JB/T 7940.3—1995。

第三节　密　封　装　置

表 15-11　常用滚动轴承的密封形式

密封形式		基本类型及图示	特点及应用
接触式密封	毡圈密封	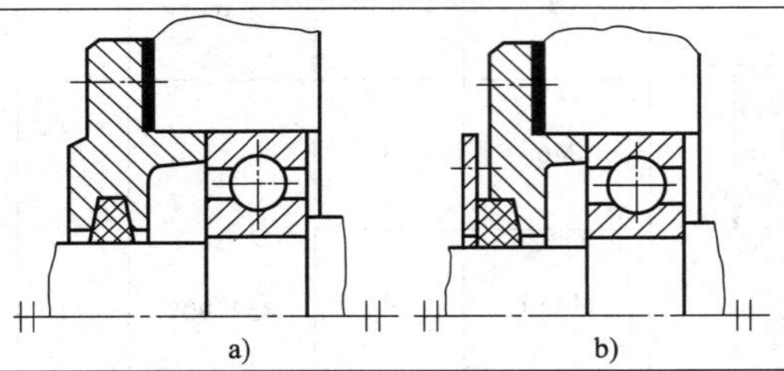 a)　　　　　b)	密封效果是靠矩形毡圈安装于梯形槽中所产生的径向压力来实现的，图 b 可补偿磨损后所产生的径向间隙，且便于更换毡圈 密封特点是结构简单、价廉，但磨损较快、寿命短。主要用于轴承采用脂润滑，且密封处轴的圆周速度较小的场合。对粗、半粗、航空用毡圈，其最大圆周速度分别为 3m/s、5m/s、7m/s，工作温度不高于 90℃
接触式密封	旋转轴唇形密封圈密封	 a) 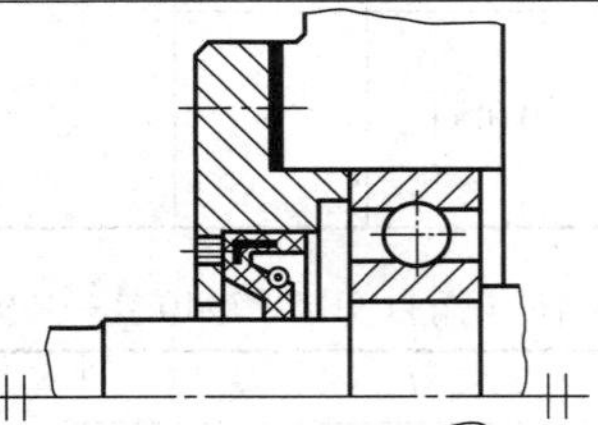 b) 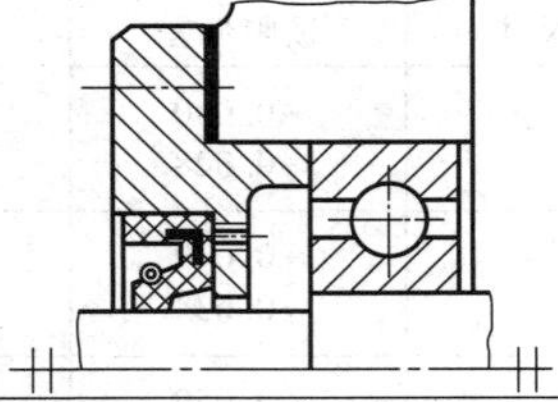	利用密封圈密封唇的弹性和弹簧的压紧力，使密封唇压紧在轴上来实现密封。 密封圈靠过盈安装于轴承盖的孔中，图 a 以防漏油为主，密封唇开口向内安装；图 b 以防尘为主，向外安装；若要求既防漏油又防尘，则采用有副唇的密封圈或两个密封圈背靠背安装 特点是密封性能好，工作可靠。主要用于轴承采用油或脂润滑，且密封处的轴表面圆周速度较大的场合，其最大圆周速度可达 7m/s（磨削）或 15m/s（抛光），工作温度为 -40~100℃
	O 形橡胶密封圈密封	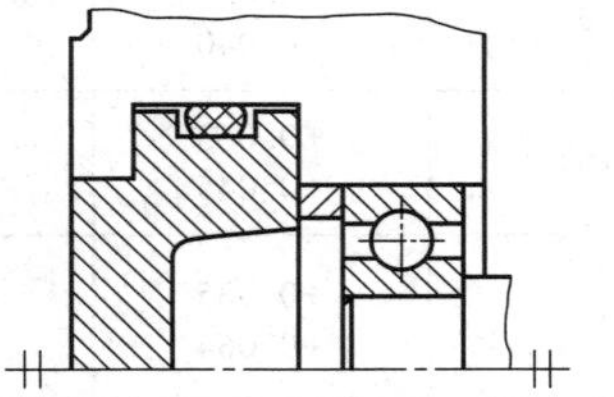	利用 O 形橡胶密封圈安装在沟槽中受到挤压变形来实现密封。可用于静密封和动密封（往复或旋转）。图示为减速器嵌入式端盖用其作为静密封的结构形式，此密封方式的工作温度为 -40~200℃

（续）

密封形式		基本类型及图示	特点及应用
非接触式密封	隙缝密封	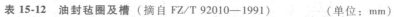 a)　　b)	靠轴与轴承盖间的细小环形间隙或沟槽充满油脂来实现密封。图 a 为圆形间隙式密封，其间隙一般为 0.2~0.5mm，密封处轴的圆周速度小于 5m/s；图 b 为沟槽式密封，其密封性能比前者好，且轴圆周速度不受限制 特点是结构简单，但密封性能不大可靠。主要用于脂润滑，周围环境干净的轴伸处
	曲路密封	a)　　b)	靠旋转件与静止件之间的狭窄曲路（迷宫）充满油脂来实现密封。图 a 为径向曲路，图 b 为轴向曲路，密封处轴的表面圆周速度不受限制 特点是密封效果好，但结构较复杂，制造和安装不便，轴向迷宫不能用于轴有较大热伸长量和整体式轴承座中。主要用于采用油或脂润滑的轴承的密封
组合式密封			组合式密封可由各种密封形式组合而成。图示为甩油密封和隙缝密封的组合结构。离心式密封靠一截面为三角形的挡油盘来实现，离心甩出的油经端盖的槽和开设在箱体轴承座孔底部的回油孔流回箱体内，组合后可提高其密封性能。适用于轴承采用油润滑及速度 $v > 5m/s$ 的情况

表 15-12　油封毡圈及槽（摘自 FZ/T 92010—1991）　　　　（单位：mm）

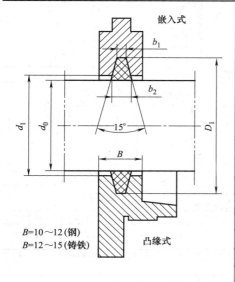

轴径	油封毡圈				沟　　槽			
d_0	d	D	b		D_1	d_1	b_1	b_2
16	15	26			27	17		
18	17	28	3.5		29	19	3	4.3
20	19	30			31	21		
22	21	32			33	23		
25	24	37			38	26		
28	27	40			41	29		
30	29	42			43	31		
32	31	44			45	33		
35	34	47	5		48	36	4	5.5
38	37	50			51	39		
40	39	52			53	41		
42	41	54			55	43		
45	44	57			58	46		
48	47	60			61	49		

嵌入式

$B=10\sim12$（钢）
$B=12\sim15$（铸铁）

凸缘式

（续）

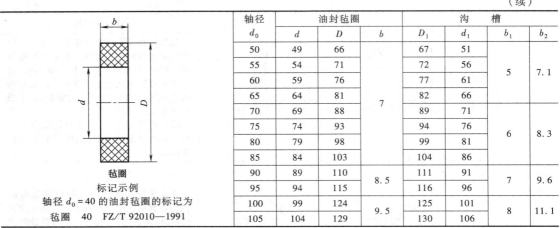

毡圈

标记示例

轴径 $d_0 = 40$ 的油封毡圈的标记为

毡圈　40　FZ/T 92010—1991

轴径 d_0	油封毡圈			沟　槽			
	d	D	b	D_1	d_1	b_1	b_2
50	49	66	7	67	51	5	7.1
55	54	71		72	56		
60	59	76		77	61		
65	64	81		82	66		
70	69	88		89	71	6	8.3
75	74	93		94	76		
80	79	98		99	81		
85	84	103		104	86		
90	89	110	8.5	111	91	7	9.6
95	94	115		116	96		
100	99	124	9.5	125	101	8	11.1
105	104	129		130	106		

表 15-13　旋转轴唇形密封圈类型、尺寸及安装要求（摘自 GB/T 13871.1—2007）

（单位：mm）

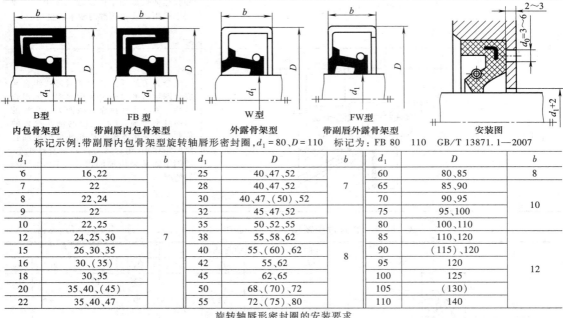

B 型	FB 型	W 型	FW 型	安装图
内包骨架型	带副唇内包骨架型	外露骨架型	带副唇外露骨架型	

标记示例：带副唇内包骨架型旋转轴唇形密封圈，$d_1 = 80$、$D = 110$　标记为：FB 80　110　GB/T 13871.1—2007

d_1	D	b	d_1	D	b	d_1	D	b
6	16、22	7	25	40、47、52	7	60	80、85	8
7	22		28	40、47、52		65	85、90	
8	22、24		30	40、47、(50)、52		70	90、95	10
9	22		32	45、47、52	8	75	95、100	
10	22、25		35	50、52、55		80	100、110	
12	24、25、30		38	55、58、62		85	110、120	
15	26、30、35		40	55、(60)、62		90	(115)、120	
16	30、(35)		42	55、62		95	120	
18	30、35		45	62、65		100	125	12
20	35、40、(45)		50	68、(70)、72		105	(130)	
22	35、40、47		55	72、(75)、80		110	140	

旋转轴唇形密封圈的安装要求

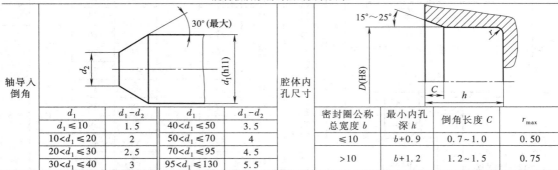

轴导入倒角

d_1	$d_1 - d_2$	d_1	$d_1 - d_2$
$d_1 \leqslant 10$	1.5	$40 < d_1 \leqslant 50$	3.5
$10 < d_1 \leqslant 20$	2	$50 < d_1 \leqslant 70$	4
$20 < d_1 \leqslant 30$	2.5	$70 < d_1 \leqslant 95$	4.5
$30 < d_1 \leqslant 40$	3	$95 < d_1 \leqslant 130$	5.5

腔体内孔尺寸

密封圈公称总宽度 b	最小内孔深 h	倒角长度 C	r_{max}
$\leqslant 10$	$b + 0.9$	0.7~1.0	0.50
> 10	$b + 1.2$	1.2~1.5	0.75

注：1. 标准中考虑国内实际情况，除全部采用国际标准的基本尺寸外，还补充了若干种国内常用的规格，并加括号以示区别。

2. 安装要求中若轴端采用倒圆导入导角，则倒圆的圆角半径不小于表中 $d_1 - d_2$ 的值。

表 15-14　**O 形橡胶密封圈**（摘自 GB/T 3452.1—2005）　　　（单位：mm）

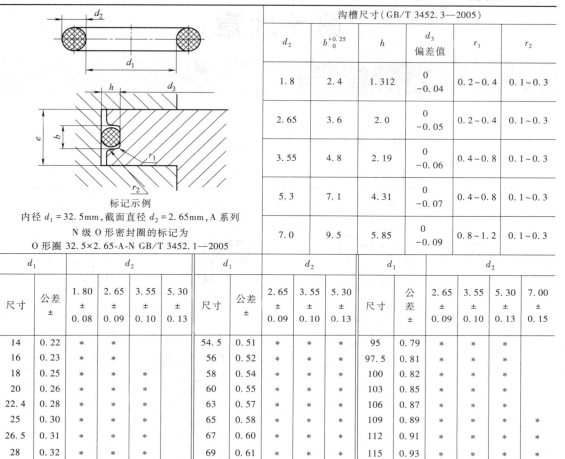

标记示例

内径 $d_1 = 32.5$mm，截面直径 $d_2 = 2.65$mm，A 系列
N 级 O 形密封圈的标记为
O 形圈 32.5×2.65-A-N GB/T 3452.1—2005

沟槽尺寸（GB/T 3452.3—2005）					
d_2	$b^{+0.25}_{0}$	h	d_3 偏差值	r_1	r_2
1.8	2.4	1.312	0 / −0.04	0.2~0.4	0.1~0.3
2.65	3.6	2.0	0 / −0.05	0.2~0.4	0.1~0.3
3.55	4.8	2.19	0 / −0.06	0.4~0.8	0.1~0.3
5.3	7.1	4.31	0 / −0.07	0.4~0.8	0.1~0.3
7.0	9.5	5.85	0 / −0.09	0.8~1.2	0.1~0.3

d_1 尺寸	公差 ±	d_2 1.80 ±0.08	d_2 2.65 ±0.09	d_2 3.55 ±0.10	d_2 5.30 ±0.13	d_1 尺寸	公差 ±	d_2 2.65 ±0.09	d_2 3.55 ±0.10	d_2 5.30 ±0.13	d_1 尺寸	公差 ±	d_2 2.65 ±0.09	d_2 3.55 ±0.10	d_2 5.30 ±0.13	d_2 7.00 ±0.15
14	0.22	*	*			54.5	0.51	*	*	*	95	0.79	*	*	*	
16	0.23	*	*			56	0.52	*	*	*	97.5	0.81	*	*	*	
18	0.25	*	*	*		58	0.54	*	*	*	100	0.82	*	*	*	
20	0.26	*	*	*		60	0.55	*	*	*	103	0.85	*	*	*	
22.4	0.28	*	*	*		63	0.57	*	*	*	106	0.87	*	*	*	
25	0.30	*	*	*		65	0.58	*	*	*	109	0.89	*	*	*	*
26.5	0.31	*	*	*		67	0.60	*	*	*	112	0.91	*	*	*	*
28	0.32	*	*	*		69	0.61	*	*	*	115	0.93	*	*	*	*
30	0.34	*	*	*		71	0.63	*	*	*	118	0.95	*	*	*	*
32.5	0.36	*	*	*		73	0.64	*	*	*	122	0.97	*	*	*	*
34.5	0.37	*	*	*		75	0.65	*	*	*	125	0.99	*	*	*	*
36.5	0.38	*	*	*		77.5	0.67	*	*	*	128	1.01	*	*	*	*
40	0.41	*	*	*	*	80	0.69	*	*	*	132	1.04	*	*	*	*
42.5	0.43	*	*	*	*	82.5	0.71	*	*	*	136	1.07	*	*	*	*
45	0.44	*	*	*	*	85	0.72	*	*	*	140	1.09	*	*	*	*
46.2	0.45	*	*	*	*	87.5	0.74	*	*	*	145	1.13	*	*	*	*
48.7	0.47	*	*	*	*	90	0.76	*	*	*	150	1.16	*	*	*	*
50	0.48	*	*	*	*	92.5	0.77	*	*	*	155	1.19	*	*	*	*

注：* 为可选规格。

表 15-15　**油沟式密封槽**（摘自 JB/ZQ 4245—2006）　　　（单位：mm）

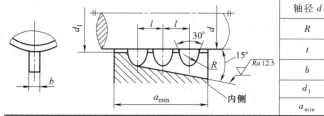

轴径 d	25~80	>80~120	>120~180	槽数 n
R	1.5	2	2.5	2~4（使用 3 个的较多）
t	4.5	6	7.5	
b	4	5	6	
d_1	$d+1$			
$a_{\min}$	$nt+R$			

第十六章

联 轴 器

第一节　联轴器轴孔和连接形式

表 16-1　轴孔和键槽的形式、代号及尺寸系列（摘自 GB/T 3852—2008）

	圆柱形轴孔（Y 型）	有沉孔的短圆柱形轴孔（J 型）	有沉孔的长圆锥形轴孔（Z 型）	圆锥形轴孔（Z₁ 型）
轴孔				
键槽	A型	B型	B₁型	C型

尺寸系列

轴孔直径 d(H7) d_z(H10)	长度			沉孔尺寸		A 型、B 型、B₁ 型键槽						C 型键槽			
	L		L_1	d_1	R	b(P9)		t		t_1		b(P9)		t_2（长系列）	
	长系列	短系列				公称尺寸	极限偏差	公称尺寸	极限偏差	公称尺寸	极限偏差	公称尺寸	极限偏差	公称尺寸	极限偏差
16	42	30	42		1.5	5	−0.012 −0.042	18.3	+0.1 0	20.6	+0.2 0	3	−0.006 −0.031	8.7	+0.100 0
18	42	30	42	38	1.5	6	−0.012 −0.042	20.8	+0.1 0	23.6	+0.2 0	4	−0.012 −0.042	10.1	+0.100 0
19				38		6		21.8		24.6		4		10.6	
20						6		22.8		25.6		4		10.9	
22	52	38	52			6		24.8		27.6		4		11.9	
24						8	−0.015 −0.051	27.3		30.6		5		13.4	
25	62	44	62	48	8	8	−0.015 −0.051	28.3		31.6		5		13.7	
28	62	44	62	48		8		31.3		34.6		5		15.2	
30						8		33.3		36.6		5		15.8	
32	82	60	82	55		10		35.3		38.6		6		17.3	
35	82	60	82	55		10		38.3		41.6		6		18.8	
38						10		41.3	+0.2 0	44.6	+0.4 0	6		20.3	
40				65	2.0	12	−0.018 −0.061	43.3		46.6		10	−0.015 −0.051	21.2	+0.200 0
42				65	2.0	12		45.3		48.6		10		22.2	
45				80		14		48.8		52.6		12	−0.018 −0.061	23.7	
48	112	84	112	80		14	−0.018 −0.061	51.8		55.6		12		25.2	
50	112	84	112			14		53.8		57.6		12		26.2	
55				95	2.5	16		59.3		63.6		14		29.2	
56				95	2.5	16		60.3		64.6		14		29.7	

（续）

轴孔直径 d(H7) d_z(H10)	长度			沉孔尺寸		A 型、B 型、B₁ 型键槽						C 型键槽			
	L		L_1	d_1	R	b(P9)		t		t_1		b(P9)		t_2(长系列)	
	长系列	短系列				公称尺寸	极限偏差	公称尺寸	极限偏差	公称尺寸	极限偏差	公称尺寸	极限偏差	公称尺寸	极限偏差
60	142	107	142	105	2.5	18	-0.018 -0.061	64.4	+0.2 0	68.8	+0.4 0	16	-0.018 -0.061	31.7	+0.200 0
63								67.4		71.8				32.2	
65								69.4		73.8				34.2	
70				120		20		74.9		79.8		18		36.8	
71								75.9		80.8				37.3	
75								79.9		84.8				39.3	
80	172	132	172	140		22	-0.022 -0.074	85.4		90.8		20	-0.022 -0.074	41.6	
85								90.4		95.8				44.1	
90				160	3.0	25		95.4		100.8		22		47.1	
95								100.4		105.8				49.6	
100	212	167	212	180		28		106.4		112.8		25		51.3	
110								116.4		122.8				56.3	

注：1. 圆柱形轴孔与相配轴径的配合：d = 10～30 时为 H7/j6；d > 30～50 时为 H7/k6；d > 50 时为 H7/m6。根据使用要求，也可选用 H7/r6 或 H7/n6。
2. 键槽宽度 b 的极限偏差也可采用 Js9 或 D10。
3. 标记方法：

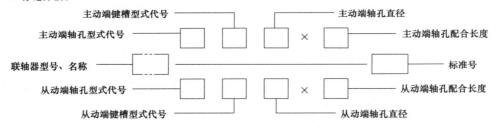

第二节　刚性联轴器

表 16-2　凸缘联轴器（摘自 GB/T 5843—2003）

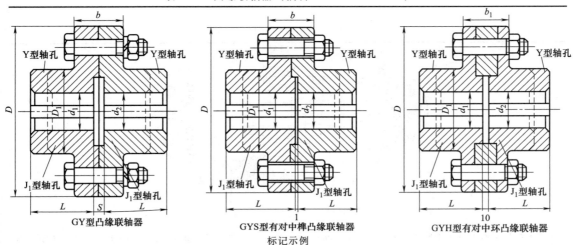

GY 型凸缘联轴器

GYS 型有对中榫凸缘联轴器

GYH 型有对中环凸缘联轴器

标记示例

主动端为 Y 型轴孔、A 型键槽、d_1 = 30mm，L = 82mm，从动端为 J₁ 型轴孔、A 型键槽、d_2 = 30mm、L = 60mm 的凸缘联轴器的标记为

$$GY5 \text{ 联轴器} \frac{30 \times 82}{J_1 30 \times 60} GB/T \ 5843—2003$$

（续）

型号	公称转矩 T_n/(N·m)	许用转速 $[n]$/(r/min)	轴孔直径 d_1、d_2/mm	轴孔长度 L/mm Y型	轴孔长度 L/mm J_1型	D/mm	D_1/mm	b/mm	b_1/mm	S/mm	转动惯量 I/(kg·m²)	质量 m/kg
GY1			12、14	32	27							
GYS1	25	12000	16、18、19	42	30	80	30	26	42	6	0.0008	1.16
GYH1												
GY2			16、18、19	42	30							
GYS2	63	10000	20、22、24	52	38	90	40	28	44	6	0.0015	1.72
GYH2			25	62	44							
GY3			20、22、24	52	38							
GYS3	112	9500	25、28	62	44	100	45	30	46	6	0.0025	2.38
GYH3												
GY4			25、28	62	44							
GYS4	224	9000	30、32、35	82	60	105	55	32	48	6	0.003	3.15
GYH4												
GY5			30、32、35、38	82	60							
GYS5	400	8000	40、42	112	84	120	68	36	52	8	0.007	5.43
GYH5												
GY6			38	82	60							
GYS6	900	6800	40、42、45、48、50	112	84	140	80	40	56	8	0.015	7.59
GYH6												
GY7			48、50、55、56	112	84							
GYS7	1600	6000	60、63	142	107	160	100	40	56	8	0.031	13.1
GYH7												
GY8			60、63、65、70、71、75	142	107							
GYS8	3150	4800	80	172	132	200	130	50	68	10	0.103	27.5
GYH8												
GY9			75	142	107							
GYS9	6300	3600	80、85、90、95	172	132	260	160	66	84	10	0.319	47.8
GYH9			100	212	167							

注：凸缘联轴器不具备径向、轴向和角度的补偿性能，刚性好，传递转矩大，结构简单，工作可靠，维护简便，适用于两轴对中精度良好的一般轴系传动。

第三节　挠性联轴器

一、有弹性元件的挠性联轴器

表 16-3　弹性套柱销联轴器（摘自 GB/T 4323—2002）

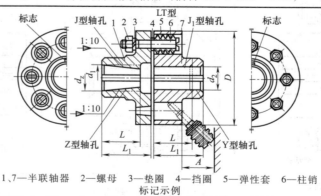

1、7—半联轴器　2—螺母　3—垫圈　4—挡圈　5—弹性套　6—柱销

标记示例

主动端为 J_1 型轴孔、A 型键槽、$d_1=30\text{mm}$、$L_{推荐}=50\text{mm}$，从动端为 J_1 型轴孔、A 型键槽、$d_2=35\text{mm}$、$L_{推荐}=50\text{mm}$ 的弹性套柱销联轴器的标记为

$$\text{LT5 联轴器} \frac{J_1 30\times50}{J_1 35\times50} \quad \text{GB/T 4323—2002}$$

（续）

型号	公称转矩 T_n/(N·m)	许用转速 [n]/(r/min)	轴孔直径 d_1、d_2、d_z/mm	轴孔长度/mm Y型 L	轴孔长度/mm J、J_1、Z型 L_1	轴孔长度/mm J、J_1、Z型 Z型 L	$L_{推荐}$	D/mm	A/mm	质量/kg	转动惯量/(kg·m²)	许用补偿量 径向 ΔY/mm	许用补偿量 角向 Δα
LT1	6.3	8800	9	20	14	—	25	71	18	0.82	0.0005		
			10、11	25	17								
			12、14	32	20								
LT2	16	7600	12、14				35	80		1.20	0.0008	0.2	1°30′
			16、18、19	42	30	42							
LT3	31.5	6300	16、18、19				38	95	35	2.20	0.0023		
			20、22	52	38	52							
LT4	63	5700	20、22、24				40	106		2.84	0.0037		
			25、28	62	44	62							
LT5	125	4600	25、28				50	130		6.05	0.0120		
			30、32、35	82	60	82			45			0.3	
LT6	250	3800	32、35、38				55	160		9.57	0.0280		
			40、42										
LT7	500	3600	40、42、45、48	112	84	112	65	190		14.01	0.0550		
LT8	710	3000	45、48、50、55、56	112	84	112	70	224		23.12	0.1340		1°
			60、63	142	107	142			65			0.4	
LT9	1000	2850	50、55、56	112	84	112	80	250		30.69	0.2130		
			60、63、65、70、71	142	107								
LT10	2000	2300	63、65、70、71、75			142	100	315	80	61.40	0.6600		
			80、85、90、95	172	132								
LT11	4000	1800	80、85、90、95			172	115	400	100	120.7	2.1220	0.5	
			100、110	212	167	212							
LT12	8000	1450	100、110、120、125			212	135	475	130	210.34	5.3900		0°30′
			130	252	202	252							
LT13	16000	1150	120、125	212	167	212	160	600	180	419.36	17.5800	0.6	
			130、140、150	252	202	252							
			160、170	302	242	302							

注：1. 质量、转动惯量按材料为铸钢。

2. 弹性套柱销联轴器具有一定的补偿两轴线相对偏移和减振缓冲能力，适用于安装底座刚性好，冲击载荷不大的中、小功率轴系传动，可用于经常正反转、起动频繁的场合，工作温度为-20～70℃。

表 16-4　弹性柱销联轴器（摘自 GB/T 5014—2003）

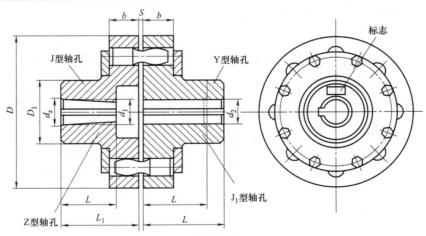

标记示例

主动端为 Z 型轴孔、C 型键槽、d_z=75mm、L=107mm，从动端为 J_1 型轴孔、B 型键槽、d_2=70mm、L=107mm 的弹性柱销联轴器的标记为

LX7　联轴器 $\dfrac{ZC75\times107}{J_1 B70\times107}$ GB/T 5014—2003

209

机械设计课程设计 第2版

（续）

型号	公称转矩 T_n/(N·m)	许用转速 [n]/(r/min)	轴孔直径 $d_1、d_2、d_z$/mm	轴孔长度/mm Y型 L	J、J₁、Z型 L	L₁	D/mm	D₁/mm	b/mm	S/mm	质量/kg	转动惯量/(kg·m²)	径向 ΔY/mm	轴向 ΔX/mm	角向 Δα
LX1	250	8500	12、14	32	27	—	90	40	20	2.5	2	0.002	0.15	±0.5	
			16、18、19	42	30	42									
			20、22、24	52	38	52									
LX2	560	6300	20、22、24	52	38	52	120	55	28	2.5	5	0.009	0.15	±1	
			25、28	62	44	62									
			30、32、35	82	60	82									
LX3	1250	4700	30、32、35、38	82	60	82	160	75	36	2.5	8	0.026	0.15	±1	
			40、42、45、48	112	84	112									
LX4	2500	3870	40、42、45、48、50、55、56	112	84	112	195	100	45	3	22	0.109	0.15	±1.5	
			60、63	142	107	142									
LX5	3150	3450	50、55、56	112	84	112	220	120	45	3	30	0.191	0.15	±1.5	≤0°30′
			60、63、65、70、71、75	142	107	142									
LX6	6300	2720	60、63、65、70、71、75	142	107	142	280	140	56	4	53	0.543	0.2	±2	
			80、85	172	132	172									
LX7	11200	2360	70、71、75	142	107	142	320	170	56	4	98	1.314	0.2	±2	
			80、85、90、95	172	132	172									
			100、110	212	167	212									
LX8	16000	2120	80、85、90、95	172	132	172	360	200	56	5	119	2.023	0.2	±2	
			100、110、120、125	212	167	212									
LX9	22400	1850	100、110、120、125	212	167	212	410	230	63	5	197	4.386	0.2	±2	
			130、140	252	202	252									
LX10	35500	1600	110、120、125	212	167	212	480	280	75	6	322	9.760	0.25	±2.5	
			130、140、150	252	202	252									
			160、170、180	302	242	302									

注：弹性柱销联轴器用于连接两同轴线的传动轴系，并具有补偿两轴相对位移和一般减振性能，工作温度为−20~70℃。

表16-5 梅花形弹性联轴器（摘自 GB/T 5272—2002）

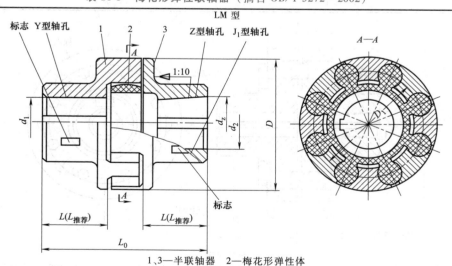

1、3—半联轴器 2—梅花形弹性体
标记示例

LM 型梅花形弹性联轴器，MT3 型弹性件为 a，主动端为 Z 型轴孔、A 型键槽、轴孔直径 $d_z=30$mm、轴孔长度 $L_{推荐}=40$mm，从动端为 Y 型轴孔、B 型键槽、轴孔直径 $d_2=25$mm、轴孔长度 $L_{推荐}=40$mm 的梅花形弹性联轴器的标记为

$$LM3 \text{ 型联轴器} \frac{Z30\times40}{B25\times40}MT3\text{-a} \quad GB/T\ 5272—2002$$

210

（续）

型号	公称转矩 T_n/（N·m）弹性件硬度		许用转速 $[n]$/（r/min）	轴孔直径 d_1、d_2、d_z/mm	轴孔长度/mm			L_0/mm	D/mm	弹性件型号	质量/kg	转动惯量/（kg·m²）	许用补偿量		
	a/H_A	b/H_D			Y型	Z、J_1型	$L_{推荐}$						径向 ΔY/mm	轴向 ΔX/mm	角向 $\Delta \alpha$
	80±5	60±5			L										
LM1	25	45	15300	12、14	32	27	35	86	50	MT1$_{-b}^{-a}$	0.66	0.0002	0.5	1.2	2°
				16、18、19	42	30									
				20、22、24	52	38									
				25	62	44									
LM2	50	100	12000	16、18、19	42	30	38	95	60	MT2$_{-b}^{-a}$	0.93	0.0004	0.6	1.3	
				20、22、24	52	38									
				25、28	62	44									
				30	82	60									
LM3	100	200	10900	20、22、24	52	38	40	103	70	MT3$_{-b}^{-a}$	1.41	0.0009	0.8	1.5	
				25、28	62	44									
				30、32	82	60									
LM4	140	280	9000	22、24	52	38	45	114	85	MT4$_{-b}^{-a}$	2.18	0.0020	0.8	2.0	
				25、28	62	44									
				30、32、35、38	82	60									
				40	112	84									
LM5	350	400	7300	25、28	62	44	50	127	105	MT5$_{-b}^{-a}$	3.6	0.0050	0.8	2.5	
				30、32、35、38	82	60									
				40、42、45	112	84									
LM6	400	710	6100	30、32、35、38	82	60	55	143	125	MT6$_{-b}^{-a}$	6.07	0.0114	1.0	3.0	
				40、42、45、48	112	84									
LM7	630	1120	5300	35 *、38 *	82	60	60	159	145	MT7$_{-b}^{-a}$	9.09	0.0232	1.0	3.0	
				40 *、42 *、45、48、50、55	112	84									
LM8	1120	2240	4500	45 *、48 *、50、55、56	112	84	70	181	170	MT8$_{-b}^{-a}$	13.56	0.0468	1.0	3.5	1.5°
				60、63、65 *	142	107									
LM9	1800	3550	3800	50 *、55 *、56 *	112	84	80	208	200	MT9$_{-b}^{-a}$	21.04	0.1041	1.5	4.0	
				60、63、65、70、71、75	142	107									
				80	172	132									

注：1. 带"＊"者轴孔直径可用于 Z 型轴孔。

2. 表中 a、b 为弹性件硬度代号。

3. 梅花形弹性联轴器补偿两轴的位移量较大，有一定的弹性和缓冲性，常用于中、小功率，中高速，起动频繁，正反转变化和要求工作可靠的部位，由于安装时需轴向移动两半联轴器，不适宜用于大型、重型设备上，工作温度为 -35～80℃。

二、无弹性元件的挠性联轴器

表 16-6 GⅠCL 型鼓形齿式联轴器（摘自 JB/T 8854.3—2001）

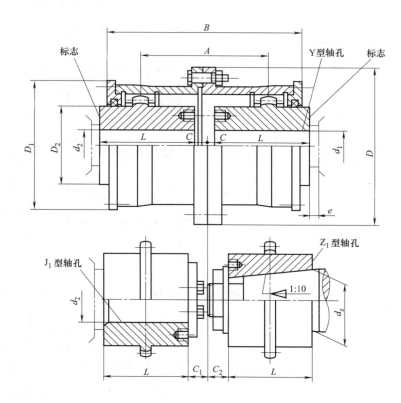

标记示例

主动端为 Y 型轴孔、A 型键槽、d_1 = 50mm、L = 112mm，从动端为 J₁ 型轴孔、B 型键槽、d_2 = 45mm、L = 84mm 的 GⅠCL4 鼓形齿式联轴器的标记为

GⅠCL4 联轴器 $\dfrac{50 \times 112}{J_1 B45 \times 84}$ JB/T 8854.3—2001

型号	公称转矩 T_n/ (N·m)	许用转速 $[n]$/ (r/min)	轴孔直径 d_1、d_2、d_z/ mm	轴孔长度 L/mm Y 型	轴孔长度 L/mm J₁、Z₁ 型	D/ mm	D_1/ mm	D_2/ mm	B/ mm	A/ mm	C/ mm	C_1/ mm	C_2/ mm	e/ mm	转动惯量/ (kg·m²)	质量/ kg	许用补偿量 径向 ΔY/mm	许用补偿量 角向 $\Delta \alpha$
GⅠCL1	800	7100	16、18、19	42	—	125	95	60	115	75	20	—	—	30	0.009	5.9	1.96	
			20、22、24	52	38						10	—	24					
			25、28	62	44						2.5	—	19					
			30、32、35、38	82	60							15	22					
GⅠCL2	1400	6300	25、28	62	44	145	120	75	135	88	10.5	—	29	30	0.02	9.7	2.36	≤1°30′
			30、32、35、38	82	60						2.5	12.5	30					
			40、42、45、48	112	84							13.5	28					
GⅠCL3	2800	5900	30、32、35、38	82	60	170	140	95	155	106	24.5		25	30	0.047	17.2	2.75	
			40、42、45、48、50、55、56	112	84						3	17	28					
			60	142	107								35					

（续）

型号	公称转矩 T_n/(N·m)	许用转速[n]/(r/min)	轴孔直径 d_1、d_2、d_z/mm	轴孔长度 L/mm Y型	轴孔长度 L/mm J_1、Z_1型	D/mm	D_1/mm	D_2/mm	B/mm	A/mm	C/mm	C_1/mm	C_2/mm	e/mm	转动惯量/(kg·m²)	质量/kg	许用补偿量 径向ΔY/mm	许用补偿量 角向Δα
GⅠCL4	5000	5400	32、35、38	82	60	195	165	115	178	125	14	37	32	30	0.091	24.9	3.27	
			40、42、45、48、50、55、56	112	84						3	17	28					
			60、63、65、70	142	107								35					
GⅠCL5	8000	5000	40、42、45、48、50、55、56	112	84	225	183	130	198	142	3	25	28	30	0.167	38	3.8	
			60、63、65、70、71、75	142	107							20	35					
			80	172	132							22	43					
GⅠCL6	11200	4800	48、50、55、56	112	84	240	200	145	218	160	6	35	35	30	0.267	48.2	4.3	≤1°30′
			60、63、65、70、71、75	142	107						4	20	35					
			80、85、90	172	132							22	43					
GⅠCL7	15000	4500	60、63、65、70、71、75	142	107	260	230	160	244	180	4	35	35	30	0.453	68.9	4.7	
			80、85、90、95	172	132							22	43					
			100	212	167						4		48					
GⅠCL8	21200	4000	65、70、71、75	142	107	280	245	175	264	193	5	35	35	30	0.646	83.3	5.24	
			80、85、90、95	172	132							22	43					
			100、110	212	167								48					

注：1. J_1 轴孔根据需要也可以不使用轴端挡圈。
2. 本联轴器具有良好的补偿两轴综合位移的能力，其外形尺寸小，承载能力强，能在高速下可靠工作，适用于重型机械及长轴连接，但不宜用于立轴的连接。

表 16-7　滚子链联轴器（摘自 GB/T 6069—2017）

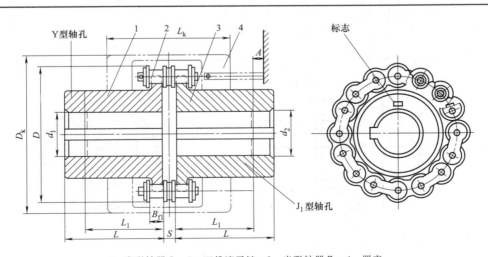

1—半联轴器Ⅰ　2—双排滚子链　3—半联轴器Ⅱ　4—罩壳
标记示例
主动端为 J_1 型轴孔、B 型键槽，$d_1=45$mm、$L_1=84$mm，从动端为 J_1 型轴孔、B 型键槽、$d_2=50$mm、$L_1=84$mm 的滚子链联轴器的标记为

$$GL7\ 联轴器\ \frac{J_1 B45\times84}{J_1 B50\times84}\ \ GB/T\ 6069—2017$$

（续）

型号	公称转矩 T_n/(N·m)	许用转速 [n]/(r/min) 不装罩壳	装罩壳	轴孔直径 d_1、d_2/mm	轴孔长度/mm Y型 L	J_1型 L_1	链条节距 p/mm	齿数 z	D/mm	B_{fl}/mm	S/mm	D_k/mm（最大）	L_k/mm（最大）	质量/kg	转动惯量/(kg·m²)	许用量补偿 径向 ΔY/mm	轴向 ΔX/mm	角向 $\Delta \alpha$
GL1	40	1400	4500	16、18、19	42	—	9.525	14	51.06	5.3	4.9	70	70	0.4	0.0001	0.19	1.4	1°
				50	52	38						75	75	0.7	0.0002			
GL2	63	1250	4500	19	42	—	9.525	16	57.08			85	80	1.1	0.00038			
				20、22、24	52	38												
GL3	100	1000	4000	20、22、24	52	38		14	67.88	7.2	6.7	95	88	1.8	0.00086	0.25	1.9	
				25	62	44	12.7											
GL4	160	1000	4000	24	52	—	12.7	16	76.91			112	100	3.2	0.0025			
				25、28	62	44												
				30、32	82	60												
GL5	250	800	3150	28	62	—		16	94.46	8.9	9.2	140	105	5.0	0.0058	0.32	2.3	
				30、32、35、38	82	60												
				40	112	84	15.875											
GL6	400	630	2500	32、35、38	82	60	15.875	20	116.57	8.9	9.2	150	122	7.4	0.012			
				40、42、45、48、50	112	84												
GL7	630	630	2500	40、42、45、48、50、55	112	84	19.05	18	127.78	11.9	10.9	180	135	11.1	0.025	0.38	2.8	
				60	142	107												
GL8	1000	500	2240	45、48、50、55	112	84		16	154.33			215	145	20.0	0.061			
				60、65、70	142	107												
GL9	1600	400	2000	50、55	112	84	25.40	20	186.50	15	14.3					0.50	3.8	
				60、65、70、75	142	107												
				80	172	132						245	165	26.1	0.079			
GL10	2500	315	1600	60、65、70、75	142	107	31.75	18	213.02	18	17.8					0.63	4.7	
				80、85、90	172	132												

注：1. 有罩壳时，在型号后加"F"，例如 GL5 型联轴器，有罩壳时型号为 GL5F。
　　2. 滚子链联轴器可补偿两轴相对径向位移和角位移，结构简单，重量较轻，装拆维护方便，可用于高温、潮湿和多尘环境，但不宜用于立轴的连接。

表 16-8　尼龙滑块联轴器（摘自 JB/ZQ 4384—2006）

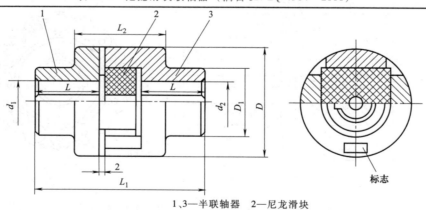

1、3—半联轴器　2—尼龙滑块

标记示例

主动端为 Y 型轴孔、C 型键槽、轴孔直径 $d_1 = 16$mm、轴孔长度 $L = 42$mm，从动端为 Z_1 型轴孔、B 型键槽、轴孔直径 $d_2 = 18$mm、轴孔长度 $L = 42$mm 的 WH2 滑块联轴器的标记为

$$\text{WH2 联轴器} \frac{C16 \times 42}{Z_1 B18 \times 42} \text{JB/ZQ 4384—2006}$$

（续）

型号	公称转矩 T_n/（N·m）	许用转速 $[n]$/（r/min）	轴孔直径 d_1、d_2/mm	轴孔长度 L/mm		D/mm	D_1/mm	B_1/mm	B_2/mm	l	质量/kg	转动惯量/（kg·m²）
				Y 型	J_1 型							
WH1	16	10000	10、11	25	22	40	30	52	13	5	0.6	0.0007
			12、14	32	27							
WH2	31.5	8200	12、14			50	32	56			1.5	0.0038
			16、(17)、18	42	30							
WH3	63	7000	(17)、18、19			70	40	60	18		1.8	0.0063
			20、22	52	38							
WH4	160	5700	20、22、24			80	50	64		8	2.5	0.013
			25、28	62	44							
WH5	280	4700	25、28			100	70	75	23	10	5.8	0.045
			30、32、35	82	60							
WH6	500	3800	30、32、35、38			120	80	90	33	15	9.5	0.12
			40、42、45									
WH7	900	3200	40、42、45、48	112	84	150	100	120	38		25	0.43
			50、55									
WH8	1800	2400	50、55			190	120	150	48	25	55	1.98
			60、63、65、70	142	107							
WH9	3550	1800	65、70、75			250	150	180			85	4.9
			80、85	172	132				58			
WH10	5000	1500	80、85、90、95			330	190	180		40	120	7.5
			100	212	167							

注：1. 装配时两轴的许用补偿量：轴向 $\Delta X = 1 \sim 2$mm，径向 $\Delta Y \leqslant 0.2$mm，角向 $\Delta \alpha \leqslant 0°40'$。

2. 括号内的数值尽量不用。

3. 本联轴器具有一定的补偿两轴相对偏移量、减振和缓冲性能，适用于中、小功率，转速较高，转矩较小的轴系传动，如控制器、油泵装置等，工作温度为 $-20 \sim 70$℃。

第十七章

电动机

Y系列电动机是按照国际电工委员会（IEC）标准设计的，具有高效节能、振动小、噪声低、寿命长等优点。其中，Y系列（IP44）电动机为一般用途全封闭自扇冷式笼型三相异步电动机，具有可防止灰尘、铁屑或其他杂物侵入电动机内部的特点，适用于电源电压为380V且无特殊要求的机械，如机床、泵、风机、运输机、搅拌机、农业机械等。

第一节　Y系列三相异步电动机的技术参数

表 17-1　Y系列（IP44）三相异步电动机的技术参数

电动机型号	额定功率/kW	满载转速/(r/min)	堵转转矩/额定转矩	最大转矩/额定转矩	质量/kg	电动机型号	额定功率/kW	满载转速/(r/min)	堵转转矩/额定转矩	最大转矩/额定转矩	质量/kg
同步转速 3000r/min，2 极						同步转速 1500r/min，4 极					
Y80M1-2	0.75	2825	2.2	2.3	16	Y80M1-4	0.55	1390	2.4	2.3	17
Y90M2-2	1.1	2825	2.2	2.3	17	Y80M2-4	0.75	1390	2.3	2.3	18
Y90S-2	1.5	2840	2.2	2.3	22	Y90S-4	1.1	1400	2.3	2.3	22
Y90L-2	2.2	2840	2.2	2.3	25	Y90L-4	1.5	1400	2.3	2.3	27
Y100L-2	3	2870	2.2	2.3	33	Y100L1-4	2.2	1430	2.2	2.3	34
Y112M-2	4	2890	2.2	2.3	45	Y100L2-4	3	1430	2.2	2.3	38
Y132S1-2	5.5	2900	2.0	2.3	64	Y112M-4	4	1440	2.2	2.3	43
Y132S2-2	7.5	2900	2.0	2.3	70	Y132S-4	5.5	1440	2.2	2.3	68
Y160M1-2	11	2900	2.0	2.3	117	Y132M-4	7.5	1440	2.2	2.3	81
Y160M2-2	15	2930	2.0	2.3	125	Y160M-4	11	1460	2.2	2.3	123
Y160L-2	18.5	2930	2.0	2.2	147	Y160L-4	15	1460	2.0	2.3	144
Y180M-2	22	2940	2.0	2.2	180	Y180M-4	18.5	1470	2.0	2.2	182
Y200L1-2	30	2950	2.0	2.2	240	Y180L-4	22	1470	2.0	2.2	190
Y200L2-2	37	2950	2.0	2.2	255	Y200L-4	30	1480	2.0	2.2	270
Y225M-2	45	2970	2.0	2.2	309	Y225S-4	37	1480	1.9	2.2	284
Y250M-2	55	2970	2.0	2.2	403	Y225M-4	45	1480	1.9	2.2	320
Y280S-2	75	2970	2.0	2.2	544	Y250M-4	55	1480	2.0	2.2	427
Y280M-2	90	2970	2.0	2.2	620	Y280S-4	75	1480	1.9	2.2	562
Y315S-2	110	2980	1.8	2.2	980	Y280M-4	90	1480	1.9	2.2	667

（续）

电动机型号	额定功率/kW	满载转速/(r/min)	堵转转矩/额定转矩	最大转矩/额定转矩	质量/kg	电动机型号	额定功率/kW	满载转速/(r/min)	堵转转矩/额定转矩	最大转矩/额定转矩	质量/kg
同步转速1000r/min,6极						同步转速750r/min,8极					
Y90S-6	0.75	910	2.0	2.2	23	Y132S-8	2.2	710	2.0	2.0	63
Y90L-6	1.1	910	2.0	2.2	25	Y132M-8	3	710	2.0	2.0	79
Y100L-6	1.5	940	2.0	2.2	33	Y160M1-8	4	720	2.0	2.0	118
Y112M-6	2.2	940	2.0	2.2	45	Y160M2-8	5.5	720	2.0	2.0	119
Y132S-6	3	960	2.0	2.2	63	Y160L-8	7.5	720	2.0	2.0	145
Y132M1-6	4	960	2.0	2.2	73	Y180L-8	11	730	1.7	2.0	184
Y132M2-6	5.5	960	2.0	2.2	84	Y200L-8	15	730	1.8	2.0	250
Y160M-6	7.5	970	2.0	2.0	119	Y225S-8	18.5	730	1.7	2.0	266
Y160L-6	11	970	2.0	2.0	147	Y225M-8	22	740	1.8	2.0	292
Y180L-6	15	970	2.0	2.0	195	Y250M-8	30	740	1.8	2.0	405
Y200L1-6	18.5	970	2.0	2.0	220	Y280S-8	37	740	1.8	2.0	520
Y200L2-6	22	970	2.0	2.0	250	Y280M-8	45	740	1.8	2.0	562
Y225M-6	30	980	1.7	2.0	292	Y315S-8	55	740	1.8	2.0	1008

注：电动机型号意义：以Y132S2-2-B3为例，Y表示系列型号，132表示基座中心高，S表示短机座（M—中机座；L—长机座），2表示第2种铁心长度，2为电动机的极数，B3表示安装型式，见表17-2。

第二节　Y系列电动机安装代号

表 17-2　Y系列电动机安装代号

安装型式	基本安装型	由 B3 派生安装型				
	B3	V5	V6	B6	B7	B8
示意图	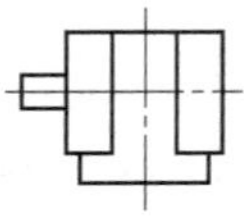	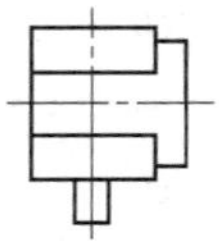	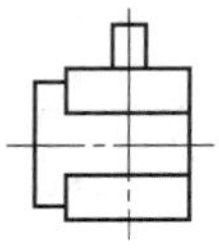	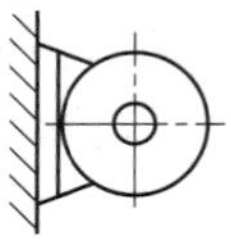	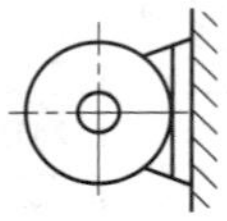	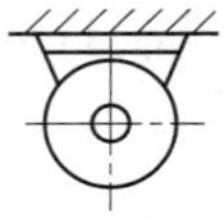
中心高/mm	80～280	80～160				

安装型式	基本安装型	由 B5 派生安装型		基本安装型	由 B35 派生安装型	
	B5	V1	V3	B35	V15	V36
示意图	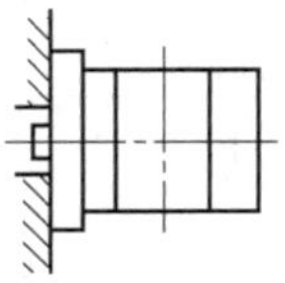	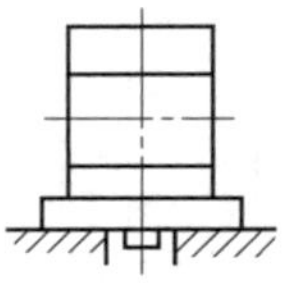	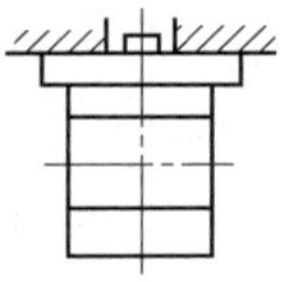	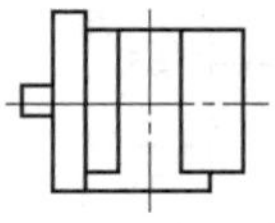	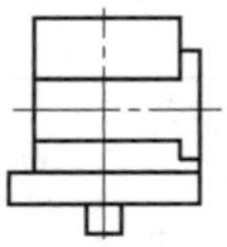	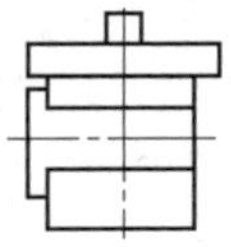
中心高/mm	80～225	80～280		80～160	80～280	80～160

第三节　Y系列电动机的安装及外形尺寸

表 17-3　机座带底脚、端盖上无凸缘的电动机（摘自 JB/T 10391—2008）

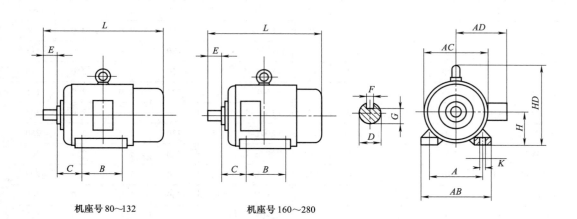

机座号 80～132　　　　　　机座号 160～280

机座号	极数	安装尺寸及公差/mm								外形尺寸/mm					
		A	B	C	D	E	F	G	H	K	AB	AC	AD	HD	L
80M	2,4	125	100	50	19	40	6	15.5	80	10	165	175	150	175	290
90S	2,4,6	140		56	24	+0.009 −0.004		20	90		180	195	160	195	315
90L		140	125	56	24		50	20	90		180	195	160	195	340
100L		160	140	63	28		60	24	100	12	205	215	180	245	380
112M		190	140	70	28		60	24	112	12	245	240	190	265	400
132S	2,4,6,8	216		89	38	80	10	33	132		280	275	210	315	475
132M		216	178	89	38	80	10	33	132		280	275	210	315	515
160M		254	210	108	42	+0.018 +0.002	12	37	160	14.5	330	335	265	385	605
160L		254	254	108	42		12	37	160	14.5	330	335	265	385	650
180M		279	241	121	48		110	14	42.5	180		355	380	285	430	670
180L		279	279	121	48		110	14	42.5	180		355	380	285	430	710
200L		318	305	133	55			16	49	200	18.5	395	420	315	475	775
225S	4,8	356	286	149	60	140	18	53	225	18.5	435	470	345	530	820
225M	2	356	311	149	55	110	16	49	225	18.5	435	470	345	530	815
	4,6,8														845
250M	2	406	349	168	60	+0.030 +0.011	140	18	53	250		490	515	385	575	930
	4,6,8				65				58							
280S	2	457	368	190	65	140	18	58	280	24	550	580	410	640	1000
	4,6,8				75		20	67.5							
280M	2	457	419	190	65	140	18	58	280	24	550	580	410	640	1050
	4,6,8				75		20	67.5							

表 17-4　机座不带底脚、端盖上有凸缘（带通孔）的电动机（摘自 JB/T 10391—2008）

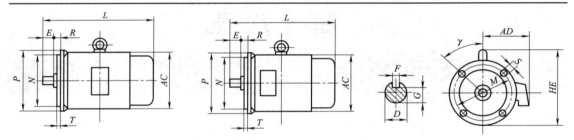

机座号180～200　　　　　　　机座号225　　　　　　　机座号180～200：γ=45°
机座号225：γ=22.5°

机座号	凸缘号	极数	安装尺寸及公差/mm										凸缘孔数	外形尺寸/mm			
			D	E	F	G	M	N	P	R	S	T		AC	AD	HE	L
80M	FF165	2,4	19	40	6	15.5	165	130	200		12	3.5	4	175	150	185	290
90S		2,4,6	24 (+0.009 −0.004)	50	8	20								195	160	195	315
90L			24														340
100L	FF215		28	60		24	215	180	250		14.5	4		215	180	245	380
112M			28											240	190	265	400
132S	FF265		38	80	10	33	265	230	300					275	210	315	475
132M			38														515
160M	FF300	2,4,6,8	42 (+0.018 +0.002)	110	12	37	300	250	350	0	18.5	5		335	265	385	605
160L			42														650
180M			48		14	42.5								380	285	430	670
180L			48														710
200L	FF350		55 (+0.030 +0.011)		16	49	350	300	400					420	315	480	775
225S	FF400	4,8	60	140	18	53	400	350	450				8	475	345	535	820
225M		2	55	110	16	49											815
		4,6,8	60	140	18	53											845

第十八章

极限与配合、几何公差及表面粗糙度

第一节　极限与配合

表 18-1　极限与配合的术语及标法（摘自 GB/T 1800.1—2009、GB/T 1800.2—2009）

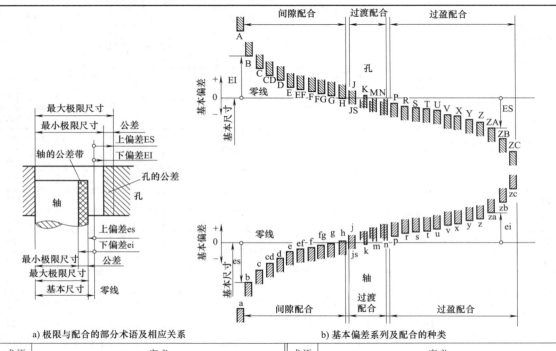

a) 极限与配合的部分术语及相应关系　　　　　　b) 基本偏差系列及配合的种类

术语	定义	术语	定义
零线	在极限与配合图解中,表示公称尺寸的一条直线,以其为基准确定偏差和公差	标准公差等级	极限与配合制中确定尺寸精确程度的等级称为标准公差等级。国家标准分为 20 个等级,即 IT01、IT0、IT1 ~ IT18。其尺寸精确程度从 IT01 到 IT18 依次降低,即 IT01 公差数值最小,精度最高;IT18 公差数值最大,精度最低。在极限与配合制中,同一公差等级(如 IT9)对所有公称尺寸的一组公差被认为具有同等精确程度
实际尺寸	通过测量获得的尺寸称为实际尺寸。由于测量误差,实际尺寸不一定是尺寸的真值		
公称尺寸	由图样规范确定的理想形状要素的尺寸		
尺寸公差	尺寸公差简称公差,是指允许尺寸的变动量。即上极限尺寸与下极限尺寸之差;也等于上极限偏差与下极限偏差之代数差的绝对值。尺寸公差是一个没有符号的绝对值	公差带	在公差带图解中,由代表上极限偏差和下极限偏差或上极限尺寸和下极限尺寸的两条直线所限定的一个区域。公差带由标准公差和基本偏差两个要素组成。标准公差确定公差带的大小,基本偏差确定公差带的位置
标准公差(IT)	用以确定公差带大小的任一公差值称为标准公差	配合	公称尺寸相同且相互结合的孔和轴公差带之间的关系,称为配合。配合分为间隙配合、过渡配合和过盈配合三类

（续）

术语	定义	术语	定义
基轴制配合	基本偏差为一定的轴的公差带与不同基本偏差孔的公差带形成各种配合的一种制度。基轴制中的轴为基准轴，其上极限偏差为零。 在极限与配合制中，是轴的上极限尺寸与公称尺寸相等、轴的上极限偏差为零的一种配合制	基本偏差	在极限与配合制中，确定公差带相对零线位置的上极限偏差或下极限偏差，一般指靠近零线的那个偏差。当公差带在零线的上方时，基本偏差为下极限偏差；反之，则为上极限偏差。基本偏差共有28个，其代号用英文字母表示，大写为孔，小写为轴。从基本偏差系列图中可以看出：孔的基本偏差 A～H 和轴的基本偏差 k～zc 为下极限偏差；孔的基本偏差 K～ZC 和轴的基本偏差 a～h 为上极限偏差；JS 和 js 的公差带对称分布于零线两边，孔和轴的上、下极限偏差分别都是+IT/2、-IT/2。基本偏差和标准公差，根据尺寸公差的定义有以下计算式 孔：ES＝EI+IT，EI＝ES-IT 轴：ei＝es-IT，es＝ei+IT
尺寸偏差标注方法	$\phi60\text{F8}\rightarrow\phi60^{+\text{ES}=\text{EI}+\text{IT8}}_{+\text{EI}}\rightarrow\phi60^{+0.076}_{+0.030}$ 上极限偏差代号 8级公差等级的标准公差 上极限偏差数值 下极限偏差数值 下极限偏差代号（本例为基本偏差） 孔的公差带代号（F为基本偏差代号，8为公差等级代号） 公称尺寸	配合公差	允许间隙或过盈的变动量称为配合公差。数值上等于相互配合的孔公差与轴公差之和
极限尺寸	尺寸要素允许的尺寸的两个极端，综是以公称尺寸为基准确定的。尺寸要素允许的最大尺寸称为上极限尺寸；尺寸要素允许的最小尺寸称为下极限尺寸	基孔制配合	基本偏差为一定的孔的公差带与不同基本偏差轴的公差带形成各种配合的一种制度。基孔制中的孔为基准孔，其下极限偏差为零。 在极限与配合制中，是孔的下极限尺寸与公称尺寸相等，孔的下极限偏差为零的一种配合制
偏差	某一尺寸减其公称尺寸所得的代数差称为尺寸偏差，简称偏差。上极限尺寸减其公称尺寸所得的代数差是上极限偏差；下极限尺寸减其公称尺寸所得的代数差即为下极限偏差。孔的上、下极限偏差分别用 ES 和 EI 表示；轴的上、下极限偏差分别用 es 和 ei 表示。上极限偏差和下极限偏差统称极限偏差	配合代号表示方法	基孔制 $\phi60\dfrac{\text{H8}}{\text{f7}}$ ——孔的尺寸公差带 ——轴的尺寸公差带 基轴制 $\phi60\dfrac{\text{F8}}{\text{h7}}$ ——孔的尺寸公差带 ——轴的尺寸公差带 $\phi60\dfrac{\text{H8}}{\text{h7}}$ ——孔的尺寸公差带 ——轴的尺寸公差带 分子中基本偏差为 H 者为基孔制；分母中基本偏差为 h 者为基轴制；分子中含有 H，同时分母中含有 h 的配合，一般视为基孔制配合，也可视为基轴制配合

表 18-2 公称尺寸至 **3150mm** 的标准公差数值（摘自 GB/T 1800.1—2009）

（单位：μm）

公称尺寸/mm		标准公差等级																	
大于	至	IT1	IT2	IT3	IT4	IT5	IT6	IT7	IT8	IT9	IT10	IT11	IT12	IT13	IT14	IT15	IT16	IT17	IT18
		μm																	
—	3	0.8	1.2	2	3	4	6	10	14	25	40	60	100	140	250	400	600	1000	1400
3	6	1	1.5	2.5	4	5	8	12	18	30	48	75	120	180	300	480	750	1200	1800
6	10	1	1.5	2.5	4	6	9	15	22	36	58	90	150	220	360	580	900	1500	2200
10	18	1.2	2	3	5	8	11	18	27	43	70	110	180	270	430	700	1100	1800	2700
18	30	1.5	2.5	4	6	9	13	21	33	52	84	130	210	330	520	840	1300	2100	3300
30	50	1.5	2.5	4	7	11	16	25	39	62	100	160	250	390	620	1000	1600	2500	3900
50	80	2	3	5	8	13	19	30	46	74	120	190	300	460	740	1200	1900	3000	4600

（续）

公称尺寸/mm		标准公差等级																	
		IT1	IT2	IT3	IT4	IT5	IT6	IT7	IT8	IT9	IT10	IT11	IT12	IT13	IT14	IT15	IT16	IT17	IT18
大于	至	μm																	
80	120	2.5	4	6	10	15	22	35	54	87	140	220	350	540	870	1400	2200	3500	5400
120	180	3.5	5	8	12	18	25	40	63	100	160	250	400	630	1000	1600	2500	4000	6300
180	250	4.5	7	10	14	20	29	46	72	115	185	290	460	720	1150	1850	2900	4600	7200
250	315	6	8	12	16	23	32	52	81	130	210	320	520	810	1300	2100	3200	5200	8100
315	400	7	9	13	18	25	36	57	89	140	230	360	570	890	1400	2300	3600	5700	8900
400	500	8	10	15	20	27	40	63	97	155	250	400	630	970	1550	2500	4000	6300	9700
500	630	9	11	16	22	32	44	70	110	175	280	440	700	1100	1750	2800	4400	7000	11000
630	800	10	13	18	25	36	50	80	125	200	320	500	500	1250	2000	3200	5000	8000	12500
800	1000	11	15	21	28	40	56	90	140	230	360	560	900	1400	2300	3600	5600	9000	14000
1000	1250	13	18	24	33	47	66	105	165	260	420	660	1050	1650	2600	4200	6600	10500	16500
1250	1600	15	21	29	39	55	78	125	195	310	500	780	1250	1950	3100	5000	7800	12500	19500
1600	2000	18	25	35	46	65	92	150	230	370	600	920	1500	2300	3700	6000	9200	15000	23000
2000	2500	22	30	41	55	78	110	175	280	440	700	1100	1750	2800	4400	7000	11000	17500	28000
2500	3150	26	36	50	68	96	135	210	330	540	860	1350	2100	3300	5400	8600	13500	21000	33000

注：1. 公称尺寸大于500mm的IT1~IT5的标准公差数值为试行的。

2. 公称尺寸小于或等于1mm时，无IT14~IT18。

表 18-3　轴的极限偏差（摘自 GB/T 1800.2—2009）　　　　（单位：μm）

公称尺寸/mm		公差带													
		a		b			c					d				
大于	至	10	11 *	10	11 *	12 *	8	9 *	10 *	▲11	12	7	8 *	▲9	10 *	11 *
—	3	-270 / -310	-270 / -330	-140 / -180	-140 / -200	-140 / -240	-60 / -74	-60 / -85	-60 / -100	-60 / -120	-60 / -160	-20 / -30	-20 / -34	-20 / -45	-20 / -60	-20 / -80
3	6	-270 / -318	-270 / -345	-140 / -188	-140 / -215	-140 / -260	-70 / -88	-70 / -100	-70 / -118	-70 / -145	-70 / -190	-30 / -42	-30 / -48	-30 / -60	-30 / -78	-30 / -105
6	10	-280 / -338	-280 / -370	-150 / -208	-150 / -240	-150 / -300	-80 / -102	-80 / -116	-80 / -138	-80 / -170	-80 / -230	-40 / -55	-40 / -62	-40 / -76	-40 / -98	-40 / -130

（续）

公称尺寸/mm		公差带														
		a		b			c					d				
大于	至	10	11*	10	11*	12*	8	9*	10*	▲11	12	7	8*	▲9	10*	11*
10	14	−290	−290	−150	−150	−150	−95	−95	−95	−95	−95	−50	−50	−50	−50	−50
14	18	−360	−400	−220	−260	−330	−122	−138	−165	−205	−275	−68	−77	−93	−120	−160
18	24	−300	−300	−160	−160	−160	−110	−110	−110	−110	−110	−65	−65	−65	−65	−65
24	30	−384	−430	−244	−290	−370	−143	−162	−194	−240	−320	−86	−98	−117	−149	−195
30	40	−310	−310	−170	−170	−170	−120	−120	−120	−120	−120	−80	−80	−80	−80	−80
		−410	−470	−270	−330	−420	−159	−182	−220	−280	−370	−105	−119	−142	−180	−240
40	50	−320	−320	−180	−180	−180	−130	−130	−130	−130	−130					
		−420	−480	−280	−340	−430	−169	−192	−230	−290	−380					
50	65	−340	−340	−190	−190	−190	−140	−140	−140	−140	−140	−100	−100	−100	−100	−100
		−460	−530	−310	−380	−490	−186	−214	−260	−330	−440	−130	−146	−174	−220	−290
65	80	−360	−360	−200	−200	−200	−150	−150	−150	−150	−150					
		−480	−550	−320	−390	−500	−196	−224	−270	−340	−450					
80	100	−380	−380	−220	−220	−220	−170	−170	−170	−170	−170	−120	−120	−120	−120	−120
		−520	−600	−360	−440	−570	−224	−257	−310	−390	−520	−155	−174	−207	−260	−340
100	120	−410	−410	−240	−240	−240	−180	−180	−180	−180	−180					
		−550	−630	−380	−460	−590	−234	−267	−320	−400	−530					
120	140	−460	−460	−260	−260	−260	−200	−200	−200	−200	−200	−145	−145	−145	−145	−145
		−620	−710	−420	−510	−660	−263	−300	−360	−450	−600	−185	−208	−245	−305	−395
140	160	−520	−520	−280	−280	−280	−210	−210	−210	−210	−210					
		−680	−770	−440	−530	−680	−273	−310	−370	−460	−610					
160	180	−580	−580	−310	−310	−310	−230	−230	−230	−230	−230					
		−740	−830	−470	−560	−710	−293	−330	−390	−480	−630					
180	200	−660	−660	−340	−340	−340	−240	−240	−240	−240	−240	−170	−170	−170	−170	−170
		−845	−950	−525	−630	−800	−312	−355	−425	−530	−700	−216	−242	−285	−355	−460
200	225	−740	−740	−380	−380	−380	−260	−260	−260	−260	−260					
		−925	−1030	−565	−670	−840	−332	−375	−445	−550	−720					
225	250	−820	−820	−420	−420	−420	−280	−280	−280	−280	−280					
		−1005	−1110	−605	−710	−880	−352	−395	−465	−570	−740					
250	280	−920	−920	−480	−480	−480	−300	−300	−300	−300	−300	−190	−190	−190	−190	−190
		−1130	−1240	−690	−800	−1000	−381	−430	−510	−620	−820	−242	−271	−320	−400	−510
280	315	−1050	−1050	−540	−540	−540	−330	−330	−330	−330	−330					
		−1260	−1370	−750	−860	−1060	−411	−460	−540	−650	−850					
315	355	−1200	−1200	−600	−600	−600	−360	−360	−360	−360	−360	−210	−210	−210	−210	−210
		−1430	−1560	−830	−960	−1170	−449	−500	−590	−720	−930	−267	−299	−350	−440	−570
355	400	−1350	−1350	−680	−680	−680	−400	−400	−400	−400	−400					
		−1580	−1710	−910	−1040	−1250	−489	−540	−630	−760	−970					
400	450	−1500	−1500	−760	−760	−760	−440	−440	−440	−440	−440	−230	−230	−230	−230	−230
		−1750	−1900	−1010	−1160	−1390	−537	−595	−690	−840	−1070	−293	−327	−385	−480	−630
450	500	−1650	−1650	−840	−840	−840	−480	−480	−480	−480	−480					
		−1900	−2050	−1090	−1240	−1470	−577	−635	−730	−880	−1110					

（续）

公称尺寸/mm		公差带														
		e				f					g			h		
大于	至	6	7*	8*	9*	5*	6*	▲7	8*	9*	5*	▲6	7*	4	5*	▲6
—	3	-14	-14	-14	-14	-6	-6	-6	-6	-6	-2	-2	-2	0	0	0
		-20	-24	-28	-39	-10	-12	-16	-20	-31	-6	-8	-12	-3	-4	-6
3	6	-20	-20	-20	-20	-10	-10	-10	-10	-10	-4	-4	-4	0	0	0
		-28	-32	-38	-50	-15	-18	-22	-28	-40	-9	-12	-16	-4	-5	-8
6	10	-25	-25	-25	-25	-13	-13	-13	-13	-13	-5	-5	-5	0	0	0
		-34	-40	-47	-61	-19	-22	-28	-35	-49	-11	-14	-20	-4	-6	-9
10	14	-32	-32	-32	-32	-16	-16	-16	-16	-16	-6	-6	-6	0	0	0
14	18	-43	-50	-59	-75	-24	-27	-34	-43	-59	-14	-17	-24	-5	-8	-11
18	24	-40	-40	-40	-40	-20	-20	-20	-20	-20	-7	-7	-7	0	0	0
24	30	-53	-61	-73	-92	-29	-33	-41	-53	-72	-16	-20	-28	-6	-9	-13
30	40	-50	-50	-50	-50	-25	-25	-25	-25	-25	-9	-9	-9	0	0	0
40	50	-66	-75	-89	-112	-36	-41	-50	-64	-87	-20	-25	-34	-7	-11	-16
50	65	-60	-60	-60	-60	-30	-30	-30	-30	-30	-10	-10	-10	0	0	0
65	80	-79	-90	-106	-134	-43	-49	-60	-76	-104	-23	-29	-40	-8	-13	-19
80	100	-72	-72	-72	-72	-36	-36	-36	-36	-36	-12	-12	-12	0	0	0
100	120	-94	-107	-126	-159	-51	-58	-71	-90	-123	-27	-34	-47	-10	-15	-22
120	140															
140	160	-85	-85	-85	-85	-43	-43	-43	-43	-43	-14	-14	-14	0	0	0
160	180	-110	-125	-148	-185	-61	-68	-83	-106	-143	-32	-39	-54	-12	-18	-25
180	200															
200	225	-100	-100	-100	-100	-50	-50	-50	-50	-50	-15	-15	-15	0	0	0
225	250	-129	-146	-170	-215	-70	-79	-96	-122	-165	-35	-44	-61	-14	-20	-29
250	280	-110	-110	-110	-110	-56	-56	-56	-56	-56	-17	-17	-17	0	0	0
280	315	-142	-162	-191	-240	-79	-88	-108	-137	-185	-40	-49	-69	-16	-23	-32
315	355	-125	-125	-125	-125	-62	-62	-62	-62	-62	-18	-18	-18	0	0	0
355	400	-161	-182	-214	-265	-87	-98	-119	-151	-202	-43	-54	-75	-18	-25	-36
400	450	-135	-135	-135	-135	-68	-68	-68	-68	-68	-20	-20	-20	0	0	0
450	500	-175	-198	-232	-290	-95	-108	-131	-165	-223	-47	-60	-83	-20	-27	-40

（续）

公称尺寸 /mm		公差带														
		h							j			js				
大于	至	▲7	8*	▲9	10*	▲11	12*	13	5	6	7	5*	6*	7*	8	9
—	3	0 −10	0 −14	0 −25	0 −40	0 −60	0 −100	0 −140	±2	+4 −2	+6 −4	±2	±3	±5	±7	±12
3	6	0 −12	0 −18	0 −30	0 −48	0 −75	0 −120	0 −180	+3 −2	+6 −2	+8 −4	±2.5	±4	±6	±9	±15
6	10	0 −15	0 −22	0 −36	0 −58	0 −90	0 −150	0 −220	+4 −2	+7 −2	+10 −5	±3	±4.5	±7	±11	±18
10	14	0 −18	0 −27	0 −43	0 −70	0 −110	0 −180	0 −270	+5 −3	+8 −3	+12 −6	±4	±5.5	±9	±13	±21
14	18															
18	24	0 −21	0 −33	0 −52	0 −84	0 −130	0 −210	0 −330	+5 −4	+9 −4	+13 −8	±4.5	±6.5	±10	±16	±26
24	30															
30	40	0 −25	0 −39	0 −62	0 −100	0 −160	0 −250	0 −390	+6 −5	+11 −5	+15 −10	±5.5	±8	±12	±19	±31
40	50															
50	65	0 −30	0 −46	0 −74	0 −120	0 −190	0 −300	0 −460	+6 −7	+12 −7	+18 −12	±6.5	±9.5	±15	±23	±37
65	80															
80	100	0 −35	0 −54	0 −87	0 −140	0 −220	0 −350	0 −540	+6 −9	+13 −9	+20 −15	±7.5	±11	±17	±27	±43
100	120															
120	140	0 −40	0 −63	0 −100	0 −160	0 −250	0 −400	0 −630	+7 −11	+14 −11	+22 −18	±9	±12.5	±20	±31	±50
140	160															
160	180															
180	200	0 −46	0 −72	0 −115	0 −185	0 −290	0 −460	0 −720	+7 −13	+16 −13	+25 −21	±10	±14.5	±23	±36	±57
200	225															
225	250															
250	280	0 −52	0 −81	0 −130	0 −210	0 −320	0 −520	0 −810	+7 −16	±16	±26	±11.5	±16	±26	±40	±65
280	315															
315	355	0 −57	0 −89	0 −140	0 −230	0 −360	0 −570	0 −890	+7 −18	±18	+29 −18	±12.5	±18	±28	±44	±70
355	400															
400	450	0 −63	0 −97	0 −155	0 −250	0 −400	0 −630	0 −970	+7 −20	±20	+31 −32	±13.5	±20	±31	±48	±77
450	500															

（续）

公称尺寸 /mm		公差带														
		js	k			m			n			p			r	
大于	至	10	5*	▲6	7*	5*	6*	7*	5*	▲6	7*	5*	▲6	7*	5*	6*
—	3	±20	+4/0	+6/0	+10/0	+6/+2	+8/+2	+12/+2	+8/+4	+10/+4	+14/+4	+10/+6	+12/+6	+16/+6	+14/+10	+16/+10
3	6	±24	+6/+1	+9/+1	+13/+1	+9/+4	+12/+4	+16/+4	+13/+8	+16/+8	+20/+8	+17/+12	+20/+12	+24/+12	+20/+15	+23/+15
6	10	±29	+7/+1	+10/+1	+16/+1	+12/+6	+15/+6	+21/+6	+16/+10	+19/+10	+25/+10	+21/+15	+24/+15	+30/+15	+25/+19	+28/+19
10	14	±35	+9/+1	+12/+1	+19/+1	+15/+7	+18/+7	+25/+7	+20/+12	+23/+12	+30/+12	+26/+18	+29/+18	+36/+18	+31/+23	+34/+23
14	18	±35	+9/+1	+12/+1	+19/+1	+15/+7	+18/+7	+25/+7	+20/+12	+23/+12	+30/+12	+26/+18	+29/+18	+36/+18	+31/+23	+34/+23
18	24	±42	+11/+2	+15/+2	+23/+2	+17/+8	+21/+8	+29/+8	+24/+15	+28/+15	+36/+15	+31/+22	+35/+22	+43/+22	+37/+28	+41/+28
24	30	±42	+11/+2	+15/+2	+23/+2	+17/+8	+21/+8	+29/+8	+24/+15	+28/+15	+36/+15	+31/+22	+35/+22	+43/+22	+37/+28	+41/+28
30	40	±50	+13/+2	+18/+2	+27/+2	+20/+9	+25/+9	+34/+9	+28/+17	+33/+17	+42/+17	+37/+26	+42/+26	+51/+26	+45/+34	+50/+34
40	50	±50	+13/+2	+18/+2	+27/+2	+20/+9	+25/+9	+34/+9	+28/+17	+33/+17	+42/+17	+37/+26	+42/+26	+51/+26	+45/+34	+50/+34
50	65	±60	+15/+2	+21/+2	+32/+2	+24/+11	+30/+11	+41/+11	+33/+20	+39/+20	+50/+20	+45/+32	+51/+32	+62/+32	+54/+41	+60/+41
65	80	±60	+15/+2	+21/+2	+32/+2	+24/+11	+30/+11	+41/+11	+33/+20	+39/+20	+50/+20	+45/+32	+51/+32	+62/+32	+56/+43	+62/+43
80	100	±70	+18/+3	+25/+3	+38/+3	+28/+13	+35/+13	+48/+13	+38/+23	+45/+23	+58/+23	+52/+37	+59/+37	+72/+37	+66/+51	+73/+51
100	120	±70	+18/+3	+25/+3	+38/+3	+28/+13	+35/+13	+48/+13	+38/+23	+45/+23	+58/+23	+52/+37	+59/+37	+72/+37	+69/+54	+76/+54
120	140	±80	+21/+3	+28/+3	+43/+3	+33/+15	+40/+15	+55/+15	+45/+27	+52/+27	+67/+27	+61/+43	+68/+43	+83/+43	+81/+63	+88/+63
140	160	±80	+21/+3	+28/+3	+43/+3	+33/+15	+40/+15	+55/+15	+45/+27	+52/+27	+67/+27	+61/+43	+68/+43	+83/+43	+83/+65	+90/+65
160	180	±80	+21/+3	+28/+3	+43/+3	+33/+15	+40/+15	+55/+15	+45/+27	+52/+27	+67/+27	+61/+43	+68/+43	+83/+43	+86/+68	+93/+68
180	200	±92	+24/+4	+33/+4	+50/+4	+37/+17	+46/+17	+63/+17	+51/+31	+60/+31	+77/+31	+70/+50	+79/+50	+96/+50	+97/+77	+106/+77
200	225	±92	+24/+4	+33/+4	+50/+4	+37/+17	+46/+17	+63/+17	+51/+31	+60/+31	+77/+31	+70/+50	+79/+50	+96/+50	+100/+80	+109/+80
225	250	±92	+24/+4	+33/+4	+50/+4	+37/+17	+46/+17	+63/+17	+51/+31	+60/+31	+77/+31	+70/+50	+79/+50	+96/+50	+104/+84	+113/+84
250	280	±105	+27/+4	+36/+4	+56/+4	+43/+20	+52/+20	+72/+20	+57/+34	+66/+34	+86/+34	+79/+56	+88/+56	+108/+56	+117/+94	+126/+94
280	315	±105	+27/+4	+36/+4	+56/+4	+43/+20	+52/+20	+72/+20	+57/+34	+66/+34	+86/+34	+79/+56	+88/+56	+108/+56	+121/+98	+130/+98
315	355	±115	+29/+4	+40/+4	+61/+4	+46/+21	+57/+21	+78/+21	+62/+37	+73/+37	+94/+37	+87/+62	+98/+62	+119/+62	+133/+108	+144/+108
355	400	±115	+29/+4	+40/+4	+61/+4	+46/+21	+57/+21	+78/+21	+62/+37	+73/+37	+94/+37	+87/+62	+98/+62	+119/+62	+139/+114	+150/+114
400	450	±125	+32/+5	+45/+5	+68/+5	+50/+23	+63/+23	+86/+23	+67/+40	+80/+40	+103/+40	+95/+68	+108/+68	+131/+68	+153/+126	166/+126
450	500	±125	+32/+5	+45/+5	+68/+5	+50/+23	+63/+23	+86/+23	+67/+40	+80/+40	+103/+40	+95/+68	+108/+68	+131/+68	+159/+132	+172/+132

（续）

公称尺寸/mm		r	s			t			u				v	x	y	z
大于	至	7*	5*	▲6	7*	5*	6*	7*	5*	▲6	7*	8	6*	6*	6*	6*
—	3	+20/+10	+18/+14	+20/+14	+24/+14	—	—	—	+22/+18	+24/+18	+28/+18	+32/+18	—	+26/+20	—	+32/+26
3	6	+27/+15	+24/+19	+27/+19	+31/+19	—	—	—	+28/+23	+31/+23	+35/+23	+41/+23	—	+36/+28	—	+43/+35
6	10	+34/+19	+29/+23	+32/+23	+38/+23	—	—	—	+34/+28	+37/+28	+43/+28	+50/+28	—	+43/+34	—	+51/+42
10	14	+41/+23	+36/+28	+39/+28	+46/+28	—	—	—	+41/+33	+44/+33	+51/+33	+60/+33	—	+51/+40	—	+61/+50
14	18	+41/+23	+36/+28	+39/+28	+46/+28	—	—	—	+41/+33	+44/+33	+51/+33	+60/+33	+50/+39	+56/+45	—	+71/+60
18	24	+49/+28	+44/+35	+48/+35	+56/+35	—	—	—	+50/+41	+54/+41	+62/+41	+74/+41	+60/+47	+67/+54	+76/+63	+86/+73
24	30	+49/+28	+44/+35	+48/+35	+56/+35	+50/+41	+54/+41	+62/+41	+57/+48	+61/+48	+69/+48	+81/+48	+68/+55	+77/+64	+88/+75	+101/+88
30	40	+59/+34	+54/+43	+59/+43	+68/+43	+59/+48	+64/+48	+73/+48	+71/+60	+76/+60	+85/+60	+99/+60	+84/+68	+96/+80	+110/+94	+128/+112
40	50	+59/+34	+54/+43	+59/+43	+68/+43	+65/+54	+70/+54	+79/+54	+81/+70	+86/+70	+95/+70	+109/+70	+97/+81	+113/+97	+130/+114	+152/+136
50	65	+71/+41	+66/+53	+72/+53	+83/+53	+79/+66	+85/+66	+96/+66	+100/+87	+106/+87	+117/+87	+133/+87	+121/+102	+141/+122	+163/+144	+191/+172
65	80	+72/+43	+72/+59	+78/+59	+89/+59	+88/+75	+94/+75	+105/+75	+115/+102	+121/+102	+132/+102	+148/+102	+139/+120	+165/+146	+193/+174	+229/+210
80	100	+86/+51	+86/+71	+93/+71	+106/+71	+106/+91	+113/+91	+126/+91	+139/+124	+146/+124	+159/+124	+178/+124	+168/+146	+200/+178	+236/+214	+280/+258
100	120	+89/+54	+94/+79	+101/+79	+114/+79	+119/+104	+126/+104	+139/+104	+159/+144	+166/+144	+179/+144	+198/+144	+194/+172	+232/+210	+276/+254	+332/+310
120	140	+103/+63	+110/+92	+117/+92	+132/+92	+140/+122	+147/+122	+162/+122	+188/+170	+195/+170	+210/+170	+233/+170	+227/+202	+273/+248	+325/+300	+390/+365
140	160	+105/+65	+118/+100	+125/+100	+140/+100	+152/+134	+159/+134	+174/+134	+208/+190	+215/+190	+230/+190	+253/+190	+253/+228	+305/+280	+365/+340	+440/+415
160	180	+108/+68	+126/+108	+133/+108	+148/+108	+164/+146	+171/+146	+186/+146	+228/+210	+235/+210	+250/+210	+273/+210	+277/+252	+335/+310	+405/+380	+490/+465
180	200	+123/+77	+142/+122	+151/+122	+168/+122	+186/+166	+195/+166	+212/+166	+256/+236	+265/+236	+282/+236	+308/+236	+313/+284	+379/+350	+454/+425	+549/+520
200	225	+126/+80	+150/+130	+159/+130	+176/+130	+200/+180	+209/+180	+226/+180	+278/+258	+287/+258	+304/+258	+330/+258	+339/+310	+414/+385	+499/+470	+604/+575
225	250	+130/+84	+160/+140	+169/+140	+186/+140	+216/+196	+225/+196	+242/+196	+304/+284	+313/+284	+330/+284	+356/+284	+369/+340	+454/+425	+549/+520	+669/+640
250	280	+146/+94	+181/+158	+190/+158	+210/+158	+241/+218	+250/+218	+270/+218	+338/+315	+347/+315	+367/+315	+396/+315	+417/+385	+507/+475	+612/+580	+742/+710
280	315	+150/+98	+193/+170	+202/+170	+222/+170	+263/+240	+272/+240	+292/+240	+373/+350	+382/+350	+402/+350	+431/+350	+457/+425	+557/+525	+682/+650	+822/+790
315	355	+165/+108	+215/+190	+226/+190	+247/+190	+293/+268	+304/+268	+325/+268	+415/+390	+426/+390	+447/+390	+479/+390	+511/+475	+626/+590	+766/+730	+936/+900
355	400	+171/+114	+233/+208	+244/+208	+265/+208	+319/+294	+330/+294	+351/+294	+460/+435	+471/+435	+492/+435	+524/+435	+566/+530	+696/+660	+856/+820	+1036/+1000
400	450	+189/+126	+259/+232	+272/+232	+295/+232	+357/+330	+370/+330	+393/+330	+517/+490	+530/+490	+553/+490	+587/+490	+635/+595	+780/+740	+960/+920	+1140/+1100
450	500	+195/+132	+279/+252	+292/+252	+315/+252	+387/+360	+400/+360	+423/+360	+567/+540	+580/+540	+603/+540	+637/+540	+700/+660	+860/+820	+1040/+1000	+1290/+1250

注：1. 公称尺寸小于1mm时，各级的 a 和 b 均不采用。

2. ▲为优先选用公差带，* 为常用公差带，其余为一般用途公差带。

表 18-4　孔的极限偏差（摘自 GB/T 1800.2—2009）　　　　　　（单位：μm）

公称尺寸/mm 大于	至	A 11*	B 11*	B 12*	C 10	C ▲11	C 12	D 7	D 8*	D ▲9	D 10*	D 11*	E 8*	E 9*	E 10
—	3	+330/+270	+200/+140	+240/+140	+100/+60	+120/+60	+160/+60	+30/+20	+34/+20	+45/+20	+60/+20	+80/+20	+28/+14	+39/+14	+54/+14
3	6	+345/+270	+215/+140	+260/+140	+118/+70	+145/+70	+190/+70	+42/+30	+48/+30	+60/+30	+78/+30	+105/+30	+38/+20	+50/+20	+68/+20
6	10	+370/+280	+240/+150	+300/+150	+138/+80	+170/+80	+230/+80	+55/+40	+62/+40	+76/+40	+98/+40	+130/+40	+47/+25	+61/+25	+83/+25
10	14	+400/+290	+260/+150	+330/+150	+165/+95	+205/+95	+275/+95	+68/+50	+77/+50	+93/+50	+120/+50	+160/+50	+59/+32	+75/+32	+102/+32
14	18	+400/+290	+260/+150	+330/+150	+165/+95	+205/+95	+275/+95	+68/+50	+77/+50	+93/+50	+120/+50	+160/+50	+59/+32	+75/+32	+102/+32
18	24	+430/+300	+290/+160	+370/+160	+194/+110	+240/+110	+320/+110	+86/+65	+98/+65	+117/+65	+149/+65	+195/+65	+73/+40	+92/+40	+124/+40
24	30	+430/+300	+290/+160	+370/+160	+194/+110	+240/+110	+320/+110	+86/+65	+98/+65	+117/+65	+149/+65	+195/+65	+73/+40	+92/+40	+124/+40
30	40	+470/+310	+330/+170	+420/+170	+220/+120	+280/+120	+370/+120	+105/+80	+119/+80	+142/+80	+180/+80	+240/+80	+89/+50	+112/+50	+150/+50
40	50	+480/+320	+340/+180	+430/+180	+230/+130	+290/+130	+380/+130	+105/+80	+119/+80	+142/+80	+180/+80	+240/+80	+89/+50	+112/+50	+150/+50
50	65	+530/+340	+380/+190	+490/+190	+260/+140	+330/+140	+440/+140	+130/+100	+146/+100	+174/+100	+220/+100	+290/+100	+106/+60	+134/+60	+180/+60
65	80	+550/+360	+390/+200	+500/+200	+270/+150	+340/+150	+450/+150	+130/+100	+146/+100	+174/+100	+220/+100	+290/+100	+106/+60	+134/+60	+180/+60
80	100	+600/+380	+440/+220	+570/+220	+310/+170	+390/+170	+520/+170	+155/+120	+174/+120	+207/+120	+260/+120	+340/+120	+125/+72	+159/+72	+212/+72
100	120	+630/+410	+460/+240	+590/+240	+320/+180	+400/+180	+530/+180	+155/+120	+174/+120	+207/+120	+260/+120	+340/+120	+125/+72	+159/+72	+212/+72
120	140	+710/+460	+510/+260	+660/+260	+360/+200	+450/+200	+600/+200	+185/+145	+208/+145	+245/+145	+305/+145	+395/+145	+148/+85	+185/+85	+245/+85
140	160	+770/+520	+530/+280	+680/+280	+370/+210	+460/+210	+610/+210	+185/+145	+208/+145	+245/+145	+305/+145	+395/+145	+148/+85	+185/+85	+245/+85
160	180	+830/+580	+560/+310	+710/+310	+390/+230	+480/+230	+630/+230	+185/+145	+208/+145	+245/+145	+305/+145	+395/+145	+148/+85	+185/+85	+245/+85
180	200	+950/+660	+630/+340	+800/+340	+425/+240	+530/+240	+700/+240	+216/+170	+242/+170	+285/+170	+355/+170	+460/+170	+172/+100	+215/+100	+285/+100
200	225	+1030/+740	+670/+380	+840/+380	+445/+260	+550/+260	+720/+260	+216/+170	+242/+170	+285/+170	+355/+170	+460/+170	+172/+100	+215/+100	+285/+100
225	250	+1110/+820	+710/+420	+880/+420	+465/+280	+570/+280	+740/+280	+216/+170	+242/+170	+285/+170	+355/+170	+460/+170	+172/+100	+215/+100	+285/+100
250	280	+1240/+920	+800/+480	+1000/+480	+510/+300	+620/+300	+820/+300	+242/+190	+271/+190	+320/+190	+400/+190	+510/+190	+191/+110	+240/+110	+320/+110
280	315	+1370/+1050	+860/+540	+1060/+540	+540/+330	+650/+330	+850/+300	+242/+190	+271/+190	+320/+190	+400/+190	+510/+190	+191/+110	+240/+110	+320/+110
315	355	+1560/+1200	+960/+600	+1170/+600	+590/+360	+720/+360	+930/+360	+267/+210	+299/+210	+350/+210	+440/+210	+570/+210	+214/+125	+265/+125	+355/+125
355	400	+1710/+1350	+1040/+680	+1250/+680	+630/+400	+760/+400	+970/+400	+267/+210	+299/+210	+350/+210	+440/+210	+570/+210	+214/+125	+265/+125	+355/+125
400	450	+1900/+1500	+1160/+760	+1390/+760	+690/+440	+840/+440	+1070/+440	+293/+230	+327/+230	+385/+230	+480/+230	+630/+230	+232/+135	+290/+135	+385/+135
450	500	+2050/+1650	+1240/+840	+1470/+840	+730/+480	+880/+480	+1110/+480	+293/+230	+327/+230	+385/+230	+480/+230	+630/+230	+232/+135	+290/+135	+385/+135

（续）

公称尺寸/mm 大于	至	F 6*	F 7*	F ▲8	F 9*	G 5	G 6*	G ▲7	H 5	H 6*	H ▲7	H ▲8	H ▲9	H 10*	H ▲11	H 12*	H 13
—	3	+12 / +6	+16 / +6	+20 / +6	+31 / +6	+6 / +2	+8 / +2	+12 / +2	+4 / 0	+6 / 0	+10 / 0	+14 / 0	+25 / 0	+40 / 0	+60 / 0	+100 / 0	+140 / 0
3	6	+18 / +10	+22 / +10	+28 / +10	+40 / +10	+9 / +4	+12 / +4	+16 / +4	+5 / 0	+8 / 0	+12 / 0	+18 / 0	+30 / 0	+48 / 0	+75 / 0	+120 / 0	+180 / 0
6	10	+22 / +13	+28 / +13	+35 / +13	+49 / +13	+11 / +5	+14 / +5	+20 / +5	+6 / 0	+9 / 0	+15 / 0	+22 / 0	+36 / 0	+58 / 0	+90 / 0	+150 / 0	+220 / 0
10	14	+27 / +16	+34 / +16	+43 / +16	+59 / +16	+14 / +6	+17 / +6	+24 / +6	+8 / 0	+11 / 0	+18 / 0	+27 / 0	+43 / 0	+70 / 0	+110 / 0	+180 / 0	+270 / 0
14	18	+27 / +16	+34 / +16	+43 / +16	+59 / +16	+14 / +6	+17 / +6	+24 / +6	+8 / 0	+11 / 0	+18 / 0	+27 / 0	+43 / 0	+70 / 0	+110 / 0	+180 / 0	+270 / 0
18	24	+33 / +20	+41 / +20	+53 / +20	+72 / +29	+16 / +7	+20 / +7	+28 / +7	+9 / 0	+13 / 0	+21 / 0	+33 / 0	+52 / 0	+84 / 0	+130 / 0	+210 / 0	+330 / 0
24	30	+33 / +20	+41 / +20	+53 / +20	+72 / +29	+16 / +7	+20 / +7	+28 / +7	+9 / 0	+13 / 0	+21 / 0	+33 / 0	+52 / 0	+84 / 0	+130 / 0	+210 / 0	+330 / 0
30	40	+41 / +25	+50 / +25	+64 / +25	+87 / +25	+20 / +9	+25 / +9	+34 / +9	+11 / 0	+16 / 0	+25 / 0	+39 / 0	+62 / 0	+100 / 0	+160 / 0	+250 / 0	+390 / 0
40	50	+41 / +25	+50 / +25	+64 / +25	+87 / +25	+20 / +9	+25 / +9	+34 / +9	+11 / 0	+16 / 0	+25 / 0	+39 / 0	+62 / 0	+100 / 0	+160 / 0	+250 / 0	+390 / 0
50	65	+49 / +30	+60 / +30	+76 / +30	+104 / +30	+23 / +10	+29 / +10	+40 / +10	+13 / 0	+19 / 0	+30 / 0	+46 / 0	+74 / 0	+120 / 0	+190 / 0	+300 / 0	+460 / 0
65	80	+49 / +30	+60 / +30	+76 / +30	+104 / +30	+23 / +10	+29 / +10	+40 / +10	+13 / 0	+19 / 0	+30 / 0	+46 / 0	+74 / 0	+120 / 0	+190 / 0	+300 / 0	+460 / 0
80	100	+58 / +36	+71 / +36	+90 / +36	+123 / +36	+27 / +12	+34 / +12	+47 / +12	+15 / 0	+22 / 0	+35 / 0	+54 / 0	+87 / 0	+140 / 0	+220 / 0	+350 / 0	+540 / 0
100	120	+58 / +36	+71 / +36	+90 / +36	+123 / +36	+27 / +12	+34 / +12	+47 / +12	+15 / 0	+22 / 0	+35 / 0	+54 / 0	+87 / 0	+140 / 0	+220 / 0	+350 / 0	+540 / 0
120	140	+68 / +43	+83 / +43	+106 / +43	+143 / +43	+32 / +14	+39 / +14	+54 / +14	+18 / 0	+25 / 0	+40 / 0	+63 / 0	+100 / 0	+160 / 0	+250 / 0	+400 / 0	+630 / 0
140	160	+68 / +43	+83 / +43	+106 / +43	+143 / +43	+32 / +14	+39 / +14	+54 / +14	+18 / 0	+25 / 0	+40 / 0	+63 / 0	+100 / 0	+160 / 0	+250 / 0	+400 / 0	+630 / 0
160	180	+68 / +43	+83 / +43	+106 / +43	+143 / +43	+32 / +14	+39 / +14	+54 / +14	+18 / 0	+25 / 0	+40 / 0	+63 / 0	+100 / 0	+160 / 0	+250 / 0	+400 / 0	+630 / 0
180	200	+79 / +50	+96 / +50	+122 / +50	+165 / +50	+35 / +15	+44 / +15	+61 / +15	+20 / 0	+29 / 0	+46 / 0	+72 / 0	+115 / 0	+185 / 0	+290 / 0	+460 / 0	+720 / 0
200	225	+79 / +50	+96 / +50	+122 / +50	+165 / +50	+35 / +15	+44 / +15	+61 / +15	+20 / 0	+29 / 0	+46 / 0	+72 / 0	+115 / 0	+185 / 0	+290 / 0	+460 / 0	+720 / 0
225	250	+79 / +50	+96 / +50	+122 / +50	+165 / +50	+35 / +15	+44 / +15	+61 / +15	+20 / 0	+29 / 0	+46 / 0	+72 / 0	+115 / 0	+185 / 0	+290 / 0	+460 / 0	+720 / 0
250	280	+88 / +56	+108 / +56	+137 / +56	+186 / +56	+40 / +17	+49 / +17	+69 / +17	+23 / 0	+32 / 0	+52 / 0	+81 / 0	+130 / 0	+210 / 0	+320 / 0	+520 / 0	+810 / 0
280	315	+88 / +56	+108 / +56	+137 / +56	+186 / +56	+40 / +17	+49 / +17	+69 / +17	+23 / 0	+32 / 0	+52 / 0	+81 / 0	+130 / 0	+210 / 0	+320 / 0	+520 / 0	+810 / 0
315	355	+98 / +62	+119 / +62	+151 / +62	+202 / +62	+43 / +18	+54 / +18	+75 / +18	+25 / 0	+36 / 0	+57 / 0	+89 / 0	+140 / 0	+230 / 0	+360 / 0	+570 / 0	+890 / 0
355	400	+98 / +62	+119 / +62	+151 / +62	+202 / +62	+43 / +18	+54 / +18	+75 / +18	+25 / 0	+36 / 0	+57 / 0	+89 / 0	+140 / 0	+230 / 0	+360 / 0	+570 / 0	+890 / 0
400	450	+108 / +68	+131 / +68	+165 / +68	+223 / +68	+47 / +20	+60 / +20	+83 / +20	+27 / 0	+40 / 0	+63 / 0	+97 / 0	+155 / 0	+250 / 0	+400 / 0	+630 / 0	+970 / 0
450	500	+108 / +68	+131 / +68	+165 / +68	+223 / +68	+47 / +20	+60 / +20	+83 / +20	+27 / 0	+40 / 0	+63 / 0	+97 / 0	+155 / 0	+250 / 0	+400 / 0	+630 / 0	+970 / 0

（续）

公称尺寸/mm		公差带														
		J			JS						K			M		
大于	至	6	7	8	5	6*	7*	8*	9	10	6*	▲7	8*	6*	7*	8*
—	3	+2 −4	+4 −6	+6 −8	±2	±3	±5	±7	±12	±20	0 −6	0 −10	0 −14	−2 −8	−2 −12	−2 −16
3	6	+5 −3	±6	+10 −8	±2.5	±4	±6	±9	±15	±24	+2 −6	+3 −9	+5 −13	−1 −9	0 −12	+2 −16
6	10	+5 −4	+8 −7	+12 −10	±3	±4.5	±7	±11	±18	±29	+2 −7	+5 −10	+6 −16	−3 −12	0 −15	+1 −21
10	14	+6 −5	+10 −8	+15 −12	±4	±5.5	±9	±13	±21	±36	+2 −9	+6 −12	+8 −19	−4 −15	0 −18	+2 −25
14	18															
18	24	+8 −5	+12 −9	+20 −13	±4.5	±6.5	±10	±16	±26	±42	+2 −11	+6 −15	+10 −23	−4 −17	0 −21	+4 −29
24	30															
30	40	+10 −6	+14 −11	+24 −15	±5.5	±8	±12	±19	±31	±50	+3 −13	+7 −18	+12 −27	−4 −20	0 −25	+5 −34
40	50															
50	65	+13 −6	+18 −12	+28 −18	±6.5	±9.5	±15	±23	±37	±60	+4 −15	+9 −21	+14 −32	−5 −24	0 −30	+6 −41
65	80															
80	100	+16 −6	+22 −13	+34 −20	±7.5	±11	±17	±27	±43	±70	+4 −18	+10 −25	+16 −38	−6 −28	0 −35	+6 −48
100	120															
120	140	+18 −7	+26 −14	+41 −22	±9	±12.5	±20	±31	±50	±80	+4 −21	+12 −28	+20 −43	−8 −33	0 −40	+8 −55
140	160															
160	180															
180	200	+22 −7	+30 −16	+47 −25	±10	±14.5	±23	±36	±57	±92	+5 −24	+13 −33	+22 −50	−8 −37	0 −46	+9 −63
200	225															
225	250															
250	280	+25 −7	+36 −16	+55 −26	±11.5	±16	±26	±40	±65	±105	+5 −27	+16 −36	+25 −56	−9 −41	0 −52	+9 −72
280	315															
315	355	+29 −7	+39 −18	+60 −29	±12.5	±18	±28	±44	±70	±115	+7 −29	+17 −40	+28 −61	−10 −46	0 −57	+11 −78
355	400															
400	450	+33 −7	+43 −20	+66 −31	±13.5	±20	±31	±48	±77	±125	+8 −32	+18 −45	+29 −68	−10 −50	0 −63	+11 −86
450	500															

（续）

公称尺寸/mm		公差带														
		N			P				R			S		T		U
大于	至	6*	▲7	8*	6*	▲7	8	9	6*	7*	8	6*	▲7	6*	7*	▲7
—	3	-4/-10	-4/-14	-4/-18	-6/-12	-6/-16	-6/-20	-6/-31	-10/-16	-10/-20	-10/-24	-14/-20	-14/-24	—	—	-18/-28
3	6	-5/-13	-4/-16	-2/-20	-9/-17	-8/-20	-12/-30	-12/-42	-12/-20	-11/-23	-15/-33	-16/-24	-15/-27	—	—	-19/-31
6	10	-7/-16	-4/-19	-3/-25	-12/-21	-9/-24	-15/-37	-15/-51	-16/-25	-13/-28	-19/-41	-20/-29	-17/-32	—	—	-22/-37
10	14	-9/-20	-5/-23	-3/-30	-15/-26	-11/-29	-18/-45	-18/-61	-20/-31	-16/-34	-23/-50	-25/-36	-21/-39	—	—	-26/-44
14	18															
18	24	-11/-24	-7/-28	-3/-36	-18/-31	-14/-35	-22/-55	-22/-74	-24/-37	-20/-41	-28/-61	-31/-44	-27/-48	—	—	-33/-54
24	30													-37/-50	-33/-54	-40/-61
30	40	-12/-28	-8/-33	-3/-42	-21/-37	-17/-42	-26/-65	-26/-88	-29/-45	-25/-50	-34/-73	-38/-54	-34/-59	-43/-59	-39/-64	-51/-76
40	50													-49/-65	-45/-70	-61/-86
50	65	-14/-33	-9/-39	-4/-50	-26/-45	-21/-51	-32/-78	-32/-106	-35/-54	-30/-60	-41/-87	-47/-66	-42/-72	-60/-79	-55/-85	-76/-106
65	80								-37/-56	-32/-62	-43/-89	-53/-72	-48/-78	-69/-88	-64/-94	-91/-121
80	100	-16/-38	-10/-45	-4/-58	-30/-52	-24/-59	-37/-91	-37/-124	-44/-66	-38/-73	-51/-105	-64/-86	-58/-93	-84/-106	-78/-113	-111/-146
100	120								-47/-69	-41/-76	-54/-108	-72/-94	-66/-101	-97/-119	-91/-126	-131/-166
120	140	-20/-45	-12/-52	-4/-67	-36/-61	-28/-68	-43/-106	-43/-143	-56/-81	-48/-88	-63/-126	-85/-110	-77/-117	-115/-140	-107/-147	-155/-195
140	160								-58/-83	-50/-90	-65/-128	-93/-118	-85/-125	-127/-152	-119/-159	-175/-215
160	180								-61/-86	-53/-93	-68/-131	-101/-126	-93/-133	-139/-164	-131/-171	-195/-235
180	200	-22/-51	-14/-60	-5/-77	-41/-70	-33/-79	-50/-122	-50/-165	-68/-97	-60/-106	-77/-149	-113/-142	-105/-151	-157/-186	-149/-195	-219/-265
200	225								-71/-100	-63/-109	-80/-152	-121/-150	-113/-159	-171/-200	-163/-209	-241/-287
225	250								-75/-104	-67/-113	-84/-156	-131/-160	-123/-169	-187/-216	-179/-225	-267/-313
250	280	-25/-57	-14/-66	-5/-86	-47/-79	-36/-88	-56/-137	-56/-186	-85/-117	-74/-126	-94/-175	-149/-181	-138/-190	-209/-241	-198/-250	-295/-347
280	315								-89/-121	-78/-130	-98/-179	-161/-193	-150/-202	-231/-263	-220/-272	-330/-382
315	355	-26/-62	-16/-73	-5/-94	-51/-87	-41/-98	-62/-151	-62/-202	-97/-133	-87/-144	-108/-197	-179/-215	-169/-226	-257/-293	-247/-304	-369/-426
355	400								-103/-139	-93/-150	-114/-203	-197/-233	-187/-244	-283/-319	-273/-330	-414/-471
400	450	-27/-67	-17/-80	-6/-103	-55/-95	-45/-108	-68/-165	-68/-223	-113/-153	-103/-166	-126/-223	-219/-259	-209/-272	-317/-357	-307/-370	-467/-530
450	500								-119/-159	-109/-172	-132/-229	-239/-279	-229/-292	-347/-387	-337/-400	-517/-580

注：1. 公称尺寸小于 1mm 时，各级的 A 和 B 均不采用。

　　2. ▲为优先选用公差带，* 为常用公差带，其余为一般用途公差带。

表 18-5　公差等级与常用加工方法的关系

加工方法	01	0	1	2	3	4	5	6	7	8	9	10	11	12	13	14	15	16
研磨		─	─	─	─	─												
珩磨						─	─	─	─									
圆磨、平磨							─	─	─	─								
金刚石车、金刚石镗							─	─	─									
拉削							─	─	─	─								
铰孔								─	─	─	─							
车、镗									─	─	─	─	─					
铣削										─	─	─	─					
刨、插												─	─					
钻孔												─	─	─	─			
滚压、挤压												─	─					
冲压												─	─	─	─			
压铸													─	─	─	─		
粉末冶金成形								─	─	─								
粉末冶金烧结									─	─	─							
砂型铸造、气割																	─	─
锻造																─	─	

表 18-6　基孔制轴的基本偏差的应用

配合种类	基本偏差	配合特性及应用
间隙配合	a、b	可得到特别大的间隙,应用很少
	c	可得到很大的间隙,一般适用于缓慢、松弛的动配合,用于工作条件较差(如农业机械)、受力变形或为了便于装配而必须有较大间隙的场合。推荐配合为 H11/c11。其较高等级的配合,如 H8/c7 适用于轴在高温下工作的紧密动配合,如内燃机排气阀与导管
	d	一般用于 IT7~IT11 级,适用于松的转动配合,如密封盖、滑轮、空转带轮等与轴的配合。也适用于大直径滑动轴承配合,如汽轮机、球磨机、轧滚成形和重型弯曲机及其他重型机械中的一些滑动支承
	e	多用于 IT7~IT9 级,通常适用于要求有明显间隙,易于转动的支承配合,如大跨距支承、多支点支承等配合,高等级的 e 轴适用于大型、高速、重载支承,如涡轮发电机、大型电动机支承等,也适用于内燃机主要轴承、凸轮轴支承、摇臂支承等配合
	f	多用于 IT6~IT8 级的一般转动配合。当温度差别不大,对配合基本上没影响时,被广泛用于普通润滑油(或润滑脂)润滑的支承,如齿轮箱、小电动机、泵等的转轴与滑动支承的配合
	g	多用于 IT5~IT7 级,配合间隙很小,制造成本高,除很轻载荷的精密装置外,不推荐用于转动配合,最适合不回转的精密滑动配合,也用于插销等定位配合,如精密连杆轴承、活塞及滑阀、连杆销等
	h	多用于 IT4~IT11 级,广泛应用于无相对转动的零件,作为一般的定位配合。若没有温度、变形的影响,也用于精密滑动配合
过渡配合	js	为完全对称偏差(±IT/2),平均起来为稍有间隙的配合,多用于 IT4~IT7 级,要求间隙比 h 轴配合时小,并允许略有过盈的定位配合,如联轴器、齿圈与钢制轮毂,一般可用手或木锤装配
	k	平均起来没有间隙的配合。适用于 IT4~IT7 级,推荐用于要求稍有过盈的定位配合,如用于消除振动的定位配合。一般用木锤装配
	m	平均起来具有不大过盈的过渡配合,适用于 IT4~IT7 级,一般用木锤装配,但在最大过盈时,要求有相当的压入力
	n	平均过盈比 m 轴时稍大,很少得到间隙,适用于 IT4~IT7 级。用锤子或压力机装配。通常推荐用于紧密的组件配合。H6/n5 为过盈配合
过盈配合	p	与 H6 或 H7 孔配合时是过盈配合,而与 H8 孔配合时为过渡配合。对非铁类零件,为较轻的压入配合,当需要拆时易于拆卸;对钢、铸铁或铜-钢组件装配是标准压入配合;对弹性材料,如轻合金等,往往要求很小的过盈量,可采用 p 轴配合

（续）

配合种类	基本偏差	配合特性及应用
过盈配合	r	对铁类零件，为中等打入配合，对非铁类零件，为轻的打入配合，需要时可以拆卸。与 H8 孔配合，直径在 100mm 以上时为过盈配合，直径小时为过渡配合
	s	用于钢和铁制零件的永久性和半永久性装配，过盈量充分，可产生相当大的结合力。当用弹性材料，如轻合金时，配合性质与铁类零件的 p 轴相当，如套环压在轴上、阀座等配合。尺寸较大时，为了避免损伤配合表面，需用热胀法或冷缩法装配
	t、u、v、x、y、z	过盈量依次增大，一般不推荐 t、u

表 18-7　优先配合特性及应用举例

基孔制	基轴制	优先配合特性及应用举例
$\dfrac{H11}{c11}$	$\dfrac{C11}{c11}$	间隙很大，用于很松的、转动很慢的动配合；要求大公差与大间隙的外露组件；要求装配方便的很松的配合。相当于旧国标的 D6/dd6
$\dfrac{H9}{d9}$	$\dfrac{D9}{h9}$	间隙很大的自由转动配合，用于精度为非主要要求的场合，或有大的温度变动、高转速或大的轴颈压力时。相当于旧国标的 D4/de4
$\dfrac{H8}{f7}$	$\dfrac{F8}{h7}$	间隙不大的转动配合，用于中等转速与中等轴颈压力的精确转动；也用于装配较容易的中等定位配合。相当于旧国标的 D/dc
$\dfrac{H7}{g6}$	$\dfrac{G7}{h6}$	间隙很小的滑动配合，用于不希望自由转动，但可自由移动和滑动并要求精密定位的场合，也可用于要求明确的定位配合。相当于旧国标的 D/db
$\dfrac{H7}{h6}$ $\dfrac{H8}{h7}$ $\dfrac{H9}{h9}$ $\dfrac{H11}{h11}$	$\dfrac{H7}{h6}$ $\dfrac{H8}{h7}$ $\dfrac{H9}{h9}$ $\dfrac{H11}{h11}$	均为间隙定位配合，零件可自由装拆，而工作时一般相对静止不动。在最大实体条件下间隙为零，在最小实体条件下间隙由公差等级决定。H7/h6 相当于旧国标的 D/d；H8/h7 相当于旧国标的 D3/d3；H9/h9 相当于旧国标的 D4/d4；H11/h11 相当于旧国标的 D6/d6
$\dfrac{H7}{h6}$	$\dfrac{K7}{h6}$	过渡配合，用于精密定位。相当于旧国标的 D/gc
$\dfrac{H7}{n6}$	$\dfrac{N7}{h6}$	过渡配合，用于允许有较大过盈的更精密的定位。相当于旧国标的 D/ga
$\dfrac{H7}{p6}$*	$\dfrac{P7}{h6}$	过盈定位配合，即小过盈配合，用于定位精度特别重要的场合，能以最好的定位精度达到部件的刚性及对中性要求，而对承受压力无特殊要求，不依靠配合的紧固性传递摩擦负荷。相当于旧国标的 D/ga~D/jf
$\dfrac{H7}{s6}$	$\dfrac{S7}{h6}$	中等压入配合，适用于一般钢件；或用于薄壁件的冷缩配合，用于铸铁件可得到最紧的配合。相当于旧国标的 D/je
$\dfrac{H7}{u6}$	$\dfrac{U7}{h6}$	压入配合，适用于可以承受大压入力的零件或不宜承受大压入力的冷缩配合

注：＊小于或等于 3mm 为过渡配合。

表 18-8　未注公差尺寸的极限偏差数值（摘自 GB/T 1804—2000）　（单位：mm）

公差等级	线性尺寸的极限偏差数值								圆角半径、倒角高度尺寸的极限偏差数值			
	公称尺寸								公称尺寸			
	0.5~3	>3~6	>6~30	>30~120	>120~400	>400~1000	>1000~2000	>2000~4000	0.5~3	>3~6	>6~30	>30
精密 f	±0.05	±0.05	±0.1	±0.15	±0.2	±0.3	±0.5	—	±0.2	±0.5	±1	±2
中等 m	±0.1	±0.1	±0.2	±0.3	±0.5	±0.8	±1.2	±2	±0.2	±0.5	±1	±2
粗糙 c	±0.2	±0.3	±0.5	±0.8	±1.2	±2	±3	±4	±0.4	±1	±2	±4
最粗 v	—	±0.5	±1	±1.5	±2.5	±4	±6	±8	±0.4	±1	±2	±4

注：1. 线性尺寸的未注公差为一般工作能力可保证的公差，主要用于较低精度的非配合尺寸，一般可不检验。
　　2. 在图样、技术文件或标准中的表示方法示例：GB/T 1804—f（表示选用精密级）。

第二节 几 何 公 差

表 18-9 几何公差特征项目的符号及意义（摘自 GB/T 1182—2008）

分类	特征项目	符号	被测要素	有无基准	意 义
形状公差	直线度	—	单一要素	无	表示零件上的直线要素实际形状保持理想直线的状况,即通常所说的平直程度。直线度公差是实际直线对理想直线所允许的最大变动量
	平面度	▱			表示零件平面要素的实际形状保持理想平面的状况,即通常所说的平整程度。平面度公差是实际平面对理想平面所允许的最大变动量
	圆度	○			表示零件上圆要素的实际形状与其中心保持等距的情况,即通常所说的圆整程度。圆度公差是在同一截面上,实际圆对理想圆所允许的最大变动量
	圆柱度	⌭			表示零件上圆柱面外形轮廓上的各点对其轴线保持等距的状况。圆柱度公差是实际圆柱面对理想圆柱面所允许的最大变动量
位置公差	平行度	∥	关联要素	有	表示零件上被测实际要素相对于基准保持等距离的状况,即通常所说的保持平行的程度。平行度公差是被测要素的实际方向与基准相平行的理想方向之间所允许的最大变动量
	垂直度	⊥			表示零件上被测要素相对于基准要素保持正确的90°夹角的状况,即通常所说的两要素之间保持正交的程度。垂直度公差是被测要素的实际方向对于基准相垂直的理想方向之间所允许的最大变动量
	倾斜度	∠			表示零件上两要素相对方向保持任意给定角度的正确状况。倾斜度公差是被测要素的实际方向,对于基准成任意给定角度的理想方向之间所允许的最大变动量
	对称度	⊜			表示零件上两对称中心要素保持在同一中心平面内的状态。对称度公差是实际要素的对称中心面(或中心线、轴线)对理想对称平面所允许的变动量
	同轴度	◎			表示零件上被测轴线相对于基准轴线保持在同一直线上的状况,即通常所说的共轴程度。同轴度公差是被测实际轴线相对于基准轴线所允许的变动量
	位置度	⊕		有或无	表示零件上的点、线、面等要素相对其理想位置的准确状况。位置度公差是被测要素的实际位置相对于理想位置所允许的最大变动量
跳动	圆跳动	↗		有	表示零件上的回转表面在限定的测量面内,相对于基准轴线保持固定位置的状况。圆跳动公差是被测实际要素绕基准轴线无轴向移动地旋转一整圈时,在限定的测量范围内,所允许的最大变动量
	全跳动	↗↗			表示零件绕基准轴线做连续旋转时,沿整个被测表面上的跳动量。全跳动公差是被测实际要素绕基准轴线连续地旋转,同时指示器沿其理想轮廓相对移动时,所允许的最大跳动量
形状公差或位置公差	线轮廓度	⌒	单一要素或关联要素	有或无	表示在零件的给定平面上,任意形状的曲线保持其理想形状的状况。线轮廓度公差是非圆曲线的实际轮廓线的允许变动量
	面轮廓度	◠			表示零件上任意形状的曲面保持其理想形状的状况。面轮廓度公差是指非圆曲面的实际轮廓线对理想轮廓面的允许变动量。也就是图样上给定的,用以限制实际曲面加工误差的变动范围

表 18-10 被测要素、基准要素的标注要求及其他符号（摘自 GB/T 1182—2008）

说 明	符号	说 明	符号	说 明	符号
被测要素		最小实体要求	Ⓛ	小径	LD
基准要素	A A	可逆要求	Ⓡ	大径	MD
基准目标	φ2/A1	延伸公差带	Ⓟ	中径、节径	PD

（续）

说　明	符号	说　明	符号	说　明	符号
理论正确尺寸	50	自由状态条件（非刚性零件）	Ⓕ	线素	LE
包容要求	Ⓔ	全周（轮廓）	⌀	任意横截面	ASC
最大实体要求	Ⓜ	公共公差带	CZ	不凸起	NC
公差框格说明	用公差框格标注几何公差时,公差要求标注在划分成两格或多格的矩形框格内。框格中的内容从左到右按以下次序填写  h—图样中所采用字体的高度			1. 公差特征的符号 2. 公差值及被测要素有关的符号。其中,公差值是以线性尺寸单位表示的量值。如果公差带为圆形或圆柱形,公差值前应加注符号"φ";如果公差带为圆球形,则公差值前应加注符号"Sφ"。 3. 基准数字及基准要素有关的符号。用一个字母表示单个基准或用多个字母表示基准体系或公共基准		

表 18-11　直线度和平面度公差（摘自 GB/T 1184—1996）　　　（单位：μm）

主参数 L 图例

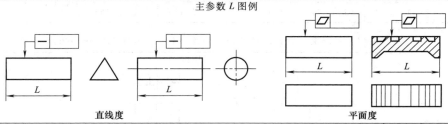

直线度　　　　　　　　　　　　　平面度

公差等级	主参数 L/mm													应用举例
	≤10	>10~16	>16~25	>25~40	>40~63	>63~100	>100~160	>160~250	>250~400	>400~630	>630~1000	>1000~1600	>1600~2500	>2500~4000
5	2	2.5	3	4	5	6	8	10	12	15	20	25	30	40	普通精度机床导轨,柴油机进、排气门导杆
6	3	4	5	6	8	10	12	15	20	25	30	40	50	60	
7	5	6	8	10	12	15	20	25	30	40	50	60	80	100	轴承体的支承面,压力机导轨及滑块,减速器箱体、油泵、轴系支承轴承的接合面
8	8	10	12	15	20	25	30	40	50	60	80	100	120	150	
9	12	15	20	25	30	40	50	60	80	100	120	150	200	250	辅助机构及手动机械的支承面,液压管件和法兰的接合面
10	20	25	30	40	50	60	80	100	120	150	200	250	300	400	
11	30	40	50	60	80	100	120	150	200	250	300	400	500	600	离合器的摩擦片,汽车发动机缸盖接合面
12	60	80	100	120	150	200	250	300	400	500	600	800	1000	1200	

表 18-12　圆度和圆柱度公差（摘自 GB/T 1184—1996）　　　（单位：μm）

主参数 d(D) 图例

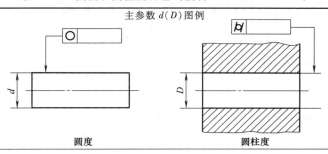

圆度　　　　　　　　　　　　　圆柱度

（续）

公差等级	主参数 $d(D)$/mm												应用举例
	>3~6	>6~10	>10~18	>18~30	>30~50	>50~80	>80~120	>120~180	>180~250	>250~315	>315~400	>400~500	
5	1.5	1.5	2	2.5	2.5	3	4	5	7	8	9	10	安装P6、P0级滚动轴承的配合面,中等压力下的液压装置工作面(包括泵、压缩机的活塞和气缸),风动绞车曲轴,通用减速器轴颈,一般机床主轴
6	2.5	2.5	3	4	4	5	6	8	10	12	13	15	
7	4	4	5	6	7	8	10	12	14	16	18	20	发动机的胀圈、活塞销及连杆中装衬套的孔等,千斤顶或压力缸活塞,水泵及减速器轴颈,液压传动系统的分配机构,拖拉机气缸体与气缸套配合面,炼胶机冷铸轧辊
8	5	6	8	9	11	13	15	18	20	23	25	27	
9	8	9	11	12	16	19	22	25	29	32	36	40	起重机、卷扬机用的滑动轴承,带软密封的低压泵的活塞和气缸;通用机械杠杆与拉杆、拖拉机的活塞环与套筒环
10	12	15	18	21	25	30	35	40	46	52	57	63	
11	18	22	27	33	39	46	54	63	72	81	89	97	易变形的薄片、薄壳零件的表面,支架等要求不高的接合面
12	30	36	43	52	62	74	87	100	115	130	140	155	

表18-13　平行度、垂直度和倾斜度公差（摘自 GB/T 1184—1996）　（单位：μm）

主参数 L、$d(D)$ 图例

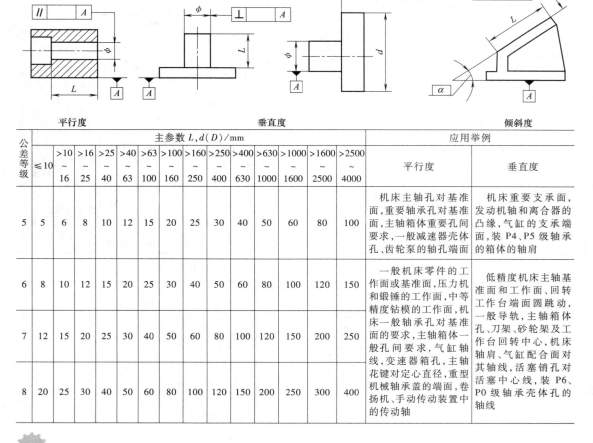

平行度	垂直度	倾斜度

公差等级	主参数 L,$d(D)$/mm														应用举例	
	≤10	>10~16	>16~25	>25~40	>40~63	>63~100	>100~160	>160~250	>250~400	>400~630	>630~1000	>1000~1600	>1600~2500	>2500~4000	平行度	垂直度
5	5	6	8	10	12	15	20	25	30	40	50	60	80	100	机床主轴孔对基准面,重要轴承孔对基准面,主轴箱体重要孔间要求,一般减速器壳体孔、齿轮泵的轴孔端面	机床重要支承面,发动机轴和离合器的凸缘,气缸的支承端面,装P4、P5级轴承的箱体的轴肩
6	8	10	12	15	20	25	30	40	50	60	80	100	120	150	一般机床零件的工作面或基准面,压力机和锻锤的工作面,中等精度钻模的工作面,机床一般轴承孔对基准面的要求,主轴箱体一般孔间要求,气缸轴线,变速器箱孔,主轴花键对定心直径,重型机械轴承盖的端面,卷扬机、手动传动装置中的传动轴	低精度机床主轴基准面和工作面、回转工作台端面圆跳动,一般导轨,主轴箱体孔、刀架、砂轮架及工作台回转中心,机床轴肩、气缸配合面对其轴线,活塞销孔对活塞中心线,装P6、P0级轴承壳体孔的轴线
7	12	15	20	25	30	40	50	60	80	100	120	150	200	250		
8	20	25	30	40	50	60	80	100	120	150	200	250	300	400		

(续)

公差等级	主参数 $L, d(D)$/mm														应用举例	
	≤10	>10~16	>16~25	>25~40	>40~63	>63~100	>100~160	>160~250	>250~400	>400~630	>630~1000	>1000~1600	>1600~2500	>2500~4000	平行度	垂直度
9	30	40	50	60	80	100	120	150	200	250	300	400	500	600	低精度零件,重型机械滚动轴承端盖,柴油机和煤气发动机的曲轴孔、轴颈等	花键轴轴肩端面、带式输送机法兰盘等端面对轴线,手动卷扬机及传动装置中的轴承端面、减速器壳体平面等
10	50	60	80	100	120	150	200	250	300	400	500	600	800	1000		
11	80	100	120	150	200	250	300	400	500	600	800	1000	1200	1500	零件的非工作面,卷扬机、输送机上用的减速器壳体平面	农业机械齿轮端面等
12	120	150	200	250	300	400	500	600	800	1000	1200	1500	2000	2500		

表 18-14 同轴度、对称度、圆跳动和全跳动公差（摘自 GB/T 1184—1996）

(单位：μm)

主参数 $d(D)$、B、L 图例

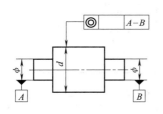 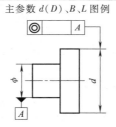 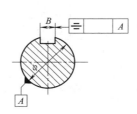

同轴度   对称度

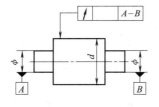 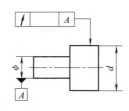 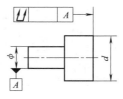

圆跳动   全跳动

公差等级	主参数 $d(D)$、B、L/mm												应用举例
	>3~6	>6~10	>10~18	>18~30	>30~50	>50~120	>120~250	>250~500	>500~800	>800~1250	>1250~2000	>2000~3150	
5	3	4	5	6	8	10	12	15	20	25	30	40	6 级和 7 级精度齿轮轴的配合面,较高精度的高速轴,汽车发动机曲轴和分配轴的支承轴颈,较高精度机床的轴套
6	5	6	8	10	12	15	20	25	30	40	50	60	
7	8	10	12	15	20	25	30	40	50	60	80	100	8 级和 9 级精度齿轮轴的配合面,拖拉机发动机分配轴的支承轴颈,普通精度高速轴(转速在 1000r/min 以下),长度在 1m 以下的主传动轴,起重运输机的毂轮配合孔和导轮的配合面
8	12	15	20	25	30	40	50	60	80	100	120	150	

（续）

公差等级	主参数 $d(D)$、B、L/mm												应用举例
	>3~6	>6~10	>10~18	>18~30	>30~50	>50~120	>120~250	>250~500	>500~800	>800~1250	>1250~2000	>2000~3150	
9	25	30	40	50	60	80	100	120	150	200	250	300	10级和11级精度齿轮轴的配合面，发动机气缸配合面，水泵叶轮，离心泵泵件，摩托车活塞，自行车中轴
10	50	60	80	100	120	150	200	250	300	400	500	600	
11	80	100	120	150	200	250	300	400	500	600	800	1000	无特殊要求，一般按尺寸公差等级IT12制造的零件
12	150	200	250	300	400	500	600	800	1000	1200	1500	2000	

第三节　表面粗糙度

表 18-15　表面粗糙度主要评定参数 Ra、Rz 的数值系列（摘自 GB/T 1031—2009）

（单位：μm）

Ra				Rz			
0.012	0.025	0.05	0.1	0.025	0.05	0.1	0.2
0.2	0.4	0.8	1.6	0.4	0.8	1.6	3.2
3.2	6.3	12.5	25	6.3	12.5	25	50
50	50	100	—	100	200	400	800
				1600			

注：1. Ra：轮廓算术平均偏差；Rz：轮廓最大高度。
　　2. 在表面粗糙度参数常用的参数范围内（Ra = 0.025~6.3μm，Rz = 0.1~25μm），推荐优先选用 Ra。
　　3. 根据表面功能和生产的经济合理性，当选用的数值系列不能满足要求时，可选用表 18-16 中的补充系列数值。

表 18-16　表面粗糙度主要评定参数 Ra、Rz 的补充系列数值（摘自 GB/T 1031—2009）

（单位：μm）

Ra				Rz			
0.008	0.010	0.016	0.020	0.032	0.040	0.063	0.080
0.032	0.040	0.063	0.080	0.125	0.160	0.25	0.32
0.125	0.160	0.25	0.32	0.50	0.63	1.00	1.25
0.50	0.63	1.00	1.25	2.0	2.5	4.0	5.0
2.0	2.5	4.0	5.0	8.0	10.0	16.0	20
8.0	10.0	16.0	20	32	40	63	80
32	40	63	80	125	160	250	320
				500	630	1000	1250

表 18-17　表面粗糙度的参数值、加工方法及其适用范围

Ra/μm	表面状况	加工方法	适用范围
100	除净毛刺	铸造、锻、热轧、冲切	不加工的平滑表面，如砂型铸造、冷铸、压力铸造、轧制、锻压、热压及各种型锻的表面
50,25	明显可见刀痕	粗车、镗、刨、钻	工序间加工时所得到的粗糙表面，以及预先经过机械加工，如粗车、粗铣等的零件表面
12.5	可见刀痕	粗车、刨、铣、钻	
6.3	微见刀痕	车、镗、刨、钻、铣、锉、磨、粗铰、铣齿	不重要零件的非配合表面，如支柱、轴、外壳、衬套、盖等的表面；紧固件的自由表面，不要求定心及配合特性的表面，如用钻头钻的螺栓孔等的表面；固定支承表面，如与螺栓头相接触的表面、键的非结合表面
3.2	微见加工痕迹	车、镗、刨、铣、刮1~2点/cm²、拉、磨、锉、滚压、铣齿	和其他零件连接而又不是配合表面，如外壳凸耳、扳手等的支承面；要求有定心及配合特性的固定支承表面，如定心的轴肩、槽等的表面；不重要的紧固螺纹表面
1.6	可见加工痕迹的方向	车、镗、刨、铣、铰、拉、磨、滚压、刮1~2点/cm²	定心及配合特性要求不精确的固定支承表面，如衬套、轴套和定位销的压入孔；不要求定心及配合特性的活动支承表面，如活动关节、花键连接、传动螺纹工作面等；重要零件的配合平面，如导向杆等

238

（续）

$Ra/\mu m$	表面状况	加工方法	适用范围
0.8	微见加工痕迹的方向	车、镗、拉、磨、立铣、刮 3~10 点/cm^2、滚压	要求保证定心及配合特性的表面,如锥形销和圆柱表面、安装滚动轴承的孔、滚动轴承的轴颈;不要求保证定心及配合特性的活动支承表面,高精度活动球接头表面、支承垫圈、磨削的轮齿
0.4	微辨加工痕迹的方向	铰、磨、镗、拉、刮 3~10 点/cm^2、滚压	要求能长期保持所规定配合特性的轴和孔的配合表面,如导柱、导套的工作表面;要求保证定心及配合特性的表面,如精密球轴承的压入座、轴瓦的工作表面、机床顶尖表面;工作时受较大反复应力的重要零件表面;在不破坏配合特性的情况下工作其耐久性和疲劳强度所要求的表面,圆锥定心表面,如曲轴和凸轮轴的工作表面
0.2	不可辨加工痕迹的方向	精磨、珩磨、研磨、超级加工	工作时受较大反复应力的重要零件表面,保证零件的疲劳强度、防腐性和耐久性,并在工作时不破坏配合特性的表面,如轴颈表面、活塞和柱塞表面;IT5、IT6 公差等级配合的表面;圆锥定心表面;摩擦表面
0.1	暗光泽面	超级加工	工作时受较大反复应力的重要零件表面,保证零件的疲劳强度、防腐性及在活动接头工作中的耐久性的表面,如活塞销表面、液压传动用的孔的表面;保证精确定心的圆锥表面
0.05	亮光泽面	超级加工	精密仪器及附件的摩擦面,量具工作面
0.025	镜状光泽面		
0.012	雾光镜面		

表 18-18　标注表面结构的图形符号和完整图形符号的组成（摘自 GB/T 131—2006）

	符　　号	意义及说明
基本图形符号		仅用于简化代号标注,没有补充说明时不能单独使用
扩展图形符号	 　要求去除材料	用去除材料的方法获得的表面;仅当其含义是"被加工表面"时可单独
	 　不允许去除材料	不去除材料的表面,也可用于表示保持上道工序形成的表面,不管这种状况是通过去除或不去除材料形成的
完整图形符号	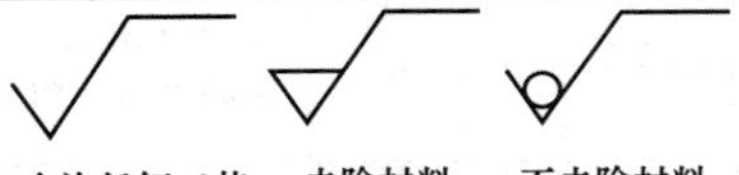 允许任何工艺　去除材料　不去除材料	在以上各种符号的长边上加一横线,以便注写对表面结构的各种要求
工作轮廓各表面的图形符号	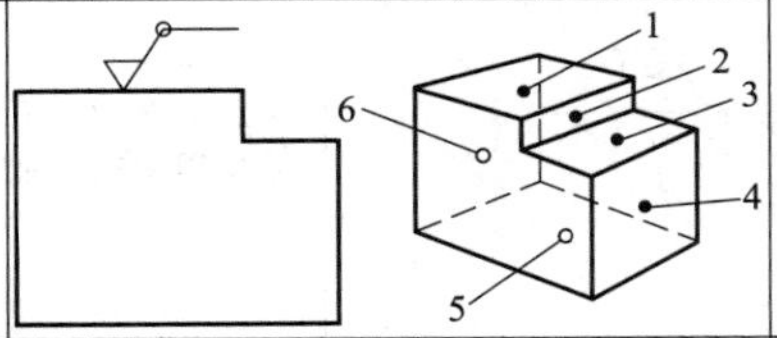	当在图样某个视图上构成封闭轮廓的各个表面有相同的表面结构要求时,应在完整符号上加一圆圈,标注在图样中工件的封闭轮廓线上。如果标注会引起歧义,则各表面应分别标注。左图符号是指对图形中封闭轮廓的六个面的共同要求(不包括前、后面)
表面结构完整图形符号的组成	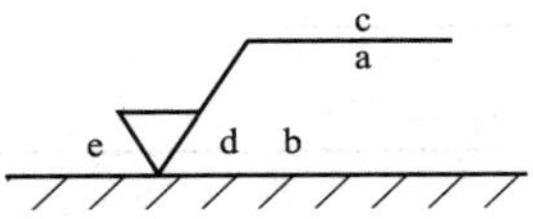	为了明确表面结构要求,除了标注表面结构参数和数值外,必要时还应标注补充要求。补充要求包括传输带、取样长度、加工工艺、表面纹理及方向、加工余量等。即在完整图形符号中,对表面结构的单一要求和补充要求应注写在左图所示的指定位置。为了保证表面的功能特征,应对表面结构参数规定不同要求,图中 a~e 位置注写以下内容 位置 a——注写表面结构的单一要求,标注表面结构参数代号、极限值和传输带(传输带是两个定义的滤波器之间的波长范围,见 GB/T 6062 和 GB/T 18777)或取样长度。为了避免误解,在参数代号和极限值间插入空格。传输带或取样长度后应有一斜线"/",之后是表面结构参数代号,最后是数值 例:0.0025-0.8/Rz3.2(传输带标注) 0.8/Rz6.3(取样长度标注) 位置 a、b——注写两个或多个表面结构要求,在位置 a 注写第一个表面结构要求;在位置 b 注写第二个表面结构要求;如果要注写第三个或更多个表面结构要求,图形符号应在垂直方向扩大,以空出足够的空间。扩大图形符号时,a 和 b 的位置随之上移。 位置 c——注写加工方法、表面处理、涂层或其他加工工艺要求,如车、磨、镀等 位置 d——注写表面纹理及方向 位置 e——注写加工余量,以 mm 为单位给出数值

表 18-19　表面结构图样标注新、旧标准的对照

原标准 GB/T 131—1993 表示法	最新标准 GB/T 131—2006 表示法	说　明
1.6　　1.6	Ra 1.6	参数代号和数值的标注位置发生了变化，并且参数代号 Ra 在任何时候都不能省略
R_y 3.2　　0.8	− 0.8 /Rz3　6.3	除 Ra 外其他参数及取样长度
R_y 3.2　　R_y 3.2	Rz 3.2	新标准中用 Rz 代替了 R_y
R_y 3.2	Rz3　6.3	评定长度中的取样长度个数如果不是5
3.2　　1.6	U Ra 3.2　L Ra 1.6	上、下限值，在不引起歧义的情况下，上、下限符号 U、L 可以省略
1.6 max	Ra max 1.6	最大规则
3.2　1.6　3.2　其余 25	Ra 3.2　Ra 1.6　Ra 3.2　Ra 25　或者　Ra 25 (Ra 3.2　Ra 1.6)	当多数表面有相同结构要求时，旧标准是在右上角用"其余"字样标注，而新标准则标注在标题栏附近，圆括号内可以给出无任何其他标注的基本符号，或者给出不同的表面结构要求
3.2　3.2　3.2　3.2	Ra 0.8　Rz 12.5　3.2　Rz 1.6	新标准中，下面和右面的标注用带箭头的引线引出
镀覆后　镀覆前	镀覆	表面结构要求在镀涂（覆）后应该用粗虚线画出其范围，而不是粗点画线

表 18-20　表面结构要求在图样中的标注 （摘自 GB/T 131—2006）

序号	标注示例	说　明
1	Ra 0.8　Ra 3.2　Rz 12.5　Ra 1.6	应使表面结构的注写和读取方向一致

（续）

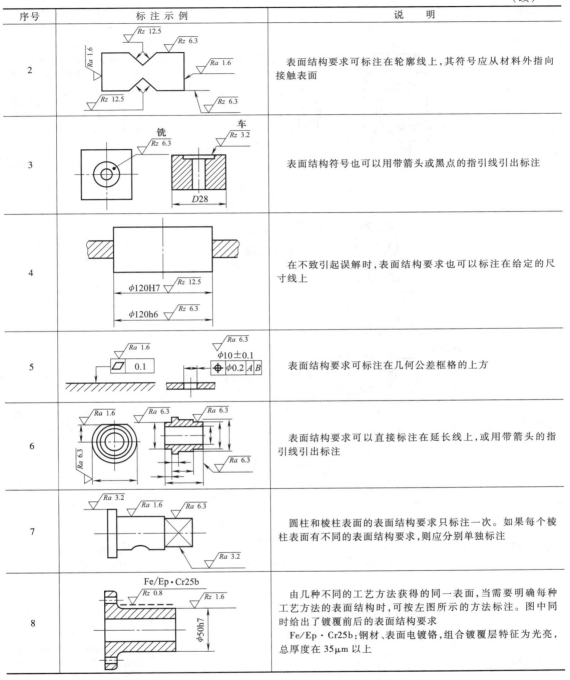

序号	标注示例	说明
2	*Rz 12.5*　*Rz 6.3*　*Ra 1.6*　*Ra 1.6*　*Rz 12.5*　*Rz 6.3*	表面结构要求可标注在轮廓线上，其符号应从材料外指向接触表面
3	铣 *Rz 6.3*　车 *Rz 3.2*　*D28*	表面结构符号也可以用带箭头或黑点的指引线引出标注
4	$\phi 120H7$ *Rz 12.5*　$\phi 120h6$ *Rz 6.3*	在不致引起误解时，表面结构要求也可以标注在给定的尺寸线上
5	*Ra 1.6*　*Ra 6.3*　$\phi 10 \pm 0.1$　0.1　$\phi 0.2$ A B	表面结构要求可标注在几何公差框格的上方
6	*Ra 1.6*　*Ra 6.3*　*Ra 6.3*　*Ra 6.3*　*Ra 6.3*	表面结构要求可以直接标注在延长线上，或用带箭头的指引线引出标注
7	*Ra 3.2*　*Ra 1.6*　*Ra 6.3*　*Ra 3.2*	圆柱和棱柱表面的表面结构要求只标注一次。如果每个棱柱表面有不同的表面结构要求，则应分别单独标注
8	Fe/Ep·Cr25b *Rz 0.8*　*Rz 1.6*　$\phi 50h7$	由几种不同的工艺方法获得的同一表面，当需要明确每种工艺方法的表面结构时，可按左图所示的方法标注。图中同时给出了镀覆前后的表面结构要求 Fe/Ep·Cr25b：钢材、表面电镀铬，组合镀覆层特征为光亮，总厚度在 $35\mu m$ 以上

表 18-21　常用零件表面粗糙度值标注方法

内容	图例	说明
连续表面	抛光 *Ra 1.6*	零件上连续表面的表面粗糙度只标注一次

（续）

内容	图 例	说 明
齿轮、花键		1. 零件上重复要素（孔、槽、齿等）的表面，其表面粗糙度只标注一次 2. 齿轮等的工作表面没画出齿形时，表面粗糙度代号标注在分度圆上
螺纹		螺纹工作表面没有画出牙型时表面粗糙度的标注方法
倒角、圆角、键槽、中心孔		倒角、圆角、键槽、中心孔的表面粗糙度的标注方法
不连续同一表面		不连续同一表面的表面粗糙度的标注方法
同一表面不同要求		同一表面具有不同的表面粗糙度要求时，应用细实线分开，并标注相应的表面粗糙度代号和数值

第十九章

齿轮传动、蜗杆传动的精度及公差

第一节 渐开线圆柱齿轮的精度

一、精度等级及选择

渐开线圆柱齿轮精度标准体系由 GB/T 10095.1—2008、GB/T 10095.2—2008 及其指导性技术文件组成。GB/T 10095.1—2008 对轮齿同侧齿面公差规定了 0~12 级共 13 个精度等级，其中 0 级最高，12 级最低。如果要求的齿轮精度等级为 GB/T 10095.1—2008 的某一精度等级，而无其他规定时，则齿距、齿廓、螺旋线等各项偏差的允许值均按该精度等级确定，也可以按协议对工作和非工作齿面规定不同的精度等级，或对不同偏差项目规定不同的精度等级。另外，也可仅对工作齿面规定要求的精度等级。GB/T 10095.2—2008 对径向综合公差规定了 4~12 级共 9 个精度等级，其中 4 级最高，12 级最低；对径向跳动规定了 0~12 级共 13 个精度等级，其中 0 级最高，12 级最低。如果要求的齿轮精度等级为 GB/T 10095.2—2008 的某一精度等级，而无其他规定，则径向综合和径向跳动等各项偏差的允许值均按该精度等级确定。

表 19-1 中给出了常用机械设备的齿轮精度等级。

表 19-1 常用机械设备的齿轮精度等级

产品类型	精度等级	产品类型	精度等级
测量基准	2~5	航空发动机	4~8
涡轮齿轮	3~6	拖拉机	6~9
金属切削机床	3~8	通用减速器	6~9
内燃机车	6~7	轧钢机	6~10
汽车底盘	5~8	矿用绞车	8~10
轻型汽车	5~8	起重机械	7~10
载重汽车	6~9	农业机械	8~11

齿轮的精度等级应根据传动的用途、使用条件、传递功率和圆周速度以及其他经济、技术条件来确定。

表 19-2 中给出了齿轮精度等级的适用范围。

表 19-2 齿轮精度等级的适用范围

精度等级	圆周速度 $v/(m/s)$		工作条件与适用范围	齿面的最后加工
	直齿	斜齿		
5 级	>20	>40	用于高平稳且低噪声的高速传动齿轮；精密机构中的齿轮；涡轮传动的齿轮；检测 8 级、9 级精度齿轮的测量齿轮；重要的航空、船用传动箱齿轮	特精密的磨齿和珩磨，用精密滚刀滚齿
6 级	≥15	≥30	用于高速下平稳工作，要求高效率及低噪声的齿轮；航空和汽车用齿轮；读数装置中的精密齿轮；机床传动齿轮	精密磨齿或剃齿

（续）

精度等级	圆周速度 $v/(m/s)$		工作条件与适用范围	齿面的最后加工
	直齿	斜齿		
7 级	≥ 10	≥ 15	用于在高速和适度功率或大功率和适当速度下工作的齿轮；机床变速箱进给机构用齿轮；高速减速器用齿轮；读数装置中的齿轮	用精密刀具加工；对于淬硬齿轮，必须精整加工（磨齿、研齿、珩齿）
8 级	≥ 6	≥ 10	用于一般机械中无特殊精度要求的齿轮；机床变速箱齿轮；汽车制造业中不重要的齿轮；冶金、起重机械的齿轮；农业机械中重要的齿轮	滚齿、插齿均可，不用磨齿，必要时剃齿或研齿
9 级	≥ 2	≥ 4	用于无精度要求的粗糙工作的齿轮；重载、低速，不重要的工作机械用的传力齿轮；农业机械中的齿轮	不需要特殊的精加工工序

二、单个齿轮精度的评定指标和检验项目的选用

根据 GB/T 10095.1—2008 和 GB/T 10095.2—2008，齿轮的检验分为单项检验和综合检验，而综合检验又分为单面啮合综合检验和双面啮合综合检验，两种检验形式不能同时使用。

标准没有规定齿轮的公差组和检验组，能明确评定齿轮精度等级的是单个齿距偏差 f_{pt}、齿距累积总偏差 F_p、齿廓总偏差 F_α、螺旋线总偏差 F_β 的允许值。一般节圆线速度大于 15m/s 的高速齿轮，增加检验齿距累积偏差 F_{pk}。建议供货方根据齿轮的使用要求、生产批量，在推荐的齿轮检验组中选取一个检验组评定齿轮质量。

表 19-3 所列为轮齿同侧齿面偏差的定义与代号。
表 19-4 所列为径向综合偏差和径向跳动公差的定义与代号。

表 **19-3** 轮齿同侧齿面偏差的定义与代号（摘自 GB/T 10095.1—2008）

名称		代号	定义
齿距偏差	单个齿距偏差（图 19-1）	f_{pt}	在端平面上，在接近齿高中部的一个与齿轮轴线同心的圆上，实际齿距与理论齿距的代数差
	齿距累积偏差（图 19-1）	F_{pk}	任意 k 个齿距的实际弧长与理论弧长的代数差
	齿距累积总偏差	F_p	齿轮同侧齿面任意弧段（$k=1$ 至 $k=z$）内的最大齿距累积偏差
齿廓偏差	齿廓总偏差（图 19-2a）	F_α	在计值范围内，包容实际齿廓迹线的两条设计齿廓迹线间的距离
	齿廓形状偏差（图 19-2b）	$f_{f\alpha}$	在计值范围内，包容实际齿廓迹线的，与平均齿廓迹线完全相同的两条迹线间的距离，且两条曲线与平均齿廓迹线的距离为常数
	齿廓倾斜偏差（图 19-2c）	$f_{H\alpha}$	在计值范围内，两端与平均齿廓迹线相交的两条设计齿廓迹线间的距离
螺旋线偏差	螺旋线总偏差（图 19-3a）	F_β	在计值范围内，包容实际螺旋线迹线的两条设计螺旋线迹线间的距离
	螺旋线形状偏差（图 19-3b）	$f_{f\beta}$	在计值范围内，包容实际螺旋线迹线的，与平均螺旋线迹线完全相同的两条曲线间的距离，且两条曲线与平均螺旋线迹线的距离为常数
	螺旋线倾斜偏差（图 19-3c）	$f_{H\beta}$	在计值范围的两端，与平均螺旋线迹线相交的两条设计螺旋线迹线间的距离
切向综合偏差	切向综合总偏差（图 19-4）	F_i'	被测齿轮与测量齿轮单面啮合检验时，被测齿轮一转内，齿轮分度圆上实际圆周位移与理论圆周位移的最大差值（在检验过程中，两轮的同侧齿面处于单面啮合状态）
	一齿切向综合偏差（图 19-4）	f_i'	在一个齿距内的切向综合偏差

图 19-1 所示为单个齿距偏差与齿距累积偏差，图中所示为 3 个齿距的累积偏差，即 $F_{pk}=F_{p3}$。

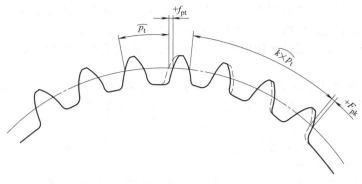

图 19-1　单个齿距偏差与齿距累积偏差
-------理论齿廓　————实际齿廓

图 19-2 所示为齿廓偏差，图中设计齿廓：未修形的渐开线；实际齿廓：在减薄区内偏向体内。齿廓偏差是实际齿廓偏离设计齿廓的量，该量在端面内且垂直于渐开线齿廓的方向计算。设计齿廓是指符合设计规定的齿廓，无其他限定时，指端面齿廓。平均齿廓是指设计齿廓迹线的纵坐标减去一条斜直线的相应纵坐标后得到的一条迹线，使得在计值范围内，实际廓线迹线与平均齿廓迹线偏差的平方和最小。

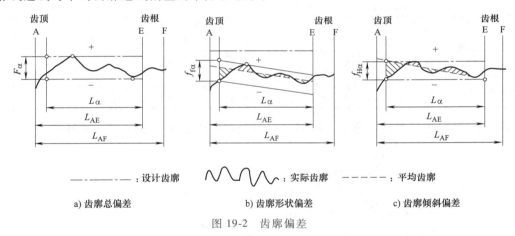

————：设计齿廓　〜〜〜〜：实际齿廓　－－－－－：平均齿廓

a) 齿廓总偏差　　　　　　b) 齿廓形状偏差　　　　　　c) 齿廓倾斜偏差

图 19-2　齿廓偏差

图 19-3 所示为螺旋线偏差，图中设计螺旋线：未修形的螺旋线；实际螺旋线：在减薄区内偏向体内。螺旋线偏差是在齿轮端面基圆切线方向测得的实际螺旋线偏离设计螺旋线的

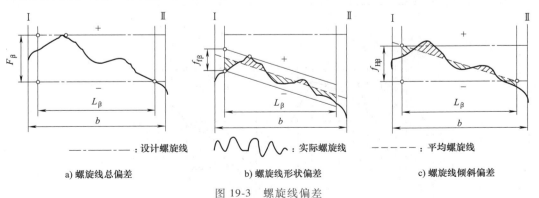

————：设计螺旋线　〜〜〜〜：实际螺旋线　－－－－－：平均螺旋线

a) 螺旋线总偏差　　　　　　b) 螺旋线形状偏差　　　　　　c) 螺旋线倾斜偏差

图 19-3　螺旋线偏差

量，且应在沿齿轮圆周均布的至少三个齿的两侧齿面的齿高中部进行测量。设计螺旋线是指符合设计规定的螺旋线。平均螺旋线则是从设计齿廓迹线的纵坐标减去一条斜直线的相应纵坐标后得到的一条迹线，使得在计值范围内，实际螺旋线迹线与平均螺旋线迹线偏差的平方和最小。

图 19-4 所示为切向综合偏差。切向综合偏差不是强制性检验项目，经供需双方同意时，这种方法最好与轮齿接触的检验同时进行，有时可以用来替代其他检测方法。

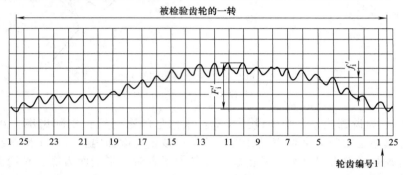

图 19-4　一齿（25 齿）的切向综合偏差

表 19-4　径向综合偏差和径向跳动公差的定义与代号（摘自 GB/T 10095.2—2008）

名　称	代号	定　义
径向综合总偏差	F_i''	在径向（双面）综合检验时，产品齿轮的左、右齿面同时与测量齿轮接触，并转过一整圈时出现的中心距最大值与最小值之差
一齿径向综合偏差	f_i''	当产品齿轮啮合一整圈时，对应一个齿距（$360°/z$）的径向综合偏差值
径向跳动公差	F_r	当测头（球形、圆柱形、砧形）相继置于每个齿槽内时，它到齿轮轴线的最大和最小径向距离之差。检查中，测头在近似齿高中部与左、右齿面接触

图 19-5 所示为径向综合偏差。图 19-6 所示为一个齿轮（16 齿）的径向跳动公差。

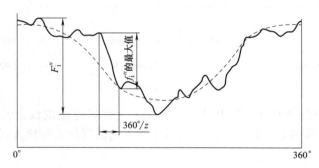

图 19-5　径向综合偏差

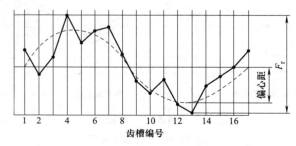

图 19-6　一个齿轮（16 齿）的径向跳动公差

齿轮偏差的检验项目，应从齿轮传动的质量控制要求出发，考虑测量工具和仪器状况，经济地选择。表 19-5 所列为常用齿轮偏差项目的检验组，设计时可参考选择。

表 19-5　推荐的齿轮检验组及项目

检验形式	检验组及项目			检验形式	检验组及项目
单项检验	f_{pt}、F_p、F_α、F_β、F_r			综合检验	F_i''、f_i''
	f_{pt}、F_p、F_α、F_β、F_r、F_{pk}				F_i'、f_i'（有协议要求时）
	f_{pt}、F_r（仅用于 10~12 级）				

表 19-6~表 19-10 所列为齿轮的各项偏差数值。

表 19-6　单个齿距偏差 $\pm f_{pt}$ 和齿距累积总偏差 F_p（摘自 GB/T 10095.1—2008）

分度圆直径 d/mm	模数 m/mm	单个齿距偏差 $\pm f_{pt}$/μm					齿距累积总偏差 F_p/μm				
		精度等级									
		5	6	7	8	9	5	6	7	8	9
5≤d≤20	0.5≤m≤2	4.7	6.5	9.5	13	19	11	16	23	32	45
	2<m≤3.5	5	7.5	10	15	21	12	17	23	33	47
20<d≤50	0.5≤m≤2	5	7	10	14	20	14	20	29	41	57
	2<m≤3.5	5.5	7.5	11	15	22	15	21	30	42	59
	3.5<m≤6	6	8.5	12	17	24	15	22	31	44	62
	6<m≤10	7	10	14	20	28	16	23	33	46	65
50<d≤125	0.5≤m≤2	5.5	7.5	11	15	21	18	26	37	52	74
	2<m≤3.5	6	8.5	12	17	23	19	27	38	53	76
	3.5<m≤6	6.5	9	13	18	26	19	28	39	55	78
	6<m≤10	7.5	10	15	21	30	20	29	41	58	82
	10<m≤16	9	13	18	25	35	22	31	44	62	88
125<d≤280	0.5≤m≤2	6	8.5	12	17	24	24	35	49	69	98
	2<m≤3.5	6.5	9	13	18	26	25	35	50	70	100
	3.5<m≤6	7	10	14	20	28	25	36	51	72	102
	6<m≤10	8	11	16	23	32	26	37	53	75	106
	10<m≤16	9.5	13	19	27	38	28	39	56	79	112
280<d≤560	0.5≤m≤2	6.5	9.5	13	19	27	32	46	64	91	129
	2<m≤3.5	7	10	14	20	29	33	46	65	92	131
	3.5<m≤6	8	11	16	22	31	33	47	66	94	133
	6<m≤10	8.5	12	17	25	35	34	48	68	97	137
	10<m≤16	10	14	20	29	41	36	50	71	101	143
	16<m≤25	12	18	25	35	50	38	54	76	107	151
560<d≤1000	0.5≤m≤2	7.5	11	15	21	30	41	59	83	117	166
	2<m≤3.5	8	11	16	23	32	42	59	84	119	168
	3.5<m≤6	8.5	12	17	24	35	43	60	85	120	170
	6<m≤10	9.5	14	19	27	38	44	62	87	123	174
	10<m≤16	11	16	22	31	44	45	64	90	127	180
	16<m≤25	13	19	27	38	53	47	67	94	133	189

表 19-7　齿廓总偏差 F_α、齿廓形状偏差 $f_{f\alpha}$ 和齿廓倾斜偏差 $\pm f_{H\alpha}$（摘自 GB/T 10095.1—2008）

分度圆直径 d/mm	模数 m/mm	齿廓总偏差 F_α/μm					齿廓形状偏差 $f_{f\alpha}$/μm					齿廓倾斜偏差 $\pm f_{H\alpha}$/μm				
		精度等级														
		5	6	7	8	9	5	6	7	8	9	5	6	7	8	9
5≤d≤20	0.5≤m≤2	4.6	6.5	9	13	18	3.5	5	7	10	14	2.9	4.2	6	8.5	12
	2<m≤3.5	6.5	9.5	13	19	26	5	7	10	14	20	4.2	6	8.5	12	17
20<d≤50	0.5≤m≤2	5	7.5	10	15	21	4	5.5	8	11	16	3.3	4.6	6.5	9.5	13
	2<m≤3.5	7	10	14	20	29	5.5	8	11	16	22	4.5	6.5	9	13	18

247

（续）

分度圆直径 d/mm	模数 m/mm	齿廓总偏差 F_α/μm					齿廓形状偏差 $f_{f\alpha}$/μm					齿廓倾斜偏差 ±$f_{H\alpha}$/μm				
		精度等级														
		5	6	7	8	9	5	6	7	8	9	5	6	7	8	9
20<d≤50	3.5<m≤6	9	12	18	25	35	7	9.5	14	19	27	5.5	8	11	16	22
	6<m≤10	11	15	22	31	43	8.5	12	17	24	34	7	9.5	14	19	27
50<d≤125	0.5≤m≤2	6	8.5	12	17	23	4.5	6.5	9	13	18	3.7	5.5	7.5	11	15
	2<m≤3.5	8	11	16	22	31	6	8.5	12	17	24	5	7	10	14	20
	3.5<m≤6	9.5	13	19	27	38	7.5	10	15	21	29	6	8.5	12	17	24
	6<m≤10	12	16	23	33	46	9	13	18	25	36	7.5	10	15	21	29
	10<m≤16	14	20	28	40	56	11	15	22	31	44	9	13	18	25	35
125<d≤280	0.5≤m≤2	7	10	14	20	28	5.5	7.5	11	15	21	4.4	6	9	12	18
	2<m≤3.5	9	13	18	25	36	7	9.5	14	19	28	5.5	8	11	16	23
	3.5<m≤6	11	15	21	30	42	8	12	16	23	33	6.5	9.5	13	19	27
	6<m≤10	13	18	25	36	50	10	14	20	28	39	8	11	16	23	32
	10<m≤16	15	21	30	43	60	12	17	23	33	47	9.5	13	19	27	38
280<d≤560	0.5≤m≤2	8.5	12	17	23	33	6.5	9	13	18	26	5.5	7.5	11	15	21
	2<m≤3.5	10	15	21	29	41	8	11	16	22	32	6.5	9	13	18	26
	3.5<m≤6	12	17	24	34	48	9	13	18	26	37	7.5	11	15	21	30
	6<m≤10	14	20	28	40	56	11	15	22	31	43	9	13	18	25	35
	10<m≤16	16	23	53	47	66	13	18	26	36	51	10	15	21	29	42
	16<m≤25	19	27	39	55	78	15	21	30	43	60	12	17	24	35	49
560<d≤1000	0.5≤m≤2	10	14	20	28	40	7.5	11	15	22	31	6.5	9	13	18	25
	2<m≤3.5	12	17	24	34	48	9	13	18	26	37	7.5	11	15	21	30
	3.5<m≤6	14	19	27	38	54	11	15	21	30	42	8.5	12	17	24	34
	6<m≤10	16	22	31	44	62	12	17	24	34	48	10	14	20	28	40
	10<m≤16	18	26	36	51	72	14	20	28	40	56	11	16	23	32	46
	16<m≤25	21	30	42	59	84	16	23	33	46	65	13	19	27	38	53

表 19-8 螺旋线总偏差 F_β、螺旋线形状偏差 $f_{f\beta}$ 和螺旋线倾斜偏差 ±$f_{H\beta}$（摘自 GB/T 10095.1—2008）

分度圆直径 d/mm	齿宽 b/mm	螺旋线总偏差 F_β/μm					螺旋线形状偏差 $f_{f\beta}$/μm 和 螺旋线倾斜偏差 ±$f_{H\beta}$/μm				
		精度等级									
		5	6	7	8	9	5	6	7	8	9
5≤d≤20	4≤b≤10	6	8.5	12	17	24	4.4	6	8.5	12	17
	10<b≤20	7	9.5	14	19	28	4.9	7	10	14	20
	20<b≤40	8	11	16	22	31	5.5	8	11	16	22
20<d≤50	4≤b≤10	6.5	9	13	18	25	4.5	6.5	9	13	18
	10<b≤20	7	10	14	20	29	5	7	10	14	20
	20<b≤40	8	11	16	23	32	6	8	12	16	23
	40<b≤80	9.5	13	19	27	38	7	9.5	14	19	27
50<d≤125	4≤b≤10	6.5	9.5	13	19	27	4.5	6.5	9.5	13	19
	10<b≤20	7.5	11	15	21	30	5.5	7.5	11	15	21
	20<b≤40	8.5	12	17	24	34	6	8.5	12	17	24
	40<b≤80	10	14	20	28	39	7	10	14	20	28
	80<b≤160	12	17	24	33	47	8.5	12	17	24	34
125<d≤280	4≤b≤10	7	10	14	20	29	5	7	10	14	20
	10<b≤20	8	11	16	22	32	5.5	8	11	16	23
	20<b≤40	9	13	18	25	36	6.5	9	13	18	25
	40<b≤80	10	15	21	29	41	7.5	10	15	21	29
	80<b≤160	12	17	25	35	49	8.5	12	17	25	35
	160<b≤250	14	20	29	41	58	10	15	21	29	41

（续）

分度圆直径 d /mm	齿宽 b /mm	螺旋线总偏差 F_β/μm					螺旋线形状偏差 $f_{f\beta}$/μm 和 螺旋线倾斜偏差 $\pm f_{H\beta}$/μm				
		精度等级									
		5	6	7	8	9	5	6	7	8	9
280<d≤560	10<b≤20	8.5	12	17	24	34	6	8.5	12	17	24
	20<b≤40	9.5	13	19	27	38	7	9.5	14	19	27
	40<b≤80	11	15	22	31	44	8	11	16	22	31
	80<b≤160	13	18	26	36	52	9	13	18	26	37
	160<b≤250	15	21	30	43	60	11	15	22	30	43
560<d≤1000	10<b≤20	9.5	13	19	26	37	6.5	9.5	13	19	26
	20<b≤40	10	15	21	29	41	7.5	10	15	21	29
	40<b≤80	12	17	23	33	47	8.5	12	17	23	33
	80<b≤160	14	19	27	39	55	9.5	14	19	27	39
	160<b≤250	16	22	32	45	63	11	16	23	32	45

表 19-9　径向综合总偏差 F_i'' 和一齿径向综合偏差 f_i''（摘自 GB/T 10095.2—2008）

分度圆直径 d /mm	法向模数 m_n /mm	径向综合总偏差 F_i''/μm					一齿径向综合偏差 f_i''/μm				
		精度等级									
		5	6	7	8	9	5	6	7	8	9
5≤d≤20	0.8<m_n≤1.0	12	18	25	35	50	3.5	5	7	10	14
	1.0<m_n≤1.5	14	19	27	38	54	4.5	6.5	9	13	18
20<d≤50	1.0<m_n≤1.5	16	23	32	45	64	4.5	6.5	9	13	18
	1.5<m_n≤2.5	18	26	37	52	73	6.5	9.5	13	19	26
	2.5<m_n≤4.0	22	31	44	63	89	10	14	20	29	41
	4.0<m_n≤6.0	28	39	56	79	111	15	22	31	43	61
50<d≤125	1.0<m_n≤1.5	19	27	39	55	77	4.5	6.5	9	13	18
	1.5<m_n≤2.5	22	31	43	61	86	6.5	9.5	13	19	26
	2.5<m_n≤4.0	25	36	51	72	102	10	14	20	29	41
	4.0<m_n≤6.0	31	44	62	88	124	15	22	31	44	62
	6.0<m_n≤10.0	40	57	80	114	161	24	34	48	67	95
125<d≤280	1.0<m_n≤1.5	24	34	48	68	97	4.5	6.5	9	13	18
	1.5<m_n≤2.5	26	37	53	75	106	6.5	9.5	13	19	27
	2.5<m_n≤4.0	30	43	61	86	121	10	15	21	29	41
	4.0<m_n≤6.0	36	51	72	102	144	15	22	31	44	62
	6.0<m_n≤10.0	45	64	90	127	180	24	34	48	67	95
280<d≤560	0.8<m_n≤1.0	29	42	59	83	117	3.5	5	7.5	11	15
	1.0<m_n≤1.5	30	43	61	86	122	4.5	6.5	9	13	18
	1.5<m_n≤2.5	33	46	65	92	131	6.5	9.5	13	19	27
	2.5<m_n≤4.0	37	52	73	104	146	10	15	21	29	41
	4.0<m_n≤6.0	42	60	84	119	169	15	22	31	44	62
	6.0<m_n≤10.0	51	73	103	145	205	24	34	48	68	96
560<d≤1000	0.8<m_n≤1.0	37	52	74	104	148	3.5	5.5	7.5	11	15
	1.0<m_n≤1.5	38	54	76	107	152	4.5	6.5	9	13	19
	1.5<m_n≤2.5	40	57	80	114	161	7	9.5	14	19	27
	2.5<m_n≤4.0	44	62	88	125	177	10	15	21	30	42
	4.0<m_n≤6.0	50	70	99	141	199	16	22	31	44	62
	6.0<m_n≤10.0	59	83	118	166	235	24	34	48	68	96

表 19-10　径向跳动公差 F_r 和 f_i'/K 的比值（摘自 GB/T 10095.1—2008、GB/T 10095.2—2008）

分度圆直径 d /mm	模数 m_n /mm	径向跳动公差 F_r/μm					f_i'/K 的比值				
		精度等级									
		5	6	7	8	9	5	6	7	8	9
5≤d≤20	0.5≤m_n≤2	9	13	18	25	36	14	19	27	38	54
	2<m_n≤3.5	9.5	13	19	27	38	16	23	32	45	64

（续）

分度圆直径 d /mm	模数 m_n /mm	径向跳动公差 F_r/μm					f_i'/K 的比值				
		精度等级									
		5	6	7	8	9	5	6	7	8	9
20<d≤50	0.5≤m_n≤2	11	16	23	32	46	14	20	29	41	58
	2<m_n≤3.5	12	17	24	34	47	17	24	34	48	68
	3.5<m_n≤6	12	17	25	35	49	19	27	38	54	77
	6<m_n≤10	13	19	26	37	52	22	31	44	63	89
50<d≤125	0.5≤m_n≤2	15	21	29	42	59	16	22	31	44	62
	2<m_n≤3.5	15	21	30	43	61	18	25	36	51	72
	3.5<m_n≤6	16	22	31	44	62	20	29	40	57	81
	6<m_n≤10	16	23	33	46	65	23	33	47	66	93
	10<m_n≤16	18	25	35	50	70	27	38	54	77	109
125<d≤280	0.5≤m_n≤2	20	28	39	55	78	17	24	34	49	69
	2<m_n≤3.5	20	28	40	56	80	20	28	39	56	79
	3.5<m_n≤6	20	29	41	58	82	22	31	44	62	88
	6<m_n≤10	21	30	42	60	85	25	35	50	70	100
	10<m_n≤16	22	32	45	63	89	29	41	58	82	115
280<d≤560	0.5≤m_n≤2	26	36	51	73	103	19	27	39	54	77
	2<m_n≤3.5	26	37	52	74	105	22	31	44	62	87
	3.5<m_n≤6	27	38	53	75	106	24	34	48	68	96
	6<m_n≤10	27	39	55	77	109	27	38	54	76	108
	10<m_n≤16	29	40	57	81	114	31	44	62	88	124
	16<m_n≤25	30	43	61	86	121	36	51	72	102	144
560<d≤1000	0.5≤m_n≤2	33	47	66	94	133	22	31	44	62	87
	2<m_n≤3.5	34	48	67	95	134	24	34	49	69	97
	3.5<m_n≤6	34	48	68	96	136	27	38	53	75	106
	6<m_n≤10	35	49	70	98	139	34	42	59	84	118
	10<m_n≤16	36	51	72	102	144	33	47	67	95	134
	16<m_n≤25	38	53	76	107	151	39	55	77	109	154

注：1. 一齿切向综合偏差 f_i' 由表中给出的 f_i'/K 数值乘以系数 K 求得。

2. $f_i' = K(4.3 + f_{pt} + F_\alpha)$，当重合度 $\varepsilon_\gamma < 4$ 时，$K = 0.2(\varepsilon_\gamma + 4)/\varepsilon_\gamma$；当重合度 $\varepsilon_\gamma \le 4$ 时，$K = 0.4$。

三、齿轮副精度的评定指标和允许值

齿轮副精度的评定指标主要有齿轮副的中心距偏差 $\pm f_a$、轴线平行度偏差 $f_{\Sigma\beta}$ 和 $f_{\Sigma\delta}$ 以及齿轮装配后的接触斑点允许值。

表 19-11 所列为齿轮副的中心距偏差 $\pm f_a$。

表 19-11 齿轮副的中心距偏差 $\pm f_a$ （单位：μm）

齿轮精度等级	f_a	齿轮副的中心距/mm												
		>6	10	18	30	50	80	120	180	250	315	400	500	630	800
		~10	18	30	50	80	120	180	250	315	400	500	630	800	1000
5~6	$\frac{1}{2}$IT7	7.5	9	10.5	12.5	15	17.5	20	23	26	28.5	31.5	35	40	45
7~8	$\frac{1}{2}$IT8	11	13.5	16.5	19.5	23	27	31.5	36	40.5	44.5	48.5	55	62	70
9~10	$\frac{1}{2}$IT9	18	21.5	26	31	37	43.5	50	57.5	65	70	77.5	87	100	115

注：此表不属国家标准内容，仅供参考。

表 19-12 所列为轴线平行度偏差的最大推荐值。

表 19-13 所列为齿轮装配后的接触斑点允许值。

表 19-12 轴线平行度偏差的最大推荐值（摘自 GB/Z 18620.3—2008）

垂直平面内的轴线平行度偏差	$f_{\Sigma\beta} = 0.5\left(\dfrac{L}{b}\right)F_\beta$	F_β 值见表 19-8,按大齿轮的分度圆直径查取
轴线平面内的轴线平行度偏差	$f_{\Sigma\delta} = 2f_{\Sigma\beta}$	

注：表中 b 为齿宽（mm）, L 为齿轮副两轴中较大轴承跨距（mm）, F_β 为螺旋线总偏差。

表 19-13 齿轮装配后的接触斑点允许值（摘自 GB/Z 18620.4—2008）

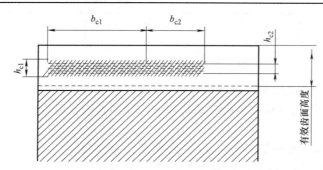

精度等级 按 GB/T 10095	b_{c1} 占齿宽的百分比		h_{c1} 占有效齿面高度的百分比		b_{c2} 占齿宽的百分比		h_{c2} 占有效齿面高度的百分比	
	直齿轮	斜齿轮	直齿轮	斜齿轮	直齿轮	斜齿轮	直齿轮	斜齿轮
4 级及更高	50%		70	50	40		50	30
5 和 6	45%		50	40	35		30	20
7 和 8	35%				35			
					25			
9 和 12	25%							

注：本表对齿廓和螺旋线修形的齿面不适用。

四、齿轮副的侧隙评定指标和允许值

1. 齿侧间隙及其检验项目

齿侧间隙是在中心距一定的情况下，用减薄轮齿齿厚的方法来获得的。齿侧间隙通常有两种表示方法：法向侧隙 j_{bn} 和圆周侧隙 j_{wt}。设计齿轮传动时，必须保证有足够的最小法向侧隙 j_{bnmin}。

GB/Z 18620.2—2008 中定义了齿侧间隙、齿侧间隙检验方法和最小法向侧隙的推荐数值。表 19-14 所列为中、大模数齿轮最小法向侧隙的推荐值（工作时，齿轮节圆线速度 <15m/s），设计齿轮时可供查取。

表 19-14 中、大模数齿轮最小法向侧隙 j_{bnmin} 的推荐值（摘自 GB/Z 18620.2—2008）

（单位：mm）

m_n	最小中心距 a					
	50	100	200	400	800	1600
1.5	0.09	0.11	—	—	—	—
2	0.10	012	0.15	—	—	—

（续）

m_n	最小中心距 a					
	50	100	200	400	800	1600
3	0.12	0.14	0.17	0.24	—	—
5		0.18	0.21	0.28	—	—
8		0.24	0.27	0.34	0.47	
12		—	0.35	0.42	0.55	—
18			—	0.54	0.67	0.94

注：1. 本表适用于工业装置中齿轮（粗齿距）和箱体均为钢铁金属制造的，工作时，节圆速度 $v < 15 \text{m/s}$，轴承、轴和箱体均采用常用的商业制造公差。

2. 表中数值也可由 $j_{bnmin} = \dfrac{2}{3}(0.06 + 0.0005a_i + 0.03m_n)$ 计算。

2. 齿厚偏差和公法线长度偏差

齿厚偏差控制齿厚的方法有两种：用齿厚极限偏差控制齿厚和用公法线长度极限偏差控制齿厚。

（1）用齿厚极限偏差控制齿厚 齿厚偏差是指分度圆上实际齿厚与公称齿厚之差（对于斜齿轮是指法向齿厚），分度圆齿厚偏差如图 19-7 所示。标准直齿圆柱齿轮分度圆上的弦齿厚 $\bar{s}_x$ 及弦齿高 $\bar{h}_x$ 的计算可按表 19-15 查取。为了获得齿轮副最小侧隙，必须将齿厚削薄。当主动轮与从动轮齿厚都做成最大值，即做成齿厚上偏差 E_{sns} 时，可获得最小法向侧隙 j_{bnmin}。通常取两齿轮齿厚上偏差 E_{sns} 相等。GB/Z 18620.2—2008 给出了齿厚偏差与公法线长度偏差的关系式，见表 19-20。

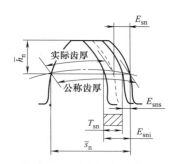

图 19-7 分度圆齿厚偏差

在实际齿轮设计中，常常按使用经验来选定齿轮齿厚的上偏差 E_{sns} 和下偏差 E_{sni}，齿厚偏差 E_{sn} 的参考值见表 19-16。这种选定方法不适用于对最小法向侧隙有严格要求的齿轮。

（2）用公法线长度极限偏差控制齿厚 直齿圆柱齿轮的公法线长度 W_k 以及跨测齿数 k 值，可根据表 19-17 查取。

斜齿圆柱齿轮的公法线长度 W_n 在法面内测量。对斜齿轮而言，公法线长度的测量受齿轮齿宽的限制，只有满足下式时才可能测量

$$b > 1.015W_n \sin\beta_b$$

式中 W_n——公法线长度；

β_b——斜齿轮基圆柱螺旋角。

斜齿圆柱齿轮的公法线长度 W_n 以及跨测齿数 K 值，可根据表 19-17～表 19-19 查取相应值进行计算确定。

公法线长度测量对内齿轮是不适用的。

当齿厚有减薄量时，公法线长度也变小。因此，齿厚偏差也可用公法线长度偏差 E_{bn} 来代替。齿厚偏差与公法线长度偏差的关系式见表 19-20。

表 19-20 所列为齿厚公差 T_{sn}、齿厚偏差 E_{sn} 和公法线长度偏差 E_{bn} 的计算公式。

表 19-15　标准直齿圆柱齿轮分度圆上的弦齿厚$\bar{s}_n$及弦齿高$\bar{h}_n$　　（单位：mm）

$$\bar{s}_n = K_1 m \qquad\qquad \bar{h}_n = K_2 m$$

齿数 z	K_1	K_2	齿数 z	K_1	K_2	齿数 z	K_1	K_2	齿数 z	K_1	K_2
15	1.5679	1.0411	50	1.5705	1.0123	85	1.5707	1.0073	120	1.5707	1.0052
16	1.5683	1.0385	51		1.0121	86		1.0072	121		1.0051
17	1.5686	1.0362	52		1.0119	87		1.0071	122		1.0051
18	1.5688	1.0342	53		1.0117	88		1.0070	123		1.0050
19	1.5690	1.0324	54		1.0114	89		1.0069	124		1.0050
20	1.5692	1.0308	55		1.0112	90		1.0068	125		1.0049
21	1.5694	1.0294	56		1.0110	91		1.0068	126		1.0049
22	1.5695	1.0281	57		1.0108	92		1.0067	127		1.0049
23	1.5696	1.0268	58		1.0106	93		1.0067	128		1.0048
24	1.5697	1.0257	59		1.0105	94		1.0066	129		1.0048
25	1.5698	1.0247	60	1.5706	1.0102	95		1.0065	130	1.5708	1.0047
26		1.0237	61		1.0101	96		1.0064	131		1.0047
27	1.5699	1.0228	62		1.0100	97		1.0064	132		1.0047
28		1.0220	63		1.0098	98		1.0063	133		1.0047
29	1.5700	1.0213	64		1.0097	99		1.0062	134		1.0046
30	1.5701	1.0205	65		1.0095	100		1.0061	135		1.0046
31		1.0199	66		1.0094	101		1.0061	136		1.0045
32	1.5702	1.0193	67		1.0092	102	1.5707	1.0060	137		1.0045
33		1.0187	68	1.5707	1.0091	103		1.0060	138		1.0045
34		1.0181	69		1.0090	104		1.0059	139		1.0044
35		1.0176	70		1.0088	105		1.0059	140		1.0044
36	1.5703	1.0171	71		1.0087	106		1.0058	141		1.0044
37		1.0167	72		1.0086	107		1.0058	142	1.5708	1.0043
38	1.5704	1.0162	73		1.0085	108		1.0057	143		1.0043
39		1.0158	74		1.0084	109		1.0057	144		1.0043
40		1.0154	75		1.0083	110		1.0056	145		1.0043
41		1.0150	76		1.0081	111		1.0056	146		1.0042
42		1.0147	77		1.0080	112		1.0055	147		1.0042
43		1.0143	78		1.0079	113		1.0055	148		1.0042
44	1.5705	1.0140	79		1.0078	114		1.0054	149		1.0041
45		1.0137	80		1.0077	115		1.0054	150		1.0041
46		1.0134	81		1.0076	116		1.0053	151		1.0041
47		1.0131	82		1.0075	117		1.0053	152		1.0041
48		1.0128	83		1.0074	118		1.0053	153		1.0040
49		1.0126	84		1.0074	119		1.0052	154		1.0040

（续）

$$\overline{s}_n = K_1 m \qquad \overline{h}_n = K_2 m$$

齿数 z	K_1	K_2	齿数 z	K_1	K_2	齿数 z	K_1	K_2	齿数 z	K_1	K_2
155		1.0040	191		1.0032	227		1.0027	263		1.0023
156		1.0040	192		1.0032	228		1.0027	264		1.0023
157		1.0039	193		1.0032	229		1.0027	265		1.0023
158		1.0039	194		1.0032	230		1.0027	266		1.0023
159		1.0039	195		1.0032	231		1.0027	267		1.0023
160		1.0039	196		1.0031	232		1.0027	268		1.0023
161		1.0038	197		1.0031	233		1.0026	269		1.0023
162		1.0038	198		1.0031	234		1.0026	270		1.0023
163		1.0038	199		1.0031	235		1.0026	271		1.0023
164		1.0038	200		1.0031	236		1.0026	272		1.0023
165		1.0037	201		1.0031	237		1.0026	273		1.0023
166		1.0037	202		1.0031	238		1.0026	274		1.0023
167		1.0037	203		1.0030	239		1.0026	275		1.0022
168		1.0037	204		1.0030	240		1.0026	276		1.0022
169		1.0036	205		1.0030	241		1.0026	277		1.0022
170		1.0036	206		1.0030	242		1.0025	278		1.0022
171		1.0036	207		1.0030	243		1.0025	279		1.0022
172	1.5708	1.0036	208	1.5708	1.0030	244	1.5708	1.0025	280	1.5708	1.0022
173		1.0036	209		1.0030	245		1.0025	281		1.0022
174		1.0035	210		1.0029	246		1.0025	282		1.0022
175		1.0035	211		1.0029	247		1.0025	283		1.0022
176		1.0035	212		1.0029	248		1.0025	284		1.0022
177		1.0035	213		1.0029	249		1.0025	285		1.0022
178		1.0035	214		1.0029	250		1.0025	286		1.0022
179		1.0034	215		1.0029	251		1.0025	287		1.0021
180		1.0034	216		1.0029	252		1.0024	288		1.0021
181		1.0034	217		1.0028	253		1.0024	289		1.0021
182		1.0034	218		1.0028	254		1.0024	290		1.0021
183		1.0034	219		1.0028	255		1.0024	291		1.0021
184		1.0034	220		1.0028	256		1.0024	292		1.0021
185		1.0033	221		1.0028	257		1.0024	293		1.0021
186		1.0033	222		1.0028	258		1.0024	294		1.0021
187		1.0033	223		1.0028	259		1.0024	295		1.0021
188		1.0033	224		1.0028	260		1.0024	296		1.0021
189		1.0033	225		1.0027	261		1.0024	297		1.0021
190		1.0032	226		1.0027	262		1.0024	齿条		1.0000

注：1. 对于斜齿圆柱齿轮和锥齿轮，使用本表时，应以当量齿数 z_v 代替齿数 z。

　　2. 当量齿数 z_v 为非整数时，可用线性插值法求出。

表 19-16　齿厚偏差 E_{sn} 参考值　　　　　　　　（单位：μm）

精度等级	法向模数 m_n/mm	偏差名称	分度圆直径/mm									
			≤80	>80 ~125	>125 ~180	>180 ~250	>250 ~315	>315 ~400	>400 ~500	>500 ~630	>630 ~800	>800 ~1000
5	>1~3.5	E_{sns}	-96	-96	-122	-140	-140	-175	-200	-200	-200	-225
		E_{sni}	-120	-120	-140	-175	-175	-224	-256	-256	-256	-288
	>3.5~6.3	E_{sns}	-80	-96	-108	-144	-144	-144	-180	-180	-180	-250
		E_{sni}	-90	-128	-144	-180	-180	-180	-225	-225	-225	-320
	>6.3~10	E_{sns}	-90	-90	-120	-120	-160	-160	-176	-176	-176	-220
		E_{sni}	-108	-108	-160	-160	-200	-200	-220	-220	-220	-275
	>10~16	E_{sns}	—	—	-110	-132	-132	-176	-208	-208	-208	-260
		E_{sni}			-132	-176	-176	-220	-260	-260	-260	-325
	>16~25	E_{sns}	—	—	-112	-112	-140	-168	-192	-192	-256	-256
		E_{sni}			-140	-168	-168	-224	-256	-256	-320	-320
6	>1~3.5	E_{sns}	-80	-100	-110	-132	-132	-176	-208	-208	-208	-224
		E_{sni}	-120	-160	-132	-176	-176	-220	-260	-260	-325	-350
	>3.5~6.3	E_{sns}	-78	-104	-112	-140	-140	-168	-168	-224	-224	-256
		E_{sni}	-104	-130	-168	-224	-224	-224	-224	-280	-280	-320
	>6.3~10	E_{sns}	-84	-112	-112	-128	-128	-168	-180	-180	-216	-288
		E_{sni}	-112	-140	-192	-192	-192	-256	-288	-288	-288	-360
	>10~16	E_{sns}	—	—	-108	-144	-144	-144	-160	-200	-240	-240
		E_{sni}			-180	-216	-216	-216	-240	-320	-320	-320
	>16~25	E_{sns}	—	—	-132	-132	-176	-176	-200	-200	-200	-250
		E_{sni}			-176	-176	-220	-220	-250	-300	-300	-400
7	>1~3.5	E_{sns}	-112	-112	-128	-128	-160	-160	-180	-216	-216	-320
		E_{sni}	-168	-168	-192	-192	-256	-256	-288	-360	-360	-400
	>3.5~6.3	E_{sns}	-108	-108	-120	-160	-160	-160	-200	-200	-240	-264
		E_{sni}	-180	-180	-200	-240	-240	-240	-320	-320	-320	-352
	>6.3~10	E_{sns}	-120	-120	-132	-132	-172	-172	-200	-200	-250	-300
		E_{sni}	-160	-160	-220	-220	-264	-264	-300	-300	-400	-400
	>10~16	E_{sns}	—	—	-150	-150	-150	-200	-224	-224	-224	-280
		E_{sni}			-250	-250	-250	-300	-336	-336	-336	-448
	>16~25	E_{sns}	—	—	-128	-128	-192	-192	-216	-216	-288	-288
		E_{sni}			-192	-256	-256	-256	-360	-360	-432	-432
8	>1~3.5	E_{sns}	-120	-120	-132	-176	-176	-176	-200	-200	-250	-280
		E_{sni}	-200	-200	-220	-264	-264	-264	-300	-300	-400	-448
	>3.5~6.3	E_{sns}	-100	-150	-168	-168	-168	-168	-224	-224	-224	-256
		E_{sni}	-150	-200	-280	-280	-280	-280	-336	-336	-336	-384
	>6.3~10	E_{sns}	-112	-112	-128	-192	-192	-192	-216	-216	-288	-288
		E_{sni}	-168	-168	-256	-256	-256	-256	-288	-360	-432	-432
	>10~16	E_{sns}	—	—	-144	-144	-216	-216	-240	-240	-240	-320
		E_{sni}			-216	-288	-288	-288	-320	-320	-400	-480
	>16~25	E_{sns}	—	—	-180	-180	-180	-180	-200	-300	-300	-300
		E_{sni}			-270	-270	-270	-270	-320	-400	-400	-500

（续）

精度等级	法向模数 m_n/mm	偏差名称	分度圆直径/mm									
			≤80	>80~125	>125~180	>180~250	>250~315	>315~400	>400~500	>500~630	>630~800	>800~1000
9	>1~3.5	E_{sns}	−112	−168	−192	−192	−192	−256	−288	−288	−288	−320
		E_{sni}	−224	−280	−320	−320	−320	−384	−432	−432	−432	−480
	>3.5~6.3	E_{sns}	−144	−144	−160	−160	−240	−240	−240	−240	−320	−360
		E_{sni}	−216	−216	−320	−320	−400	−400	−400	−400	−480	−540
	>6.3~10	E_{sns}	−160	−160	−180	−180	−180	−270	−300	−300	−300	−300
		E_{sni}	−240	−240	−270	−270	−270	−360	−400	−400	−400	−500
	>10~16	E_{sns}		−200	−200	−200	−200	−200	−224	−336	−336	−336
		E_{sni}		−300	−300	−300	−300	−300	−336	−448	−448	−560
	>16~25	E_{sns}	—	—	−252	−252	−252	−252	−284	−284	−284	−426
		E_{sni}	—	—	−378	−378	−378	−378	−426	−426	−426	−568

注: 1. 为了形成侧隙，齿厚的上偏差与下偏差均取负值。

2. 由于齿轮的分度圆弦齿厚与弧齿厚相差很小，故分度圆弦齿厚偏差可直接取用弧齿厚偏差。

表 19-17 公法线长度 W'_k（$m=1$mm，$\alpha=20°$） （单位：mm）

齿轮齿数 z	跨测齿数 k	公法线长度 W'_k	齿轮齿数 z	跨测齿数 k	公法线长度 W'_k	齿轮齿数 z	跨测齿数 k	公法线长度 W'_k	齿轮齿数 z	跨测齿数 k	公法线长度 W'_k	齿轮齿数 z	跨测齿数 k	公法线长度 W'_k
4	2	4.4842	27	4	10.7106	50	6	16.9370	73	9	26.1155	96	11	32.3419
5		4.4982	28		10.7246	51		16.9510	74		26.1295	97		32.3559
6		4.5122	29		10.7386	52		16.9660	75		26.1435	98		32.3699
7		4.5262	30		10.7526	53		16.9790	76		26.1575	99	12	35.3361
8		4.5402	31		10.7666	54	7	19.9452	77		26.1715	100		35.3500
9		4.5542	32		10.7806	55		19.9591	78		26.1855	101		35.3660
10		4.5683	33		10.7946	56		19.9731	79		26.1995	102		35.3780
11		4.5823	34		10.8086	57		19.9871	80		26.2135	103		35.3920
12		4.5965	35		10.8226	58		20.0011	81	10	29.1797	104		35.4060
13		4.6103	36	5	13.7888	59		20.0152	82		29.1937	105		35.4200
14		4.6243	37		13.8028	60		20.0292	83		29.2077	106		35.4340
15		4.6383	38		13.8168	61		20.0432	84		29.2217	107		35.4481
16		4.6523	39		13.8308	62		20.0572	85		29.2357	108	13	38.4142
17		4.6663	40		13.8448	63	8	23.0233	86		29.2497	109		38.4282
18	3	7.6324	41		13.8588	64		23.0373	87		29.2637	110		38.4422
19		7.6424	42		13.8728	65		23.0513	88		29.2777	111		38.4562
20		7.6604	43		13.8868	66		23.0653	89		29.2917	112		38.4702
21		7.6744	44		13.9008	67		23.0793	90	11	32.2579	113		38.4842
22		7.6884	45	6	16.8670	68		23.0933	91		32.2718	114		38.4982
23		7.7024	46		16.8810	69		23.1073	92		32.2858	115		38.5122
24		7.7165	47		16.8950	70		23.1213	93		32.2998	116		38.5262
25		7.7305	48		16.9090	71		23.1353	94		32.3136	117	14	41.4924
26		7.7445	49		16.9230	72	9	26.1050	95		32.3279	118		41.5064

（续）

齿轮齿数 z	跨测齿数 k	公法线长度 W'_k	齿轮齿数 z	跨测齿数 k	公法线长度 W'_k	齿轮齿数 z	跨测齿数 k	公法线长度 W'_k	齿轮齿数 z	跨测齿数 k	公法线长度 W'_k	齿轮齿数 z	跨测齿数 k	公法线长度 W'_k
119		41.5204	136		47.6627	153		53.8051	169	19	56.9813	185		63.1099
120		41.5344	137		47.6767	154		53.8191	170		56.9953	186	21	63.1236
121		41.5484	138		47.6907	155		53.8331	171		59.9615	187		63.1376
122	14	41.5664	139	16	47.7047	156	18	53.8471	172		56.9754	188		63.1516
123		41.5764	140		47.7187	157		53.8611	173		59.9894	189		66.1179
124		41.5904	141		47.7327	158		53.8751	174		60.0034	190		66.1318
125		41.6044	142		47.7408	159		53.8891	175	20	60.0174	191		66.1458
126		44.5706	143		47.7608	160		53.9031	176		60.0314	192		66.1598
127		44.5846	144		50.7170	161		53.9171	177		60.0455	193	22	66.1738
128		44.5986	145		50.7409	162		56.8833	178		60.0595	194		66.1878
129		44.6126	146		50.7549	163		56.8972	179		60.0735	195		66.2018
130	15	44.6266	147	17	50.7689	164		56.9113	180		63.0397	196		66.2158
131		44.6405	148		50.7829	165	19	56.9253	181		63.0536	197		66.2298
132		44.6546	149		50.7969	166		56.9393	182	21	63.0676	198		69.1961
133		44.6686	150		50.8109	167		56.9533	183		63.0816	199	23	69.2101
134		44.6826	151		50.8249	168		56.9673	184		63.0956	200		69.2241
135	16	47.6490	152		50.8389									

注：1. 对标准直齿圆柱齿轮，公法线长度 $W_k = W'_k m$；W'_k 为 $m=1mm$，$\alpha=20°$ 时的公法线长度。

2. 对变位直齿圆柱齿轮，当变位系数 x 较小，（$|x| \leq 0.3$）时，跨测齿数 k 不变，按上表查出，公法线长度 $W_k = (W'_k + 0.084x)m$；当变位系数 x 较大（$|x| > 0.3$）时，跨测齿数 $k = z\dfrac{\alpha_x}{180°} + 0.5$，式中 $\alpha_x = \arccos\dfrac{2d\cos\alpha}{d_a + d_f}$，公法线长度 $W_k = [2.9521(K-0.5) + 0.014z + 0.684x]m$。

3. 斜齿圆柱齿轮的公法线长度 W_n 在法面内测量，其值也可按上表确定，但必须根据假想齿数 z′ 查表。z′ 可按下式计算：$z' = K_\beta z$，式中 K_β 为与斜齿圆柱齿轮分度圆柱螺旋角 β 有关的假想齿数系数，见表 19-18。假想齿数常为非整数，其小数部分 Δz′ 所对应的公法线长度 $\Delta W'_k$ 可查表 19-19。斜齿圆柱齿轮的公法线长度 $W_n = (W'_k + \Delta W'_k)m_n$，式中 m_n 为法面模数，W'_k 为与假想齿数 z′ 整数部分相对应的公法线长度。

表 19-18　假想齿数系数 K_β

β	K_β	差值	β	K_β	差值	β	K_β	差值	β	K_β	差值
1°	1.000	0.002	16°	1.119	0.017	31°	1.548	0.047	46°	2.773	0.143
2°	1.002	0.002	17°	1.136	0.018	32°	1.595	0.051	47°	2.916	0.155
3°	1.004	0.003	18°	1.154	0.019	33°	1.646	0.054	48°	3.071	0.168
4°	1.007	0.004	19°	1.173	0.021	34°	1.700	0.058	49°	3.239	0.184
5°	1.011	0.005	20°	1.194	0.022	35°	1.758	0.062	50°	3.423	0.200
6°	1.016	0.006	21°	1.216	0.024	36°	1.820	0.067	51°	3.623	0.220
7°	1.022	0.006	22°	1.240	0.026	37°	1.887	0.072	52°	3.843	0.240
8°	1.028	0.008	23°	1.266	0.027	38°	1.959	0.077	53°	4.083	0.264
9°	1.036	0.009	24°	1.293	0.030	39°	2.036	0.083	54°	4.347	0.291
10°	1.045	0.009	25°	1.323	0.031	40°	2.119	0.088	55°	4.638	0.320
11°	1.054	0.011	26°	1.354	0.034	41°	2.207	0.096	56°	4.958	0.354
12°	1.065	0.012	27°	1.388	0.036	42°	2.303	0.105	57°	5.312	0.391
13°	1.077	0.013	28°	1.424	0.038	43°	2.408	0.112	58°	5.703	0.435
14°	1.090	0.014	29°	1.462	0.042	44°	2.520	0.121	59°	6.138	0.485
15°	1.104	0.015	30°	1.504	0.044	45°	2.641	0.132			

注：1. 当斜齿圆柱齿轮的分度圆柱螺旋角 β 为非整数时，假想齿数系数 K_β 可按线性插值法求出，例如：β = 13.445°，$K_\beta = 1.077 + 0.445 \times 0.013 = 1.083$。

2. 假想齿数系数 K_β 也可按 $K_\beta = \dfrac{\mathrm{inv}\alpha_t}{\mathrm{inv}\alpha_n}$ 计算，式中 α_t 为斜齿圆柱齿轮的端面压力角，α_n 为斜齿圆柱齿轮的法面压力角。

表 19-19　假想齿数小数部分 $\Delta z'$ 所对应的公法线长度 $\Delta W'_k$　　　　（单位：mm）

$\Delta z'$	0.00	0.01	0.02	0.03	0.04	0.05	0.06	0.07	0.08	0.09
0.0	0.0000	0.0001	0.0003	0.0004	0.0006	0.0007	0.0008	0.0010	0.0011	0.0013
0.1	0.0014	0.0015	0.0017	0.0018	0.0020	0.0021	0.0022	0.0024	0.0025	0.0027
0.2	0.0028	0.0029	0.0031	0.0032	0.0034	0.0035	0.0036	0.0038	0.0039	0.0041
0.3	0.0042	0.0043	0.0045	0.0046	0.0048	0.0049	0.0051	0.0052	0.0053	0.0055
0.4	0.0056	0.0057	0.0059	0.0060	0.0061	0.0063	0.0064	0.0066	0.0067	0.0069
0.5	0.0070	0.0071	0.0073	0.0074	0.0076	0.0077	0.0079	0.0080	0.0081	0.0083
0.6	0.0084	0.0085	0.0087	0.0088	0.0089	0.0091	0.0092	0.0094	0.0095	0.0097
0.7	0.0098	0.0099	0.0101	0.0102	0.0104	0.0105	0.0106	0.0108	0.0109	0.0111
0.8	0.0112	0.0114	0.0115	0.0116	0.0118	0.0119	0.0120	0.0122	0.0123	0.0124
0.9	0.0126	0.0127	0.0129	0.0130	0.0132	0.0133	0.0135	0.0136	0.0137	0.0139

注：查取示例：当 $\Delta z' = 0.78$ 时，由上表查得 $\Delta W'_k = 0.0109$。

表 19-20　齿厚公差 T_{sn}、齿厚偏差 E_{sn} 和公法线长度偏差 E_{bn} 的计算公式

齿厚公差：$T_{sn} = 2\tan\alpha_n \sqrt{F_r^2 + b_r^2}$	
F_r	齿圈径向跳动公差（μm），见表 19-10
α_n	法向压力角
b_r	切齿径向进刀公差（μm），见表 19-21
小齿轮、大齿轮齿厚上偏差之和：$E_{sns1} + E_{sns2} = -2f_a\tan\alpha_n - \dfrac{j_{bnmin} + J_n}{\cos\alpha_n}$	
f_a	齿轮副的中心距偏差（μm），见表 19-11
j_{bnmin}	最小法向侧隙（μm），见表 19-14
J_n	齿轮和齿轮副的加工和安装误差对侧隙减小的补偿量 $$J_n = \sqrt{(f_{pt1}\cos\alpha_t)^2 + (f_{pt2}\cos\alpha_t)^2 + (F_{\beta1}\cos\alpha_n)^2 + (F_{\beta2}\cos\alpha_n)^2 + (f_{\Sigma\delta}\sin\alpha_n)^2 + (f_{\Sigma\beta}\sin\alpha_n)^2}$$ 式中　f_{pt1}、f_{pt2}——小齿轮和大齿轮的单个齿距极限偏差，见表 19-6 　　　　$F_{\beta1}$、$F_{\beta2}$——小齿轮和大齿轮的螺旋线总偏差，见表 19-8 　　　　$f_{\Sigma\delta}$——齿轮副轴线平面内的轴线平行度偏差，见表 19-12 　　　　$f_{\Sigma\beta}$——齿轮副垂直平面内的轴线平行度偏差，见表 19-12
齿厚上偏差	将小齿轮、大齿轮齿厚上偏差之和分配给小齿轮和大齿轮，有两种方法 方法一：等值分配，大、小齿轮的齿厚上偏差相等，即 $E_{sns1} = E_{sns2}$ 方法二：不等值分配，大齿轮齿厚的减薄量大于小齿轮齿厚的减薄量，即 $\lvert E_{sns1}\rvert < \lvert E_{sns2}\rvert$
齿厚下偏差	小齿轮：$E_{sni1} = E_{sns1} - T_{sn}$；大齿轮：$E_{sni2} = E_{sns2} - T_{sn}$
公法线长度偏差	上偏差：$E_{bns} = E_{sns}\cos\alpha_n$；下偏差：$E_{bni} = E_{sni}\cos\alpha_n$

表 19-21　切齿径向进刀公差 b_r 值

齿轮精度等级	5	6	7	8	9
b_r	IT8	1.26IT8	IT9	1.26IT9	IT10

注：IT 为标准公差单位，根据齿轮分度圆直径按表 18-2 查取数值。

五、齿坯的检验和公差

齿坯是指在轮齿加工前供制造齿轮用的工件。齿坯的精度对齿轮的加工、检验和安装精度影响很大。因此，在一定条件下，通过控制齿坯质量来保证和提高轮齿的加工精度。

圆柱齿轮毛坯上应当注明基准面的形状公差，安装面的跳动公差，齿轮孔、轴径和齿顶圆柱面的尺寸和跳动公差以及各加工面的表面粗糙度要求。根据 GB/Z 18620.3—2008 的规定，上述公差要求可查表 19-22～表 19-24。

表 19-22　齿坯公差（摘自 GB/Z 18620.3—2008）

齿轮精度等级	孔	轴	齿顶圆直径公差		基准面的径向跳动和轴向圆跳动/μm			
	尺寸公差	尺寸公差	作为测量基准	不作为测量基准	分度圆直径/mm			
					≤125	>125~400	>400~800	>800~1000
6	IT6	IT5	IT8	按 IT11 给定，但不大于 0.1m_n	11	14	20	25
7~8	IT7	IT6			18	22	32	45
9~10	IT8	IT7	IT9		28	36	50	71

注：1. IT 为标准公差单位，按表 18-2 查取数值。

2. 对于中、小模数的圆柱齿轮，通常测量公法线长度，不以齿轮的齿顶圆作为测量基准；对于大型齿轮或精度要求较低的中、小型齿轮，通常以齿轮的齿顶圆作为测量基准，测量齿轮的分度圆弦齿厚和弦齿高。

3. 齿顶圆的尺寸公差通常采用 h11 或 h8。

表 19-23　齿坯其他表面粗糙度算术平均偏差 Ra 的推荐极限公差值　（单位：μm）

齿轮精度等级	6	7	8	9
基准孔	1.25	1.25~2.5		5
基准轴径	0.63	1.25		2.5
基准端面	2.5~5			5
齿顶圆柱面	5			

表 19-24　齿面的表面粗糙度算术平均偏差 Ra 的推荐极限公差值

（摘自 GB/Z 18620.4—2008）　　　　　　　（单位：μm）

模数 m/mm	精度等级							
	5	6	7	8	9	10	11	12
$m≤6$	0.5	0.8	1.25	2.0	3.2	5.0	10.0	20.0
$6<m≤25$	0.63	1.00	1.6	2.5	4.0	6.3	12.5	25.0
$m>25$	0.8	1.25	2.0	3.2	5.0	8.0	16.0	32.0

六、齿轮精度等级的标注方法

在齿轮工作图上，应标注齿轮的精度等级、齿轮的各个偏差项目等级、国标代号以及齿厚偏差。

1）当齿轮的各项偏差项目精度等级为同一等级时，可只标注精度等级和国标代号。

2）当齿轮的各项偏差项目的精度等级不同时，应在各个精度等级后标出相应的偏差项目代号。

表 19-25 所列为齿轮精度等级的标注示例。

公法线长度及其偏差应在齿轮工作图右上角的参数表中标出。

表 19-25　齿轮精度等级的标注示例

条件	标注示例	说明
齿轮的检验项目为同一精度等级	7 GB/T 10095.1—2008 7 GB/T 10095.2—2008	检验项目都为 7 级精度
齿轮的检验项目精度等级不一致	6($F_α$)、7(f_{pt}、F_p、$F_β$) GB/T 10095.1—2008	齿廓总偏差 $F_α$ 为 6 级精度，单个齿距偏差 f_{pt}、齿距累积总偏差 F_p、螺旋线总偏差 $F_β$ 均为 7 级精度

例 19-1　设计一齿轮减速器中的一对斜齿圆柱齿轮传动。已知：模数 $m_n = 2$mm，齿数 $z_1 = 30$，$z_2 = 112$，压力角 $α_n = 20°$，螺旋角 $β = 13°26'34''$，齿轮分度圆直径 $d_1 = 61.690$mm，$d_2 = 230.310$mm，中心距 $a = 146$mm，齿宽 $b_1 = 65$mm，$b_2 = 60$mm，齿轮的精度等级为 9 级。

试确定：大齿轮 2 分度圆上的弦齿厚 $\bar{s}_n$ 及其上偏差 E_{sns2}、下偏差 E_{sni2}；分度圆上的弦齿高

$\overline{h}_n$；公法线长度 W_n 及其上偏差 E_{bns2}、下偏差 E_{bni2}、跨测齿数 K。

解：1）计算分度圆上的弦齿厚 $\overline{s}_n$ 和弦齿高 $\overline{h}_n$。

当量齿数
$$z_{v2} = \frac{z_2}{\cos^3 \beta} = \frac{112}{\cos^3 13°26'34''} = 121.73$$

根据当量齿数 $z_{v2} = 121.73$，查表 19-15（或表 19-37），可得：$K_1 = 1.5707$，$K_2 = 1.0051$

分度圆上的弦齿厚 $\overline{s}_n$　　$\overline{s}_n = K_1 m_n = 1.5707 \times 2\text{mm} = 3.141\text{mm}$

分度圆上的弦齿高 $\overline{h}_n$　　$\overline{h}_n = K_2 m_n = 1.0051 \times 2\text{mm} = 2.010\text{mm}$

2）确定分度圆上弦齿厚 $\overline{s}_n$ 的上偏差 E_{sns2} 和下偏差 E_{sni2}。

根据模数 $m_n = 2\text{mm}$，齿轮分度圆直径 $d_2 = 230.310\text{mm}$，齿轮的精度等级为 9 级，查表 19-16，上偏差 $E_{sns2} = -0.192\text{mm}$，下偏差 $E_{sni2} = -0.320\text{mm}$。

注：由于齿轮的分度圆弦齿厚与弧齿厚相差很小，故分度圆弦齿厚偏差可直接取用弧齿厚偏差。

3）计算公法线长度 W_n、跨测齿数 K。

根据表 19-17 表注 3，假想齿数 $z_2' = K_\beta z_2$，查表 19-18，螺旋角 $\beta = 13°26'34'' = 13.443°$，按线性插值法确定 $K_\beta = 1.083$，则假想齿数

$$z_2' = K_\beta z_2 = 1.083 \times 112 = 121.29$$

根据假想齿数的整数部分 121，查表 19-17，跨测齿数 $K = 14$，$W_k' = 41.5484\text{mm}$；根据假想齿数的小数部分 0.29，查表 19-19，$\Delta W_k' = 0.0041\text{mm}$；根据表 19-17 表注 3，公法线长度 W_n 为

$$W_n = (W_k' + \Delta W_k') m_n = (41.5484 + 0.0041) \times 2\text{mm} = 83.105\text{mm}$$

4）确定公法线长度 W_n 的上偏差 E_{bns2}、下偏差 E_{bni2}。

查表 19-20，公法线长度 W_n 的上偏差为

$$E_{bns2} = E_{sns2} \cos \alpha_n = -0.192\text{mm} \times \cos 20° = -0.180\text{mm}$$

公法线长度 W_n 的下偏差为

$$E_{bni2} = E_{sni2} \cos \alpha_n = -0.320\text{mm} \times \cos 20° = -0.301\text{mm}$$

标注：分度圆上的弦齿厚及其偏差为 $3.141_{-0.320}^{-0.192}\text{mm}$，公法线长度及其偏差为 $83.105_{-0.301}^{-0.180}\text{mm}$。

第二节　锥齿轮的精度

一、精度等级及选择

GB/T 11365—1989 对锥齿轮及齿轮副规定了 1~12 级共 12 个精度等级，其中 1 级的精度最高，12 级的精度最低。齿轮副中两个齿轮的精度等级一般取成相同，也允许取成不同。一般机械制造及通用减速器中常用 7~9 级精度的锥齿轮。

按锥齿轮各项误差特性及其对传动性能的影响，将锥齿轮及其齿轮副的公差项目分成三个公差组，见表 19-26。根据使用要求的不同，各公差组可以选用相同的精度等级，也可以选用不同的精度等级。但在同一公差组内，各项公差与极限偏差应保持相同的精度等级。

锥齿轮精度应根据传动的用途、使用条件、传递的功率、圆周速度以及其他技术要求决定。锥齿轮第 II 公差组的精度主要根据圆周速度决定，见表 19-27。

表 19-26　锥齿轮各项公差的分组（摘自 GB/T 11365—1989）

公差组	公差与极限偏差项目	误差特性	对传动性能的主要影响
I	F_i'、$F_{i\Sigma}''$、F_p、F_{pk}、F_r	以齿轮一转为周期的误差	传运的准确性
II	f_i'、$f_{i\Sigma}''$、f_{zk}、$\pm f_{pt}$、f_c	在齿轮一周内，多次周期地重复出现的误差	传动的平稳性
III	接触斑点	齿向线的误差	载荷分布的均匀性

注：F_i'—切向综合公差；F_p—齿距累积公差；F_{pk}—K 个齿距累积公差；F_r—齿圈跳动公差；$F_{i\Sigma}''$—轴交角综合公差；f_i'——齿切向综合公差；$f_{i\Sigma}''$——齿轴交角综合公差；f_{zk}—周期误差的公差；$\pm f_{pt}$—齿距极限偏差；f_c—齿形相对误差的公差。

表 19-27　锥齿轮第 II 公差组精度等级的选择

第 II 公差组精度等级	直齿		非直齿	
	≤350HBW	>350HBW	≤350HBW	>350HBW
	圆周速度 v_m/（m/s）（不大于）			
7	7	6	16	13
8	4	3	9	7
9	3	2.5	6	5

注：1. 表中的圆周速度 v_m 按锥齿轮齿宽中点平均直径 d_m 计算。

　　2. 此表不属于国家标准内容，仅供参考。

二、锥齿轮及锥齿轮副的检验与公差

锥齿轮及锥齿轮副的检验项目应根据工作要求和生产规模确定。对于 7~9 级精度的一般齿轮，推荐的锥齿轮和锥齿轮副检验项目以及各项数值见表 19-28~表 19-32。

表 19-28　推荐的锥齿轮和锥齿轮副检验项目（摘自 GB/T 11365—1989）

项　目			精 度 等 级		
			7	8	9
公差组		I	F_p		F_r
		II	$\pm f_{pt}$		
		III	接触斑点		
锥齿轮副	对锥齿轮		E_{ss}、E_{si}		
	对箱体		$\pm f_a$		
	对传动		$\pm f_{AM}$、$\pm f_a$、$\pm E_\Sigma$ j_{nmin}		
齿轮毛坯			齿坯顶锥素线跳动公差、基准轴向跳动公差、外径尺寸极限偏差、齿坯轮冠距和顶锥角极限偏差		

表 19-29　锥齿轮径向跳动公差 F_r 和齿距极限偏差 $\pm f_{pt}$ 值

（摘自 GB/T 11365—1989）　　　　　　　　　　　　（单位：μm）

齿宽中点分度圆直径 d_m/mm		齿宽中点法向模数 m_{mn}/mm	齿圈径向跳动公差 F_r			齿距极限偏差 $\pm f_{pt}$		
			第 I 公差组精度等级			第 II 公差组精度等级		
>	至		7	8	9	7	8	9
	125	≥1~3.5	36	45	56	14	20	28
		>3.5~6.3	40	50	63	18	25	36
		>6.3~10	45	56	71	20	28	40
125	400	≥1~3.5	50	63	80	16	22	32
		>3.5~6.3	56	71	90	20	28	40
		>6.3~10	63	80	100	22	32	45
400	800	≥1~3.5	63	80	100	18	25	36
		>3.5~6.3	71	90	112	20	28	40
		>6.3~10	80	100	125	25	36	50

机械设计课程设计　第2版

表 19-30　锥齿轮齿距累积公差 F_p 值（摘自 GB/T 11365—1989）　（单位：μm）

齿宽中点分度圆弧长 L/mm		第Ⅰ公差组精度等级			齿宽中点分度圆弧长 L/mm		第Ⅰ公差组精度等级		
>	至	7	8	9	>	至	7	8	9
32	50	32	45	63	315	630	90	125	180
50	80	36	50	71	630	1000	112	160	224
80	160	45	63	90	1000	1600	140	200	280
160	315	63	90	125	1600	2500	160	224	315

注：锥齿轮齿距累积公差 F_p 值按中点分度圆弧长 L（mm）查表，$L=\dfrac{\pi d_m}{2}=\dfrac{\pi m_{mn}Z}{2\cos\beta}$，式中 β—锥齿轮螺旋角；d_m—齿宽中点分度圆直径；m_{mn}—中点法向模数。

表 19-31　接触斑点（摘自 GB/T 11365—1989）

第Ⅲ组精度等级	6~7	8~9
沿齿长方向	50%~70%	35%~65%
沿齿高方向	55%~75%	40%~70%

注：表中数值范围用于齿面修形的齿轮，对齿面不做修形的齿轮，其接触斑点的大小应不小于其平均值。

表 19-32　锥齿轮副检验安装误差项目 $\pm f_a$、$\pm f_{AM}$ 和 $\pm E_\Sigma$ 值（摘自 GB/T 11365—1989）（单位：μm）

齿宽中点锥距 R_m/mm		轴间距极限偏差 $\pm f_a$ 第Ⅱ组精度等级			安装距极限偏差 $\pm f_{AM}$								轴交角极限偏差 $\pm E_\Sigma$			
					分锥角/°		第Ⅱ组精度等级						小轮分锥角/°		最小法向侧隙种类	
							7		8		9					
							中点法向模数 m_{mn}/mm									
>	至	7	8	9	>	至	≥1~3.5	>3.5~6.3	≥1~3.5	>3.5~6.3	≥1~3.5	>3.5~6.3	>	至	c	b
—	50	18	28	36	—	20	20	11	28	16	40	22	—	15	18	30
					20	45	17	9.5	24	13	34	19	15	25	26	42
					45	—	7	4	10	5.6	14	8	25	—	30	50
50	100	20	30	45	—	20	67	38	95	53	140	75	—	15	26	42
					20	45	56	30	80	45	120	63	15	25	30	50
					45	—	24	13	34	17	48	26	25	—	32	60
100	200	25	36	55	—	20	150	80	200	120	300	160	—	15	30	50
					20	45	130	71	180	100	260	140	15	25	45	71
					45	—	53	30	75	40	105	60	25	—	50	80
200	400	30	45	75	—	20	340	180	480	250	670	360	—	15	32	60
					20	45	280	150	400	210	560	300	15	25	56	90
					45	—	120	63	170	90	240	130	25	—	63	100

三、锥齿轮副的侧隙

GB/T 11365—1989 规定锥齿轮副的最小法向侧隙种类为 a、b、c、d、e 和 h 六种。最小法向侧隙以 a 为最大，以 h 为零。最小法向侧隙的种类与精度等级无关，其值 j_{nmin} 可查表 19-33。当最小法向侧隙的种类确定后，由表 19-35 与表 19-32 查取齿厚上偏差 E_{ss} 和轴交角极限偏差 $\pm E_\Sigma$。

最大法向侧隙 j_{nmax} 应按下式计算

$$j_{nmax}=(|E_{ss1}+E_{ss2}|+T_{s1}+T_{s2}+E_{s\Delta1}+E_{s\Delta2})\cos\alpha_n$$

式中　$E_{s\Delta1}$、$E_{s\Delta2}$——锥齿轮 1、2 的最大法向侧隙 j_{nmax} 制造误差的补偿部分，其值按表 19-34 查取；

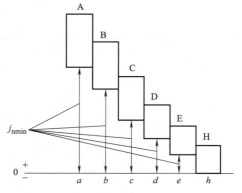

图 19-8　推荐法向侧隙公差种类与最小法向侧隙种类的对应关系

$T_{\overline{s}}$——齿厚公差，其值按表 19-36 查取。

GB/T 11365—1989 规定法向侧隙的公差种类为 A、B、C、D 和 H 五种。

图 19-8 所示为推荐法向侧隙公差种类与最小法向侧隙种类的对应关系。

表 19-33　最小法向侧隙 j_{nmin} 值（摘自 GB/T 11365—1989）　（单位：μm）

齿宽中点锥距 R_m/mm		小轮分锥角 δ_1/°		最小法向侧隙种类					
>	至	>	至	h	e	d	c	b	a
—	50	—	15	0	15	22	36	58	90
		15	25	0	21	33	52	84	130
		25	—	0	25	39	62	100	160
50	100	—	15	0	21	33	52	84	130
		15	25	0	25	39	62	100	160
		25	—	0	30	46	74	120	190
100	200	—	15	0	25	39	62	100	160
		15	25	0	35	54	87	140	220
		25	—	0	40	63	100	160	250
200	400	—	15	0	30	46	74	120	190
		15	25	0	46	72	115	185	290
		25	—	0	52	81	130	210	320
400	800	—	15	0	40	63	100	160	250
		15	25	0	57	89	140	230	360
		25	—	0	70	110	175	280	440

注：1. 表中数值用于 $\alpha = 20°$ 的正交齿轮副；对于非正交齿轮副按 R' 查表，$R' = R_m(\sin 2\delta_1 + \sin 2\delta_2)/2$，
　　式中　R_m 为中点锥距，δ_1、δ_2—小齿轮、大齿轮的分度圆锥角。

　　2. 准双曲面齿轮副按大轮中点锥距 R_m 值查表。

表 19-34　最大法向侧隙 j_{nmax} 制造误差的补偿部分 $E_{s\Delta}$ 值

（摘自 GB/T 11365—1989）　（单位：μm）

第Ⅱ组精度等级			7			8			9		
中点法向模数 m_{mn}/mm			≥1~3.5	>3.5~6.3	>6.3~10	≥1~3.5	>3.5~6.3	>6.3~10	≥1~3.5	>3.5~6.3	>6.3~10
中点分度圆直径 d_m/mm	≤125	分锥角 δ/(°)	≤20	20	22	25	22	24	28	24	25	30
			>20~45	20	22	25	22	24	28	24	25	30
			>45	22	25	28	24	28	30	25	30	32
	>125~400		≤20	28	32	36	32	36	40	32	38	45
			>20~45	32	32	36	36	36	40	38	38	45
			>45	30	30	34	32	32	38	36	36	40
	>400~800		≤20	36	38	40	40	42	45	45	45	48
			>20~45	50	55	55	55	60	60	65	65	65
			>45	45	45	50	50	50	55	55	55	60

表 19-35　齿厚上偏差 E_{ss} 值（摘自 GB/T 11365—1989）　（单位：μm）

基本值	中点法向模数 m_{mn}/mm	中点分度圆直径 d_m/mm									第Ⅱ组精度等级	最小法向侧隙种类					
		≤125			>125~400			>400~800			系数	h	e	d	c	b	a
		分锥角 δ/(°)															
		≤20	>20~45	>45	≤20	>20~45	>45	≤20	>20~45	>45							
	≥1~3.5	-20	-20	-22	-28	-32	-30	-36	-50	-45	7	1.0	1.6	2.0	2.7	3.8	5.5
	>3.5~6.3	-22	-22	-25	-32	-32	-30	-38	-55	-45	8	—	—	2.2	3.0	4.2	6.0
	>6.3~10	-25	-25	-28	-36	-36	-34	-40	-55	-50	9	—	—	—	3.2	4.6	6.6

注：各最小法向侧隙种类的各种等级齿轮的 E_{ss} 值，由本表查出基本值乘以系数得出。

表 19-36　齿厚公差 $T_{\overline{s}}$ 值（摘自 GB/T 11365—1989）　（单位：μm）

齿圈跳动公差 F_r		法向侧隙公差种类				
>	至	H	D	C	B	A
32	40	42	55	70	85	110
40	50	50	65	80	100	130
50	60	60	75	95	120	150
60	80	70	90	110	130	180
80	100	90	110	140	170	220
100	125	110	130	170	200	260
125	160	130	160	200	250	320

表 19-37　大端分度圆上的弦齿厚 $\overline{s}_n$ 和弦齿高 $\overline{h}_n$

名　称	公　式	说　明
大端分度圆弦齿厚	$\overline{s}_n = z_v m \sin\dfrac{90°}{z_v}$	z_v—当量齿数，$z_v = \dfrac{z}{\cos\delta}$ 式中　δ—锥齿轮的分度圆锥角
大端分度圆弦齿高	$\overline{h}_n = m + \dfrac{m z_v}{2}\left(1-\cos\dfrac{90°}{z_v}\right)$	m—大端模数（mm） z—锥齿轮齿数

注：大端分度圆上的弦齿厚 $\overline{s}_n$ 和弦齿高 $\overline{h}_n$ 也可以按照表 19-15 查取。

四、齿坯的检验和公差

锥齿轮毛坯上应当注明齿坯顶锥素线跳动公差、基准轴线圆跳动公差、轴径或孔径尺寸公差、齿顶圆直径尺寸极限偏差、齿坯轮冠距和顶锥角极限偏差、锥齿轮表面粗糙度要求。上述公差值、极限偏差值以及表面粗糙度值可查表 19-38 ~ 表 19-40。

五、精度等级及法向侧隙的标注方法

在锥齿轮工作图上，应标注齿轮的精度等级、最小法向侧隙种类、法向侧隙公差种类的数值（字母）代号以及国标代号。表 19-41 所列为锥齿轮精度等级及法向侧隙的标注示例。

表 19-38　齿坯公差（摘自 GB/T 11365—1989）

齿坯尺寸公差					齿坯轮冠距和顶锥角极限偏差			
精度等级	6	7	8	9	10	中点法向模数 m_{mn}/mm	≤1.2	>1.2 ~ 10	>10
轴径尺寸公差	IT5	IT6		IT7		轮冠距极限偏差/μm	0	0	0
							−50	−75	−100
孔径尺寸公差	IT6	IT7		IT8		顶锥角极限偏差（′）	+15	+10	+8
齿顶圆直径尺寸极限偏差	0			0			0	0	0
	−IT8			−IT9					

齿坯顶锥素线跳动公差/μm						基准轴向跳动公差/μm					
精度等级	6	7	8	9	10		精度等级	6	7	8	9	10
齿顶圆直径/mm	≤30	15	25		50		基准端面直径/mm	≤30	6	10		15
	>30 ~ 50	20	30		60			>30 ~ 50	8	12		20
	>50 ~ 120	25	40		80			>50 ~ 120	10	15		25
	>120 ~ 250	30	50		100			>120 ~ 250	12	20		30
	>250 ~ 500	40	60		120			>250 ~ 500	15	25		40
	>500 ~ 800	50	80		150			>500 ~ 800	20	30		50
	>800 ~ 1250	60	100		200			>800 ~ 1250	25	40		60

表 19-39　齿坯其余尺寸公差

名　　称	代号	公称尺寸/mm		单位	精度等级			
					6	7	8	9
背锥角的极限偏差	$\Delta\varphi_a$			′	±15	±15	±15	±15
基准端面到分度圆锥顶点间距离的公差	Δl	分度圆锥素线长度	≤200	μm	−30	−50	−80	−120
			>200~320		−50	−80	−120	−200
			>320~500		−80	−120	−200	−300

注：本表数据不属于 GB/T 11365—1989，仅供参考。

表 19-40　表面粗糙度 Ra 推荐值　　　　　　　　　　（单位：μm）

精度等级	表面粗糙度值				
	齿侧面	基准孔（轴）	端面	顶锥面	背锥面
7	0.8	—	—	—	
8	1.6				3.2
9	3.2		3.2		6.3
10	6.3				

注：齿侧面按第Ⅱ公差组，其他按第Ⅰ公差组精度等级查表。

表 19-41　锥齿轮精度等级及法向侧隙的标注示例

标注示例	说明
7 b B GB/T 11365—1989	齿轮三个公差组精度等级同为7级，最小法向侧隙种类为b，法向侧隙公差种类为B
7-120 B GB/T 11365—1989	齿轮三个公差组精度等级同为7级，最小法向侧隙种类为120μm，法向侧隙公差种类为B
8-7-7 c C GB/T 11365—1989	齿轮第Ⅰ公差组精度等级为8级，第Ⅱ和第Ⅲ公差组精度等级同为7级，最小法向侧隙种类为c，法向侧隙公差种类为C

　　例 19-2　设计一齿轮减速器中的一对直齿锥齿轮传动。已知模数 $m=2.5$mm，齿数 $z_1=27$，$z_2=79$，压力角 $\alpha=20°$，分度圆锥角 $\delta=71°7'52''$，齿轮分度圆直径 $d_1=67.5$mm，$d_2=197.5$mm，锥齿轮锥距 $R=104.358$mm，齿宽 $b_1=32$mm，$b_2=32$mm，齿轮的精度等级为8c。试确定：大齿轮2的大端分度圆上的弦齿厚 $\bar{s}_n$ 及其上偏差 $E_{\bar{s}s2}$、下偏差 $E_{\bar{s}i2}$；大端分度圆上的弦齿高 $\bar{h}_n$。

　　解：1）计算大端分度圆上的弦齿厚 $\bar{s}_n$ 和弦齿高 $\bar{h}_n$。

当量齿数 z_{v2}

$$z_{v2}=\frac{z_2}{\cos\delta}=\frac{79}{\cos71°7'52''}=244.27$$

　　根据当量齿数 $z_{v2}=244.27$，查表 19-15 可得：$K_1=1.5708$，$K_2=1.0025$。

　　大端分度圆上的弦齿厚 $\bar{s}_n$　$\bar{s}_n=K_1m=1.5708×2.5mm=3.927$mm

　　大端分度圆上的弦齿高 $\bar{h}_n$　$\bar{h}_n=K_2m=1.0025×2.5mm=2.506$mm

　　注：大端分度圆上的弦齿厚 $\bar{s}_n$ 和弦齿高 $\bar{h}_n$ 也可按照表 19-37 中的公式进行计算。

　　2）确定大端分度圆上弦齿厚 $\bar{s}_n$ 的上偏差 $E_{\bar{s}s2}$ 和下偏差 $E_{\bar{s}i2}$。

中点分度圆直径 d_{m2}　$d_{m2}=d_2×(1-0.25\phi_R)=197.5×\left(1-0.25×\dfrac{32}{104.358}\right)mm=182.359$mm

中点分度圆模数 m_m　$m_m=m(1-0.25\phi_R)=2.5×\left(1-0.25×\dfrac{32}{104.358}\right)mm=2.308$mm

　　根据中点分度圆直径 d_{n2}、中点分度圆模数 m_m 以及齿轮的精度等级为8c，查表 19-29 可得，齿轮齿圈径向跳动公差 $F_r=0.063$mm。

　　根据中点分度圆模数 m_m、分度圆锥角 $\delta=71°7'52''$ 和最小法向侧隙种类 c，查表 19-35 可得，齿厚上偏差的基本值为−0.03mm，系数为3.0。则

$$E_{ss2}^- = -0.03 \times 3.0\text{mm} = -0.090\text{mm}$$

根据齿轮齿圈径向跳动公差 $F_r = 0.063\text{mm}$、法向侧隙公差种类为 C，查表 19-36 可得，齿厚公差 $T_s^- = 0.110\text{mm}$。故下偏差 $E_{si2}^- = -0.200\text{mm}$。

标注：大端分度圆上的弦齿厚及其偏差为 $3.927_{-0.200}^{-0.090}\text{mm}$。

第三节　圆柱蜗杆、蜗轮的精度

一、精度等级及其选择

GB/T 10089—1988 对蜗杆传动规定了 1~12 级共 12 个精度等级，其中第 1 级的精度最高，第 12 级的精度最低。按公差特性对传动性能的影响将蜗杆传动公差分成三个公差组，根据使用要求允许各组选用不同的精度等级，但在同一公差组中，各项公差与极限偏差应取相同的精度等级。

表 19-42 所列为圆柱蜗杆、蜗轮和蜗杆传动各项公差的分组，表 19-43 所列为第 II 公差组精度等级与蜗轮圆周速度的关系。

表 19-42　圆柱蜗杆、蜗轮和蜗杆传动各项公差的分组（摘自 GB/T 10089—1988）

公差组	类别	公差与极限偏差项目		误差特性	对传动性能的影响	公差组	类别	公差与极限偏差项目		误差特性	对传动性能的影响
		代号	名称					代号	名称		
I	蜗轮	F_i'	蜗轮切向综合公差	一转内多次重复出现的周期性误差	传递运动的准确性	II	蜗轮	f_r	蜗杆齿槽径向跳动公差	一周内多次周期重复出现的误差	传动的平稳性、噪声和振动
		F_i''	蜗轮径向综合公差					f_i''	蜗轮一齿切向综合公差		
		F_p	蜗轮齿距累积公差					f_i	蜗轮一齿径向综合公差		
		F_{pk}	蜗轮 k 个齿距累积公差					$\pm f_{pt}$	蜗轮齿距极限偏差		
		F_r	蜗轮齿圈径向跳动公差				传动	f_{ic}	蜗杆副的一齿切向综合公差		
	传动	F_{ic}'	蜗杆副切向综合公差			III	蜗杆	f_{f1}	蜗杆齿形公差	齿向线的误差	载荷分布的均匀性
II	蜗杆	f_h	蜗杆一转螺旋线公差	一周内多次周期重复出现的误差	传动的平稳性、噪声和振动		蜗轮	f_{f2}	蜗轮齿形公差		
		f_{hL}	蜗杆螺旋线公差				传动		接触斑点		
		$\pm f_{px}$	蜗杆轴向齿距极限偏差					$\pm f_a$	蜗杆副的中心距极限偏差		
		f_{pxL}	蜗杆轴向齿距累积公差					$\pm f_\Sigma$	蜗杆副的轴交角极限偏差		
								$\pm f_x$	蜗杆副的中间平面极限偏差		

表 19-43　第 II 公差组精度等级与蜗轮圆周速度的关系

项　　目	第 II 公差组精度等级		
	7	8	9
适用范围	用于运输和一般工业中的中等速度的动力传动	用于每天只进行短时工作的次要传动	用于低速传动或低速机构
蜗轮圆周速度 $v/(\text{m/s})$	≤7.5	≤3	≤1.5

二、圆柱蜗杆、蜗轮和蜗杆传动的检验与公差

根据蜗杆传动的工作要求和生产规模，在各公差组中选定一个检验组来评定和验收蜗杆、蜗轮的精度。对于动力传动的一般圆柱蜗杆传动推荐的检验项目见表 19-44，各检验项目的公差值和极限偏差值见表 19-45～表 19-48。

表 19-44　推荐的圆柱蜗杆、蜗轮和蜗杆传动的检验项目（摘自 GB/T 10089—1988）

项目		蜗杆、蜗轮的公差组						蜗杆副				毛坯公差
		Ⅰ		Ⅱ		Ⅲ		对蜗杆	对蜗轮	对箱体	对传动	
		蜗杆	蜗轮	蜗杆	蜗轮	蜗杆	蜗轮					
精度等级	7	—	F_p	$\pm f_{px}$、f_{pxL}、f_r	$\pm f_{pt}$	f_{f1}	f_{f2}	E_{ss1} E_{si1}	E_{ss2} E_{si2}	$\pm f_a$、$\pm f_x$、$\pm f_\Sigma$	接触斑点、$\pm f_a$ $\sqrt{j_{nmin}}$	蜗杆、蜗轮齿坯尺寸公差，基准面径向和轴向跳动公差
	8											
	9		F_r									

注：当蜗杆副的接触斑点有要求时，蜗轮的齿形误差 f_{f2} 可以不检验。

表 19-45　蜗杆的公差和极限偏差 f_r、$\pm f_{px}$、f_{pxL} 和 f_{f1} 值（摘自 GB/T 10089—1988）

第Ⅱ公差组													第Ⅲ公差组		
蜗杆齿槽径向跳动公差 f_r				模数 m/ mm	蜗杆轴向齿距极限偏差 $\pm f_{px}$/μm			蜗杆轴向齿距累积公差 f_{pxL}/μm			蜗杆齿形公差 f_{f1}/μm			
分度圆直径 d_1/mm	模数 m/ mm	精度等级			精度等级									
		7	8	9		7	8	9	7	8	9	7	8	9
>31.5～50	≥1～10	17	23	32	≥1～3.5	11	14	20	18	25	36	16	22	32
>50～80	≥1～16	18	25	36	>3.5～6.3	14	20	25	24	34	48	22	32	45
>80～125	≥1～16	20	28	40	>6.3～10	17	25	32	32	45	63	28	40	53
>125～180	≥1～25	25	32	45	>10～16	22	32	46	40	56	80	36	53	75

注：当蜗杆齿形角 $\alpha \neq 20°$ 时，蜗杆齿槽径向跳动公差 f_r 的值为本表对应的公差值乘以 $\dfrac{\sin 20°}{\sin \alpha}$。

表 19-46　蜗轮的公差和极限偏差 F_p（F_{pk}）、F_r、$\pm f_{pt}$、和 $\pm f_{f2}$（摘自 GB/T 10089—1988）

第Ⅰ公差组						第Ⅱ公差组						第Ⅲ公差组		
分度圆弧长 L/mm	蜗轮齿距累积公差 F_p 及蜗轮 k 个齿距累积公差 F_{pk}/μm			分度圆直径 d_1/ mm	模数 m/ mm	蜗轮齿圈径向跳动公差 F_r/μm			蜗轮齿距极限偏差 $\pm f_{pt}$/μm			蜗轮齿形公差 f_{f2}/μm		
	精度等级					精度等级								
	7	8	9			7	8	9	7	8	9	7	8	9
>11.2～20	22	32	45	≤125	≥1～3.5	40	50	63	14	20	28	11	14	22
>20～32	28	40	56		>3.5～6.3	50	63	80	18	25	36	14	20	32
>32～50	32	45	63		>6.3～10	56	71	90	20	28	40	17	22	36
>50～80	36	50	71	>125～400	≥1～3.5	45	56	71	16	22	32	13	18	28
>80～160	45	63	90		>3.5～6.3	71	90	112	18	25	40	16	22	36
>160～315	63	90	125		>6.3～10	63	80	100	22	32	45	19	28	45
>315～630	90	125	180		>10～16	71	90	112	25	36	50	22	32	50

注：1. 查蜗轮齿距累积公差 F_p 时，取 $L = \dfrac{\pi d_2}{2} = \dfrac{\pi m z_2}{2}$；查蜗轮 k 个齿距累积公差 F_{pk} 时，取 $L = k\pi m$，其中 k 为 $2 \sim \dfrac{z_2}{2}$ 的整数。除特殊情况外，对于 F_{pk}，k 值规定取为小于 $\dfrac{z_2}{6}$ 的最大整数。

2. 当蜗杆齿形角 $\alpha \neq 20°$ 时，蜗轮齿圈径向跳动公差 F_r 的值为本表对应的公差值乘以 $\dfrac{\sin 20°}{\sin \alpha}$。

表 19-47　传动接触斑点（摘自 GB/T 10089—1988）

精度等级	接触面积的百分比(%)		接触位置
	沿齿高（不小于）	沿齿长（不小于）	
7、8	55	50	接触斑点痕迹应偏于啮出端,但不允许在齿顶和啮入、啮出端的棱边接触
9	45	40	

注：采用修形齿面的蜗杆传动，接触斑点的要求可不受本标准规定的限制。

表 19-48　蜗杆传动有关极限偏差 $\pm f_a$、$\pm f_x$ 和 $\pm f_\Sigma$ 值（摘自 GB/T 10089—1988）

（单位：μm）

传动中心距 a/mm	蜗杆传动中心距极限偏差 $\pm f_a$			蜗杆传动中间平面极限偏差 $\pm f_x$			蜗轮宽度 b_2/mm	蜗杆传动轴交角极限偏差 $\pm f_\Sigma$ 值		
	精度等级							精度等级		
	7	8	9	7	8	9		7	8	9
≤30	26		42	21		34	≤30	12	17	24
>30~50	31		50	25		40	>30~50	14	19	28
>50~80	37		60	30		48	>50~80	16	22	32
>80~120	44		70	36		56				
>120~180	50		80	40		64	>80~120	19	24	36
>180~250	58		92	47		74	>120~180	22	28	42
>250~315	65		105	52		85	>180~250	25	32	48
>315~400	70		115	56		92				

三、蜗杆传动副的侧隙

GB/T 10089—1988 按最小法向侧隙的大小将蜗杆传动的侧隙分为 8 种，从大到小依次为 a、b、c、d、e、f、g 和 h，其中 h 的侧隙最小，其法向侧隙值为零，如图 19-9 所示。侧隙种类是根据工作条件和使用要求选定蜗杆传动应保证的最小法向侧隙的，侧隙种类用代号（字母）表示，并且其与精度等级无关。

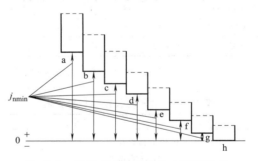

图 19-9　蜗杆传动的最小法向侧隙种类

各种侧隙的最小法向侧隙 j_{nmin} 值可按表 19-49 的规定查取。

表 19-49　最小法向侧隙 j_{nmin} 值（摘自 GB/T 10089—1988）　（单位：μm）

传动中心距 a/mm	侧隙种类							
	h	g	f	e	d	c	b	a
>30~50	0	11	16	25	39	62	100	160
>50~80	0	13	19	30	46	74	120	190
>80~120	0	15	22	35	54	87	140	220
>120~180	0	18	25	40	63	100	160	250
>180~250	0	20	29	46	72	115	185	290
>250~315	0	23	32	52	81	130	210	320
>315~400	0	25	36	57	89	140	230	360

表 19-50　蜗杆、蜗轮的齿厚偏差及蜗杆法向弦齿厚、法向弦齿高的计算

名　称	公　式	说　明
蜗杆齿厚上偏差	$E_{ss1} = -\left(\dfrac{j_{nmin}}{\cos\alpha_n} + E_{s\Delta}\right)$	j_{nmin}—最小法向侧隙，见表 19-49 $E_{s\Delta}$—误差补偿部分，见表 19-51 T_{s1}—蜗杆齿厚公差，见表 19-52 T_{s2}—蜗轮齿厚公差，见表 19-52
蜗杆齿厚下偏差	$E_{si1} = E_{ss1} - T_{s1}$	
蜗轮齿厚上偏差	$E_{ss2} = 0$	γ—蜗杆导程角，$\tan\gamma = \dfrac{z_1 m}{d}$
蜗轮齿厚下偏差	$E_{si2} = -T_{s2}$	m—蜗杆的轴向模数；
蜗杆法向弦齿厚	$\overline{s}_n = \dfrac{\pi m}{2}\cos\gamma$	z_1—蜗杆的头数； d—蜗杆分度圆直径；
蜗杆法向弦齿高	$\overline{h} = m$	α_n—蜗杆法向齿形角

表 19-51　蜗杆齿厚上偏差 E_{ss1} 中的误差补偿部分 $E_{s\Delta}$ 值（摘自 GB/T 10089—1988）

（单位：μm）

传动中心距 a /mm	蜗杆第Ⅱ公差组精度等级											
	7				8				9			
	模数 m/mm				模数 m/mm				模数 m/mm			
	≥1~3.5	>3.5~6.3	>6.3~10	>10~16	≥1~3.5	>3.5~6.3	>6.3~10	>10~16	≥1~3.5	>3.5~6.3	>6.3~10	>10~16
>30~50	48	56	63	—	56	71	85	—	80	95	115	—
>50~80	50	58	65	—	58	75	90	—	90	100	120	—
>80~120	56	63	71	80	63	78	90	110	95	105	125	160
>120~180	60	68	75	85	68	80	95	115	100	110	130	165
>180~250	71	75	80	90	75	85	100	115	110	120	140	170
>250~315	75	80	85	95	80	90	100	120	120	130	145	180
>315~400	80	85	90	100	85	95	105	125	130	140	155	185

表 19-52　蜗杆齿厚公差 T_{s1} 和蜗轮齿厚公差 T_{s2} 值（摘自 GB/T 10089—1988）

（单位：μm）

第Ⅱ公差组精度等级	蜗杆齿厚公差 T_{s1}				蜗轮齿厚公差 T_{s2}										
	模数 m/mm				蜗轮分度圆直径 d_2/mm										
					≤125			>125~400				>400~800			
					模数 m/mm										
	≥1~3.5	>3.5~6.3	>6.3~10	>10~16	≥1~3.5	>3.5~6.3	>6.3~10	≥1~3.5	>3.5~6.3	>6.3~10	>10~16	≥1~3.5	>3.5~6.3	>6.3~10
7	45	56	71	95	90	110	120	100	120	130	140	120	130	160
8	53	71	90	120	110	130	140	120	140	160	170	140	160	190
9	67	90	110	150	130	160	170	140	170	190	210	170	190	230

注：1. 蜗轮齿厚公差 T_{s2} 按蜗杆第Ⅱ公差组精度等级确定。

　　2. 当传动最大法向侧隙 j_{nmax} 无要求时，允许蜗杆齿厚公差 T_{s1} 增大，但最大不超过表中值的 2 倍。

四、齿坯的检验和公差

蜗杆、蜗轮齿坯上应当注明：基准孔或基准轴径的尺寸公差和形状公差，基准面的跳动公差，齿顶圆尺寸和跳动公差，以及各加工面的表面粗糙度要求，上述各项值可查表 19-53 和表 19-54。

表 19-53 齿坯公差

蜗杆、蜗轮齿坯尺寸和形状公差						蜗杆、蜗轮齿坯基准面径向和轴向跳动公差 /μm			
精度等级		6	7	8	9	10	基准面直	精度等级		
孔	尺寸公差	IT6	IT7		IT8		径 d/mm	6	7~8	9~10
	形状公差	IT5	IT6		IT7		≤31.5	4	7	10
轴	尺寸公差	IT5	IT6		IT7		>31.5~63	6	10	16
	形状公差	IT4	IT5		IT6		>63~125	8.5	14	22
齿顶圆直径	作为测量基准	IT8			IT9		>125~400	11	18	28
	不作为测量基准	尺寸公差按 IT11 确定,但不大于 0.1mm					>400~800	14	22	36
							>800~1600	20	32	50

注: 1. 当三个公差组的精度等级不同时, 按最高精度等级确定公差。
2. 当以齿顶圆为测量基准时, 也即为蜗杆、蜗轮的齿坯基准面。
3. IT 为标准公差单位, 按表 18-2 查取数值。

表 19-54 蜗杆、蜗轮表面粗糙度 Ra 推荐值　　　　　　　（单位：μm）

精度等级	齿面		顶圆	
	蜗杆	蜗轮	蜗杆	蜗轮
7	0.8		1.6	3.2
8	1.6			
9	3.2		3.2	6.3

五、精度等级标注方法

在蜗杆、蜗轮工作图上, 应当分别标注其精度等级、齿厚极限偏差或相应的侧隙种类代号和国标代号。

对蜗杆传动, 应标注出相应的精度等级、侧隙种类代号（非标准时应标注侧隙值）和国标代号。

表 19-55 所列为蜗杆、蜗轮和蜗杆传动精度等级及法向侧隙的标注示例。

表 19-55 蜗杆、蜗轮和蜗杆传动精度等级及法向侧隙的标注示例

标注示例	说　明
蜗杆 8 GB/T 10089—1988	蜗杆第 II 和第 III 公差组精度等级为 8 级, 齿厚极限偏差为非标准值
蜗轮 7-8-8-8c GB/T 10089—1988	蜗轮第 I 公差组精度等级为 7 级, 第 II 和第 III 公差组精度等级均为 8 级, 齿厚极限偏差为标准值, 相配侧隙种类为 c
蜗杆 8c GB/T 10089—1988	蜗杆第 II 和第 III 公差组精度等级为 8 级, 齿厚极限偏差为标准值, 相配侧隙种类为 c
蜗轮 8c GB/T 10089—1988	蜗轮第 I、第 II 和第 III 公差组精度等级均为 8 级, 齿厚极限偏差为标准值, 相配侧隙种类为 c
传动 5f GB/T 10089—1988	传动的第 I、第 II 和第 III 公差组精度等级均为 5 级, 相配侧隙种类为 f
传动 5-6-6f GB/T 10089—1988	传动的第 I 公差组精度等级为 5 级、第 II 和第 III 公差组精度等级均为 6 级, 齿厚极限偏差为标准值, 相配侧隙种类为 f

第二十章

减速器附件

第一节 通 气 器

表 20-1　通气螺塞（无过滤装置）　　　　　　　　　　（单位：mm）

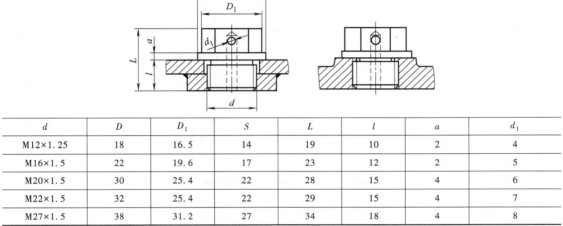

d	D	D_1	S	L	l	a	d_1
M12×1.25	18	16.5	14	19	10	2	4
M16×1.5	22	19.6	17	23	12	2	5
M20×1.5	30	25.4	22	28	15	4	6
M22×1.5	32	25.4	22	29	15	4	7
M27×1.5	38	31.2	27	34	18	4	8

注：1. S 为扳手口宽。
　　2. 材料为 Q235。
　　3. 适用于清洁的工作环境。

表 20-2　通气帽（经一次过滤）　　　　　　　　　　（单位：mm）

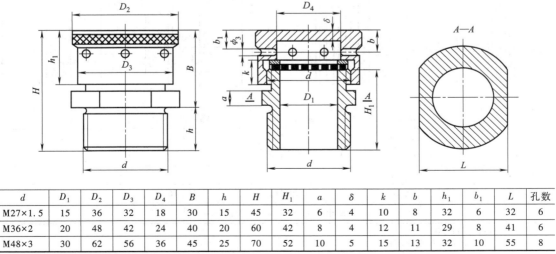

d	D_1	D_2	D_3	D_4	B	h	H	H_1	a	δ	k	b	h_1	b_1	L	孔数
M27×1.5	15	36	32	18	30	15	45	32	6	4	10	8	32	6	32	6
M36×2	20	48	42	24	40	20	60	42	8	4	12	11	29	8	41	6
M48×3	30	62	56	36	45	25	70	52	10	5	15	13	32	10	55	8

注：此通气帽有过滤网，适用于有尘的工作环境。

表 20-3　通气器（经两次过滤）　　　　　　　　　　（单位：mm）

A 型

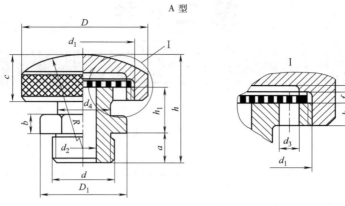

d	d_1	d_2	d_3	d_4	D	a	b	c	h	h_1	D_1	R	k	e	f
M18×1.5	M33×1.5	8	3	16	40	12	7	16	40	18	25.4	40	6	2	2
M27×1.5	M48×1.5	12	4.5	24	60	15	10	22	54	24	39.6	60	7	2	2
M36×1.5	M64×1.5	16	6	30	80	20	13	28	70	32	53.1	80	7	3	3

注：此通气器经两次过滤，防尘性能好。

第二节　轴承盖及套杯

表 20-4　凸缘式轴承盖　　　　　　　　　　（单位：mm）

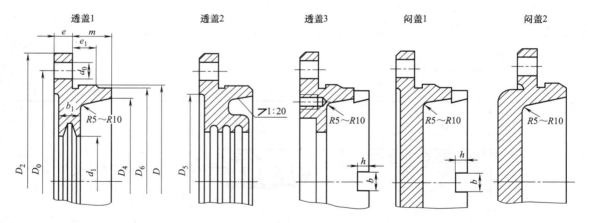

$d_0 = d_3 + 1$	$D_4 = D - (10 \sim 15)$	轴承外径 D	螺钉直径 d_3	螺钉数
$D_0 = D + 2.5d_3$	$D_5 = D_0 - 3d_3$	45~70	6	4
$D_2 = D_0 + 2.5d_3$	$D_6 = D - (2 \sim 4)$	70~110	8	4
$e = 1.2d_3$	$b = 5 \sim 10$	110~150	10	6
$e_1 \geqq e$	$h = (0.8 \sim 1)b$	150~230	12~16	6

m 由结构确定，一般应保证 $m > e$

注：1. 材料为 HT150。

2. b_1、d_1 由密封件尺寸决定。

3. 当轴承盖与套杯相配时，图中 D_0、D_2 应与套杯对应尺寸相一致，见表 20-6。

表 20-5 嵌入式轴承盖 （单位：mm）

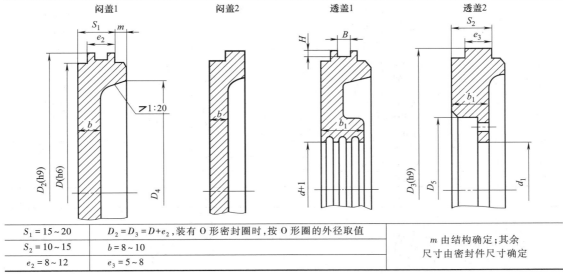

闷盖1　闷盖2　透盖1　透盖2

$S_1 = 15 \sim 20$	$D_2 = D_3 = D + e_2$，装有 O 形密封圈时，按 O 形圈的外径取值	
$S_2 = 10 \sim 15$	$b = 8 \sim 10$	m 由结构确定；其余
$e_2 = 8 \sim 12$	$e_3 = 5 \sim 8$	尺寸由密封件尺寸确定

注：材料为 HT150。

表 20-6 套杯 （单位：mm）

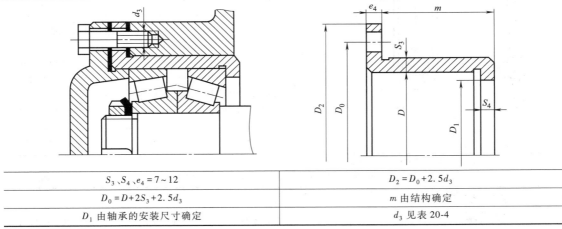

S_3、S_4、$e_4 = 7 \sim 12$	$D_2 = D_0 + 2.5d_3$
$D_0 = D + 2S_3 + 2.5d_3$	m 由结构确定
D_1 由轴承的安装尺寸确定	d_3 见表 20-4

注：材料为 HT150。

第三节　油面指示器

表 20-7 压配式圆形油标（摘自 JB/T 7941.1—1995） （单位：mm）

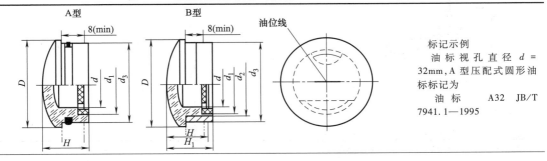

A 型　B 型　油位线

标记示例
油标视孔直径 $d = 32$mm，A 型压配式圆形油标标记为
油标　A32　JB/T 7941.1—1995

（续）

d	D	d_1		d_2		d_3		H	H_1	O形橡胶密封圈 （GB/T 3452.1—2005）
		公称尺寸	极限偏差	公称尺寸	极限偏差	公称尺寸	极限偏差			
12	22	12	−0.050 −0.160	17	−0.050 −0.160	20	−0.065 −0.195	14	16	15×2.65
16	27	18		22	−0.065 −0.195	25				20×2.65
20	34	22	−0.065 −0.195	28		32	−0.080 −0.240	16	18	25×3.55
25	40	28		34	−0.080 −0.240	38				31.5×3.55
32	48	35	−0.080 −0.240	41		45		18	20	38.7×3.55
40	58	45		51		55	−0.100 −0.290			48.7×3.55
50	70	55	−0.100 −0.290	61	−0.100 −0.290	65		22	24	—
63	85	70		76		80				

表 20-8 长形油标（摘自 JB/T 7941.3—1995） （单位：mm）

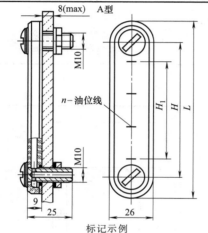

H		H_1	L	条数 n
公称尺寸	极限偏差			
80	±0.17	40	110	2
100		60	130	3
125	±0.20	80	155	4
160		120	190	6
O形橡胶密封圈 （GB/T 3452.1—2005）	六角螺母 （GB/T 6172—2016）	弹性垫圈 （GB/T 861.1—1987）		
10×2.65	M10	10		

标记示例
$H=80$，A 型长形油标标记为
油标 A80 JB/T 7941.3—1995

注：B 型长形油标见 JB/T 7941.3—1995。

表 20-9 管状油标（JB/T 7941.4—1995） （单位：mm）

H	六角薄螺母 （GB/T 6172.1—2016）	弹性垫圈 （GB/T 861.1—1987）	O形橡胶密封圈 （GB/T 3452.1—2005）
80			
100			
125	M12	12	11.8×2.65
160			
200			

标记示例
$H=20$，A 型管状油标的标记为
油标 A200 JB/T 7941.4—1995

注：B 型管状油标见 JB/T 7941.4—1995。

表 20-10　油标尺　　　　　　　　　　　　　（单位：mm）

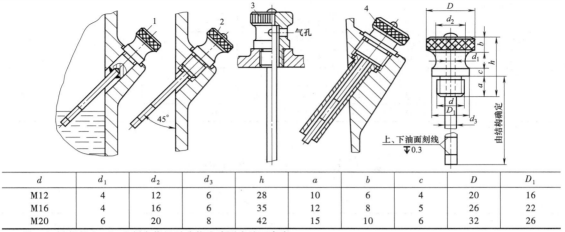

d	d_1	d_2	d_3	h	a	b	c	D	D_1
M12	4	12	6	28	10	6	4	20	16
M16	4	16	6	35	12	8	5	26	22
M20	6	20	8	42	15	10	6	32	26

注：1. 油标尺 1、2、3 须在停机时才能准确测出油面高度。
　　2. 油标尺 3 还兼有通气器作用。
　　3. 油标尺 4 带有隔套。

第四节　油　　塞

表 20-11　外六角油塞及封油垫（摘自 JB/ZQ 4450—2006）　　　　（单位：mm）

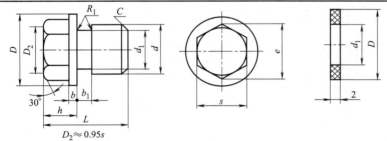

标记示例
D 为 M12×1.25 的外六角螺塞的标记为
螺塞 M12 × 1.25　JB/ZQ 4450—2006

螺纹规格 d	s	d_1	D	e	L	h	b	b_1	R_1	C
M12×1.25	13	10.2	22	15	24	12	3	3	1	1.0
M20×1.5	21	17.8	30	24.2	30	15	4			
M24×2	27	21	34	31.2	32	16		4		1.5
M30×2	34	27	42	39.3	38	18				

注：封油垫材料为耐油橡胶、工业用革；螺塞材料为 35 钢。

表 20-12　60°密封管螺纹内六角螺塞（摘自 JB/ZQ 4447—2006）　　　（单位：mm）

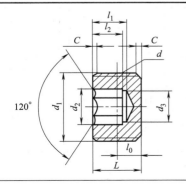
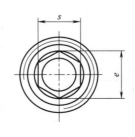

标记示例
d 为 NPT1/4 的 60°密封管螺纹内六角螺塞的标记为
螺塞 NPT1/4 JB/ZQ 4447—2006

（续）

60°密封管螺纹 d	d_1	d_2	d_3	l_0	l_1	l_2	L	C	s	e
NPT1/8	10.486	6	5	4.102	4	3.5	8	1	5	5.8
NPT1/4	13.750	7.5	5.5	5.786	5	4	8	1.5	5.5	5.7
NPT3/8	17.300	9.5	8	6.096	6	5	10	1.5	8	9.2
NPT1/2	21.460	12	10	8.128	8	7	12	1.5	10	11.5
NPT3/4	26.960	14	12	8.611	10	9	15	1.5	13	15
NPT1	33.720	17	14	10.160	12	10	18	2	16	18.5

注：螺塞材料为35钢。

第五节 窥视孔及视孔盖

表 20-13 窥视孔和板结构视孔盖 （单位：mm）

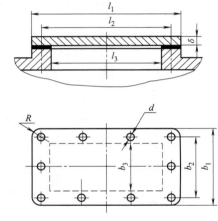

可用的减速器中心距		l_1	l_2	l_3	b_1	b_2	b_3	d		δ	R
								直径	孔数		
单级	$a \leqslant 150$	90	75	60	70	55	40	7	4	4	5
	$a \leqslant 250$	120	105	90	90	75	60	7	4	4	5
	$a \leqslant 350$	180	165	150	140	125	110	7	8	4	5
	$a \leqslant 450$	200	180	160	180	160	140	9	8	4	10
	$a \leqslant 500$	220	200	180	200	180	160	9	8	6	10
	$a \leqslant 700$	270	240	210	220	190	160	11	8	6	15
二级	$a_\Sigma \leqslant 250$	140	125	110	120	105	90	7	8	4	5
	$a_\Sigma \leqslant 425$	180	165	150	140	125	110	7	8	4	5
	$a_\Sigma \leqslant 500$	220	190	160	160	130	100	9	8	4	15
	$a_\Sigma \leqslant 650$	270	240	210	180	150	120	11	8	6	15
	$a_\Sigma \leqslant 850$	350	320	290	220	190	160	11	10	10	15
	$a_\Sigma \leqslant 1000$	420	390	350	260	230	200	13	10	10	15
	$a_\Sigma \leqslant 1150$	500	460	420	300	260	220	13	12	10	20

注：1. 视孔盖材料为Q235。
　　2. 表中数据仅供参考，也可自行设计。

第六节　起 吊 装 置

表 20-14　吊钩及吊耳　　　　　　　　　　　　　（单位：mm）

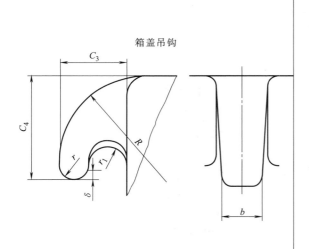

箱盖吊钩

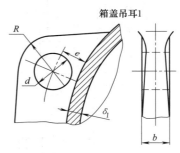

箱盖吊耳1

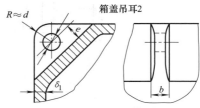

箱盖吊耳2

	箱盖吊耳 1	箱盖吊耳 2
$C_3 = (4 \sim 5)\delta_1$		
$C_4 = (1.3 \sim 1.5)C_3$	$d = b$	$R \approx d$
$b = (1.8 \sim 2.5)\delta_1$	$b = (1.8 \sim 2.5)\delta_1$	$d = (1.8 \sim 2.5)\delta_1$
$R = C_4$	$R = (1 \sim 1.2)d$	$b = (1.5 \sim 2.0)\delta_1$
$r = 0.25C_3$　$r_1 = 0.2C_3$	$e = (0.8 \sim 1)d$	$e = (0.8 \sim 1)d$
δ_1 为箱盖壁厚		

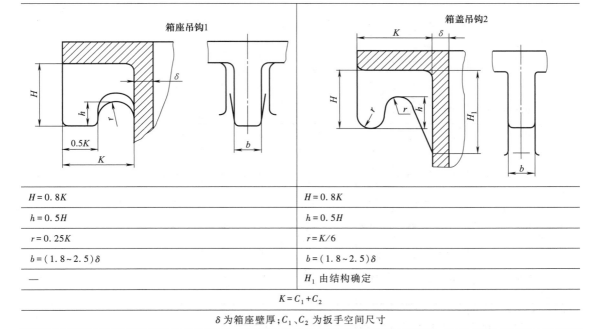

箱座吊钩1

箱盖吊钩2

箱座吊钩1	箱盖吊钩2
$H = 0.8K$	$H = 0.8K$
$h = 0.5H$	$h = 0.5H$
$r = 0.25K$	$r = K/6$
$b = (1.8 \sim 2.5)\delta$	$b = (1.8 \sim 2.5)\delta$
—	H_1 由结构确定
$K = C_1 + C_2$	
δ 为箱座壁厚；C_1、C_2 为扳手空间尺寸	

表 20-15 起重螺栓（摘自 JB/T 8025—1999） （单位：mm）

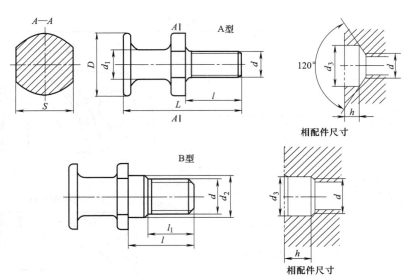

标记示例
d=M12 的 A 型起重螺栓的标记为
螺栓 AM12 JB/T 8025—1999

形式	d	D	L	S	d_1	d_2 公称尺寸	d_2 极限偏差	l	l_1	允许负荷/kN	相配件 d_2 公称尺寸	相配件 d_2 极限偏差	h
A	M12	28	52	24	12	—	—	25	—	1.3	17	—	6
	M16	35	62	27	16	—	—	32	—	1.9	22	—	
	M20	42	75	32	20	—	—	38	—	2.6	28	—	8
	M24	50	90	36	24	—	—	45	—	3.9	32	—	9
	M30	65	110	50	30	—	—	54	—	6.5	39	—	10
B	M36	75	140	55	36	45	0 −0.016	72	50	9.0	45	+0.025 0	28
	M42	85	160	65	42	50	0 −0.016	84	60	13.0	50	+0.025 0	32
	M48	95	185	75	48	55	0 −0.019	96	70	17.0	55	+0.030 0	36

注：1. 材料为 45 钢。
2. 起重螺栓用于起吊箱盖，其结构紧凑，可使箱体造型美观。

表 20-16 吊环螺钉（摘自 GB 825—1988）　　　　　　　　　　　（单位：mm）

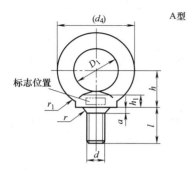

A型

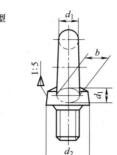

适用于A型

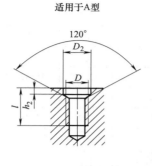

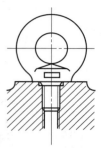

B型

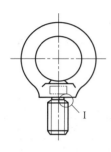

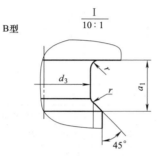

I
10:1

单螺钉起吊　　　　双螺钉起吊

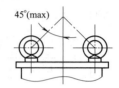

标记示例
　规格为 $d=20$mm、材料为 20 钢、经正火处理、不经表面处理的 A 型吊环螺钉的标记为
　螺钉 M20 GB/T 825—1988

螺纹规格 d/mm		M8	M10	M12	M16	M20	M24	M30	M36
d_1	max	9.1	11.1	13.1	15.2	17.4	21.4	25.7	30
	min	7.6	9.6	11.6	13.6	15.6	19.6	23.5	27.5
D_1	公称	20	24	28	34	40	48	56	67
	max	20.4	24.4	28.4	34.5	40.6	48.6	56.6	67.7
	min	19	23	27	32.9	38.8	46.8	54.6	65.5
d_2	max	21.1	25.1	29.1	35.2	41.4	49.4	57.7	69
	min	19.6	23.6	27.6	33.6	39.6	47.6	55.5	66.5
h_1	max	7	9	11	13	15.1	19.1	23.2	27.4
	min	5.6	7.6	9.6	11.6	13.5	17.5	21.4	25.4
l	公称	16	20	22	28	35	40	45	55
	max	16.9	21.05	23.05	29.05	36.25	41.25	46.25	56.5
	min	15.1	18.95	20.95	26.95	33.75	38.75	43.75	53.5
d_4	参考	36	44	52	62	72	88	104	123
h		18	22	26	31	36	44	53	63
r_1		4	4	6	6	8	12	15	18
r	min	1	1	1	1	1	2	2	3
a_1	max	3.75	4.5	5.25	6	7.5	9	10.5	12
d_3	公称(max)	6	7.7	9.4	13	16.4	19.6	25	30.8
	min	5.82	7.48	9.18	12.73	16.13	19.27	24.67	29.91

（续）

螺纹规格 d/mm		M8	M10	M12	M16	M20	M24	M30	M36
a	max	2.5	3	3.5	4	5	6	7	8
b		10	12	14	16	19	24	28	32
D_2	公称（min）	13	15	17	22	28	32	38	45
	max	13.43	15.43	17.52	22.52	28.52	32.62	38.62	45.62
h_2	公称（min）	2.5	3	3.5	4.5	5	7	8	9.5
	max	2.9	3.4	3.98	4.98	5.48	7.58	8.58	10.08
最大起吊重量/kN	单螺钉起吊	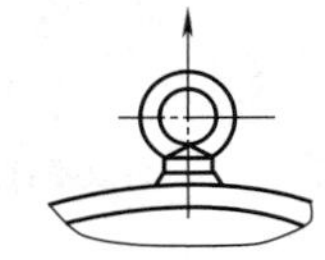 1.6	2.5	4	6.3	10	16	25	40
	双螺钉起吊 45°(max)	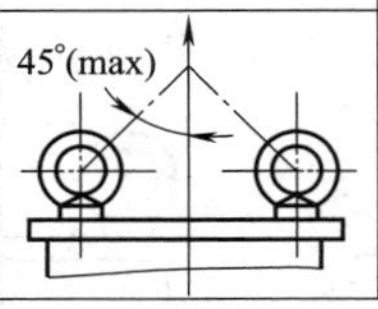 0.8	1.25	2	3.2	5	8	12.5	20

减速器重量 W/kN

一级圆柱齿轮减速器						二级圆柱齿轮减速器					
中心距 a/mm	100	150	200	250	300	中心距 a/mm	150	200	250	300	350
重量 W/kN	0.31	0.83	1.52	2.55	3.43	重量 W/kN	1.32	2.25	2.99	4.80	7.11

锥齿轮减速器						二级同轴圆柱齿轮减速器					
锥距 R/mm	100	150	200	250	300	中心距 a/mm	100	150	200	250	300
重量 W/kN	0.49	0.59	0.98	1.86	2.84	重量 W/kN	1.18	1.76	3.23	4.90	5.88

蜗杆减速器						锥齿轮-圆柱齿轮减速器					
中心距 a/mm	100	120	150	180	210	中心距 a/mm	150	200	250	300	400
重量 W/kN	0.64	0.78	1.57	3.23	3.43	重量 W/kN	1.76	2.94	3.92	5.88	7.84

注：1. 材料为 20 钢或 25 钢。

2. 锥齿轮-圆柱齿轮减速器的 a 为圆柱齿轮的中心距；二级圆柱齿轮减速器的 a 为低速级圆柱齿轮的中心距。

3. 减速器重量 W 非 GB 825—1988 的内容，仅供课程设计参考用。

附　录

课程设计实例——锥齿轮-圆柱齿轮减速器设计

机械设计课程设计以链式输送机的传动装置设计为题，进行了锥齿轮-圆柱齿轮减速器的设计，下面是设计过程及设计结果。主要包括以下内容：

1）机械设计课程设计任务书。
2）机械设计课程设计设计计算说明书。
3）减速器装配图（图 21-11）。
4）零件工作图。
① 低速轴零件工作图（图 21-18）。
② 斜齿圆柱齿轮零件工作图（图 21-22）。
③ 锥齿轮零件工作图（图 21-23）。
④ 锥齿轮-圆柱齿轮减速器箱盖零件工作图（图 21-30）。
⑤ 锥齿轮-圆柱齿轮减速器箱座零件工作图（图 21-31）。
5）三维造型图（附图 1-12）。

机械设计课程设计任务书

学生姓名＿＿＿＿＿＿＿＿＿＿＿＿　　　　班级＿＿＿＿＿＿＿＿＿＿＿＿

一、设计题目

设计链式输送机的传动装置（锥齿轮-圆柱齿轮减速器），传动简图如附图 1-1 所示。

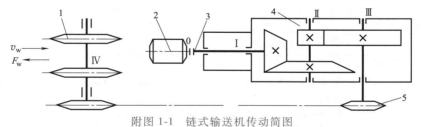

附图 1-1　链式输送机传动简图

1—牵引链轮　2—电动机　3—联轴器　4—减速器　5—链传动

1. 已知条件

牵引链轮的节距：$p = 63\text{mm}$；

牵引链轮齿数：$z = 12$；

牵引链轮上的圆周力：$F_\text{w} = 5000\text{N}$；

牵引链的速度：$v_\text{w} = 0.6\text{m/s}$。

2. 技术条件与说明

1）传动装置的使用寿命预定为 15 年，每年按 300 天计算，双班制工作，每班按 8h 计算。

2）工作机的载荷性质为：□平稳、□轻微冲击、☑中等冲击、□严重冲击；☑单、□双向回转。

3）牵引链允许的相对速度误差为±(3%～5%)。

二、设计任务

（1）设计内容　电动机选型；链传动设计；减速器设计；联轴器选型。

（2）设计工作量

1）减速器装配图1张（A0幅面）。

2）零件图2～4张（A2幅面，绘制零件由指导教师指定）。

3）设计计算说明书1份。

三、设计期限

1）设计开始日期：＿＿＿＿＿＿＿＿年＿＿＿＿月＿＿＿＿日。

2）设计完成日期：＿＿＿＿＿＿＿＿年＿＿＿＿月＿＿＿＿日。

四、指导教师

本设计由指导教师＿＿＿＿＿＿＿＿＿＿＿＿指导。

机械设计课程设计计算说明书

目　录

设计计算与说明	主要结果
一、传动方案分析[一] 　　采用任务书所给传动方案，能满足链式输送机的工作要求，具有结构简单、尺寸紧凑、传动效率高和使用维护方便的特点。 　　该方案采用锥齿轮、圆柱齿轮和链传动三级传动，锥齿轮传动布置在高速级，以减小尺寸，便于加工；低速级为斜齿圆柱齿轮传动。圆柱齿轮布置在远离转矩输入端，可以避免因转矩作用产生偏载的最大值与因弯矩作用产生偏载的最大值叠加，从而可减缓沿齿宽载荷分布不均匀的现象。链传动布置在低速级，有利于减小速度波动和动载荷。 　　**二、电动机的选择** 　　1. 电动机类型和结构形式的选择 　　三相异步电动机的结构简单、价格低廉、维护方便，Y系列电动机具有效率高、性能好、噪声低、振动小等优点，故选用Y系列三相异步电动机。 　　2. 确定电动机功率 　　(1) 工作机输入功率 P_w'　由表3-2[2]，查得链式输送机效率 $\eta_w = 0.90$，则 $$P_w' = \frac{F_w v_w}{1000\eta_w} = \frac{5000 \times 0.6}{1000 \times 0.9}\text{kW} = 3.3333\text{kW}$$	

　　[一]　设计实例中的参考文献[1]指本书的参考文献[1]，[2]指本书。

（续）

设计计算与说明	主要结果

（2）传动装置总效率 η_Σ　由表 3-2[2]，查得挠性联轴器 $\eta_联 = 0.99$，滚动轴承 $\eta_{轴承} = 0.98$，锥齿轮 $\eta_{锥齿} = 0.95$，圆柱齿轮 $\eta_{柱齿} = 0.96$，滚子链传动 $\eta_链 = 0.96$，则

$$\eta_\Sigma = \eta_联 \, \eta_{轴承}^3 \, \eta_{锥齿} \, \eta_{柱齿} \, \eta_链$$
$$= 0.99 \times 0.98^3 \times 0.95 \times 0.96 \times 0.96$$
$$= 0.8158$$

$\eta_\Sigma = 0.8158$

（3）所需电动机的功率 P_d

$$P_d = \frac{P_w'}{\eta_\Sigma} = \frac{3.3333}{0.8158}kW = 4.0819kW$$

$P_d = 4.0819kW$

（4）电动机额定功率 P_{ed}　因为 $P_{ed} \geqslant P_d$，查表 17-1 得

$$P_{ed} = 5.5kW$$

3. 确定电动机满载转速

$$n_m = 1440r/min$$

4. 确定电动机型号

查表 17-1[2] 得：电动机型号为 Y132S-4；查表 17-3[2]，伸出端直径 $D = 38mm$，伸出端长度 $E = 80mm$，机座中心高 $H = 132mm$。

电动机型号 Y132S-4
$P_{ed} = 5.5kW$
$n_m = 1440r/min$
$D = 38mm$
$E = 80mm$
$H = 132mm$

三、传动装置总传动比的计算及各级传动比的分配

1. 计算总传动比

根据已知条件，可计算工作机转速 n_w

$$n_w = \frac{60 \times 1000 v_w}{zp} = \frac{60 \times 1000 \times 0.6}{12 \times 63}r/min = 47.6190r/min$$

由式（3-5）[2]，总传动比为

$$i_\Sigma = \frac{n_m}{n_w} = \frac{1440}{47.6190} = 30.2400$$

$i_\Sigma = 30.24$
$i_减 = 10.8$
$i_{锥齿} = 2.9$
$i_{柱齿} = 3.72$
$i_链 = 2.8$

2. 分配各级传动比

由表 3-3[2]，取链传动传动比 $i_链 = 2.8$，则减速器传动比

$$i_减 = \frac{i_\Sigma}{i_链} = \frac{30.24}{2.8} = 10.8$$

根据参考文献[2]中 $i_{锥齿} = \sqrt{i_减} - 0.3$，锥齿轮传动比 $i_{锥齿} = 2.9$，则圆柱齿轮传动比

$$i_{柱齿} = \frac{i_减}{i_{锥齿}} = \frac{10.8}{2.9} = 3.7241$$

四、传动装置运动及动力参数计算

1. 计算各轴转速

$n_0 = n_I = n_m = 1440r/min$

$$n_{II} = \frac{n_I}{i_{锥齿}} = \frac{1440}{2.9}r/min = 496.5517r/min$$

$$n_{III} = \frac{n_{II}}{i_{柱齿}} = \frac{496.5517}{3.7241}r/min = 133.3347r/min$$

$$n_{IV} = \frac{n_{III}}{i_链} = \frac{133.3347}{2.8}r/min = 47.6195r/min$$

$n_0 = n_I = 1440r/min$
$n_{II} = 496.5517r/min$
$n_{III} = 133.3347r/min$
$n_{IV} = 47.6195r/min$

2. 计算各轴的输入功率

$P_0 = P_d = 4.0819kW$

$P_I = P_0\eta_联 = 4.0819 \times 0.99kW = 4.0411kW$

$P_{II} = P_I\eta_{轴承}\eta_{锥齿} = 4.0411 \times 0.98 \times 0.95kW = 3.7623kW$

$P_{III} = P_{II}\eta_{轴承}\eta_{柱齿} = 3.7623 \times 0.98 \times 0.96kW = 3.5396kW$

$P_{IV} = P_{III}\eta_{轴承}\eta_链 = 3.5396 \times 0.98 \times 0.96kW = 3.3301kW$

$P_w = P_{IV}\eta_w = 3.3301 \times 0.90kW = 2.9971kW$

$P_0 = P_d = 4.0819kW$
$P_I = 4.0411kW$
$P_{II} = 3.7623kW$
$P_{III} = 3.5396kW$
$P_{IV} = 3.3301kW$

（续）

设计计算与说明	主要结果

3. 计算各轴的输入转矩

$$T_0 = 9.55 \times 10^6 \frac{P_0}{n_0} = 9.55 \times 10^6 \times \frac{4.0819}{1440} N \cdot mm = 27071 N \cdot mm$$

$$T_I = 9.55 \times 10^6 \frac{P_I}{n_I} = 9.55 \times 10^6 \times \frac{4.0411}{1440} N \cdot mm = 26800 N \cdot mm$$

$$T_{II} = 9.55 \times 10^6 \frac{P_{II}}{n_{II}} = 9.55 \times 10^6 \times \frac{3.7623}{496.5517} N \cdot mm = 72359 N \cdot mm$$

$$T_{III} = 9.55 \times 10^6 \frac{P_{III}}{n_{III}} = 9.55 \times 10^6 \times \frac{3.5396}{133.3347} N \cdot mm = 253521 N \cdot mm$$

$$T_{IV} = 9.55 \times 10^6 \frac{P_{IV}}{n_{IV}} = 9.55 \times 10^6 \times \frac{3.3301}{47.6195} N \cdot mm = 667845 N \cdot mm$$

各轴的运动及动力参数初算值列于附表 1-1。

附表 1-1　各轴的运动及动力参数初算表

	电动机轴 （0 轴）	I 轴	II 轴	III 轴	IV 轴
功率 P/kW	4.0819	4.0411	3.7623	3.5396	3.3301
转矩 $T/(N \cdot mm)$	27071	26800	72359	253521	667845
转速 $n/(r/min)$	1440	1440	496.5517	133.3347	47.6195
传动比 i	1	2.9		3.72	2.8
效率 η	0.99	0.9310		0.9408	0.9408

根据上表中的运动和动力参数，根据例 9-1、例 10-3 和例 10-4[1] 进行传动零件初步设计计算后，齿数及实际传动比见附表 1-2。

附表 1-2　三级传动的齿数及实际传动比

	锥齿轮传动		圆柱齿轮传动		链传动	
齿数	z_1	z_2	z_3	z_4	z_5	z_6
	27	79	30	112	19	53
实际传动比	2.9259		3.7333		2.7895	

实际传动比
$i_{锥齿} = 2.9259$
$i_{柱齿} = 3.7333$
$i_{链} = 2.7895$

计算传动比误差

理论传动比

$$i_{理} = \frac{n_m}{n_w} = \frac{1440}{47.6190} = 30.24$$

实际传动比

$$i_s = \frac{z_2}{z_1} \cdot \frac{z_4}{z_3} \cdot \frac{z_6}{z_5} = \frac{79}{27} \cdot \frac{112}{30} \cdot \frac{53}{19} = 30.4707$$

传动比误差

$$\varepsilon_i = \frac{|i_{理} - i_{实}|}{i_{理}} \times 100\% = \frac{|30.24 - 30.4707|}{30.24} \times 100\% = 0.7629\% < 3\%$$

满足要求。

各轴的运动及动力参数发生变化，最终确定值见附表 1-3。

附表 1-3　各轴的运动及动力参数确定表

	电动机轴 （0 轴）	I 轴	II 轴	III 轴	IV 轴
功率 P/kW	4.0819	4.0411	3.7623	3.5396	3.3301
转矩 $T/(N \cdot mm)$	27071	26800	73005	256417	672941
转速 $n/(r/min)$	1440	1440	492.1563	131.8288	47.2589
传动比 i	1	2.9259		3.7333	2.7895
效率 η	0.99	0.9310		0.9408	0.9408

传动比误差
$\varepsilon_i = 0.7629\%$

$T_0 = 27071 N \cdot mm$
$T_I = 26800 N \cdot mm$
$T_{II} = 73005 N \cdot mm$
$T_{III} = 256417 N \cdot mm$
$T_{IV} = 672941 N \cdot mm$

（续）

设计计算与说明	主要结果

根据上表，再对传动零件进行重新设计计算。

五、减速器内传动零件的设计计算[1]

（一）锥齿轮传动设计计算

1. 选择齿轮传动类型和材料

1）选用正常齿制标准直齿锥齿轮传动，压力角 $\alpha = 20°$。

2）选择材料。由表 10-1 选择小齿轮材料为 40Cr 钢调质，硬度 241～286HBW，取为 280HBW；大齿轮材料为 45 钢调质，硬度 217～255HBW，取为 240HBW。

2. 初算结果

经初步计算，齿数 $z_1 = 27$，$z_2 = 79$，模数 $m = 2.5$mm，齿宽 $b = 32$mm，精度等级为 8 级，则

分度圆直径　$d_1 = mz_1 = 2.5 \times 27$mm $= 67.5$mm

$$d_2 = mz_2 = 2.5 \times 79 \text{mm} = 197.5 \text{mm}$$

齿数比　$u = \dfrac{z_2}{z_1} = \dfrac{79}{27} = 2.9259$

锥距　$R = \dfrac{m}{2}\sqrt{z_1^2 + z_2^2} = \dfrac{2.5}{2} \times \sqrt{27^2 + 79^2}$mm $= 104.3582$mm

分度圆圆锥角　$\delta_1 = \arctan \dfrac{z_1}{z_2} = \arctan \dfrac{27}{79} = 18.8690°$

$$\delta_2 = 90° - \delta_1 = \arctan \dfrac{z_2}{z_1} = \arctan \dfrac{79}{27} = 71.1310°$$

齿轮齿宽中点分度圆直径 d_m

$$d_{m1} = d_1\left(1 - 0.5 \times \dfrac{b}{R}\right) = 67.5 \times \left(1 - 0.5 \times \dfrac{32}{104.3582}\right)\text{mm} = 57.1510\text{mm}$$

$$d_{m2} = d_2\left(1 - 0.5 \times \dfrac{b}{R}\right) = 197.5 \times \left(1 - 0.5 \times \dfrac{32}{104.3582}\right)\text{mm} = 167.2197\text{mm}$$

齿宽中点处的圆周速度 v_m

$$v_m = \dfrac{\pi d_{m1} n_1}{60000} = \dfrac{\pi \times 57.151 \times 1440}{60000}\text{m/s} = 4.3091\text{m/s}$$

齿顶圆直径　$d_{a1} = d_1 + 2h_a \cos\delta_1 = (67.5 + 2 \times 1 \times 2.5 \times \cos18.8690°)$mm $= 72.2313$mm

$d_{a2} = d_2 + 2h_a \cos\delta_2 = (197.5 + 2 \times 1 \times 2.5 \times \cos71.1310°)$mm $= 199.1170$mm

齿根圆直径　$d_{f1} = d_1 - 2h_f \cos\delta_1 = (67.5 - 2 \times 1.2 \times 2.5 \times \cos18.8690°)$mm $= 61.8224$mm

$d_{f2} = d_2 - 2h_f \cos\delta_2 = (197.5 - 2 \times 1.2 \times 2.5 \times \cos71.1310°)$mm $= 195.5596$mm

锥齿轮传动主要参数及尺寸列于附表 1-4 中。

附表 1-4　锥齿轮传动主要参数及尺寸

	齿数 z	模数 m/mm	压力角 α	锥距 R/mm	齿宽 b/mm	分度圆直径 d/mm	齿顶圆直径 d_a/mm	齿根圆直径 d_f/mm	分度圆圆锥角 δ
齿轮 1	27	2.5	20°	104.3582	32	67.5	72.2313	61.8224	18.8690°
齿轮 2	79					197.5	199.1170	195.5596	71.1310°

3. 确定许用应力

1）由图 10-23c 按齿面硬度查取小齿轮弯曲疲劳极限 $\sigma_{Flim1} = 560$MPa，大齿轮弯曲疲劳极限 $\sigma_{Flim2} = 400$MPa；由图 10-25c 按齿面硬度查取小齿轮接触疲劳极限 $\sigma_{Hlim1} = 650$MPa，大齿轮接触疲劳极限 $\sigma_{Hlim2} = 550$MPa。

2）由式（10-18）计算应力循环次数。

机器寿命 $L_{jh} = $ 工作年限 × （天数/年）×（小时数/天）$= 15 \times 300 \times 2 \times 8$h $= 72000$h

主要结果栏：

正常齿制标准直齿锥齿轮

小齿轮材料 40Cr 调质

大齿轮材料 45 钢调质

$z_1 = 27$

$z_2 = 79$

$m = 2.5$mm

$d_1 = 67.5$mm

$d_2 = 197.5$mm

$u = 2.9259$

精度等级 8 级

$b = 32$mm

$R = 104.3582$mm

$\delta_1 = 18.8690°$

$\delta_2 = 71.1310°$

$d_{m1} = 57.1510$mm

$d_{m2} = 167.2197$mm

$v_m = 4.3091$m/s

$\sigma_{Flim1} = 560$MPa

$\sigma_{Flim2} = 400$MPa

$\sigma_{Hlim1} = 650$MPa

（续）

设计计算与说明	主要结果
$N_1 = 60n_1 jL_{jh} = 60 \times 1440 \times 1 \times 72000 = 6.2208 \times 10^9$	$\sigma_{Hlim2} = 550\text{MPa}$

$$N_2 = \frac{z_1}{z_2} N_1 = \frac{27}{79} \times 6.2208 \times 10^9 = 2.1261 \times 10^9$$

3）由图 10-24 查取弯曲疲劳寿命系数 $K_{FN1} = 0.9$，$K_{FN2} = 0.91$；由图 10-26 查取接触疲劳寿命系数 $K_{HN1} = 0.92$，$K_{HN2} = 0.94$。

4）取弯曲疲劳强度安全系数 $S_F = 1.3$，接触疲劳强度安全系数 $S_H = 1$。

5）计算许用应力 由式（10-19）和式（10-20）

$$[\sigma_{F1}] = \frac{K_{FN1}\sigma_{Flim1}}{S_F} = \frac{0.9 \times 560}{1.3}\text{MPa} = 388\text{MPa}$$

$$[\sigma_{F2}] = \frac{K_{FN2}\sigma_{Flim2}}{S_F} = \frac{0.91 \times 400}{1.3}\text{MPa} = 280\text{MPa}$$

$$[\sigma_{H1}] = \frac{K_{HN1}\sigma_{Hlim1}}{S_H} = \frac{0.92 \times 650}{1}\text{MPa} = 598\text{MPa}$$

$$[\sigma_{H2}] = \frac{K_{HN2}\sigma_{Hlim2}}{S_H} = \frac{0.94 \times 550}{1}\text{MPa} = 517\text{MPa}$$

4. 齿面接触疲劳强度校核计算

（1）由校核计算式（10-31）

$$\sigma_H = \sqrt{\frac{4KT_1}{\phi_R(1-0.5\phi_R)^2 d_1^3 u}} Z_H Z_E \leqslant [\sigma_H]$$

（2）确定校核公式中的各计算值

1）小齿轮传递的转矩 T_1：由附表 1-3，$T_1 = T_I = 26800\text{N} \cdot \text{mm}$（忽略轴承效率）。

2）材料的弹性影响系数 Z_E：由表 10-6 查取 $Z_E = 189.8\sqrt{\text{MPa}}$。

3）节点区域系数 Z_H：由图 10-20 查取 $Z_H = 2.5$。

4）许用应力 $[\sigma_H]$：$[\sigma_H] = \min\{[\sigma_{H1}], [\sigma_{H2}]\} = [\sigma_{H2}] = 517\text{MPa}$

5）齿宽系数：$\phi_R = \frac{b}{R} = \frac{32}{104.3582} = 0.3066$

6）载荷系数 K。由表 10-4，工作机载荷为中等冲击，查得使用系数 $K_A = 1.5$。

根据速度 $v_m = 4.3091\text{m/s}$，按 9 级精度（低一级），由图 10-11 查得动载荷系数 $K_v = 1.24$。取齿间载荷分配系数 $K_\alpha = 1$。

根据 $\frac{b}{d_{m1}} = \frac{32}{57.1510} = 0.56$，为软齿面，小齿轮悬臂布置，由图 10-14a 查得齿向载荷分布系数 $K_\beta = 1.15$。

故载荷系数为 $K = K_A K_v K_\alpha K_\beta = 1.5 \times 1.24 \times 1 \times 1.15 = 2.139$

（3）校核齿面接触疲劳强度

$$\sigma_H = \sqrt{\frac{4KT_1}{\phi_R(1-0.5\phi_R)^2 d_1^3 u}} Z_H Z_E$$

$$= \sqrt{\frac{4 \times 2.139 \times 26800}{0.3066 \times (1-0.5 \times 0.3066)^2 \times 67.5^3 \times 2.9259}} \times 189.8 \times 2.5\text{MPa}$$

$$= 510.9054\text{MPa} < [\sigma_H]$$

$$= 517\text{MPa}$$

齿面接触强度满足要求。

5. 齿根弯曲疲劳强度校核计算

（1）由校核计算式（10-29）

$$\sigma_F = \frac{2KT_1}{bm^2(1-0.5\phi_R)^2 z_1} Y_{Fa} Y_{Sa} \leqslant [\sigma_F]$$

主要结果栏：

$N_1 = 6.2208 \times 10^9$

$N_2 = 2.1261 \times 10^9$

$[\sigma_{F1}] = 388\text{MPa}$

$[\sigma_{F2}] = 280\text{MPa}$

$[\sigma_{H1}] = 598\text{MPa}$

$[\sigma_{H2}] = 517\text{MPa}$

$T_1 = T_I = 26800\text{N} \cdot \text{mm}$

$Z_E = 189.8\sqrt{\text{MPa}}$

$Z_H = 2.5$

$[\sigma_H] = 517\text{MPa}$

$\phi_R = 0.3066$

$K_A = 1.5$

$K_v = 1.24$

$K_\alpha = 1$

$K_\beta = 1.15$

$K = 2.139$

$\sigma_H < [\sigma_H]$

齿面接触强度满足要求

（续）

设计计算与说明	主要结果
（2）确定校核公式中的各计算值	

（2）确定校核公式中的各计算值

1）T_1、K、ϕ_R、d_1、b、z_1 同前述。

2）齿形系数 Y_{Fa}、应力修正系数 Y_{Sa}。计算当量齿数，查取齿形系数 Y_{Fa} 和应力修正系数 Y_{Sa}

$$z_{v1} = \frac{z_1}{\cos\delta_1} = \frac{27}{\cos18.8690°} = 28.53$$

$$z_{v2} = \frac{z_2}{\cos\delta_2} = \frac{79}{\cos71.1310°} = 244.28$$

由图 10-17 查取齿形系数 $Y_{Fa1} = 2.63$，$Y_{Fa2} = 2.1$；由图 10-18 查取应力修正系数 $Y_{Sa1} = 1.57$，$Y_{Sa2} = 1.89$。计算并比较大、小齿轮的 $\dfrac{Y_{Fa}Y_{Sa}}{[\sigma_F]}$ 值

$$\frac{Y_{Fa1}Y_{Sa1}}{[\sigma_{F1}]} = \frac{2.63 \times 1.57}{388} = 0.010642 < \frac{Y_{Fa2}Y_{Sa2}}{[\sigma_{F2}]} = \frac{2.1 \times 1.89}{280} = 0.014175$$

主要结果： $Y_{Fa1} = 2.63$，$Y_{Fa2} = 2.1$　$Y_{Sa1} = 1.57$，$Y_{Sa2} = 1.89$

齿轮 2 的数值较大，弯曲疲劳强度较低，故校核齿轮 2 的齿根弯曲疲劳强度。

（3）校核齿根弯曲疲劳强度

$$\sigma_{F2} = \frac{2KT_1}{bm^2(1-0.5\phi_R)^2 z_1} Y_{Fa2} Y_{Sa2} = \frac{2 \times 2.139 \times 26800}{32 \times 2.5^2 \times (1-0.5 \times 0.3066)^2 \times 27} \times 2.1 \times 1.89 \text{MPa}$$

$$= 117.5450 \text{MPa} < [\sigma_{F2}] = 280 \text{MPa}$$

主要结果： $\sigma_{F2} < [\sigma_F]$　齿根弯曲强度满足要求

齿根弯曲强度满足要求。

（二）斜齿圆柱齿轮传动设计计算[1]

1. 选择齿轮传动类型和材料

1）选用正常齿制标准斜齿圆柱齿轮传动，压力角 $\alpha_n = 20°$。

2）选择材料。由表 10-1 选择小齿轮材料为 40Cr 钢调质，硬度 241~286HBW，取为 280HBW；大齿轮材料为 45 钢调质，硬度 217~255HBW，取为 240HBW。

2. 初算结果

经初步计算，齿数 $z_3 = 30$，$z_4 = 112$，模数 $m_n = 2$mm，齿宽 $b_3 = 65$mm，$b_4 = 60$mm，螺旋角 $\beta = 13.4427°$，中心距 $a = 146$mm，精度等级 9 级，则

分度圆直径　$d_3 = \dfrac{mz_3}{\cos\beta} = \dfrac{2 \times 30}{\cos13.4427°} \text{mm} = 61.6901 \text{mm}$

$d_4 = \dfrac{mz_4}{\cos\beta} = \dfrac{2 \times 112}{\cos13.4427°} \text{mm} = 230.3098 \text{mm}$

齿宽系数　$\phi_d = \dfrac{b}{d_3} = \dfrac{b_4}{d_3} = \dfrac{60}{61.6901} = 0.9726$

齿数比　$u = \dfrac{z_4}{z_3} = \dfrac{112}{30} = 3.7333$

圆周速度　$v = \dfrac{\pi d_3 n_{II}}{60 \times 1000} = \dfrac{\pi \times 61.6901 \times 492.1563}{60 \times 1000} \text{m/s} = 1.5897 \text{m/s}$

齿顶圆直径　$d_{a3} = d_3 + 2h_{an}^* m_n = (61.6901 + 2 \times 1 \times 2) \text{mm} = 65.6901 \text{mm}$

$d_{a4} = d_4 + 2h_{an}^* m_n = (230.3098 + 2 \times 1 \times 2) \text{mm} = 234.3098 \text{mm}$

齿根圆直径　$d_{f3} = d_3 - 2(h_{an}^* + c_n^*) m_n = (61.6901 - 2 \times 1.25 \times 2) \text{mm} = 56.6901 \text{mm}$

$d_{f4} = d_4 - 2(h_{an}^* + c_n^*) m_n = (230.3098 - 2 \times 1.25 \times 2) \text{mm} = 225.3098 \text{mm}$

斜齿圆柱齿轮传动的主要参数列于附表 1-5 中。

主要结果：
正常齿制标准斜齿圆柱齿轮
小齿轮材料 40Cr 钢调质
大齿轮材料 45 钢调质
$z_3 = 30$
$z_4 = 112$
$m = 2$mm
$b_3 = 65$mm
$b_4 = 60$mm

精度等级 9 级
$a = 146$mm
$\beta = 13.4427°$

$d_3 = 61.6901$mm
$d_4 = 230.3098$mm

$\phi_d = 0.9726$
$u = 3.7333$

$v = 1.5897$m/s

（续）

设计计算与说明	主要结果

附表 1-5　斜齿圆柱齿轮传动的主要参数

	齿数 z	法面模数 m_n/mm	法面压力角 α_n	中心距 a/mm	螺旋角 β	齿宽 b/mm	分度圆直径 d/mm	齿顶圆直径 d_a/mm	齿根圆直径 d_f/mm
齿轮3	30	2	20°	146	13.4427°	65	61.6901	65.6901	56.6901
齿轮4	112					60	230.3098	234.3098	225.3098

3. 确定许用应力

1）由图 10-23c 按齿面硬度查取小齿轮弯曲疲劳极限 $\sigma_{Flim3}=560\text{MPa}$，大齿轮弯曲疲劳极限 $\sigma_{Flim4}=400\text{MPa}$；由图 10-25c 按齿面硬度查取小齿轮接触疲劳极限 $\sigma_{Hlim3}=650\text{MPa}$，大齿轮接触疲劳极限 $\sigma_{Hlim4}=550\text{MPa}$。

2）由式（10-18）计算应力循环次数。

$$N_3 = 60 n_{\rm II}\, j L_{jh} = 60\times492.1563\times1\times72000 = 2.1261\times10^9$$

$$N_4 = \frac{z_3}{z_4}N_3 = \frac{30}{112}\times2.1261\times10^9 = 5.6949\times10^8$$

3）由图 10-24 图查取弯曲疲劳寿命系数 $K_{FN3}=0.90$，$K_{FN4}=0.92$；由图 10-26 查取接触疲劳寿命系数 $K_{HN3}=0.93$，$K_{HN4}=0.97$。

4）取弯曲疲劳强度安全系数 $S_F=1.3$，接触疲劳强度安全系数 $S_H=1$。

5）计算许用应力。由式（10-19）和式（10-20）得

$$[\sigma_{F3}] = \frac{K_{FN3}\sigma_{Flim3}}{S_F} = \frac{0.90\times560}{1.3}\text{MPa} = 388\text{MPa}$$

$$[\sigma_{F4}] = \frac{K_{FN4}\sigma_{Flim4}}{S_F} = \frac{0.92\times400}{1.3}\text{MPa} = 283\text{MPa}$$

$$[\sigma_{H3}] = \frac{K_{HN3}\sigma_{Hlim3}}{S_H} = \frac{0.93\times650}{1}\text{MPa} = 605\text{MPa}$$

$$[\sigma_{H4}] = \frac{K_{HN4}\sigma_{Hlim4}}{S_H} = \frac{0.97\times550}{1}\text{MPa} = 534\text{MPa}$$

4. 齿面接触疲劳强度校核计算

（1）由校核计算式（10-26）

$$\sigma_H = \sqrt{\frac{2KT_3}{bd_3^2}\frac{u+1}{u}}\, Z_H Z_E Z_\varepsilon Z_\beta$$

（2）确定校核式中的各计算值

1）小齿轮传递的转矩 T_3：由附表 1-3，$T_3=T_{\rm II}=73005\text{N}\cdot\text{mm}$（忽略轴承效率）。

2）材料的弹性影响系数 Z_E：由表 10-6 查取 $Z_E=189.8\sqrt{\text{MPa}}$。

3）节点区域系数 Z_H：由图 10-20 查取 $Z_H=2.42$。

4）接触疲劳强度重合度系数 Z_ε：按式（10-25）计算端面啮合角（压力角）为

$$\alpha_t' = \alpha_t = \arctan\frac{\tan\alpha_n}{\cos\beta} = \arctan\frac{\tan20°}{\cos13.4427°} = 20.5170°$$

齿顶圆压力角为

$$\alpha_{at3} = \arccos\frac{m_t z_3\cos\alpha_t}{m_t z_3 + 2h_{at}^* m_t} = \arccos\frac{30\times\cos20.5170°}{30+2\times1\times\cos13.4427°} = 28.4132°$$

$$\alpha_{at4} = \arccos\frac{m_t z_4\cos\alpha_t}{m_t z_4 + 2h_{at}^* m_t} = \arccos\frac{112\times\cos20.5170°}{112+2\times1\times\cos13.4427°} = 22.9890°$$

端面重合度为

主要结果栏：

$\sigma_{Flim3}=560\text{MPa}$

$\sigma_{Flim4}=400\text{MPa}$

$\sigma_{Hlim3}=650\text{MPa}$

$\sigma_{Hlim4}=550\text{MPa}$

$N_3=2.1261\times10^9$

$N_4=5.6949\times10^8$

$[\sigma_{F3}]=388\text{MPa}$

$[\sigma_{F4}]=283\text{MPa}$

$[\sigma_{H3}]=605\text{MPa}$

$[\sigma_{H4}]=534\text{MPa}$

$T_3=T_{\rm II}=73005\text{N}\cdot\text{mm}$

$Z_E=189.8\sqrt{\text{MPa}}$

$Z_H=2.42$

（续）

设计计算与说明	主要结果

$$\varepsilon_\alpha = \frac{1}{2\pi}\left[z_3(\tan\alpha_{at3}-\tan\alpha_t')+z_4(\tan\alpha_{at4}-\tan\alpha_t')\right]$$

$$= \frac{1}{2\pi}\left[30\times(\tan28.4132°-\tan20.5170°)+112\times(\tan22.9890°-\tan20.5170°)\right]$$

$$= 1.688$$

轴向重合度为

$$\varepsilon_\beta = \frac{b\sin\beta}{\pi m_n} = \frac{60\times\sin13.4427°}{2\pi} = 2.22 > 1$$

由于 $\varepsilon_\beta > 1$，按 $\varepsilon_\beta = 1$ 计算

$$Z_\varepsilon = \sqrt{\frac{1}{\varepsilon_\alpha}} = \sqrt{\frac{1}{1.688}} = 0.7697$$

| | $Z_\varepsilon = 0.7697$ |

5）螺旋角影响系数 Z_β。按式（10-27）计算得

$$Z_\beta = \sqrt{\cos\beta} = \sqrt{\cos13.4427°} = 0.9862$$

| | $Z_\beta = 0.9862$ |

6）许用接触应力。许用应力 $[\sigma_H] = \min\{[\sigma_{H3}],[\sigma_{H4}]\} = [\sigma_{H4}] = 534\text{MPa}$

| | $[\sigma_H] = 534\text{MPa}$ |

7）载荷系数 K。由表10-4，工作机载荷为中等冲击，查得使用系数 $K_A = 1.5$。

| | $K_A = 1.5$ |

根据速度 $v = 1.5897\text{m/s}$，9级精度，由图10-11查得动载荷系数 $K_v = 1.15$。

| | $K_v = 1.15$ |

根据斜齿轮软齿面，9级精度，$\frac{2K_A T_3}{bd_3} = \frac{2\times1.5\times73005}{60\times61.6901} = 59.17 < 100$，由表10-5查得齿间

载荷分配系数 $K_\alpha = 1.4$。

| | $K_\alpha = 1.4$ |

根据 $\frac{b}{d_3} = \frac{60}{61.6901} = 0.9726$，软齿面，两支承相对于齿轮非对称布置，由图10-14a查得

齿向载荷分布系数 $K_\beta = 1.085$。

| | $K_\beta = 1.085$ |

故载荷系数

$$K = K_A K_v K_\alpha K_\beta = 1.5\times1.15\times1.4\times1.085 = 2.6203$$

（3）校核齿面接触疲劳强度

| | $K = 2.6203$ |

$$\sigma_H = \sqrt{\frac{2KT_3}{bd_3^2}\cdot\frac{u+1}{u}}Z_H Z_E Z_\varepsilon Z_\beta$$

$$= \sqrt{\frac{2\times2.6203\times73005}{60\times61.6901^2}\times\frac{3.7333+1}{3.7333}}\times2.42\times189.8\times0.7697\times0.9862\text{MPa}$$

$$= 508.1704\text{MPa} < [\sigma_H] = 534\text{MPa}$$

| | $\sigma_H < [\sigma_H]$ 齿面接触疲劳强度满足要求 |

齿面接触疲劳强度满足要求。

5. 齿根弯曲疲劳强度校核计算

（1）由校核计算式（10-21）

$$\sigma_F = \frac{2KT_3}{bm_n d_3}Y_{Fa}Y_{Sa}Y_\varepsilon Y_\beta$$

（2）确定公式中的各计算值

1）K、T_3、d_1、m_n、d_3、b 同前述。

2）弯曲疲劳强度的重合度系数 Y_ε。按式（10-22）和式（10-23）计算基圆上的螺旋角

$$\beta_b = \arctan(\tan\beta\cos\alpha_t)$$

$$= \arctan[\tan13.4427°\times\cos(20.5170°)]$$

$$= 12.6182°$$

当量齿轮的重合度

$$\varepsilon_{\alpha v} = \frac{\varepsilon_\alpha}{\cos^2\beta_b} = \frac{1.688}{\cos^2 12.6182°} = 1.773$$

则重合度系数

$$Y_\varepsilon = 0.25 + \frac{0.75}{\varepsilon_{\alpha v}} = 0.25 + \frac{0.75}{1.773} = 0.673$$

| | $Y_\varepsilon = 0.673$ |

（续）

设计计算与说明	主要结果
3）螺旋角影响系数 Y_β。根据轴面重合度 $\varepsilon_\beta = 2.22$，由图 10-29 查取 $Y_\beta = 0.88$。	$Y_\beta = 0.88$

4）齿形系数 Y_{Fa}、应力修正系数 Y_{Sa}。计算当量齿数得

$$z_{v3} = \frac{z_3}{\cos^3\beta} = \frac{30}{\cos^3 13.4427°} = 32.61$$

$$z_{v4} = \frac{z_4}{\cos^3\beta} = \frac{112}{\cos^3 13.4427°} = 121.73$$

由图 10-17 查取齿形系数 $Y_{Fa3} = 2.48$，$Y_{Fa4} = 2.19$；由图 10-18 查取应力修正系数 $Y_{Sa3} = 1.63$，$Y_{Sa4} = 1.82$。计算并比较两齿轮的 $\dfrac{Y_{Fa}Y_{Sa}}{[\sigma_F]}$ 值

$$\frac{Y_{Fa3}Y_{Sa3}}{[\sigma_{F3}]} = \frac{2.48 \times 1.64}{388} = 0.010482 < \frac{Y_{Fa4}Y_{Sa4}}{[\sigma_{F4}]} = \frac{2.19 \times 1.82}{283} = 0.014084$$

$Y_{Fa3} = 2.48, Y_{Fa4} = 2.19$
$Y_{Sa3} = 1.63, Y_{Sa4} = 1.82$

大齿轮 4 的数值较大，弯曲疲劳强度较低，仅校核大齿轮 4 的强度即可。

（3）校核齿根弯曲疲劳强度

$$\sigma_{F4} = \frac{2KT_3}{bm_n d_3} Y_{Fa4} Y_{Sa4} Y_\varepsilon Y_\beta = \frac{2 \times 2.6203 \times 73005}{60 \times 2 \times 61.6901} \times 2.19 \times 1.82 \times 0.673 \times 0.88 \text{MPa}$$

$$= 121.997 \text{MPa} < [\sigma_{F4}] = 283 \text{MPa}$$

$\sigma_F < [\sigma_F]$
齿根弯曲疲劳强度满足要求

齿根弯曲疲劳强度满足要求。

六、减速器外传动零件的设计——链传动设计[1]

1. 链轮齿数

小链轮齿数 $z_5 = 19$，大链轮的齿数 $z_6 = 53$。

$z_5 = 19$
$z_6 = 53$

2. 计算当量单排链的计算功率 P_{ca}

链传动的输入功率为：$P = P_{III} \eta_{轴承} = 3.5395 \times 0.98 \text{kW} = 3.4687 \text{kW}$

由表 9-7 得：$K_A = 1.4$；由图 9-16 得：$K_z = 1.35$

选择单排链，取 $K_p = 1.0$，则当量单排链的计算功率 P_{ca} 为

$$P_{ca} = \frac{K_A K_Z}{K_p} P = \frac{1.4 \times 1.35}{1} \times 3.4687 \text{kW} = 6.5558 \text{kW}$$

$K_A = 1.4$
$K_z = 1.35$
$K_p = 1.0$
$P_{ca} = 6.5558 \text{kW}$

3. 确定链条型号和节距

根据计算功率 $P_{ca} = 6.5558 \text{kW}$ 和小链轮转速 $n_{III} = 131.8288 \text{r/min}$，由图 9-14 确定链条型号为 20A，然后由表 9-1 确定链条节距 $p = 31.75 \text{mm}$。

链条型号为 20A
$p = 31.75 \text{mm}$

4. 计算链节数 L_p、链条长度 L 和中心距 a

（1）初选中心距，确定链节数 一般中心距初选 $a_0 = (30 \sim 50)p$，因中心距没有限制，取 $a_0 = 40p$，则相应的链节数 L_{p0} 为

$$L_{p0} = \frac{2a_0}{p} + \frac{z_5 + z_6}{2} + \left(\frac{z_6 - z_5}{2\pi}\right)^2 \frac{p}{a_0} = \frac{2 \times 40p}{p} + \frac{19 + 53}{2} + \left(\frac{53 - 19}{2\pi}\right)^2 \frac{1}{40} = 116.73$$

链节数应尽量为偶数，故取链节数 $L_p = 116$。

$L_p = 116$

（2）链条长度 L

$$L = L_p p / 1000 = (116 \times 31.75/1000) \text{m} = 3.683 \text{m}$$

$L = 3.683 \text{m}$

（3）链传动的中心距

$$\frac{L_p - z_5}{z_6 - z_5} = \frac{116 - 19}{53 - 19} \text{m} = 2.8529 \text{m}$$

由表 9-8 查得中心距计算系数 $f_1 = 0.24768$，则链传动的最大中心距为

$$a = f_1 p[2L_p - (z_5 + z_6)] = 0.24768 \times 31.75 \times [2 \times 116 - (19 + 53)] \text{mm} = 1258 \text{mm}$$

为了便于链条的安装和保证链条与链轮齿能顺利地啮合，应使链条松边有一定的垂度，实际中心距应较计算中心距小 $2 \sim 5 \text{mm}$，故取 $a = 1254 \text{mm}$。

$a = 1254 \text{mm}$

（续）

设计计算与说明	主要结果

5. 计算链速 v，确定润滑方式

$$v = \frac{z_5 pn_{\text{III}}}{60 \times 1000} = \frac{19 \times 31.75 \times 131.8288}{60 \times 1000}\text{m/s} = 1.3254\text{m/s}$$

根据链速和链节距，按图 9-15 选择油浴润滑或油盘飞溅润滑方式。

6. 计算作用在轴上的压轴力 F_Q

有效圆周力为

$$F_e = 1000\frac{P}{v} = 1000 \times \frac{3.4687}{1.3254}\text{N} = 2617.10\text{N}$$

由式（9-21），水平布置，$K_{FP} = (1.15 \sim 2)K_A$，取 $K_{FP} = 1.15K_A$，则压轴力 F_Q 为

$$F_Q = K_{FP}K_A F_e = 1.15 \times 1.4 \times 2617.10\text{N} = 4213.53\text{N}$$

7. 链条标记

根据设计计算结果，采用单排、20A 滚子链，节距 $p = 31.75\text{mm}$，链节数 $L_p = 116$，其标记为：20A—1×116 GB/T 1243—2006。

8. 链轮结构尺寸设计（略）

链传动主要参数及尺寸列于附表 1-6 中。

主要结果栏：
$v = 1.3254\text{m/s}$

压轴力 $F_Q = 4213.53\text{N}$

链条标记
20A—1×116
GB/T 1243—2006

附表 1-6　链传动主要参数及尺寸

名称	结果	名称	结果	名称	结果
链型号	20A	传动比 i	2.7895	中心距 a/mm	1254
齿数 z_5	19	节距 p/mm	31.75	压轴力 F_Q/N	4213.53
齿数 z_6	53	排数	1	链节数 L_p	116

七、轴的设计计算和强度校核[1]

1. 选择轴的材料及确定许用应力

因减速器传递的功率不大，并对质量及结构尺寸无特殊要求，所以三根轴的材料为 45 钢，调质处理。由表 12-1 可知，45 钢的许用弯曲应力 $[\sigma_{-1}] = 60\text{MPa}$。

2. 初步估算轴的直径

（1）高速轴（Ⅰ轴）的最小直径

1）按转矩估算。此轴为转轴，按扭转强度估算轴的最小轴径。根据式（12-2），查表 12-3，取 $A_0 = 112$，得

$$d'_{\text{I min}} \geqslant A_0\sqrt[3]{\frac{P_{\text{I}}}{n_{\text{I}}}} = 112\sqrt[3]{\frac{4.0411}{1440}}\text{mm} = 15.80\text{mm}$$

由于高速轴最小直径处安装联轴器，该轴段截面上至少有一个键槽，故将此轴直径加大 5%~7%，则有

$$d_{\text{I min}} = d'_{\text{I min}}(1 + 7\%) = 15.80 \times (1 + 7\%)\text{mm} = 16.906\text{mm}$$

2）联轴器的选择。由于联轴器在高速轴上，转速较高，且电动机与减速器不在同一基础上，其两轴线位置必有相对偏差，因而选用有弹性元件的挠性联轴器。

转矩和转速：由附表 1-3 得，$T_{\text{I}} = 26800\text{N} \cdot \text{mm}$，$n_{\text{I}} = 1440\text{r/min}$。

由表 15-2 查得 $K_A = 1.5$，则计算转矩为

$$T_{ca} = K_A T_{\text{I}} = 1.5 \times 26800\text{N} \cdot \text{mm} = 40200\text{N} \cdot \text{mm}$$

查本书表 16-5，选择 LM4 梅花形挠性联轴器，其公称转矩 $T_n = 140\text{N} \cdot \text{mm}$，$[n] = 9000\text{r/min}$，$d = 22 \sim 40\text{mm}$。

3）确定高速轴外伸端的最小直径。电动机轴直径 $D = 38\text{mm}$，则选择 $d_{\text{I min}} = 22\text{mm}$。

联轴器标记为：

LM4 型联轴器 $\dfrac{\text{YA}38\times82}{\text{YA}22\times52}\text{MT4-a}$　GB/T 5272—2002

（2）中间轴（Ⅱ轴）的最小直径　此轴也为转轴，按扭转强度估算轴的最小轴径。根据式（12-2），查表 12-3，取 $A_0 = 112$，得

主要结果栏：
轴的材料为 45 钢
$[\sigma_{-1}] = 60\text{MPa}$

$d_{\text{I min}} = 22\text{mm}$

联轴器型号
LM4 梅花形挠性联轴器

设计计算与说明	主要结果

$$d'_{\text{II min}} \geq A_0 \sqrt[3]{\frac{P_{\text{II}}}{n_{\text{II}}}} = 112 \times \sqrt[3]{\frac{3.7623}{492.1563}}\,\text{mm} = 22.06\,\text{mm}$$

由于中间轴最小直径处安装轴承（不受转矩），并类比 I 轴的直径，取中间轴最小直径为

$$d_{\text{II min}} = 35\,\text{mm}$$

（3）低速轴（III轴）的最小直径　同理，根据式（12-2），查表 12-3，取 $A_0 = 112$，得

$$d'_{\text{III min}} \geq A_0 \sqrt[3]{\frac{P_{\text{III}}}{n_{\text{III}}}} = 112 \times \sqrt[3]{\frac{3.5396}{131.8288}}\,\text{mm} = 33.54\,\text{mm}$$

由于低速轴最小直径处安装链轮，该轴段截面上至少有一个键槽，故将此轴直径加大 5%~7%，则有

$$d_{\text{III min}} = d'_{\text{III min}}(1+7\%) = 33.54 \times (1+7\%)\,\text{mm} = 35.8878\,\text{mm}$$

取标准尺寸，故取低速轴最小直径为

$$d_{\text{III min}} = 36\,\text{mm}$$

3. 作用在齿轮上的力（忽略齿轮的啮合效率）
（1）锥齿轮 1、2 的受力分析　由式（10-4）可得

$$F_{t1} = F_{t2} = \frac{2T_{\text{I}}}{d_{m1}} = \frac{2 \times 26800}{57.1510}\,\text{N} = 937.87\,\text{N}$$

$$F_{r1} = F_{a2} = F_{t1} \tan\alpha \times \cos\delta_1 = (937.87 \times \tan20° \times \cos18.8690°)\,\text{N} = 323.01\,\text{N}$$

$$F_{a1} = F_{r2} = F_{t1} \tan\alpha \times \sin\delta_1 = (937.87 \times \tan20° \times \sin18.8690°)\,\text{N} = 110.40\,\text{N}$$

（2）圆柱齿轮 3、4 的受力分析　由式（10-3）可得

$$F_{t3} = F_{t4} = \frac{2T_{\text{II}}}{d_3} = \frac{2 \times 73005}{61.6901}\,\text{N} = 2366.83\,\text{N}$$

$$F_{r3} = F_{r4} = F_{t3} \tan\alpha_t = (2366.76 \times \tan20.5170°)\,\text{N} = 885.72\,\text{N}$$

$$F_{a3} = F_{a4} = F_{t3} \tan\beta = (2366.83 \times \tan13.4427°)\,\text{N} = 565.72\,\text{N}$$

减速器中各轴的受力分析如附图 1-2 所示。

	主要结果
	$d_{\text{II min}} = 35\,\text{mm}$
	$d_{\text{III min}} = 36\,\text{mm}$
	$F_{t1} = F_{t2} = 937.87\,\text{N}$
	$F_{r1} = F_{a2} = 323.01\,\text{N}$
	$F_{a1} = F_{r2} = 110.40\,\text{N}$
	$F_{t3} = F_{t4} = 2366.83\,\text{N}$
	$F_{r3} = F_{r4} = 885.72\,\text{N}$
	$F_{a3} = F_{a4} = 565.72\,\text{N}$

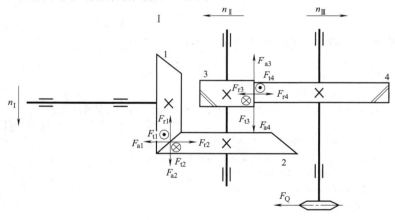

附图 1-2　减速器轴系受力分析

4. 轴的结构设计、强度校核计算
（1）高速轴（I 轴）

1）结构设计。根据轴的最小直径 $d_{\text{I min}} = 22\,\text{mm}$，考虑轴上零件的定位和安装、轴上零件的结构尺寸及密封件的尺寸等，初选轴承型号为 32006，内径 $d = 30\,\text{mm}$，外径 $D = 55\,\text{mm}$，宽度 $B = 17\,\text{mm}$，设计轴的各段直径和长度，确定高速轴（I 轴）的尺寸如附图 1-3 所示。

2）按弯扭合成校核轴的强度。

① 轴的强度计算力学模型如附图 1-4 所示，取集中载荷作用于齿轮齿宽中点，滚动轴承的受力点位置按照 $a = 13.3\,\text{mm}$ 确定，则有 $l_{AB} = 85\,\text{mm}$，$l_{BC} = 92\,\text{mm}$，$l_{CD} = 60\,\text{mm}$。

	主要结果
	$l_{AB} = 85\,\text{mm}$
	$l_{BC} = 92\,\text{mm}$
	$l_{CD} = 60\,\text{mm}$

（续）

设计计算与说明	主要结果

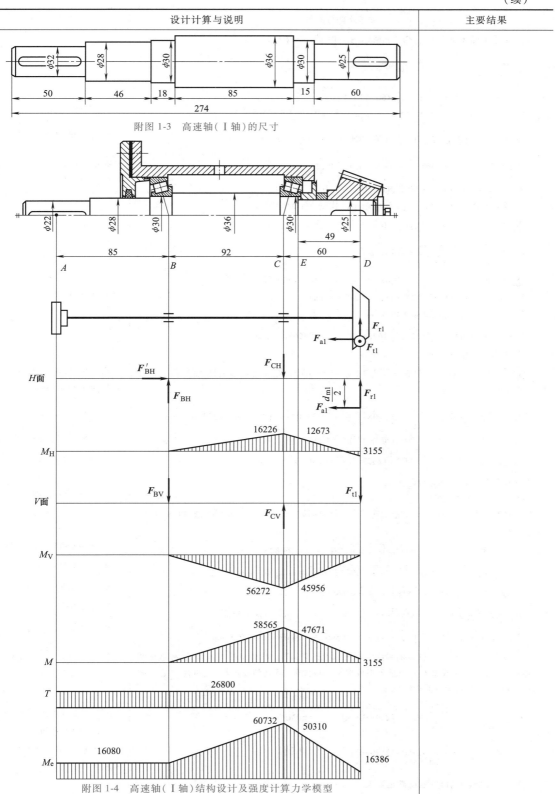

附图 1-3　高速轴（Ⅰ轴）的尺寸

附图 1-4　高速轴（Ⅰ轴）结构设计及强度计算力学模型

设计计算与说明	主要结果

② 求水平面支反力 F_{BH}、F_{CH} 和弯矩 M_H，作水平面弯矩 M_H 图。

$$\sum M_C = 0 \quad 则 \quad F_{r1}l_{CD} - F_{BH}l_{BC} - F_{a1}\frac{d_{m1}}{2} = 0$$

$$F_{BH} = \frac{F_{r1}l_{CD} - F_{a1}\frac{d_{m1}}{2}}{l_{BC}} = \frac{323.01 \times 60 - 110.40 \times \frac{57.1510}{2}}{92}N = 176.37N$$

$$\sum F_y = 0 \quad 则 \quad F_{CH} = F_{BH} + F_{r1} = 176.37N + 323.01N = 499.38N$$

$$M_{DH} = F_{a1}\frac{d_{m1}}{2} = 110.40 \times \frac{57.1510}{2}N \cdot mm = 3155N \cdot mm$$

$$M_{CH} = F_{BH}l_{BC} = 176.37 \times 92N \cdot mm = 16226N \cdot mm$$

③ 求垂直面支反力 F_{BV}、F_{CV} 和弯矩 M_V，作垂直面弯矩 M_V 图。

$$\sum M_C = 0 \quad 则 \quad F_{t1}l_{CD} - F_{BV}l_{BC} = 0$$

$$F_{BV} = \frac{F_{t1}l_{CD}}{l_{BC}} = \frac{937.87 \times 60}{92}N = 611.65N$$

$$\sum F_y = 0 \quad 则 \quad F_{CV} = F_{BV} + F_{t1} = 611.65N + 937.87N = 1549.52N$$

$$M_{CV} = F_{BV}l_{BC} = 611.65 \times 92N \cdot mm = 56272N \cdot mm$$

④ 计算合成弯矩，作合成弯矩 M 图。

$$M_C = \sqrt{M_{CV}^2 + M_{CH}^2} = \sqrt{56272^2 + 16226^2}N \cdot mm = 58565N \cdot mm$$

$$M_D = M_{DH} = 3155N \cdot mm$$

除上述截面外，再取 E 截面进行计算（$l_{DE} = 49mm$），该截面弯矩不是最大的，但其直径较 C 截面小。

$$M_{EH} = -F_{a1}\frac{d_{m1}}{2} + F_{r1}l_{DE} = \left(-110.40 \times \frac{57.1510}{2} + 323.01 \times 49\right)N \cdot mm = 12673N \cdot mm$$

$$M_{EV} = F_{t1}l_{DE} = 937.87 \times 49N \cdot mm = 45956N \cdot mm$$

$$M_E = \sqrt{M_{EV}^2 + M_{EH}^2} = \sqrt{45956^2 + 12673^2}N \cdot mm = 47671N \cdot mm$$

⑤ 计算转矩，作转矩 T 图。

$$T = T_1 = 26800N \cdot mm$$

⑥ 计算当量弯矩 M_e，作当量弯矩图。轴单向回转，转矩按脉动循环处理，取 $\alpha = 0.6$，则各截面当量弯矩为

$$M_{Ae} = \sqrt{M_A^2 + (\alpha T)^2} = \sqrt{0 + (0.6 \times 26800)^2}N \cdot mm = 16080N \cdot mm$$

$$M_{Be} = \sqrt{M_B^2 + (\alpha T)^2} = \sqrt{0 + (0.6 \times 26800)^2}N \cdot mm = 16080N \cdot mm$$

$$M_{Ce} = \sqrt{M_C^2 + (\alpha T)^2} = \sqrt{58565^2 + (0.6 \times 26800)^2}N \cdot mm = 60732N \cdot mm$$

$$M_{De} = \sqrt{M_D^2 + (\alpha T)^2} = \sqrt{3155^2 + (0.6 \times 26800)^2}N \cdot mm = 16387N \cdot mm$$

$$M_{Ee} = \sqrt{M_E^2 + (\alpha T)^2} = \sqrt{47671^2 + (0.6 \times 26800)^2}N \cdot mm = 50310N \cdot mm$$

⑦ 按弯扭合成应力校核轴的强度。综合以上计算，截面 C 的当量弯矩最大，故截面 C 为可能危险截面。而截面 E 的当量弯矩虽然不是最大的，但其轴径较小，也可能为危险截面，所以取 C 和 E 两个截面进行校核。

$$\sigma_{-1C} = \frac{M_{Ce}}{0.1d_C^3} = \frac{60732}{0.1 \times 30^3}MPa = 22.49MPa < [\sigma_{-1}] = 60MPa$$

$$\sigma_{-1E} = \frac{M_{Ee}}{0.1d_E^3} = \frac{50310}{0.1 \times 25^3}MPa = 32.20MPa < [\sigma_{-1}] = 60MPa$$

所以高速轴（Ⅰ轴）的强度满足要求。

主要结果栏：

$F_{BH} = 176.37N$

$F_{CH} = 499.38N$

$M_{DH} = 3155N \cdot mm$

$M_{CH} = 16226N \cdot mm$

$F_{BV} = 611.65N$

$F_{CV} = 1549.52N$

$M_{CV} = 56272N \cdot mm$

$M_C = 58565N \cdot mm$

$M_D = 3155N \cdot mm$

$M_{EH} = 12673N \cdot mm$

$M_{EV} = 45956N \cdot mm$

$M_E = 47671N \cdot mm$

$T = 26800N \cdot mm$

$M_{Ae} = 16080N \cdot mm$

$M_{Be} = 16080N \cdot mm$

$M_{Ce} = 60732N \cdot mm$

$M_{De} = 16387N \cdot mm$

$M_{Ee} = 50310N \cdot mm$

$\sigma_{-1C} = 22.49MPa < [\sigma_{-1}]$

$\sigma_{-1E} = 32.20MPa < [\sigma_{-1}]$

高速轴（Ⅰ轴）的强度满足要求

（续）

设计计算与说明	主要结果

（2）中间轴（Ⅱ轴）

1）结构设计。根据轴的最小直径 $d_{\text{II min}}=35\text{mm}$，考虑轴上零件的定位和安装、轴上零件结构尺寸及密封件的尺寸等，初选轴承型号为 7207C，内径 $d=35\text{mm}$，外径 $D=72\text{mm}$，宽度 $B=17\text{mm}$，设计轴的各段直径和长度，确定中间轴（Ⅱ轴）的尺寸如附图 1-5 所示。

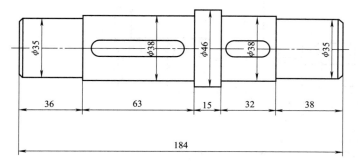

附图 1-5　中间轴（Ⅱ轴）尺寸

2）按弯扭合成校核轴的强度

① 轴的结构设计及强度计算力学模型如附图 1-6 所示，取集中载荷作用于齿轮齿宽中点，滚动轴承的受力点位置按照 $a=15.7\text{mm}$ 确定，则有 $l_{AB}=52\text{mm}$、$l_{BC}=54\text{mm}$、$l_{CD}=48\text{mm}$、$l_{AC}=106\text{mm}$、$l_{AD}=154\text{mm}$。

② 求水平面支反力 F_{AH}、F_{DH} 和弯矩 M_H，作水平面弯矩 M_H 图。

$$\sum M_A = 0 \quad 则 -F_{DH}l_{AD}-F_{r3}l_{AB}+F_{r2}l_{AC}+F_{a3}\frac{d_3}{2}+F_{a2}\frac{d_{m2}}{2}=0$$

$$F_{DH}=\frac{F_{a3}\dfrac{d_3}{2}+F_{a2}\dfrac{d_{m2}}{2}+F_{r2}l_{AC}-F_{r3}l_{AB}}{l_{AD}}$$

$$=\frac{565.71\times\dfrac{61.6901}{2}+323.01\times\dfrac{167.2197}{2}+110.40\times106-885.72\times52}{154}\text{N}$$

$$=65.59\text{N}$$

$$\sum F_y = 0 \quad 则 F_{AH}=F_{DH}+F_{r3}-F_{r2}=(65.59+885.72-110.40)\text{N}=840.91\text{N}$$

$$M_{BH左}=F_{AH}l_{AB}=840.91\times52\text{N}\cdot\text{mm}=43727\text{N}\cdot\text{mm}$$

$$M_{BH右}=M_{BH左}-F_{a3}\frac{d_3}{2}=\left(43727-565.71\times\frac{61.6901}{2}\right)\text{N}\cdot\text{mm}=26278\text{N}\cdot\text{mm}$$

$$M_{CH左}=M_{CH右}+F_{a2}\frac{d_{m2}}{2}=\left(-3148+323.01\times\frac{167.2197}{2}\right)\text{N}\cdot\text{mm}=23859\text{N}\cdot\text{mm}$$

$$M_{CH右}=-F_{DH}l_{CD}=-65.59\times48\text{N}\cdot\text{mm}=-3148\text{N}\cdot\text{mm}$$

③ 求垂直面支反力 F_{AV}、F_{DV} 和弯矩 M_V，作垂直面弯矩 M_V 图。

$$\sum M_A = 0 \quad 则 F_{DV}l_{AD}-F_{t3}l_{AB}-F_{t2}l_{AC}=0$$

$$F_{DV}=\frac{F_{t2}l_{AC}+F_{t3}l_{AB}}{l_{AD}}=\frac{937.87\times106+2366.83\times52}{154}\text{N}=1444.74\text{N}$$

$$\sum F_y = 0 \quad 则 F_{AV}=-F_{DV}+F_{t3}+F_{t2}=(-1444.74+2366.83+937.87)\text{N}=1859.96\text{N}$$

$$M_{BV}=F_{AV}l_{AB}=1859.96\times52\text{N}\cdot\text{mm}=96718\text{N}\cdot\text{mm}$$

$$M_{CV}=F_{DV}l_{CD}=1444.74\times48\text{N}\cdot\text{mm}=69348\text{N}\cdot\text{mm}$$

④ 计算合成弯矩，作合成弯矩 M 图。

主要结果栏：

$l_{AB}=52\text{mm}$

$l_{BC}=54\text{mm}$

$l_{CD}=48\text{mm}$

$l_{AC}=106\text{mm}$

$l_{AD}=154\text{mm}$

$F_{AH}=840.91\text{N}$

$F_{DH}=65.59\text{N}$

$M_{BH左}=43727\text{N}\cdot\text{mm}$

$M_{BH右}=26278\text{N}\cdot\text{mm}$

$M_{CH左}=23859\text{N}\cdot\text{mm}$

$M_{CH右}=-3148\text{N}\cdot\text{mm}$

$F_{AV}=1859.96\text{N}$

$F_{DV}=1444.74\text{N}$

$M_{BV}=96718\text{N}\cdot\text{mm}$

$M_{CV}=69348\text{N}\cdot\text{mm}$

（续）

设计计算与说明	主要结果

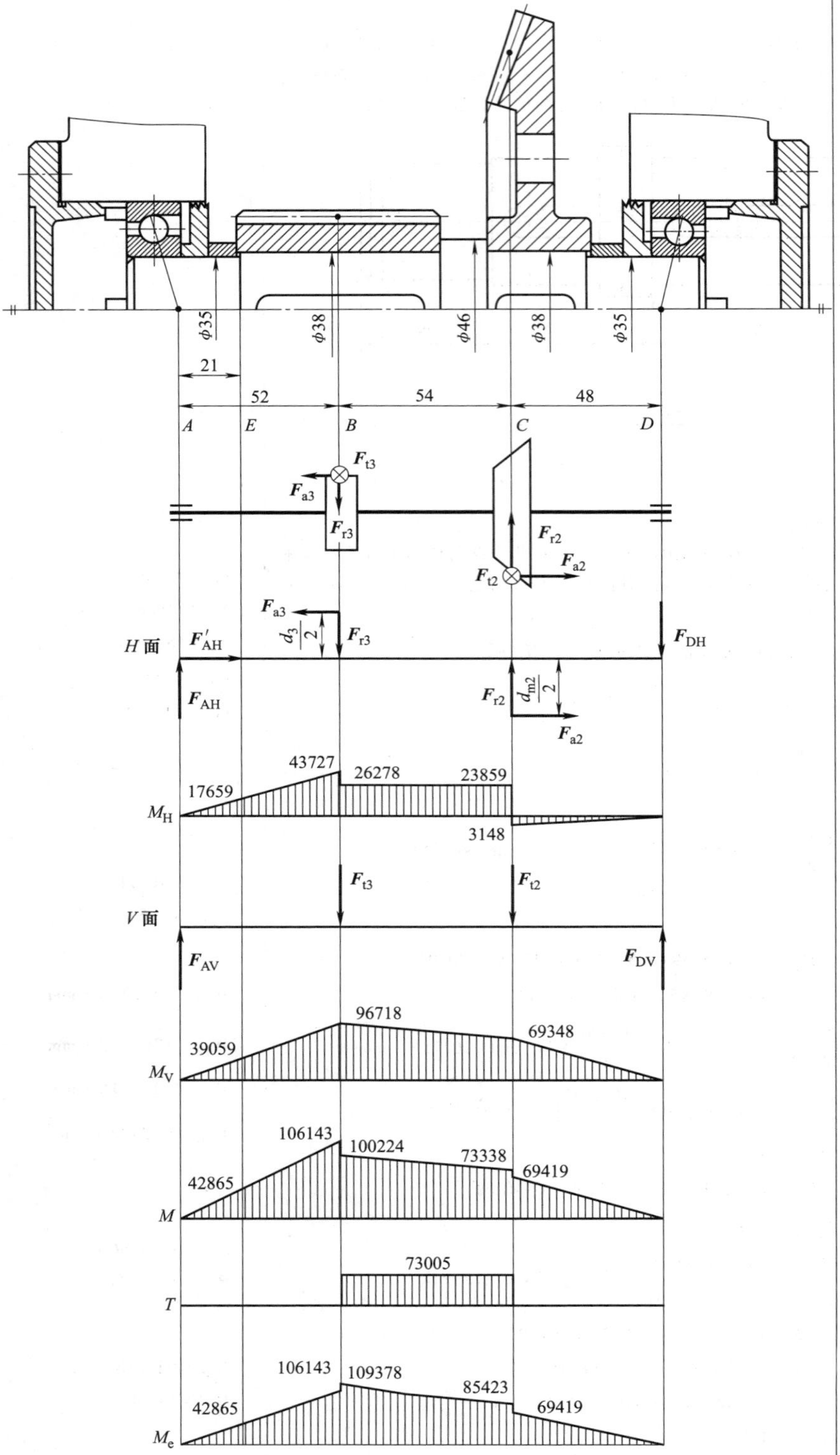

附图 1-6　中间轴（Ⅱ轴）结构设计及强度计算力学模型

（续）

设计计算与说明	主要结果
$M_{\text{B左}} = \sqrt{M_{\text{BV}}^2 + M_{\text{BH左}}^2} = \sqrt{96718^2 + 43727^2} \text{N} \cdot \text{mm} = 106143\text{N} \cdot \text{mm}$	$M_{\text{B左}} = 106143\text{N} \cdot \text{mm}$
$M_{\text{B右}} = \sqrt{M_{\text{BV}}^2 + M_{\text{BH右}}^2} = \sqrt{96718^2 + 26278^2} \text{N} \cdot \text{mm} = 100224\text{N} \cdot \text{mm}$	$M_{\text{B右}} = 100224\text{N} \cdot \text{mm}$
$M_{\text{C左}} = \sqrt{M_{\text{CV}}^2 + M_{\text{CH左}}^2} = \sqrt{69348^2 + 23859^2} \text{N} \cdot \text{mm} = 73338\text{N} \cdot \text{mm}$	$M_{\text{C左}} = 73338\text{N} \cdot \text{mm}$
$M_{\text{C右}} = \sqrt{M_{\text{CV}}^2 + M_{\text{CH右}}^2} = \sqrt{69348^2 + 3148^2} \text{N} \cdot \text{mm} = 69419\text{N} \cdot \text{mm}$	$M_{\text{C右}} = 69419\text{N} \cdot \text{mm}$

除上述截面外，再取 E 截面进行计算（$l_{\text{AE}} = 21\text{mm}$），因为虽然该截面弯矩不是最大的，但其直径较 B 截面小。

$$M_{\text{EH}} = F_{\text{AH}} l_{\text{AE}} = 840.91 \times 21 \text{N} \cdot \text{mm} = 17659\text{N} \cdot \text{mm}$$

$$M_{\text{EV}} = F_{\text{AV}} l_{\text{AE}} = 1859.96 \times 21 \text{N} \cdot \text{mm} = 39059\text{N} \cdot \text{mm}$$

$$M_{\text{E}} = \sqrt{M_{\text{EV}}^2 + M_{\text{EH}}^2} = \sqrt{17659^2 + 39059^2} \text{N} \cdot \text{mm} = 42865\text{N} \cdot \text{mm}$$

⑤ 计算转矩，作转矩 T 图。

$$T = T_{\text{II}} = 73005\text{N} \cdot \text{mm}$$

⑥ 计算当量弯矩 M_e，作当量弯矩图。轴单向回转，转矩按脉动循环处理，取 $\alpha = 0.6$。则各截面当量弯矩为

$$M_{\text{B左}e} = \sqrt{M_{\text{B左}}^2 + (\alpha T)^2} = \sqrt{106143^2 + (0.6 \times 0)^2} \text{N} \cdot \text{mm} = 106143\text{N} \cdot \text{mm}$$

$$M_{\text{B右}e} = \sqrt{M_{\text{B右}}^2 + (\alpha T)^2} = \sqrt{100224^2 + (0.6 \times 73005)^2} \text{N} \cdot \text{mm} = 109378\text{N} \cdot \text{mm}$$

$$M_{\text{C左}e} = \sqrt{M_{\text{C左}}^2 + (\alpha T)^2} = \sqrt{73338^2 + (0.6 \times 73005)^2} \text{N} \cdot \text{mm} = 85423\text{N} \cdot \text{mm}$$

$$M_{\text{C右}e} = \sqrt{M_{\text{C右}}^2 + (\alpha T)^2} = \sqrt{69419^2 + (0.6 \times 0)^2} \text{N} \cdot \text{mm} = 69419\text{N} \cdot \text{mm}$$

$$M_{\text{E}e} = \sqrt{M_{\text{E}}^2 + (\alpha T)^2} = \sqrt{42865^2 + (0.6 \times 0)^2} \text{N} \cdot \text{mm} = 42865\text{N} \cdot \text{mm}$$

⑦ 按弯扭合成应力校核轴的强度。综合以上计算，截面 B、C 的当量弯矩最大，由于直径相同，故截面 B 可能为危险截面。所以取 B、E 两个截面进行校核。

$$\sigma_{-1B} = \frac{M_{\text{B右}e}}{0.1 d_{\text{B}}^3} = \frac{109378}{0.1 \times 38^3} \text{MPa} = 19.93\text{MPa} < [\sigma_{-1}] = 60\text{MPa}$$

$$\sigma_{-1E} = \frac{M_{\text{E}e}}{0.1 d_{\text{E}}^3} = \frac{42865}{0.1 \times 35^3} \text{MPa} = 10.0\text{MPa} < [\sigma_{-1}] = 60\text{MPa}$$

所以中间轴（Ⅱ轴）的强度足够。

（3）低速轴（Ⅲ轴）

1）结构设计。根据轴的最小直径 $d_{\text{Ⅲ min}} = 36\text{mm}$，考虑轴上零件的定位和安装、轴上零件结构尺寸，初选轴承型号为 30209，内径 $d = 45\text{mm}$，外径 $D = 85\text{mm}$，宽度 $B = 19\text{mm}$，设计轴的各段直径和长度，确定低速轴（Ⅲ轴）的尺寸如附图 1-7 所示。

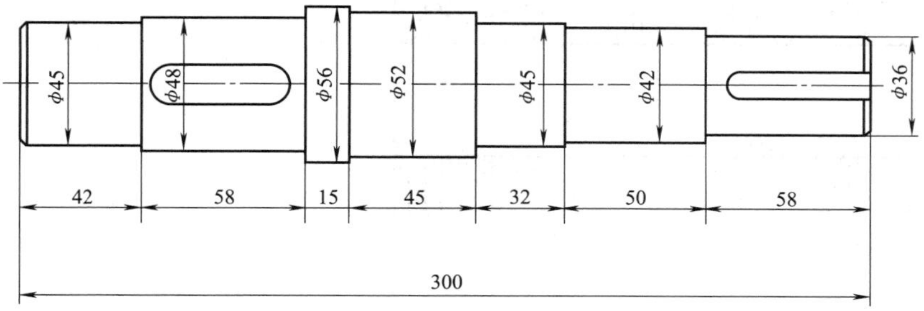

主要结果栏：

$M_{\text{B左}} = 106143\text{N} \cdot \text{mm}$

$M_{\text{B右}} = 100224\text{N} \cdot \text{mm}$

$M_{\text{C左}} = 73338\text{N} \cdot \text{mm}$

$M_{\text{C右}} = 69419\text{N} \cdot \text{mm}$

$M_{\text{EH}} = 17659\text{N} \cdot \text{mm}$

$M_{\text{EV}} = 39059\text{N} \cdot \text{mm}$

$M_{\text{E}} = 42865\text{N} \cdot \text{mm}$

$T = 73005\text{N} \cdot \text{mm}$

$M_{\text{B左}e} = 106143\text{N} \cdot \text{mm}$

$M_{\text{B右}e} = 109378\text{N} \cdot \text{mm}$

$M_{\text{C左}e} = 85423\text{N} \cdot \text{mm}$

$M_{\text{C右}e} = 69419\text{N} \cdot \text{mm}$

$M_{\text{E}e} = 42865\text{N} \cdot \text{mm}$

$\sigma_{-1B} = 19.93\text{MPa} < [\sigma_{-1}]$

$\sigma_{-1E} = 10.0\text{MPa} < [\sigma_{-1}]$

中间轴（Ⅱ轴）的强度满足要求

附图 1-7　低速轴（Ⅲ轴）尺寸

图中标注：$\phi 45$　$\phi 48$　$\phi 56$　$\phi 52$　$\phi 45$　$\phi 42$　$\phi 36$

尺寸标注：42　58　15　45　32　50　58　300

2）按弯扭合成校核轴的强度。

① 轴的强度计算力学模型如附图 1-8 所示。取集中载荷作用于齿轮齿宽中点，滚动轴承的受力点位置按照 $a = 18.6\text{mm}$ 确定，则有 $l_{\text{AB}} = 52\text{mm}$，$l_{\text{BC}} = 104\text{mm}$，$l_{\text{CD}} = 98\text{mm}$，$l_{\text{AC}} = 156\text{mm}$，$l_{\text{AD}} = 254\text{mm}$。

$l_{\text{AB}} = 52\text{mm}$

$l_{\text{BC}} = 104\text{mm}$

设计计算与说明	主要结果

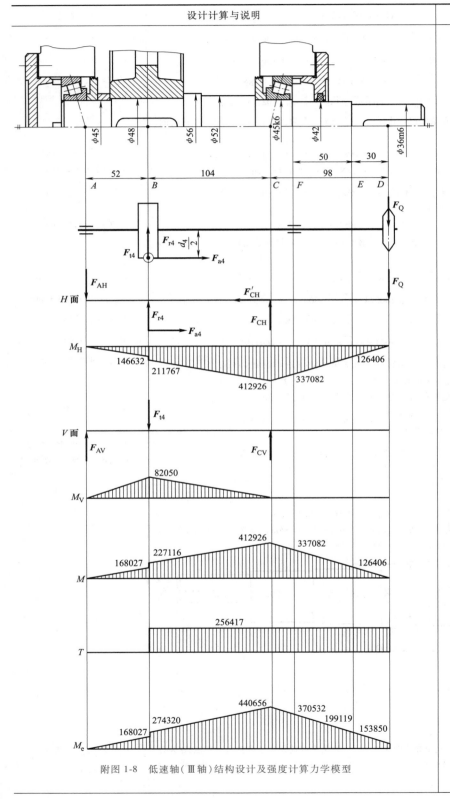

附图 1-8　低速轴（Ⅲ轴）结构设计及强度计算力学模型

设计计算与说明	主要结果
② 求水平面支反力 F_{AH}、F_{CH} 和弯矩 M_H，作水平面弯矩 M_H 图。 $\sum M_A = 0$　则 $F_{CH}l_{AC} + F_{r4}l_{AB} + F_{a4}\dfrac{d_4}{2} - F_Q l_{AD} = 0$ $F_{CH} = \dfrac{F_Q l_{AD} - F_{r4}l_{AB} - F_{a4}\dfrac{d_4}{2}}{l_{AC}} = \dfrac{4213.53 \times 254 - 885.72 \times 52 - 565.72 \times \dfrac{230.3098}{2}}{156} \text{N}$ $\quad = 6147.65\text{N}$ $\sum F_y = 0$　则 $F_{AH} = F_{r4} - F_Q + F_{CH} = (885.72 - 4213.53 + 6147.65)\text{N} = 2819.84\text{N}$ $\qquad M_{BH左} = -F_{AH}l_{AB} = -2819.84 \times 52\text{N} \cdot \text{mm} = -146632\text{N} \cdot \text{mm}$ $\quad M_{BH右} = M_{BH左} - F_{a4}\dfrac{d_4}{2} = \left(-146632 - 565.72 \times \dfrac{230.3098}{2}\right)\text{N} \cdot \text{mm}$ $\qquad = -211777\text{N} \cdot \text{mm}$ $\qquad M_{CH} = -F_Q l_{CD} = -4213.53 \times 98\text{N} \cdot \text{mm} = -412926\text{N} \cdot \text{mm}$ ③ 求垂直面支反力 F_{AV}、F_{CV} 和弯矩 M_V，作垂直面弯矩 M_V 图。 $\sum M_A = 0$　则 $F_{CV}l_{AC} - F_{t4}l_{AB} = 0$ $\qquad F_{CV} = \dfrac{F_{t4}l_{AB}}{l_{AC}} = \dfrac{2366.83 \times 52}{156}\text{N} = 788.95\text{N}$ $\sum F_y = 0$　则 $F_{AV} = F_{t4} - F_{CV} = (2366.83 - 788.95)\text{N} = 1577.88\text{N}$ $\qquad M_{BV} = F_{AV}l_{AB} = 1577.88 \times 52\text{N} \cdot \text{mm} = 82050\text{N} \cdot \text{mm}$ ④ 计算合成弯矩，作合成弯矩 M 图。 $\qquad M_{B左} = \sqrt{M_{BV}^2 + M_{BH左}^2} = \sqrt{82050^2 + 146632^2}\text{N} \cdot \text{mm} = 168027\text{N} \cdot \text{mm}$ $\qquad M_{B右} = \sqrt{M_{BV}^2 + M_{BH右}^2} = \sqrt{82050^2 + 211777^2}\text{N} \cdot \text{mm} = 227116\text{N} \cdot \text{mm}$ $\qquad M_C = \sqrt{M_{CV}^2 + M_{CH}^2} = \sqrt{0 + 412926^2}\text{N} \cdot \text{mm} = 412926\text{N} \cdot \text{mm}$ 除 B、C 截面外，再取 $E(l_{DE} = 30\text{mm})$、$F(l_{EF} = 50\text{mm})$ 截面进行计算，这两个截面虽然弯矩不是最大的，但直径较小。 $\qquad M_{EH} = -F_Q l_{DE} = -4213.53 \times 30\text{N} \cdot \text{mm} = -126406\text{N} \cdot \text{mm}$ $\qquad M_E = \sqrt{M_{EV}^2 + M_{EH}^2} = \sqrt{0^2 + 126406^2}\text{N} \cdot \text{mm} = 126406\text{N} \cdot \text{mm}$ $\qquad M_{FH} = -F_Q l_{DF} = -4213.53 \times 80\text{N} \cdot \text{mm} = -337082\text{N} \cdot \text{mm}$ $\qquad M_F = \sqrt{M_{FV}^2 + M_{FH}^2} = \sqrt{0^2 + 337082^2} = 337082\text{N} \cdot \text{mm}$ ⑤ 计算转矩，作转矩 T 图。 $\qquad\qquad T = T_{\text{III}} = 256417\text{N} \cdot \text{mm}$ ⑥ 计算当量弯矩 M_e，作当量弯矩图。轴单向回转，转矩按脉动循环处理，取 $\alpha = 0.6$。各截面当量弯矩为 $\qquad M_{B左e} = \sqrt{M_{B左}^2 + (\alpha T)^2} = \sqrt{168027^2 + (0.6 \times 0)^2}\text{N} \cdot \text{mm} = 168027\text{N} \cdot \text{mm}$ $\qquad M_{B右e} = \sqrt{M_{B右}^2 + (\alpha T)^2} = \sqrt{227116^2 + (0.6 \times 256417)^2}\text{N} \cdot \text{mm} = 274320\text{N} \cdot \text{mm}$ $\qquad M_{Ce} = \sqrt{M_C^2 + (\alpha T)^2} = \sqrt{412926^2 + (0.6 \times 256417)^2}\text{N} \cdot \text{mm} = 440656\text{N} \cdot \text{mm}$ $\qquad M_{De} = \sqrt{M_D^2 + (\alpha T)^2} = \sqrt{0^2 + (0.6 \times 256417)^2}\text{N} \cdot \text{mm} = 153850\text{N} \cdot \text{mm}$ $\qquad M_{Ee} = \sqrt{M_E^2 + (\alpha T)^2} = \sqrt{126406^2 + (0.6 \times 256417)^2}\text{N} \cdot \text{mm} = 199119\text{N} \cdot \text{mm}$ $\qquad M_{Fe} = \sqrt{M_F^2 + (\alpha T)^2} = \sqrt{337082^2 + (0.6 \times 256417)^2}\text{N} \cdot \text{mm} = 370532\text{N} \cdot \text{mm}$ ⑦ 按弯扭合成应力核轴的强度。综合以上计算，截面 B、C、E、F 的当量弯矩较大，故截面 B、C、E、F 可能为危险截面。所以取 B、C、E、F 四个截面进行校核。	$l_{CD} = 98\text{mm}$ $l_{AC} = 156\text{mm}$ $l_{AD} = 254\text{mm}$ $F_{AH} = 2819.84\text{N}$ $F_{CH} = 6147.65\text{N}$ $M_{BH左} = -146632\text{N} \cdot \text{mm}$ $M_{BH右} = -211777\text{N} \cdot \text{mm}$ $M_{CH} = -412926\text{N} \cdot \text{mm}$ $F_{AV} = 1577.88\text{N}$ $F_{CV} = 788.95\text{N}$ $M_{BV} = 82050\text{N} \cdot \text{mm}$ $M_{B左} = 168027\text{N} \cdot \text{mm}$ $M_{B右} = 227116\text{N} \cdot \text{mm}$ $M_C = 412926\text{N} \cdot \text{mm}$ $M_{EH} = -126406\text{N} \cdot \text{mm}$ $M_{FH} = -337082\text{N} \cdot \text{mm}$ $M_E = 126406\text{N} \cdot \text{mm}$ $M_F = 337082\text{N} \cdot \text{mm}$ $T = 256417\text{N} \cdot \text{mm}$ $M_{B左e} = 168027\text{N} \cdot \text{mm}$ $M_{B右e} = 274320\text{N} \cdot \text{mm}$ $M_{Ce} = 440656\text{N} \cdot \text{mm}$ $M_{De} = 153850\text{N} \cdot \text{mm}$ $M_{Ee} = 199119\text{N} \cdot \text{mm}$ $M_{Fe} = 370532\text{N} \cdot \text{mm}$

（续）

设计计算与说明	主要结果
$\sigma_{-1B} = \dfrac{M_{B右e}}{0.1d_{B}^{3}} = \dfrac{274320}{0.1\times48^{3}}MPa = 24.80MPa < [\sigma_{-1}] = 60MPa$	$\sigma_{-1B} = 24.80MPa < [\sigma_{-1}]$
$\sigma_{-1C} = \dfrac{M_{Ce}}{0.1d_{C}^{3}} = \dfrac{440656}{0.1\times45^{3}}MPa = 48.36MPa < [\sigma_{-1}] = 60MPa$	$\sigma_{-1C} = 48.36MPa < [\sigma_{-1}]$
$\sigma_{-1E} = \dfrac{M_{Ee}}{0.1d_{E}^{3}} = \dfrac{199119}{0.1\times36^{3}}MPa = 42.68MPa < [\sigma_{-1}] = 60MPa$	$\sigma_{-1E} = 42.68MPa < [\sigma_{-1}]$
$\sigma_{-1F} = \dfrac{M_{Fe}}{0.1d_{F}^{3}} = \dfrac{370532}{0.1\times42^{3}}MPa = 50.01MPa < [\sigma_{-1}] = 60MPa$	$\sigma_{-1F} = 50.01MPa < [\sigma_{-1}]$ 低速轴（Ⅲ轴）的强度满足要求

所以低速轴（Ⅲ轴）的强度足够。

3）按安全系数校核轴的疲劳强度。

① 判断危险截面。从受载荷情况考虑，截面 C、E、F 的应力较大。从应力集中对轴的疲劳强度的影响考虑，截面 C、E、F 处过盈配合引起的应力集中较严重，故确定截面 C、E、F 为危险截面。

② 截面 C。轴的材料为 45 钢，调质处理，由表 12-1 查得 $\sigma_{b} = 650MPa$，$\sigma_{-1} = 270MPa$，$\tau_{-1} = 155MPa$。则弯曲应力为

$$\sigma_{BC} = \frac{M_{C}}{W_{C}} = \frac{412926}{0.1\times45^{3}}MPa = 45.31MPa$$

弯曲应力为对称循环，其应力幅和平均应力为

$$\sigma_{a} = 45.31MPa, \sigma_{m} = 0$$

扭转应力为

$$\tau_{TC} = \frac{T_{\text{Ⅲ}}}{W_{TC}} = \frac{256417}{0.2\times45^{3}}MPa = 14.07MPa$$

扭转剪应力按脉动循环计算，其应力幅和平均应力为

$$\tau_{a} = \tau_{m} = \frac{\tau_{TC}}{2} = \frac{14.07}{2}MPa = 7.035MPa$$

C 处为过盈配合，查参考文献[1]的附表 1-8，按 $\phi45$ H7/k6 线性插值，得

$$\frac{k_{\sigma}}{\varepsilon_{\sigma}} = 2.52, \frac{k_{\tau}}{\varepsilon_{\tau}} = 0.8\frac{k_{\sigma}}{\varepsilon_{\sigma}} = 0.8\times2.52 = 2.02$$

轴表面磨削，未经过强化处理，根据附图 1-4[1] 查得表面质量系数 $\beta_{\sigma} = \beta_{\tau} = 0.93$，强化系数 $\beta_{q} = 1$，则由式（3-23），得综合影响系数为

$$K_{\sigma} = \left(\frac{k_{\sigma}}{\varepsilon_{\sigma}} + \frac{1}{\beta_{\sigma}} - 1\right)\frac{1}{\beta_{q}} = \left(2.52 + \frac{1}{0.93} - 1\right)\frac{1}{1} = 2.60$$

$$K_{\tau} = \left(\frac{k_{\tau}}{\varepsilon_{\tau}} + \frac{1}{\beta_{\tau}} - 1\right)\frac{1}{\beta_{q}} = \left(2.02 + \frac{1}{0.93} - 1\right)\frac{1}{1} = 2.10$$

对于碳钢，取 $\varphi_{\sigma} = 0.1$，$\varphi_{\tau} = 0.05$，则按式（12-8）～式（12-10），可得（轴向力 F_{a4} 引起的压应力应作为 σ_{m} 计入，但其值很小，故忽略不计）

$$S_{\sigma} = \frac{\sigma_{-1}}{K_{\sigma}\sigma_{a} + \varphi_{\sigma}\sigma_{m}} = \frac{270}{2.60\times45.31 + 0.1\times0} = 2.29$$

$$S_{\tau} = \frac{\tau_{-1}}{K_{\tau}\tau_{a} + \varphi_{\tau}\tau_{m}} = \frac{155}{2.10\times7.035 + 0.05\times7.035} = 10.25$$

$$S = \frac{S_{\sigma}S_{\tau}}{\sqrt{S_{\sigma}^{2} + S_{\tau}^{2}}} = \frac{2.29\times10.25}{\sqrt{2.29^{2} + 10.25^{2}}} = 2.23 > [S] = 1.5$$

故截面 C 安全。

③ 截面 F。

弯曲应力

$$\sigma_{BF} = \frac{M_{F}}{W_{F}} = \frac{337082}{0.1\times42^{3}}MPa = 45.50MPa$$

主要结果栏：

C、E、F 为危险截面

$\sigma_{BC} = 45.31MPa$

$\sigma_{a} = 45.31MPa$

$\sigma_{m} = 0$

$\tau_{TC} = 14.07MPa$

$\tau_{a} = \tau_{m} = 7.035MPa$

$K_{\sigma} = 2.60$

$K_{\tau} = 2.10$

$S_{\sigma} = 2.29$

$S_{\tau} = 10.25$

$S = 2.23 > [S] = 1.5$

截面 C 安全

$\sigma_{BF} = 45.50MPa$

设计计算与说明	主要结果
弯曲应力为对称循环，其应力幅和平均应力为 $$\sigma_a = 45.50\text{MPa}, \sigma_m = 0$$ 扭转应力为 $$\tau_{TF} = \frac{T_{III}}{W_{TF}} = \frac{256417}{0.2 \times 42^3}\text{MPa} = 17.30\text{MPa}$$ 扭转剪应力按脉动循环计算，其应力幅和平均应力为 $$\tau_a = \tau_m = \frac{\tau_{TF}}{2} = \frac{17.30}{2}\text{MPa} = 8.65\text{MPa}$$ 轴肩形成的理论应力集中系数查附表 1-1[1]，$D=45\text{mm}, d=42\text{mm}$，则 $$\frac{D}{d} = 1.07, r = 1.5\text{mm}, \frac{r}{d} = \frac{1.5}{42} = 0.0357$$ 经线性插值后可查得 $$\alpha_\sigma = 1.928, \alpha_\tau = 1.32$$ 由附图 1-1[1] 得材料的敏性系数为 $q_\sigma = 0.8, q_\tau = 0.84$，由式（3-19）得有效应力集中系数为 $$k_\sigma = 1 + q_\sigma(\alpha_\sigma - 1) = 1 + 0.8 \times (1.928-1) = 1.742$$ $$k_\tau = 1 + q_\tau(\alpha_\tau - 1) = 1 + 0.84 \times (1.32-1) = 1.269$$ 由附图 1-2 和附图 1-3[1] 得尺寸系数 $\varepsilon_\sigma = 0.76, \varepsilon_\tau = 0.86$。 轴表面精车，未经过强化处理，根据附图 1-4[1] 查得表面质量系数 $\beta_\sigma = \beta_\tau = 0.93$，强化系数 $\beta_q = 1$，则由式（3-23）得综合影响系数为 $$K_\sigma = \left(\frac{k_\sigma}{\varepsilon_\sigma} + \frac{1}{\beta_\sigma} - 1\right)\frac{1}{\beta_q} = \left(\frac{1.742}{0.76} + \frac{1}{0.93} - 1\right)\frac{1}{1} = 2.367$$ $$K_\tau = \left(\frac{k_\tau}{\varepsilon_\tau} + \frac{1}{\beta_\tau} - 1\right)\frac{1}{\beta_q} = \left(\frac{1.269}{0.86} + \frac{1}{0.93} - 1\right)\frac{1}{1} = 1.551$$ 对于碳钢，取 $\varphi_\sigma = 0.1, \varphi_\tau = 0.05$，则按式（12-8）~式（12-10），可得（轴向力 F_{a4} 引起的压应力应作为 σ_m 计入，但其值很小，故忽略不计） $$S_\sigma = \frac{\sigma_{-1}}{K_\sigma\sigma_a + \varphi_\sigma\sigma_m} = \frac{270}{2.367 \times 45.50 + 0.1 \times 0} = 2.51$$ $$S_\tau = \frac{K_N\tau_{-1}}{K_\tau\tau_a + \varphi_\tau\tau_m} = \frac{155}{1.551 \times 8.65 + 0.05 \times 8.65} = 11.19$$ $$S = \frac{S_\sigma S_\tau}{\sqrt{S_\sigma^2 + S_\tau^2}} = \frac{2.51 \times 11.19}{\sqrt{2.51^2 + 11.19^2}} = 2.45 > [S] = 1.5$$ 故截面 F 安全。 ④ 截面 E。 弯曲应力为 $$\sigma_{BE} = \frac{M_E}{W_E} = \frac{126406}{0.1 \times 36^3}\text{MPa} = 27.09\text{MPa}$$ 弯曲应力为对称循环，其应力幅和平均应力为 $$\sigma_a = 27.09\text{MPa}, \sigma_m = 0$$ 扭转应力为 $$\tau_{TE} = \frac{T_{III}}{W_{TE}} = \frac{256417}{0.2 \times 36^3}\text{MPa} = 27.48\text{MPa}$$ 扭转剪应力按脉动循环计算，其应力幅和平均应力为 $$\tau_a = \tau_m = \frac{\tau_{TF}}{2} = \frac{27.48}{2}\text{MPa} = 13.74\text{MPa}$$ 轴肩形成的理论应力集中系数查附表 1-1[1] 得	$\sigma_s = 45.50\text{MPa}$ $\sigma_m = 0$ $\tau_{TF} = 17.30\text{MPa}$ $\tau_a = \tau_m = 8.65\text{MPa}$ $K_\sigma = 2.367$ $K_\tau = 1.551$ $S_\sigma = 2.51$ $S_\tau = 11.19$ $S = 2.45 > [S] = 1.5$ 截面 F 安全 $\sigma_{BE} = 27.09\text{MPa}$ $\sigma_a = 27.09\text{MPa}$ $\sigma_m = 0$ $\tau_{TE} = 27.48\text{MPa}$ $\tau_a = \tau_m = 13.74\text{MPa}$

机械设计课程设计 第2版

（续）

设计计算与说明	主要结果

$$\frac{D}{d}=1.17, r=1.5mm, \frac{r}{d}=\frac{1.5}{36}=0.042$$

经线性插值后可查得

$$\alpha_\sigma=2.048, \alpha_\tau=1.558$$

由附图 1-1[1] 得材料的敏性系数为 $q_\sigma=0.8, q_\tau=0.84$，由式(3-19)得有效应力集中系数

$$k_\sigma=1+q_\sigma(\alpha_\sigma-1)=1+0.8\times(2.048-1)=1.8384$$

$$k_\tau=1+q_\tau(\alpha_\tau-1)=1+0.84\times(1.558-1)=1.4687$$

由附图 1-2 和附图 1-3[1] 得尺寸系数 $\varepsilon_\sigma=0.78, \varepsilon_\tau=0.88$。则

$$\frac{k_\sigma}{\varepsilon_\sigma}=\frac{1.8384}{0.78}=2.357, \frac{k_\tau}{\varepsilon_\tau}=\frac{1.4687}{0.88}=1.6690$$

轴表面精车，未经过强化处理，根据附图 1-4[1] 查得表面质量系数 $\beta_\sigma=\beta_\tau=0.93$，强化系数 $\beta_q=1$，则由式(3-23)[1] 得综合影响系数为

$$K_\sigma=\left(\frac{k_\sigma}{\varepsilon_\sigma}+\frac{1}{\beta_\sigma}-1\right)\frac{1}{\beta_q}=\left(2.357+\frac{1}{0.93}-1\right)\times\frac{1}{1}=2.4323$$ | $K_\sigma=2.4323$ |

$$K_\tau=\left(\frac{k_\tau}{\varepsilon_\tau}+\frac{1}{\beta_\tau}-1\right)\frac{1}{\beta_q}=\left(1.6690+\frac{1}{0.93}-1\right)\times\frac{1}{1}=1.7443$$ | $K_\tau=1.7443$ |

又由参考文献[1]可知，对于碳钢，取 $\varphi_\sigma=0.1, \varphi_\tau=0.05$，则按式(12-8)~式(12-10)，可得（轴向力 F_{a4} 引起的压应力应作为 σ_m 计入，但其值很小，故忽略不计）

$$S_\sigma=\frac{\sigma_{-1}}{K_\sigma\sigma_a+\varphi_\sigma\sigma_m}=\frac{270}{2.4323\times27.09+0.1\times0}=4.10$$ | $S_\sigma=4.1$ |

$$S_\tau=\frac{K_N\tau_{-1}}{K_\tau\tau_a+\varphi_\tau\tau_m}=\frac{155}{1.7443\times13.74+0.05\times13.74}=6.29$$ | $S_\tau=6.29$ |

$$S=\frac{S_\sigma S_\tau}{\sqrt{S_\sigma^2+S_\tau^2}}=\frac{4.10\times6.29}{\sqrt{4.10^2+6.29^2}}=3.43>[S]=1.5$$ | $S=3.43>[S]=1.5$ |

故截面 E 安全。 | 截面 E 安全

八、轴承的寿命计算[1]

1. 高速轴（Ⅰ轴）轴承寿命计算

1) 轴承型号为 32006，受力如附图 1-9 所示。 | 轴承型号为 32006

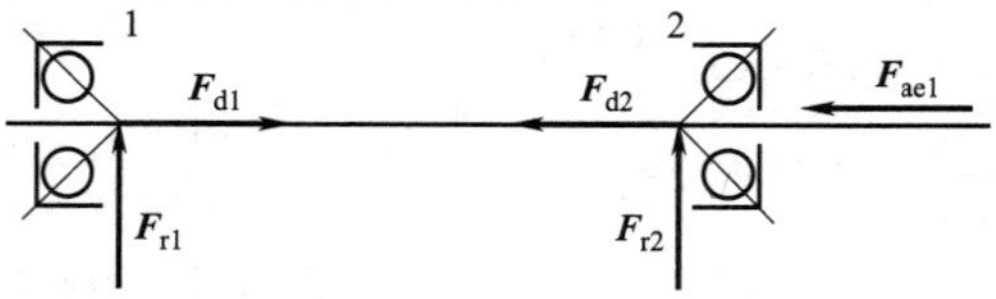

附图 1-9 轴承受力图

2) 确定轴承径向载荷 F_{r1}、F_{r2} 和外部轴向力 F_{ae1}。

$$F_{r1}=\sqrt{F_{BH}^2+F_{BV}^2}=\sqrt{176.37^2+611.65^2}N=636.57N$$ | $F_{r1}=636.57N$ |

$$F_{r2}=\sqrt{F_{CH}^2+F_{CV}^2}=\sqrt{499.38^2+1549.52^2}N=1628.0N$$ | $F_{r2}=1628.0N$ |

$$F_{ae1}=F_{a1}=110.40N$$ | $F_{ae1}=110.4N$ |

3) 确定轴承轴向力 F_{a1}、F_{a2}。对于 32006 轴承，按表 13-11，内部轴向力 $F_d=\frac{F_r}{2Y}$，查表 14-3[2]，$Y=1.4, e=0.43$，因此

$$F_{d1}=\frac{F_{r1}}{2Y}=\frac{636.57}{2\times1.4}N=227.35N$$ | $F_{d1}=227.35N$ |

$$F_{d2}=\frac{F_{r2}}{2Y}=\frac{1628.0}{2\times1.4}N=581.43N$$ | $F_{d2}=581.43N$ |

302

（续）

设计计算与说明	主要结果

轴承正装，且 $F_{d1}=227.35\text{N}<(F_{d2}+F_{ae1})=(581.43+110.4)\text{N}=691.83\text{N}$

轴承 1 被"压紧"，轴承 2"放松"，则

$$F_{a1}=F_{d2}+F_{ae1}=(581.43+110.4)\text{N}=691.83\text{N}$$

$$F_{a2}=F_{d2}=581.43\text{N}$$

$F_{a1}=691.83\text{N}$

$F_{a2}=581.43\text{N}$

4）求轴承当量动载荷 P_1 和 P_2。根据任务书，为中等冲击载荷，查表 13-7，$f_p=1.2\sim1.8$，取 $f_p=1.65$，则

$$\frac{F_{a1}}{F_{r1}}=\frac{691.83}{636.57}=1.09>e,X_1=0.4,Y_1=1.4$$

$$\frac{F_{a2}}{F_{r2}}=\frac{581.43}{1628.0}=0.36<e,X_2=1,Y_2=0$$

由式（13-4）得

$$P_1=f_p(X_1F_{r1}+Y_1F_{a1})=1.65\times(0.4\times636.57+1.4\times691.83)\text{N}=2018.26\text{N}$$

$$P_2=f_p(X_2F_{r2}+Y_2F_{a2})=1.65\times1\times1628.0\text{N}=2686.2\text{N}$$

$P_1=2018.26\text{N}$

$P_2=2686.2\text{N}$

5）计算轴承寿命 L_h。因为 $P_2>P_1$，且两轴承类型、尺寸相同，故只按轴承 2 计算其寿命即可，取 $P=P_2$。查表 14-3[2] 得 32006 轴承 $C_r=35800\text{N}$；工作温度小于 120°；查表 13-8，$f_t=1$；圆锥滚子轴承 $\varepsilon=10/3$，则

$$L_h=\frac{10^6}{60n_I}\left(\frac{f_tC_r}{P}\right)^{\frac{10}{3}}=\frac{10^6}{60\times1440}\left(\frac{1\times35800}{2686.2}\right)^{\frac{10}{3}}\text{h}=64958\text{h}$$

$L_h=64958\text{h}$

该轴承的寿命满足 $L_{jh}/3\leqslant L_h\leqslant L_{jh}$ 的要求。

轴承寿命满足要求

2. 中间轴（Ⅱ轴）轴承寿命计算

1）选择轴承型号为 7207C，受力如附图 1-10 所示。

2）确定轴承所受径向载荷 F_{r1}、F_{r2} 和外部轴向力 F_{ae}。

轴承型号为 7207C

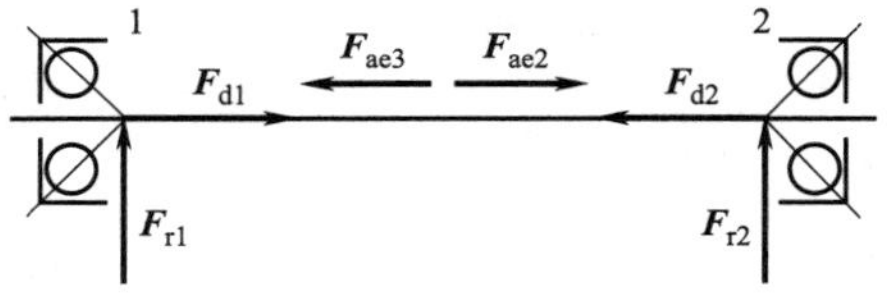

附图 1-10 轴承受力图

$$F_{r1}=\sqrt{F_{AH}^2+F_{AV}^2}=\sqrt{840.91^2+1859.96^2}\text{N}=2041.22\text{N}$$

$$F_{r2}=\sqrt{F_{DH}^2+F_{DV}^2}=\sqrt{65.59^2+1444.74^2}=1446.23\text{N}$$

$$F_{ae2}=F_{a2}=323.01\text{N}\quad F_{ae3}=F_{a3}=565.72\text{N}$$

$F_{r1}=2041.22\text{N}$

$F_{r2}=1446.23\text{N}$

$F_{ae}=242.71\text{N}$

$F_{ae}=F_{ae3}-F_{ae2}=(565.72-323.01)\text{N}=242.71\text{N}$，方向向左（同 F_{ae3}）。

3）确定轴承轴向力 F_{a1}、F_{a2}。对于 7207C 轴承，按表 13-11，内部轴向力 $F_d=eF_r$，其中 e 为判断系数，其值由 F_a/C_{0r} 确定，但轴承轴向力 F_a 未知，故初取 $e=0.4$，因此可估算

$$F_{d1}=eF_{r1}=0.4\times2041.22\text{N}=816.49\text{N}$$

$$F_{d2}=eF_{r2}=0.4\times1446.23\text{N}=578.49\text{N}$$

轴承正装，且 $F_{d1}=816.49\text{N}<(F_{d2}+F_{ae})=(578.49+242.71)\text{N}=821.2\text{N}$

轴承 1"压紧"，轴承 2 被"放松"，则

$$F_{a1}=F_{d2}+F_{ae}=(578.49+242.71)\text{N}=821.20\text{N}$$

$$F_{a2}=F_{d2}=578.49\text{N}$$

因此

$$\frac{F_{a1}}{C_{0r}}=\frac{821.20}{20000}=0.041,\frac{F_{a2}}{C_{0r}}=\frac{578.49}{20000}=0.029$$

查表 13-6，线性插值得 $e_1=0.412$，$e_2=0.400$。

(续)

设计计算与说明	主要结果

$$F_{d1} = e_1 F_{r1} = 0.412 \times 2041.22 = 840.98\text{N}$$
$$F_{d2} = e_2 F_{r2} = 0.400 \times 1446.23 = 578.49\text{N}$$
$$F_{d1} = 840.98\text{N} > (F_{d2} + F_{ae}) = (578.49 + 242.71)\text{N} = 821.20\text{N}$$
$$F_{a1} = F_{d1} = 840.98\text{N}$$
$$F_{a2} = F_{d1} - F_{ae} = 840.98 - 242.71 = 598.27\text{N}$$
$$\frac{F_{a1}}{C_{0r}} = \frac{840.98}{20000} = 0.042, \quad \frac{F_{a2}}{C_{0r}} = \frac{598.27}{20000} = 0.0299$$

两次计算 F_a/C_{0r} 值相差不大,故确定 $e_1 = 0.412, e_2 = 0.400$。则

$$F_{a1} = F_{d1} = 840.98\text{N}$$
$$F_{a2} = F_{d1} - F_{ae} = 598.27\text{N}$$

4)求轴承的当量动载荷 P_1 和 P_2。根据任务书,为中等冲击载荷,查表13-7[1],$f_p = 1.2$ ~1.8,取 $f_p = 1.65$。则

$$\frac{F_{a1}}{F_{r1}} = \frac{840.98}{2041.22} = 0.412 = e_1, \quad X_1 = 1, Y_1 = 0$$

$$\frac{F_{a2}}{F_{r2}} = \frac{598.27}{1446.23} = 0.413 > e_2, \quad X_2 = 0.44, Y_2 = 1.36$$

由式(13-4)得

$$P_1 = f_p(X_1 F_{r1} + Y_1 F_{a1}) = 1.65 \times 1 \times 2041.22\text{N} = 3368.01\text{N}$$
$$P_2 = f_p(X_2 F_{r2} + Y_2 F_{a2}) = 1.65 \times (0.44 \times 1446.23 + 1.36 \times 598.27) = 2392.48\text{N}$$

5)计算轴承寿命 L_h。因为 $P_1 > P_2$,且两轴承类型、尺寸相同,故只按轴承1计算其寿命即可,取 $P = P_1$。查表14-2[2]得 7207C 轴承的 $C_r = 30500\text{N}$;工作温度小于120°,查表13-8,$f_t = 1$;球轴承 $\varepsilon = 3$,则

$$L_h = \frac{10^6}{60 n_{\mathrm{II}}} \left(\frac{f_t C_r}{P}\right)^3 = \frac{10^6}{60 \times 492.1563} \left(\frac{1 \times 30500}{3368.01}\right)^3 \text{h} = 25149\text{h}$$

轴承寿命满足 $L_{jh}/3 \leqslant L_h \leqslant L_{jh}$ 的要求。

3. 低速轴(Ⅲ轴)轴承寿命计算

1)选择轴承型号 30209,受力如附图1-11所示。

2)确定轴承径向载荷 F_{r1}、F_{r2} 和外部轴向力 F_{ae4}。

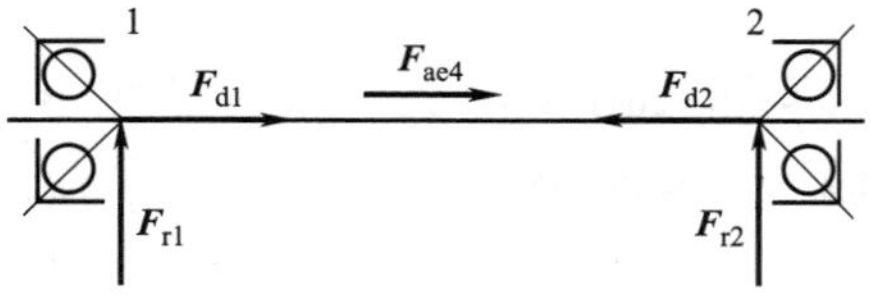

附图 1-11 轴承受力图

$$F_{r1} = \sqrt{F_{AH}^2 + F_{AV}^2} = \sqrt{2819.84^2 + 1577.88^2}\text{N} = 3231.29\text{N}$$
$$F_{r2} = \sqrt{F_{CH}^2 + F_{CV}^2} = \sqrt{6147.65^2 + 788.95^2}\text{N} = 6198.07\text{N}$$
$$F_{ae4} = F_{a4} = 565.72\text{N}$$

3)确定轴承轴向力 F_{a1}、F_{a2}。对于 30209 轴承,按表13-11,内部轴向力 $F_d = \dfrac{F_t}{2Y}$,查表14-3[2],可知 $Y = 1.5, e = 0.37$,因此

$$F_{d1} = \frac{F_{r1}}{2Y} = \frac{3231.29}{2 \times 1.5}\text{N} = 1077.10\text{N}$$

$$F_{d2} = \frac{F_{r2}}{2Y} = \frac{6198.07}{2 \times 1.5}\text{N} = 2066.02\text{N}$$

轴承正装,且 $F_{d1} + F_{ae4} = (1077.10 + 565.72)\text{N} = 1642.82\text{N} < F_{d2} = 2066.02\text{N}$

主要结果栏:

$F_{d1} = 840.98\text{N}$

$F_{d2} = 578.49\text{N}$

$F_{a1} = 840.98\text{N}$

$F_{a2} = 598.27\text{N}$

$P_1 = 3368.01\text{N}$

$P_2 = 2392.48\text{N}$

$L_h = 25149\text{h}$

轴承寿命满足要求

轴承型号为 30209

$F_{r1} = 3231.29\text{N}$

$F_{r2} = 6198.07\text{N}$

$F_{ae4} = 565.72\text{N}$

$F_{d1} = 1077.10\text{N}$

$F_{d2} = 2066.02\text{N}$

（续）

设计计算与说明	主要结果

故轴承 1 被"压紧"，轴承 2"放松"，则

$$F_{a1} = F_{d2} - F_{ae4} = (2066.02 - 565.72)\,\text{N} = 1500.30\,\text{N}$$

$$F_{a2} = F_{d2} = 2066.02\,\text{N}_{\circ}$$

主要结果：
$F_{a1} = 1500.30\,\text{N}$
$F_{a2} = 2066.02\,\text{N}$

4）求轴承的当量动载荷 P_1 和 P_2。根据任务书，为中等冲击载荷，查表 13-7，$f_p = 1.2 \sim 1.8$，取 $f_p = 1.65$。则

$$\frac{F_{a1}}{F_{r1}} = \frac{1500.30}{3231.29} = 0.46 > e,\ X_1 = 0.4,\ Y_1 = 1.5$$

$$\frac{F_{a2}}{F_{r2}} = \frac{2066.02}{6298.07} = 0.33 < e,\ X_2 = 1,\ Y_2 = 0$$

由式（13-4）得

$$P_1 = f_p(X_1 F_{r1} + Y_1 F_{a1}) = 1.65 \times (0.4 \times 3231.29 + 1.5 \times 1500.30)\,\text{N} = 5845.9\,\text{N}$$

$$P_2 = f_p(X_2 F_{r2} + Y_2 F_{a2}) = 1.65 \times 1 \times 6298.07\,\text{N} = 10391.81\,\text{N}$$

主要结果：
$P_1 = 5845.9\,\text{N}$
$P_2 = 10391.81\,\text{N}$

5）计算轴承寿命 L_h。因为 $P_2 > P_1$，且两轴承类型、尺寸相同，故只按轴承 2 计算其寿命即可，取 $P = P_2$。查表 14-3[2] 得 30209 轴承的 $C_r = 67800\,\text{N}$；工作温度小于 120°，查表 13-8，$f_t = 1$；圆锥滚子轴承 $\varepsilon = 10/3$，则

$$L_h = \frac{10^6}{60 n_{\text{III}}} \left(\frac{f_t C_r}{P} \right)^{\frac{10}{3}} = \frac{10^6}{60 \times 131.8288} \left(\frac{1 \times 67800}{10391.81} \right)^{\frac{10}{3}} = 65610\,\text{h}$$

主要结果：
$L_h = 65610\,\text{h}$
轴承寿命满足要求

轴承寿命满足 $L_{jh}/3 \leqslant L_h \leqslant L_{jh}$ 的要求。

九、键的选择与强度校核

1. 高速轴外伸端处

（1）选择键的类型及尺寸　高速轴外伸端安装联轴器，选用 A 型普通平键连接。根据 $d = 22\,\text{mm}$，由表 13-30[2] 查得键的截面尺寸为：宽度 $b = 6\,\text{mm}$，高度 $h = 6\,\text{mm}$；由轮毂宽度并参考键的长度系列，取键长 $L = 40\,\text{mm}$。

主要结果：
选取 A 型普通平键 $b \times h$：
$6\,\text{mm} \times 6\,\text{mm}$
$L = 40\,\text{mm}$

（2）校核键连接的强度　只需校核键连接的挤压强度。键、轴的材料都是钢，而联轴器的材料是铸铁 HT200，强度较弱。按照联轴器的材料，考虑载荷为中等冲击，由表 6-2[1] 查得 $[\sigma_p] = 30 \sim 45\,\text{MPa}$，取 $[\sigma_p] = 40\,\text{MPa}$。键的工作长度 $l = L - b = (40 - 6)\,\text{mm} = 34\,\text{mm}$，键与轮毂键槽的接触高度 $k = 0.5h = 0.5 \times 6\,\text{mm} = 3\,\text{mm}$。

由式（6-1）[1] 可得

$$\sigma_p = \frac{2T_I}{kld} = \frac{2 \times 26800}{3 \times 34 \times 22}\,\text{MPa} = 23.89\,\text{MPa} < [\sigma_p] = 40\,\text{MPa}$$

故该键合格。键的标记为：键 6×6×40　GB/T 1096—2003

主要结果：
$\sigma_p = 23.89\,\text{MPa} < [\sigma_p]$
键的强度满足要求

2. 高速轴安装锥齿轮处

（1）选择键的类型及尺寸　选用 A 型普通平键连接。根据 $d = 25\,\text{mm}$，由表 13-30[2] 查得键的截面尺寸为：宽度 $b = 8\,\text{mm}$，高度 $h = 7\,\text{mm}$；由轮毂宽度并参考键的长度系列，取键长 $L = 25\,\text{mm}$。

主要结果：
选取 A 型普通平键 $b \times h$：
$8\,\text{mm} \times 7\,\text{mm}$
$L = 25\,\text{mm}$

（2）校核键连接的强度　只需校核键连接的挤压强度。键、轴和齿轮的材料都是钢，考虑载荷为中等冲击，由表 6-2[1] 查得 $[\sigma_p] = 60 \sim 90\,\text{MPa}$，取 $[\sigma_p] = 80\,\text{MPa}$。键的工作长度 $l = L - b = (25 - 8)\,\text{mm} = 17\,\text{mm}$，键与轮毂键槽的接触高度 $k = 0.5h = 0.5 \times 7\,\text{mm} = 3.5\,\text{mm}$。

由式（6-1）[1] 可得

$$\sigma_p = \frac{2T_I}{kld} = \frac{2 \times 26800}{3.5 \times 17 \times 25}\,\text{MPa} = 36.03\,\text{MPa} < [\sigma_p] = 80\,\text{MPa}$$

故该键合格。键的标记为：键 8×7×25　GB/T 1096—2003

主要结果：
$\sigma_p = 36.03\,\text{MPa} < [\sigma_p]$
键的强度满足要求

3. 中间轴安装锥齿轮处

（1）选择键的类型及尺寸　选用 A 型普通平键连接。根据 $d = 38\,\text{mm}$，由表 13-30[2] 查得键的截面尺寸为：宽度 $b = 10\,\text{mm}$，高度 $h = 8\,\text{mm}$；由轮毂宽度并参考键的长度系列，取键长 $L = 25\,\text{mm}$。

主要结果：
选取 A 型普通平键 $b \times h$：
$10\,\text{mm} \times 8\,\text{mm}$
$L = 25\,\text{mm}$

设计计算与说明	主要结果
（2）校核键连接的强度 只需校核键连接的挤压强度。键、轴和齿轮的材料都是钢,考虑载荷为中等冲击,由表6-2[1]查得 $[\sigma_p] = 60 \sim 90\text{MPa}$,取 $[\sigma_p] = 80\text{MPa}$。键的工作长度 $l = L-b = (25-10)\text{mm} = 15\text{mm}$,键与轮毂键槽的接触高度 $k = 0.5h = 0.5 \times 8\text{mm} = 4\text{mm}$。 由式(6-1)[1]可得 $$\sigma_p = \frac{2T_{II}}{kld}\text{MPa} = \frac{2 \times 73005}{4 \times 15 \times 38}\text{MPa} = 64.04\text{MPa} < [\sigma_p] = 80\text{MPa}$$	$\sigma_p = 64.04\text{MPa} < [\sigma_p]$ 键的强度满足要求
故该键合格。键的标记为:键 $8 \times 7 \times 25$ GB/T 1096—2003 　4. 中间轴安装圆柱齿轮处 　（1）选择键的类型及尺寸 选用 A 型普通平键连接。根据 $d = 38\text{mm}$,由表13-30[2]查得键的截面尺寸为:宽度 $b = 10\text{mm}$,高度 $h = 8\text{mm}$;由轮毂宽度并参考键的长度系列,取键长 $L = 56\text{mm}$。 　（2）校核键连接的强度 此处与安装锥齿轮处的键尺寸相同,但较安装锥齿轮处的长度长,故不需进行强度校核。 　5. 低速轴安装圆柱齿轮处 　（1）选择键的类型及尺寸 选用 A 型普通平键连接。根据 $d = 48\text{mm}$,由表13-30[2]查得键的截面尺寸为:宽度 $b = 14\text{mm}$,高度 $h = 9\text{mm}$;由轮毂宽度并参考键的长度系列,取键长 $L = 50\text{mm}$。 　（2）校核键连接的强度 只需校核键连接的挤压强度。键、轴和齿轮的材料都是钢,考虑载荷为中等冲击,由表6-2[1]查得 $[\sigma_p] = 60 \sim 90\text{MPa}$,取 $[\sigma_p] = 80\text{MPa}$。键的工作长度 $l = L-b = (50-14)\text{mm} = 36\text{mm}$,键与轮毂键槽的接触高度 $k = 0.5h = 0.5 \times 9\text{mm} = 4.5\text{mm}$。 由式(6-1)[1]可得 $$\sigma_p = \frac{2T_{III}}{kld} = \frac{2 \times 256417}{4.5 \times 36 \times 48}\text{MPa} = 65.95\text{MPa} < [\sigma_p] = 80\text{MPa}$$	选取 A 型普通平键 $b \times h$:$10\text{mm} \times 8\text{mm}$ $L = 56\text{mm}$ 键的强度满足要求 选取 A 型普通平键 $b \times h$:$14\text{mm} \times 9\text{mm}$ $L = 50\text{mm}$ $\sigma_p = 65.95\text{MPa} < [\sigma_p]$ 键的强度满足要求
故该键合格。键的标记为:键 $14 \times 9 \times 50$ GB/T 1096—2003 　6. 低速轴外伸端安装链轮处 　（1）选择键的类型及尺寸 轴端采用 C 型键便于安装。根据 $d = 36\text{mm}$,由表13-30[2]查得键的截面尺寸为宽度 $b = 10\text{mm}$,高度 $h = 8\text{mm}$;由轮毂宽度并参考键的长度系列,取键长 $L = 50\text{mm}$。 　（2）校核键连接的强度 只需校核键连接的挤压强度。键、轴和链轮的材料都是钢,考虑载荷为中等冲击,由表6-2[1]查得 $[\sigma_p] = 60 \sim 90\text{MPa}$,取 $[\sigma_p] = 80\text{MPa}$。键的工作长度 $l = L-0.5b = (50-5)\text{mm} = 45\text{mm}$,键与轮毂键槽的接触高度 $k = 0.5h = 0.5 \times 8\text{mm} = 4\text{mm}$。 由式(6-1)[1]可得 $$\sigma_p = \frac{2T_{III}}{kld} = \frac{2 \times 256417}{4 \times 45 \times 36}\text{MPa} = 79.14\text{MPa} < [\sigma_p] = 80\text{MPa}$$	选取 C 型普通平键 $b \times h$:$10\text{mm} \times 8\text{mm}$ $L = 50\text{mm}$ $\sigma_p = 79.14\text{MPa} < [\sigma_p]$ 键的强度满足要求
故该键合格。键的标记为:键 C $10 \times 8 \times 50$ GB/T 1096—2003 　**十、齿轮、轴承润滑方式和密封类型的选择** 　1. 齿轮的润滑 　（1）润滑方式 前述两对齿轮的圆周速度为 $v_m = 4.3091\text{m/s}$,$v = 1.5897\text{m/s}$,两者均小于 12m/s,所以采用浸油润滑。 　（2）润滑油牌号 两对齿轮圆周速度的平均值 $\bar{v} = \dfrac{v_m + v}{2} = \dfrac{4.3091 + 1.5897}{2}\text{m/s} =$ 2.9494m/s 由表15-1[2]和表15-2[2],选用 L-CKC100 型工业闭式齿轮油(GB 5903—2011)。 　（3）最低油面高度 h_0 和油量 V_0 为了保证充分的润滑,且避免搅油损失太大,最低油面高度 $h_0 = 80\text{mm}$。 　箱体内长 396mm,宽 194mm,$S_0 = 396\text{mm} \times 194\text{mm} = 76824\text{mm}^2$	齿轮浸油润滑 选用 L-CKC100 工业闭式齿轮油 最低油面高度 $h_0 = 80\text{mm}$

（续）

设计计算与说明	主要结果

油量 $V_0 = S_0 h_0 = 76824 \times 80 \, \text{mm}^3 = 6145920 \, \text{mm}^3 = 6.14592 \, \text{dm}^3$

减速器功率 $P_{\text{I}} = 4.0819 \, \text{kW}$

根据表 4-4[2]，二级减速器每传递 1kW 功率需油 $2 \times (0.35 \sim 0.7) \, \text{dm}^3 = 0.7 \sim 1.4 \, \text{dm}^3$，则

$$\frac{V_0}{P_{\text{I}}} = \frac{6.14592}{4.0411} \, \text{dm}^3/\text{kW} = 1.5209 \, \text{dm}^3/\text{kW} > (0.7 \sim 1.4) \, \text{dm}^3/\text{kW}$$

所以油量满足要求。

2. 轴承的润滑和密封

（1）轴承的润滑　高速级轴承 $dn = 30 \, \text{mm} \times 1440 \, \text{r/min} = 43200 \, \text{mm} \cdot \text{r/min}$，选用脂润滑，由表 15-5[2] 选用 2 号钙基润滑脂（GB/T 491—2008），只需填充滚动轴承空间的 $1/3 \sim 1/2$。安装直通式压注油杯定期加脂，油杯规格与标记为：油杯 M8×1 JB/T 7940.1—1995。

（2）轴承的密封　外密封采用毡圈密封，规格与标记为：

Ⅰ轴：毡圈 28　FZ/T 92010—1991；Ⅲ轴：毡圈 42　FZ/T 92010—1991

内密封采用挡油盘。

十一、附件的选择

根据结构进行附件的选择，结果见附表 1-7 和附表 1-8。

附表 1-7　附件的类型及尺寸

附件	类型	标记或规格尺寸/mm
视孔盖		$l_1 = 100, b_1 = 46, h = 2$
通气器	通气螺塞	M16×1.5
油面指示器	直通式压注油杯	油杯　M8×1 JB/T 7940.1—1995 A32
放油螺塞	外六角油塞	油塞　JB/ZQ 4450—2006 M20×1.5
定位销	圆锥销	销 GB/T 117—2000 A10×50
启盖螺钉	全螺纹六角头螺栓	螺栓 GB/T 5783　M12×80

附表 1-8　轴承盖主要尺寸　　　　（单位：mm）

轴承盖	螺钉尺寸	螺钉个数	D	e（圆整）	m
高速轴透盖	M6×12	4	55	8	9.7
中间轴闷盖 1	M8×30	4	72	10	22.8
中间轴闷盖 2	M8×30	4	72	10	21.4
低速轴闷盖	M8×30	4	85	10	19.4
低速轴透盖	M8×30	4	85	10	19.4

十二、齿轮 4 公法线长度及偏差计算（见例 19-1[2]）

十三、设计小结（略）

十四、参考文献

[1]　王军，田同海．机械设计[M]．北京：机械工业出版社，2015．

[2]　王军，田同海，何晓玲．机械设计课程设计[M]．北京：机械工业出版社，2018．

主要结果

油量满足要求

轴承采用脂润滑

选用 2 号钙基润滑脂安装直通式压注油杯

轴承外密封采用毡圈密封；内密封采用挡油盘

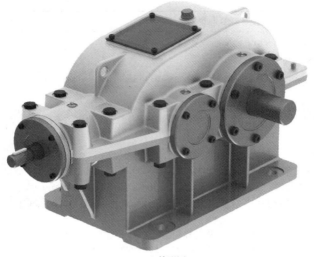

a) 外形图

展开式圆柱齿轮
减速器 2

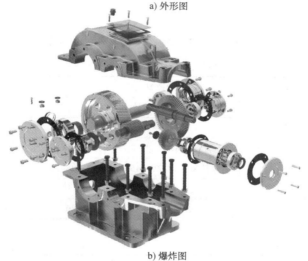

b) 爆炸图

附图 1-12　减速器三维造型图

展开式圆柱齿轮
减速器 3

参 考 文 献

[1] 王军，田同海. 机械设计 ［M］. 北京：机械工业出版社，2006.

[2] 王昆，等. 机械设计、机械设计基础课程设计 ［M］. 北京：高等教育出版社，1995.

[3] 李育锡. 机械设计课程设计 ［M］. 2 版. 北京：高等教育出版社，2014.

[4] 傅燕鸣. 机械设计课程设计手册 ［M］. 上海：上海科学技术出版社，2013.

[5] 宋宝玉. 机械设计课程设计指导书 ［M］. 北京：高等教育出版社，2006.

[6] 龚桂义. 机械设计课程设计图册 ［M］. 3 版. 北京：高等教育出版社，1989.

[7] 吴宗泽. 机械设计课程设计手册 ［M］. 3 版. 北京：高等教育出版社，2006.

[8] 孙岩，等. 机械设计课程设计 ［M］. 北京：北京理工大学出版社，2007.

[9] 陆玉. 机械设计课程设计 ［M］. 4 版. 北京：机械工业出版社，2012.

[10] 周开勤. 机械零件手册 ［M］. 5 版. 北京：高等教育出版社，2001.

[11] 向敬忠，等. 机械设计课程设计图册 ［M］. 北京：化学工业出版社，2009.

[12] 唐国民，等. 机械零件课程设计——齿轮. 蜗杆减速器 ［M］. 长沙：湖南省科学技术出版社，1986.

[13] 朱文坚，等. 机械设计课程设计 ［M］. 北京：清华大学出版社，2016.

[14] 杨铭. 机械制图 ［M］. 2 版. 北京：机械工业出版社，2012.

[15] 张建中，等. 机械设计、机械设计基础课程设计 ［M］. 北京：高等教育出版社，2001.

[16] 黄茂林. 机械原理 ［M］. 2 版. 北京：机械工业出版社，2009.

[17] 成大先. 机械设计手册 ［M］. 5 版. 北京：化学工业出版社，2010.

[18] 吴瑞琴. 滚动轴承产品样本 ［M］. 北京：机械工业出版社，2000.

[19] 冯立艳，等. 机械设计课程设计 ［M］. 5 版. 北京：机械工业出版社，2016.